控制工程基础与信号处理

主　编：张　昕　蔡　玲

参　编：岳峰丽　戴　超　梁继辉

北京理工大学出版社

BEIJING INSTITUTE OF TECHNOLOGY PRESS

内 容 简 介

本书主要介绍控制与测试系统分析的数学基础，控制系统的时域与频域分析及评价方法，系统稳定性分析，控制系统校正与设计，测试信号的描述、分析和处理方法，以及汽车工程常用传感器的基本原理和特性，测试系统中间转换电路的工作原理、特性及常用测试方法等内容。

通过本书的学习，使学生掌握面向机械工程的测控技术基本知识和技能，掌握测控系统分析和设计的基本方法，并使其能够合理选用测控方法和装置构建测控系统，能从理论上对测控系统的动态性能和稳态性能进行定性和定量分析。

图书在版编目（CIP）数据

控制工程基础与信号处理/张昕，蔡玲主编. —北京：北京理工大学出版社，2018.8
ISBN 978-7-5682-4822-8

Ⅰ.①控… Ⅱ.①张… ②蔡… Ⅲ.①自动控制理论-高等学校-教材②信号处理-高等学校-教材 Ⅳ.①TP13②TN911.7

中国版本图书馆 CIP 数据核字（2017）第 221036 号

出版发行 / 北京理工大学出版社有限责任公司

社　　　址 / 北京市海淀区中关村南大街 5 号

邮　　　编 / 100081

电　　　话 /（010）68914775（总编室）

　　　　　　（010）82562903（教材售后服务热线）

　　　　　　（010）68948351（其他图书服务热线）

网　　　址 / http://www.bitpress.com.cn

经　　　销 / 全国各地新华书店

印　　　刷 / 三河市天利华印刷装订有限公司

开　　　本 / 787 毫米×1092 毫米　1/16

印　　　张 / 21.25　　　　　　　　　　　　　　　责任编辑 / 赵　岩

字　　　数 / 524 千字　　　　　　　　　　　　　文案编辑 / 赵　轩

版　　　次 / 2018 年 8 月第 1 版　2018 年 8 月第 1 次印刷　　责任校对 / 黄拾三

定　　　价 / 85.00 元　　　　　　　　　　　　　责任印制 / 李志强

　　《控制工程基础与信号处理》教材编写突破了传统的控制工程基础与测试技术各体系的模式，以自动控制原理为主线，将控制工程基础、信号与系统及机械工程测试技术等内容有机融合在一起。从课程的知识结构来看，信号与系统是控制工程与测试技术共同的数理基础，而测试技术中则用到了大量控制工程中建立起来的基本理论和概念，控制工程与测试技术这两门课程都是以信号与系统的时域、频域分析为主要研究对象的，存在知识体系上的一致性和专业结构上的顺延性，是一个以系统为主线的有机整体。

　　本书主要介绍信号与系统的分析基础，控制与测试系统的数学基础与基本概念，系统数学模型的建立，控制系统的时域及频域分析和设计方法，测试系统的工作原理，测试信号的描述、分析和处理，测试系统常用传感器的基本原理和特性等方面的知识。书中绪论部分及第一章介绍信号、系统、控制系统及测试系统的基本概念及分析基础。第二章至第七章是控制部分，主要介绍控制系统数学模型的建立及分析，系统的时域、频域分析，控制系统的稳定性、准确性、快速性等性能指标的分析与评价方法，系统的校正方法等。第八章介绍测试系统常用传感器的工作原理及应用。第九章介绍信号的调理与记录等，内容包括电桥、滤波器、调制与解调等。第十章介绍测试数据分析方法，包括数字信号处理，相关、相干分析，功率谱分析等内容。

　　本书的编写注重理论联系实际，在内容安排上突出较为系统的基础理论知识，又有大量与专业相关的实例，同时备有 MATLAB 举例。全书按照基本概念、分析方法、工程应用案例体系来组织内容，相关知识点衔接紧密，使学生在了解信号分析、控制与测试系统基本理论的基础上，能够掌握机械、汽车产品测试及控制的基本分析和设计方法，提高工程思维和实践应用能力。

　　本书由张昕、蔡玲主编。编写人员有岳峰丽、戴超、梁继辉等。绪论、第一章及第九章第三节由张昕编写，第二章与第六章由岳峰丽编写，第三章与第四章及第九章第一、二节由蔡玲编写，第五章与第十章由戴超编写，第七章与第八章由梁继辉编写。在编写本书的过程中，编者参考了众多国内外相关书籍和文献，以及一些院校的讲义和资料，并得到许多同志的关心和帮助，在此表示诚挚的感谢，同时还衷心感谢出版社编辑同志们的辛勤工作和帮助。

　　由于时间紧迫及编者学识水平和经验所限，书中难免还存在诸多疏漏和错误之处，恳切希望各位同行专家和广大读者批评指正。

编　者

目　录

第一节　概　述

　　控制工程基础与信号处理技术，是以信号与控制系统理论为基础，将信号与系统、控制理论及测试技术有机地结合，广泛应用于工程研究、产品开发、质量监控、性能试验等领域的一种科学研究的基本方法。控制工程基础与信号处理技术可分为信号与系统、控制与测试等几大部分，各部分之间相辅相成，密切相连。

　　控制工程与信号处理研究的主要内容包括：信号与系统分析基础、测试系统信号数据处理、控制系统原理及分析方法、控制系统的建模及控制系统的分析和设计等几个方面。

　　信号与系统分析基础包括信号的分类及描述、周期信号与非周期信号的频谱分析、随机信号、傅里叶变换及其反变换、拉氏变换与反变换等内容。

　　测试系统信号数据处理包括数据的运算、滤波及各种分析方法，其目的是获得正确、可靠的结果，提高测试的可靠性及准确性。

　　控制系统原理及分析方法包括实现信号测量和系统控制所依据的物理、化学、生物等现象的有关定律及相应的实现方法。例如，热电偶测量温度时所依据的是热电效应，电动机转速控制所依据的是电动机的运动特性，等等。不同性质的被测量或被控量用不同的原理进行测量或控制，同一性质的被测量或被控量亦可用不同的原理去测量或控制。原理确定后，根据对控制任务的具体要求和现场实际情况，需要采用不同的测量与控制方法。

　　控制系统的建模研究如何通过物理、化学、生物等有关定律建立系统的动态模型，是进行系统理论分析和设计的基础。

　　控制系统的分析和设计是在系统模型的基础上，通过时域或频域的方法分析系统的性能，通过外加合适的校正环节补偿原有系统的不足，构建快速、准确、不失真的控制系统。

第二节　信号处理

一、信号

　　信号：用来传递信息的机械动作、光、电、声或其他物质运动的形式，即携带有信息的某种物理量。

　　信号的数学形式：通常是时间的一维函数，但也可以是时间和空间的多维函数，甚至也可以是非时间变量的函数。

信号的表述形式：与函数基本相同——既可以是解析的，也可以是非解析的。但它与函数不同的是，信号通常具有能量和量纲。

二、信号与系统

信号是信息的载体，以不同的形式存在于日常生活的方方面面。在生产实践和科学试验中，需要观察大量的现象及其参量的变化。这些变化量可以通过测量装置变成容易测量、记录和分析的信号。系统可定义为一个能对信号进行控制和处理以实现某种功能的整体。不同的系统应用于不同的环境将具有各自不同的功能。常见的系统有控制系统、生态系统、通信系统、运输系统等。信号作用于系统，而系统又对其进行加工、处理、变换后之后发送输出信号。图 0-1 说明了系统与信号之间的相互关系。

图 0-1　信号与系统的框图表示

三、信号处理

与信号有关的理化或数学过程有：信号的发生、传送、接收、分析、处理（即把某一个信号变为与其相关的另一个信号，例如，滤除噪声或干扰，把信号变换成容易分析与识别的形式）、存储、检测与控制等。它们统称为信号处理。

一般来说，测试系统通常会用到信号处理，信号处理的任务就是将一大堆杂乱的信号或者一个复杂的信号按照系统的要求进行处理、分析，提取出关键部分，以方便使用。一个测试系统如图 0-2 中所示包括激励装置、被测对象、传感器、信号调理、信号分析及处理、反馈控制、信号的显示与记录、观察者。在这里，需要指出的是，为了准确地获得被测对象的信息，要求系统中的每一个环节的输出量与输入量之间必须具有一一对应关系。而且，其输出的变化能够准确地反映出其输入的变化，即实现不失真的测试。

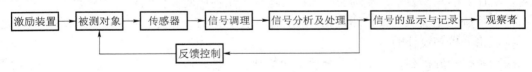

图 0-2　测试系统的组成

第三节　控　制　系　统

一、控制系统的内容

控制系统通过人或外加的辅助设备或装置（称为控制装置或控制器），使得被控对象或系统（如机器、生产过程等）的工作状态或参数（即"被控量"）按照预定的规律运行。对无须人直接干预即可运行的控制系统，称为自动控制系统。图 0-3 是一个简单的恒温箱控制系统的例子。

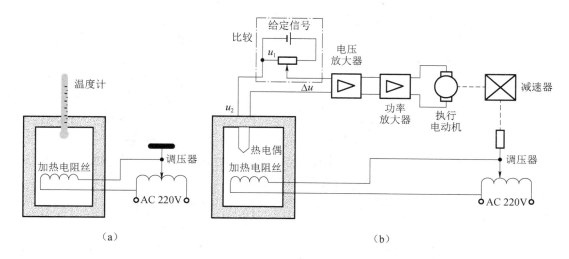

图 0-3　恒温箱控制系统

（a）人工控制的恒温箱；（b）自动控制的恒温箱

恒温箱控制的要求是克服外界干扰（如电源电压波动、环境温度变化等），保持箱内温度恒定，以满足物体对温度的要求。显然为了实现温度的恒定控制，必须首先对箱内温度进行测量。对于图 0-3（a）所示的人工控制的恒温箱，其控制或调节过程可归结如下：

（1）操作者观测由测量元件（温度计）测出的恒温箱内的温度（被控制量）。

（2）将测得的温度与要求的温度值（给定值）进行比较，得出温度差值（称为偏差）的大小和方向。

（3）根据偏差的大小和方向，操作者通过调节调压器进行控制。当恒温箱内温度高于所要求的给定温度值时，移动调压器使电流减小，温度降低。若温度低于给定的值，则移动调压器，使电流增加，温度升到正常范围。

显然，人工控制的过程就是通过眼睛测量、大脑求取偏差，再通过手控制调压器改变加热电阻丝的发热量以纠正温度偏差的过程，即"检测偏差再纠正偏差"。

人工控制要求操作者随时观察箱内温度的变化情况，随时进行调节。为了将操作者从这种机械式的重复劳动中解脱出来，可以设计一个控制器来完成人的工作，将上面的人工控制变成如图 0-3（b）所示的自动控制系统。其中，恒温箱的所需温度由电压信号 u_1 给定。当外界因素引起箱内温度变化时，作为测量元件的热电偶，把温度转换成对应的电压信号 u_2，并反馈回去与给定信号 u_1 相比较，所得结果即为温度的偏差信号 $\Delta u = u_1 - u_2$。经过电压、功率放大后，用以改变执行电动机的转速和方向，并通过传动装置拖动调压器动触头。当温度偏高时，动触头向着减小电流的方向运动，反之加大电流，直到温度达到给定值为止，即只有在偏差信号 $\Delta u = 0$ 时，电动机才停转，这样就完成了恒温箱所要求的自动控制任务。

可见，自动控制系统和人工控制系统的共同特点都是要检测偏差，并用检测到的偏差去纠正偏差。因此，检测是控制的前提，而没有偏差就不会有控制调节过程。控制系统的工作原理可以归纳如下：

（1）检测输出量的实际值。

（2）将实际值与给定值（输入量）进行比较得出偏差值。

（3）用偏差值产生控制调节作用去消除偏差。

在控制系统中，给定量又称为系统的输入量，被控制量也称为系统的输出量。输出量的返回过程称为反馈，它表示输出量通过测量装置将信号的全部或一部分返回输入端，使之与输入量进行比较，比较产生的结果称为偏差。在人工控制中，这一偏差是通过人眼观测后，由人脑判断、决策得出的；而在自动控制中，偏差则是通过反馈，由控制器进行比较、计算产生的。由于存在输出量反馈，系统能在无法预计扰动的情况下，自动减少系统的输出量与参考输入量（或者任意变化的希望的状态）之间的偏差，故称之为反馈控制；而将基于反馈原理、通过"检测偏差再纠正偏差"的系统称为反馈控制系统。可见，作为反馈控制系统至少应具备测量、比较（或计算）和执行三个基本功能。

控制系统通常通过结构框图或功能框图清晰而形象地表示出来，图 0-4 给出了图 0-3 所示的恒温箱控制系统的功能框图。图中带有箭头的有向线段表示信息的传递路径，有向线段旁边标示的符号表示该线段所代表的信号；带有名称的框表示构成系统的各个部件（即测控环节），进入框的箭头表示信号输入，反之表示输出，各环节的作用是单向的，其输出受输入控制；⊗代表比较元件，注意到进入比较元件的反馈信号 u_2 旁边有一个"–"号，其含义是负号，即比较元件完成给定信号与反馈信号的相减操作以获取偏差信号产生控制作用，使偏差越来越小，这种控制称为负反馈控制。负反馈控制是实现自动控制最基本的方法，自动控制的实现是建立在反馈基础之上的。

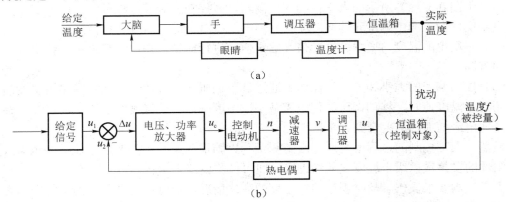

图 0-4　恒温箱控制系统功能框图

（a）人工控制的恒温箱；（b）自动控制的恒温箱

二、控制系统的任务

控制系统的任务可以概括为以下几个方面：

在设备设计中，通过对新、旧产品的模型试验或现场实测，为产品质量和性能提供客观的评价，为技术参数的优化和效率的提高提供基础数据；通过自动控制技术的引入，提高设备的性能和工作效率。

在设备改造中，通过实测设备或零件的载荷、应力、工艺参数和电动机参数，为设备强度校验和承载能力的提高提供依据，挖掘设备的潜力；通过新增的自动控制装置，实现设备的功能升级和改善，以提高产量和质量。

通过自动控制，尤其是恶劣环境或危险环境下设备的自动控制，改善劳动条件与工作环境，保证人的身心健康。

本课程主要以经典控制理论研究系统分析及信号处理问题。

三、控制系统的组成

控制系统是指由相关的器件、仪器和控制装置有机组合而成的具有获取某种信息，并实施控制被控对象或系统运行行为的功能的整体，控制系统根据被控对象和具体用途不同，可以有不同的结构形式。图 0-5 是一个典型的控制系统的功能框图。

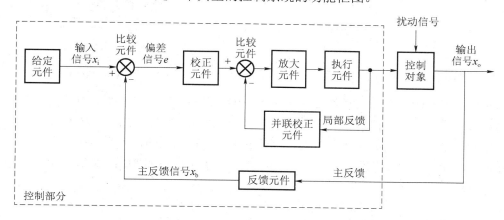

图 0-5　控制系统的功能框图

四、控制系统的分类

控制系统的种类很多，在实际应用中可以从不同的角度对控制系统进行分类。

1. 按有无反馈作用分类

实际的控制系统，根据有无反馈作用可以分为开环控制系统、闭环控制系统和半闭环控制系统。

1）开环控制系统

如果系统只是根据输入量和干扰量进行控制，而输出端和输入端之间不存在反馈回路，则输出量在整个控制过程中对系统的控制不产生任何影响，这样的系统称为开环控制系统。图 0-6 所示的数控机床进给系统，由于没有反馈通道，所以是一个开环控制系统。系统的输出量仅受输入量的控制。

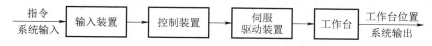

图 0-6　数控机床工作台进给开环控制系统

开环控制系统的输入量与输出量之间有明确的对应关系，但如果在某种干扰的作用下，使得系统的输出偏离了原始值，则由于不存在反馈，控制器无法获得关于输出量的实际状态，系统将无法自动纠偏，所以，开环系统的控制精度通常较低。但是如果组成系统的元件特性和参数值比较稳定，而且外界的干扰也比较小，则这种控制系统也可以保证一定的精度。开环控制系统的最大优点是系统简单，一般都能稳定可靠地工作，因此对于要求不高的系统可以采用。开环控制系统的框图如图0-7所示。

2）闭环控制系统

如果系统的输出端和输入端之间存在反馈回路，输出量对控制过程产生直接影响，则这种系统称为闭环控制系统，如前述的恒温箱自动控制系统就是一个闭环控制系统。闭环控制系统的框图如图0-8所示。

图 0-7　开环控制系统框图　　　　　图 0-8　闭环控制系统框图

闭环控制系统的突出优点是不管遇到什么干扰，只要被控制量的实际值偏离给定值，闭环控制系统就会自动产生控制作用来减小这一偏差，因此，闭环控制系统精度通常较高。

闭环控制系统也有它的缺点，这类系统是靠偏差进行控制的，因此，在整个控制过程中始终存在着偏差，由于元件的惯性（如负载的惯性），若参数配置不当，很容易引起振荡，使系统不稳定而无法工作。

图 0-5 所示为一个较完整的闭环控制系统。由图 0-5 可见，闭环控制系统一般应该包括给定元件、反馈元件、比较元件、放大元件、执行元件及校正元件等。

（1）给定元件。主要用于产生给定信号或输入信号。

（2）反馈元件。反馈元件通常是一些用电量来测量非电量的元件，即传感器，它测量被控制量或输出量，产生主反馈信号。一般地，为了便于传输，主反馈信号多为电信号。

必须指出，在机械、液压、气动、机电、电动机等系统中存在着内在反馈。这是一种没有专设反馈元件的信息反馈，是系统内部各参数相互作用而产生的反馈信息流，如作用力与反作用力之间形成的直接反馈。内在反馈回路由系统动力学特性确定，它所构成的闭环系统是一个动力学系统。例如，机床工作台低速爬行等自励振荡现象，都是由具有内在反馈的闭环系统产生的。

（3）比较元件。用来接收输入信号和反馈信号并进行比较，产生反映两者差值的偏差信号。

（4）放大元件。对偏差信号进行放大的元件，如电压放大器、功率放大器等。放大元件的输出一定要有足够的能量，才能驱动执行元件，实现控制功能。

（5）执行元件。直接对受控对象进行操纵的元件，如伺服电动机、液压（气）马达、伺服液压（气）缸等。

（6）校正元件。为保证控制质量，使系统获得良好的动、静态性能而加入系统的元件。校正元件又称为校正装置。串接在系统前向通路上的校正装置称为串联校正装置；并接在反馈回路上的校正装置称为并联校正装置。

尽管一个控制系统包含许多起着不同作用的元部件，但从总体上看，任何一个控制系统都可认为仅由控制器（完成控制作用）和控制对象两部分组成。例如，在图 0-5 中，比较元件、放大元件、执行元件和反馈元件等共同起着控制作用，为控制器部分。图 0-5 还包括了扰动信号，扰动信号是由于系统内部元器件参数的变化或外部环境的改变而造成的，不管是何种扰动，其最终结果都是导致输出量（即被控制量）发生偏移，因此直接将扰动信号集中表示在控制对象上。考虑到输出量的偏移所产生的偏差可以通过反馈作用予以自动纠正，采用上述表示方法是合适的。

3）半闭环控制系统

如果控制系统的反馈信号不是直接从系统的输出端引出，而是间接地取自中间的测量元件。例如，在数控机床的进给伺服系统中，若将位置检测装置安装在传动丝杆的端部，间接测量工作台的实际位移，则这种系统称为半闭环控制系统。

半闭环控制系统一般可以获得比开环系统更高的控制精度，但由于只存在局部反馈，在局部反馈之外的部分所导致的输出扰动将无法通过自动调节的方式消除，因此，其精度往往比闭环系统要低；但与闭环系统相比，它易于实现系统的稳定。目前大多数数控机床都采用这种半闭环控制进给伺服系统。

2. 按控制输入量的特征分类

1）恒值控制系统

这种系统的控制输入量是一个恒定值，一经给定，在运行过程中就不再改变（但可定期校准或更改输入量）。恒值控制系统的任务是保证在任何扰动下系统的输出量为恒值。

工业生产中的温度、压力、流量、液面等参数的控制，有些原动机的速度控制，机床的位置控制，电力系统的电网电压、频率控制等，均属此类。

2）程序控制系统

这种系统的输入量不为常值，但其变化规律是预先知道和确定的。可以预先将输入量的变化规律编成程序，由该程序发出控制指令，在输入装置中再将控制指令转换为控制信号，经过全系统的作用，使控制对象按指令的要求而运动。计算机绘图仪就是典型的程序控制系统。

工业生产中的过程控制系统按生产工艺的要求编制成特定的程序，由计算机来实现其控制，这就是近年来迅速发展起来的数字程序控制系统和计算机控制系统。微处理机控制将程序控制系统推向更普遍的应用领域。图 0-9 表示一个用于机床切削加工的程序控制系统。

3）随动系统

随动系统在工业部门又称为伺服系统。这种系统的输入量的变化规律是不能预先确定的。当输入量发生变化时，要求输出量迅速而平稳地跟随着变化，且能排除各种干扰因素的影响，准确地复现控制信号的变化规律（此即伺服的含义）。控制指令可以由操作者根据需要随时发出，也可以由目标物或相应测量装置发出。

3. 按系统中传递信号的性质分类

1）连续系统

系统中各部分传递的信号都是连续时间变量的系统称为连续系统。连续系统又有线性系统和非线性系统之分。用线性微分方程描述的系统称为线性系统，不能用线性微分方程描述、存在着非线性部件的系统称为非线性系统。

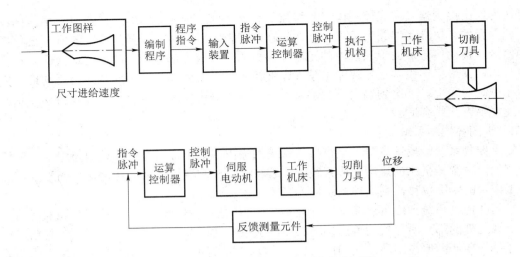

图 0-9　用于机床切削加工的程序控制系统

2）离散系统

系统中某一处或数处的信号是脉冲序列或数字量传递的系统称为离散系统（也称数字控制系统）。在离散系统中数字测量、放大、比较、给定等部件一般均由微处理机实现，计算机的输出经 D/A 转换加给伺服放大器，然后再去驱动执行元件；或由计算机直接输出数字信号，经数字放大器后驱动数字式执行元件。

由于连续系统和离散系统的信号形式有较大区别，因此在分析方法上也有明显的不同。连续系统以微分方程来描述系统的运动状态，并用拉氏变换法求解微分方程；而离散系统则用差分方程来描述系统的运动状态，用 Z 变换法引出脉冲传递函数来研究系统的动态特性。

此外，还可按照系统部件的物理属性分为机械、电气、机电、液压、气动、热力等控制系统。

五、对控制系统的基本要求

不同场合的控制系统有着不同的性能要求。但各种控制系统均有着一些共同的基本要求，即稳定、准确、快速。

1. 稳定性

由于控制系统都包含储能元件，若系统参数匹配不当，能量在储能元件间的交换可能引起振荡。稳定性就是指系统动态过程的振荡倾向及其恢复平衡状态的能力。对于稳定的系统，当输出量偏离平衡状态时，应能随着时间收敛并且最后回到初始的平衡状态。稳定性是保证控制系统正常工作的先决条件。

2. 准确性

控制系统的准确性一般以稳态误差来衡量。所谓稳态误差是指以一定变化规律的输入信号作用于系统后，当调整过程结束而趋于稳定时，输出量的实际值与期望值之间的误差值，它反映了动态过程后期的性能。这种误差一般是很小的。例如，数控机床的加工误差小于

0.02mm，一般恒速、恒温控制系统的稳态误差都在给定值的 1%以内。

3. 快速性

快速性是指当系统的输出量与输入量之间产生偏差时，消除这种偏差的快慢程度。快速性好的系统，它消除偏差的过渡过程时间就短，就能复现快速变化的输入信号，因而具有较好的动态性能。

具体情况不同，各系统对稳定、准确、快速这三方面的要求各有侧重。例如，调速系统对稳定性要求较严，而随动系统则对快速性提出较高的要求。

需要指出的是，对于一个控制系统而言，稳、准、快是相互制约的。提高快速性，可能会使得系统发生强烈振荡；改善了稳定性，控制过程又有可能过于迟缓，甚至精度也会变差。分析和解决这些矛盾，正是控制理论所要讨论的主要内容之一。

六、控制技术的发展与应用

控制技术是一门新型的技术科学，也是一门边缘科学。早在一千多年以前，我国就先后发明了铜壶滴漏计时器（其工作原理如图 0-10 所示）、指南针及天文仪器等多种自动控制装置，这些发明促进了当时社会经济的发展。即使从 1788 年瓦特（J.Watt）发明蒸汽机飞球调速器（其工作原理如图 0-11 所示）算起，测控工程也已有了二百多年的历史。然而，测控工程作为一门学科，它的形成并迅速发展却是最近五六十年的事情。

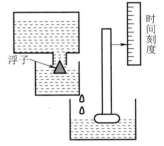

图 0-10　铜壶滴漏计时器

第二次世界大战前，控制系统的设计因缺乏系统的理论指导而多采用试凑法。第二次世界大战期间，建造飞机自动驾驶仪、雷达跟踪系统、火炮瞄准系统等军事装备的需要，推动了控制理论的飞跃发展。1948 年威纳 （N.Wiener） 发表了著名的《控制论》，从而基本上形成了经典控制理论，使控制工程有了扎实的理论支撑。经典控制理论以传递函数为基础，主要研究单输入-单输出系统的分析和控制问题。

除威纳之外，在经典控制理论的形成和发展过程中做出重大贡献的还有：1868 年，马克斯威尔（J.C. Maxwell）发表了《调速器》一文，首先提出了"反馈控制"的概念；劳斯（E.J.Routh）和赫维茨（A.Hurwifz）分别先后于 1875 年和 1895 年独立地提出了判别系统稳定性的代数判据；1932 年，奈奎斯特（H.Nyquist）提出了著名的奈奎斯特稳定性判据；此后，伯德（H.W. Bode）总结了负反馈放大器；1948 年，埃文斯（W.R.Evans）提出了根轨迹法，进一步充实了经典控制理论。

古典控制理论主要讨论单输入-单输出线性系统，代表性的理论和方法包括 Routh-Hurwitz 稳定性判据、Nyquist 分析、Bode 图、Ziegler-Nichols 调节律和 Wiener 滤波等。单复变函数论和平稳过程理论等是古典时期重要的数学工具。

第二次世界大战后控制理论扩展到民用，在化工、炼油、冶金等工业部门得到了进一步的应用，控制理论也日渐成熟。1954 年，我国科学家钱学森发表了《工程控制论》这一名著，为我国控制工程这门技术科学奠定了理论基础。

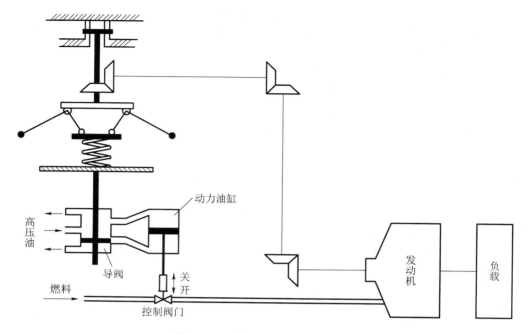

图 0-11　瓦特式调速器的基本原理

　　20 世纪 50 年代末和 60 年代，控制工程又出现了一个迅猛发展时期，这时由于导弹制导、数控技术、空间技术发展的需要和电子计算机技术的成熟，控制理论发展到了一个新的阶段，产生了现代控制理论。它是以状态空间分析法为基础，主要分析和研究多输入/多输出、时变、非线性等系统的最优控制问题。特别是近十几年来，在计算机技术和现代应用数学高速发展的推动下，现代控制理论在最优滤波、系统辨识、自适应控制、智能控制等方面又有了重大进展。

　　对现代控制理论做出贡献的有：1892 年，俄国的李稚普诺夫提出的判定系统稳定性的方法被广泛应用于现代控制理论；1956 年，苏联的蓬特里亚金提出了极大值原理；1956 年，美国的贝尔曼提出了动态规划理论；1960 年，美国的卡尔曼提出了卡尔曼滤波理论。

　　纵观控制工程的发展历程，它是与控制理论、计算机技术、现代应用数学的发展息息相关的。目前，控制理论正在与模糊数学、分形几何、混沌理论、灰色理论、人工智能、神经网络、遗传基因等学科的交叉、渗透和结合中不断发展。特别是在非线性控制、分布参数控制、随机控制、稳健控制、自适应控制、辨识与滤波、离散事件动态系统等若干主要方向上取得了重要进展。

思考题与习题

　　1. 控制系统研究的对象与任务是什么？

　　2. 组成控制系统的主要环节有哪些？它们各有什么特点？各起什么作用？

　　3. 分析比较开环控制系统与闭环控制系统的特征、优缺点和应用场合的不同。

4. 对控制系统的基本要求是什么？

5. 两种液面控制系统如图 0-12 所示。要求在运行中容器的液面高度保持不变。试简述其工作原理，比较其优缺点，并分别画出系统原理结构框图。

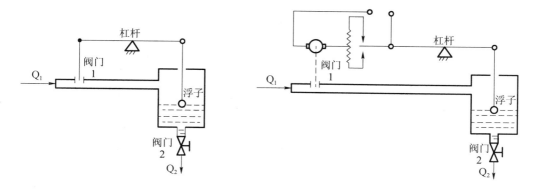

图 0-12　两种液面控制系统

6. 电位计式机械手随动系统如图 0-13 所示，试简述其工作原理，并画出系统原理结构框图。

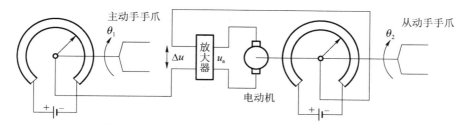

图 0-13　电位计式机械手随动系统

第一章

信号与系统的分析基础

第一节　信号的描述

　　信号是用来传递信息的机械动作、光、电、声或其他物质运动的形式，即携带信息的载体，信号是物理性的，并且随时间或空间而变化。在数学上，可以表示为随时间或空间而变化的函数。例如，汽车座椅或地板振动信号可以用时间函数来表示。一个信号中包含着被观测系统的某些有用信息，这些信息反映被观测系统的状态或特性。例如，在无线通信中，电磁波信号运载着音乐或新闻信息。信号帮助人们认识客观事物的内在规律、研究事物之间的相互联系。

一、信号的分类

1. 确定性信号与随机信号

　　为了深入了解信号的物理实质，将其进行分类研究是非常必要的。对于实际信号，可以从不同的角度、不同的特征等将信号进行图 1-1 所示的分类。

　　1）确定性信号

　　可以表示为确定性函数的信号称为确定性信号，对于确定性信号可确定其任何时刻或位置的量值，它可以进一步分为周期信号和非周期信号。

　　（1）周期信号。

　　周期信号是指经过一定时间可以重复出现的信号，如正弦或余弦信号，它可以用幅值、频率和初相角三个参数来描述。周期信号可表达为

$$x(t) = x(t + nT_0) \quad (n = 1, 2, 3, \cdots) \tag{1-1}$$

式中，T_0——周期。

　　例如，一个集中参量的单自由度振动系统（图 1-2）做无阻尼自由振动时，其位移 $x(t)$ 就是确定性的。它可用下式来确定质点的瞬时位置：

$$x(t) = x_0 \sin\left(\sqrt{\frac{k}{m}}\, t + \varphi_0\right) \tag{1-2}$$

式中，x_0、φ_0——取决于初始条件的常数；

　　　　m——质量；

k——弹簧刚度；

t——时刻。

其周期 $T_0 = \dfrac{2\pi}{\sqrt{k/m}}$。

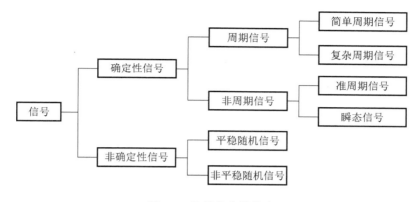

图 1-1　信号的分类描述

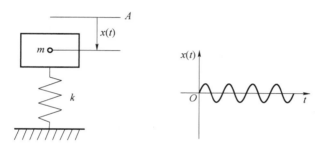

图 1-2　单自由度振动系统

A—质点 m 的静态平衡位置

（2）非周期信号。

将确定性信号中那些不具有周期重复性的信号称为非周期信号。它包括准周期信号和瞬变非周期信号。准周期信号是由两种以上的周期信号合成的，但其组成分量间无法找到公共周期，因而无法按某一时间间隔周而复始地重复出现，所以不是周期信号。这类信号包括指数衰减函数、指数衰减的余弦函数等。除准周期信号之外的其他非周期信号，是一些或在一定时间区间内存在，或随着时间的增长而衰减至零的信号，称为瞬变非周期信号。

图 1-2 所示的振动系统，若加上阻尼装置后，其质点位移 $x(t)$ 可用下式表示：

$$x(t) = A\mathrm{e}^{-at}\sin(\omega_0 t + \varphi_0) \quad (a > 0) \tag{1-3}$$

其图形如图 1-3 所示，它是一种瞬变非周期信号，随时间的无限增加而衰减至零。

2）随机信号（非确定性信号）

随机信号是非确定性信号，是一种不能准确预测其未来瞬时值，也无法用确定性数学函数来描述的信号。但是，它具有某些统计特征，可以用概率统计方法由其过去来估计其未来。随机信号所描述的现象是随机过程。自然界和生活中有许多随机过程，如汽车行驶时产生的振动、环境噪声等都属于随机信号。

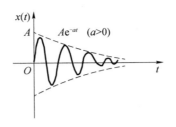

图 1-3　衰减振动系统

2. 连续信号与离散信号

在连续的时间范围内有定义的信号称为连续信号，而在一些离散的瞬间才有定义的信号称为离散信号。图 1-4（a）所示为汽车行驶一段时间内的速度变化曲线，是一组典型的连续信号。图 1-4（b）所示为每隔 5min 测定开水房锅炉水的温度变化曲线，是一组离散信号。离散信号是将连续信号等时距采样后的结果，离散信号可用离散图形表示，或用数字序列表示。图 1-4（c）所示为某一连续信号，将其采样离散化后的离散信号如图 1-4（d）所示。连续信号的幅值可以是连续的，也可以是离散的。对于连续信号，若其独立变量是连续的，信号的幅值既可以是连续的，也可以是离散的。当连续信号的独立变量和幅值均取连续值时，称其为模拟信号；当连续信号的独立变量是连续的，而其幅值为离散的时，称其为量化信号。离散信号的独立变量是离散的，若其幅值是连续的，则称其为采样信号；若其独立变量和幅值都是离散的，则称其为数字信号，这时"数据"和"信号"的概念可以通用。数字计算机的输入、输出信号都是数字信号。

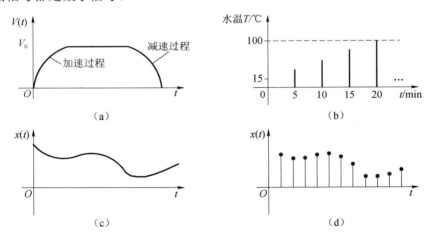

图 1-4　连续信号和离散信号

3. 一维信号与多维信号

只有一个自变量描述的信号称为一维信号，如语音信号。由多个自变量描述的信号称为多维信号，如图像信号。

二、信号的描述

直接观测到或记录的信号，一般以时间为独立变量，称其为信号的时域描述。信号的时域描述强调信号的幅值随时间变化的特征，但不能直接反映信号中的频率信息。为研究信号的频率结构及各频率成分的幅值和相位关系，需对信号进行频谱分析，把信号的时域描述变成信号的频域描述，即以频率为独立变量来表示信号，信号的频域描述强调信号的幅值和初相位随频率变化的特征。信号的时域描述和频域描述可以通过适当的方法相互转换。

例如，图 1-5 是一个周期方波的时域描述，也可用下式来表示：

$$x(t) = x(t + nT_0)$$

$$x(t) = \begin{cases} A, & 0 \leqslant t \leqslant \dfrac{T_0}{2} \\ -A, & -\dfrac{T_0}{2} < t < 0 \end{cases}$$

将该周期方波应用傅里叶级数展开，即得

$$x(t) = \frac{4A}{\pi}\left(\sin \omega_0 t + \frac{1}{3}\sin 3\omega_0 t + \frac{1}{5}\sin 5\omega_0 t + \cdots \right) \tag{1-4}$$

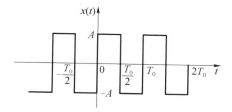

图 1-5 周期方波

式中，$\omega_0 = \dfrac{2\pi}{T_0}$。

此式表明该周期方波是由一系列幅值和频率不等、相角为零的正弦信号叠加而成的。此式可改写成

$$x(t) = \frac{4A}{\pi}\left(\sum_{n=1}^{\infty} \frac{1}{n}\sin n\omega_0 t \right) \quad n = 1, 3, 5, \cdots$$

可见，此式除 t 之外还有另一个变量 ω（各正弦成分的频率）。若视 t 为参变量，以 ω 为独立变量，则此式即为该周期方波的频域描述。

在信号分析中，将组成信号的各频率成分找出来，按序排列，得出信号的频谱。若以频率为横坐标，分别以幅值或相位为纵坐标，便分别得到信号的幅频谱或相频谱。图 1-6 表示了该周期方波的时域图形、幅频谱和相频谱三者之间的关系。

信号时域描述可以直观地反映出信号瞬时值随时间变化的情况；信号频域描述则反映出信号的频率组成及其幅值、相位。为了解决不同的问题，往往需要采用信号不同方面的特征，因而可采用不同的描述方式。例如，评定机器振动烈度，需用振动速度的均方根值来作为判据，若速度信号采用时域描述，就能很快求得均方根值；而在寻找振源时，需要掌握振动信

号的频率分量，这就需采用频域描述。

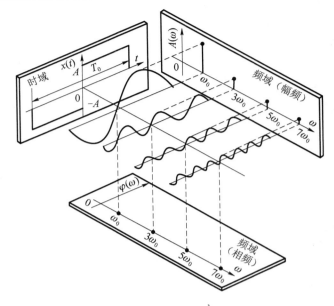

图 1-6　周期方波的描述

第二节　周期信号与离散频谱

一、傅里叶级数的三角函数展开式

在有限区间上，凡周期函数（信号）$x(t)$ 满足狄里赫利条件（即函数在一个周期内是绝对可积的）的，即可展开成傅里叶级数。傅里叶级数的三角函数展开式如下：

$$x(t) = a_0 + \sum_{n=1}^{\infty} (a_n \cos n\omega_0 t + b_n \sin n\omega_0 t) \tag{1-5}$$

式中，常值分量为

$$a_0 = \frac{1}{T_0} \int_{-T_0/2}^{T_0/2} x(t) \mathrm{d}t \tag{1-6}$$

余弦分量的幅值为

$$a_n = \frac{2}{T_0} \int_{-T_0/2}^{T_0/2} x(t) \cos n\omega_0 t \mathrm{d}t \tag{1-7}$$

正弦分量的幅值为

$$b_n = \frac{2}{T_0} \int_{-T_0/2}^{T_0/2} x(t) \sin n\omega_0 t \mathrm{d}t \tag{1-8}$$

式中，T_0 ——周期；

ω_0 ——角频率；$\omega_0 = \dfrac{2\pi}{T_0}$，$n = 1, 2, 3\cdots$。

将式（1-5）中的同频项合并，可以写成

$$x(t) = a_0 + \sum_{n=1}^{\infty} A_n \cos(n\omega_0 t + \varphi_n) \tag{1-9}$$

$$A_n = \sqrt{a_n^2 + b_n^2}$$

$$\tan \varphi_n = \frac{-b_n}{a_n}$$

式中，A_n——第 n 次谐波的幅值；

φ_n——第 n 次谐波的相角。

由式（1-9）可见，周期信号是由一个或几个，乃至无穷多个不同频率的谐波叠加而成的。以角频率为横坐标，幅值 A_n 或相角 φ_n 为纵坐标作图，则分别得其幅频谱图和相频谱图。由于 n 是整数序列，各频率成分都是 ω_0 的整数倍，相邻频率的间隔 $\Delta\omega = \omega_0 = 2\pi/T_0$，因而谱线是离散的。通常称 ω_0 为基频，并把 $A_n \cos(n\omega_0 t + \varphi_n)$ 称为 n 次谐波。

例 1-1 求图 1-7 中周期性三角波的傅里叶级数。

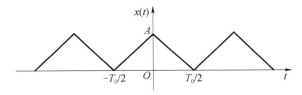

图 1-7 周期性三角波

解： 三角波一个周期的波形可表示为

$$x(t) = \begin{cases} A + \dfrac{2A}{T_0} t, & -\dfrac{T_0}{2} \leqslant t \leqslant 0 \\ A - \dfrac{2A}{T_0} t, & 0 \leqslant t \leqslant \dfrac{T_0}{2} \end{cases}$$

常值分量为

$$a_0 = \frac{1}{T_0} \int_{-\frac{T_0}{2}}^{\frac{T_0}{2}} x(t)\mathrm{d}t = \frac{2}{T_0} \int_0^{\frac{T_0}{2}} \left(A - \frac{2A}{T_0} t \right) \mathrm{d}t = \frac{A}{2} \tag{1-10}$$

余弦分量幅值为

$$a_n = \frac{2}{T_0} \int_{-\frac{T_0}{2}}^{\frac{T_0}{2}} x(t) \cos n\omega_0 t \, \mathrm{d}t = \frac{4}{T_0} \int_0^{\frac{T_0}{2}} \left(A - \frac{2A}{T_0} t \right) \cos n\omega_0 t \, \mathrm{d}t$$

$$= \frac{4A}{n^2 \pi^2} \sin^2 \frac{n\pi}{2} = \begin{cases} \dfrac{4A}{n^2 \pi^2}, & n = 1,3,5,\cdots \\ 0, & n = 2,4,6,\cdots \end{cases} \tag{1-11}$$

因为 $x(t)$ 是偶函数，$\sin n\omega_0 t$ 是奇函数，所以 $x(t)\sin n\omega_0 t$ 也是奇函数，而奇函数在上、下限对称区间的积分值等于零，所以正弦分量的幅值为

$$b_n = \frac{2}{T_0} \int_{-T_0/2}^{T_0/2} x(t) \sin n\omega_0 t \, \mathrm{d}t = 0 \tag{1-12}$$

该周期性三角波的傅里叶级数展开式为

$$x(t) = \frac{A}{2} + \frac{4A}{\pi^2}\left(\cos\omega_0 t + \frac{1}{3^2}\cos 3\omega_0 t + \frac{1}{5^2}\cos 5\omega_0 t + \cdots\right)$$

$$= \frac{A}{2} + \frac{4A}{\pi^2}\sum_{n=1}^{\infty}\frac{1}{n^2}\cos n\omega_0 t \quad (n = 1, 3, 5, \cdots)$$

周期性三角波的频谱如图 1-8 所示，其幅频谱只包含常值分量、基波和奇次谐波的频率分量，谐波的幅值以 $1/n^2$ 的规律收敛。在相频谱图中基波和各次谐波的初相位均为零。

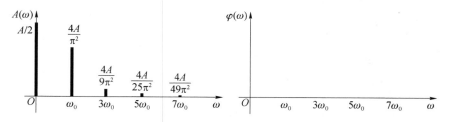

图 1-8　周期性三角波的频谱

二、傅里叶级数的复指数函数展开式

傅里叶级数也可以写成负指数函数形式。根据欧拉公式，有

$$e^{\pm j\omega t} = \cos\omega t \pm j\sin\omega t \quad (j = \sqrt{-1}) \tag{1-13}$$

$$\cos\omega t = \frac{1}{2}(e^{-j\omega t} + e^{j\omega t}) \tag{1-14}$$

$$\sin\omega t = j\frac{1}{2}(e^{-j\omega t} - e^{j\omega t}) \tag{1-15}$$

因此，式（1-5）可改写为

$$x(t) = a_0 + \sum_{n=1}^{\infty}\left[\frac{a_n}{2}(e^{-jn\omega_0 t} + e^{jn\omega_0 t}) + j\frac{b_n}{2}(e^{-jn\omega_0 t} - e^{jn\omega_0 t})\right]$$

$$= a_0 + \sum_{n=1}^{\infty}\left[\frac{1}{2}(a_n + jb_n)e^{-jn\omega_0 t} + \frac{1}{2}(a_n - jb_n)e^{jn\omega_0 t}\right]$$

令

$$c_0 = a_0, \qquad c_{-n} = \frac{1}{2}(a_n + jb_n), \qquad c_n = \frac{1}{2}(a_n - jb_n) \tag{1-16}$$

则

$$x(t) = c_0 + \sum_{n=1}^{\infty}c_{-n}e^{-jn\omega_0 t} + \sum_{n=1}^{\infty}c_n e^{jn\omega_0 t}$$

或

$$x(t) = \sum_{n=-\infty}^{\infty}c_n e^{jn\omega_0 t} \quad (n = 0, \pm 1, \pm 2, \cdots) \tag{1-17}$$

这就是傅里叶级数的复指数函数形式。将式（1-6）～式（1-8）代入式（1-16）中，并令 $n = 0$，$\pm 1, \pm 2, \cdots$，即得

$$c_n = \frac{1}{T_0}\int_{-\frac{T_0}{2}}^{\frac{T_0}{2}} x(t)\mathrm{e}^{-j_n\omega_0 t}\mathrm{d}t \tag{1-18}$$

在一般情况下 c_n 是复数，可以写成

$$c_n = c_{nR} + \mathrm{j}c_{nI} = |c_n|\,\mathrm{e}^{\mathrm{j}\varphi_n}$$

式中，$|c_n| = \sqrt{c_{nR}^2 + c_{nL}^2}$，$\varphi_n = \arctan\dfrac{c_{nR}}{c_{nL}}$。

c_n 与 c_{-n} 共轭，即

$$c_n = c_{-n}^*, \quad \varphi_n = -\varphi_{-n}$$

把周期函数 $x(t)$ 展开为傅里叶级数的复指数函数形式以后，可以分别以 $|c_n| - \omega$ 和 $\varphi_n - \omega$ 作幅频图谱和相频图谱；也可以分别以 c_n 的实部或虚部与频率的关系作幅频图，分别称为实频谱图和虚频谱图。比较傅里叶级数的两种展开形式可知，复指数函数形式的频谱为双边谱（ω 从 $-\infty \sim +\infty$），三角函数形式的频谱为单边谱（ω 从 $0 \sim \infty$）；两种频谱各谐波幅值在量值上有确定的关系，即 $|c_n| = \dfrac{1}{2}A_n$，$|c_0| = a_0$。双边幅频谱为偶函数，双边相频谱为奇函数。

一般周期性函数按傅里叶级数的复指数函数形式展开后，其实频谱总是偶对称的，虚频谱总是奇对称的。

例 1-2　周期矩形信号在一个周期 $\left(-\dfrac{T_0}{2}, \dfrac{T_0}{2}\right]$ 内的表达式为

$$x(t) = \begin{cases} A, & 0 \leqslant t \leqslant \dfrac{T_0}{2} \\ -A, & -\dfrac{T_0}{2} < t < 0 \end{cases}$$

如图 1-9 所示，将其展开为三角函数形式和复指数形式的傅里叶级数，并画出其幅频谱和相位谱曲线。

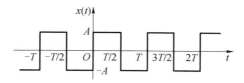

图 1-9　周期性方波

解： 根据式（1-5）～式（1-8）可以算得

$$a_0 = \frac{2}{T}\int_{-\frac{T}{2}}^{\frac{T}{2}} x(t)\mathrm{d}t = \frac{2}{T}\left[\int_{-\frac{T}{2}}^{0}(-A)\mathrm{d}t + \int_{0}^{\frac{T}{2}} A\mathrm{d}t\right] = 0$$

$$a_n = \frac{2}{T}\int_{-\frac{T}{2}}^{\frac{T}{2}} x(t)\cos n\omega_0 t\mathrm{d}t = \frac{2}{T}\left[\int_{-\frac{T}{2}}^{0}(-A)\cos n\omega_0 t\mathrm{d}t + \int_{0}^{\frac{T}{2}} A\cos n\omega_0 t\mathrm{d}t\right] = 0$$

$$b_n = \frac{2}{T}\int_{-\frac{T}{2}}^{\frac{T}{2}} x(t)\sin n\omega_0 t\mathrm{d}t = \frac{2}{T}\left[\int_{-\frac{T}{2}}^{0}(-A)\sin n\omega_0 t\mathrm{d}t + \int_{0}^{\frac{T}{2}} A\sin n\omega_0 t\mathrm{d}t\right]$$

$$= \frac{4}{T}\left[\int_{0}^{\frac{T}{2}} A\sin n\omega_0 t\mathrm{d}t\right] = \frac{2A}{n\pi}(1-\cos n\pi)$$

$$A_n = \sqrt{{a_n}^2 + {b_n}^2} = \frac{2A}{n\pi}(1-\cos n\pi)$$

$$\varphi_n = -\arctan\frac{b_n}{a_n} = -\frac{\pi}{2}$$

此周期矩形脉冲信号可展开为

$$x(t) = \frac{a_0}{2} + \sum_{n=1}^{+\infty}\left(a_n\cos n\omega_0 t + b_n\sin n\omega_0 t\right)$$

$$= \frac{4A}{\pi}\left(\sin\omega_0 t + \frac{1}{3}\sin 3\omega_0 t + \frac{1}{5}\sin 5\omega_0 t + \frac{1}{7}\sin 7\omega_0 t + \cdots\right)$$

或

$$x(t) = \frac{a_0}{2} + \sum_{n=1}^{+\infty} A_n\cos\left(n\omega_0 t + \varphi_n\right) = \sum_{n=1}^{+\infty}\frac{2A}{n\pi}(1-\cos n\pi)\cos\left(n\omega_0 t - \frac{\pi}{2}\right)$$

$$= \frac{4A}{\pi}\cos\left(\omega_0 t - \frac{\pi}{2}\right) + \frac{4A}{3\pi}\cos\left(3\omega_0 t - \frac{\pi}{2}\right) + \frac{4A}{5\pi}\cos\left(5\omega_0 t - \frac{\pi}{2}\right) + \cdots$$

将 $x(t)$ 展开成复指数形式的傅里叶级数，即

$$C_n = \frac{1}{T}\int_{-\frac{T}{2}}^{\frac{T}{2}} x(t)\mathrm{e}^{-jn\omega_0 t}\mathrm{d}t = \frac{1}{T}\left[\int_{-\frac{T}{2}}^{0}(-A)\mathrm{e}^{-jn\omega_0 t}\mathrm{d}t + \int_{0}^{\frac{T}{2}} A\mathrm{e}^{-jn\omega_0 t}\mathrm{d}t\right]$$

$$= \frac{2}{T}\int_{-\frac{T}{2}}^{0}(-A)\mathrm{e}^{-jn\omega_0 t}\mathrm{d}t = \frac{A}{jn\pi}(1-\cos n\pi)$$

$$\left|C_n\right| = \frac{A}{n\pi}(1-\cos n\pi)$$

$$\varphi_n = \arctan\frac{\mathrm{Im}(C_n)}{\mathrm{Re}(C_n)} = -\frac{\pi}{2}$$

$$x(t) = \sum_{n=-\infty}^{+\infty} C_n\mathrm{e}^{jn\omega_0 t} = \sum_{n=-\infty}^{+\infty}\frac{A}{jn\pi}(1-\cos n\pi)\mathrm{e}^{jn\omega_0 t}$$

周期方波的频谱如图 1-10 所示。由傅里叶级数展开式，可看出周期性方波是由多个正弦波 $\frac{4A}{n\pi}\sin n\omega_0 t\,(n=1,3,5,\cdots)$ 相加组成的。其中 ω_0 为基波频率，各项系数即 $4A/\pi,4A/(3\pi)$, $4A/(5\pi),4A/(7\pi),\cdots$ 就是幅频谱，表示各谐波成分的多少；各项的初相位（即 $t=0$ 时的相位）就是相频谱。当本例的傅里叶级数中的前有限项相加时，随着项数的增多，和式越来越逼近原信号。比较傅里叶级数的两种展开形式可知：复指数函数形式的频谱为双边谱（ω 从 $-\infty\to\infty$），三角函数形式的频谱为单边谱（ω 从 $0\to\infty$）。用 MATLAB 仿真结果验证，见本章第七节例题。

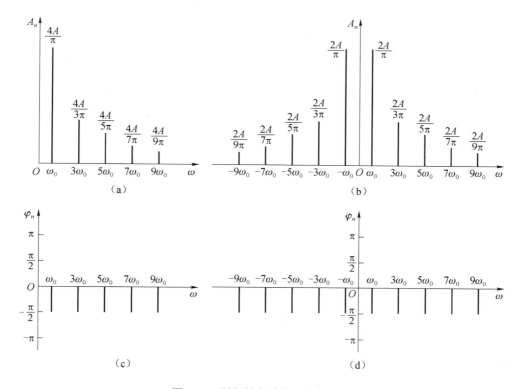

图 1-10　周期性方波信号的频谱图

（a）幅值谱；（b）双边幅值谱；（c）相位谱；（d）双边相位谱

三、周期信号频谱的特点

周期信号的频谱具有以下三个特点：

1. 离散性

周期信号的频谱是离散的。

2. 谐波性

每条谱线只出现在基波频率的整数倍的频率上，基波频率是诸分量频率的公约数。

3. 收敛性

各频率分量的谱线高度表示该谱线的幅值或相角。常见的周期信号幅值总的趋势是随谐波次数的增高而减小，由于这种收敛性，实际测量中可以在一定误差允许范围内忽略次数过高的谐波分量。

傅里叶级数对于周期信号的分析和综合具有极大的意义。一方面，可以用信号的频谱表征和识别该信号；另一方面，可以用频谱的前有限项综合某个周期信号。

第三节 非周期信号与连续频谱

傅里叶级数只适用于周期信号，但更常见的实际信号却是非周期信号。

例如，男人的声音和女人的声音差别很大，这是因为男人和女人的声音各自所含正弦波的频率成分不相同，如果知道了这种频率成分，也就知道了这两种声音的特征，但这里的信号并不是周期性的。

显然与周期信号一样，研究非周期信号的正弦波构成也是非常必要的。非周期信号包括准周期信号和瞬变非周期信号两种，其频谱各具特点。

周期信号可展开成多项简谐信号之和，其频谱具有离散性，且各简谐分量的频率都是基频的倍数。但是几个简谐信号的叠加不一定是周期信号，即具有离散频谱的信号不一定是周期信号。若各简谐成分频率比不是一个有理数，如 $x(t) = \sin\omega_0 t + \sin\sqrt{2}\omega_0 t$，各简谐成分在合成后不可能经过某一时间间隔后重演，其合成信号就不是周期信号。但是这种信号具有离散频谱，故称为准周期信号。多个独立振源激励起某对象的振动往往是这类信号。

通常所说的非周期信号是指瞬变非周期信号，常见的这类信号如图 1-11 所示，下面讨论这类非周期信号的频谱。

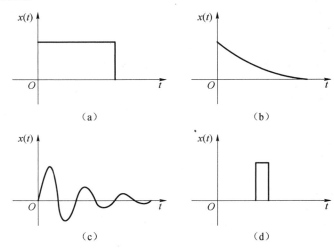

图 1-11 非周期信号

（a）矩形脉冲信号；（b）指数衰减信号（c）衰减振荡信号；（d）单一脉冲信号

一、傅里叶变换

1. 傅里叶变换

周期为 T_0 的信号 $x(t)$ 其频谱是离散的。当 $x(t)$ 的周期趋于无穷大时，该信号成为非周期信号。周期信号频谱谱线的频率间隔 $\Delta\omega = \omega_0 = 2\pi/T_0$，当周期 T_0 趋于无穷大时，频率间隔 $\Delta\omega$

趋于无穷小，谱线无限靠近，变量无限取值以至于离散谱线周期的顶点最后演变成一条连续曲线。所以非周期信号的频谱是连续的。可将非周期信号理解为由无限多个、频率无限接近的频率成分组成的。

设有一个周期信号 $x(t)$，在 $\left(-\dfrac{T_0}{2}, \dfrac{T_0}{2}\right)$ 区间以傅里叶级数表示为

$$x(t) = \sum_{n=-\infty}^{+\infty} c_n \mathrm{e}^{jn\omega_0 t}$$

式中，

$$c_n = \frac{1}{T_0} \int_{-\frac{T_0}{2}}^{\frac{T_0}{2}} x(t) \mathrm{e}^{-jn\omega_0 t} \mathrm{d}t$$

将 c_n 代入上式则得到

$$x(t) = \sum_{n=-\infty}^{+\infty} \left(\frac{1}{T_0} \int_{-\frac{T_0}{2}}^{\frac{T_0}{2}} x(t) \mathrm{e}^{-jn\omega_0 t} \mathrm{d}t \right) \mathrm{e}^{jn\omega_0 t}$$

当 T_0 趋于 ∞ 时，频率间隔 $\Delta\omega$ 成为 $\mathrm{d}\omega$，$n\omega_0$ 就变成连续变量 ω，求和符号 $\sum$ 变为积分符号 $\int$，于是

$$\begin{aligned}
x(t) &= \int_{-\infty}^{+\infty} \frac{\mathrm{d}\omega}{2\pi} \left(\int_{-\infty}^{+\infty} x(t) \mathrm{e}^{-j\omega t} \mathrm{d}t \right) \mathrm{e}^{j\omega t} \\
&= \int_{-\infty}^{+\infty} \left(\frac{1}{2\pi} \int_{-\infty}^{+\infty} x(t) \mathrm{e}^{-j\omega t} \mathrm{d}t \right) \mathrm{e}^{j\omega t} \mathrm{d}\omega
\end{aligned} \qquad （1\text{-}19）$$

由于式（1-19）中 t 为积分变量，故式（1-19）为 ω 的函数，记作 $X(\omega)$，则

$$X(\omega) = \int_{-\infty}^{+\infty} x(t) \mathrm{e}^{-j\omega t} \mathrm{d}t \qquad （1\text{-}20）$$

$$x(t) = \frac{1}{2\pi} \int_{-\infty}^{+\infty} X(\omega) \mathrm{e}^{j\omega t} \mathrm{d}\omega \qquad （1\text{-}21）$$

数学中称式（1-20）所表达的 $X(\omega)$ 为 $x(t)$ 的傅里叶变换或象函数；称式（1-21）所表达的 $x(t)$ 为 $X(\omega)$ 的傅里叶反变换，也称为 $X(\omega)$ 的傅里叶积分或原函数，两者互称为傅里叶变换对，可记为

$$x(t) \underset{F^{-1}}{\overset{F}{\rightleftharpoons}} X(\omega)$$

由于积分是求和的极限，故式（1-21）表明，非周期信号也可以看作是一系列正弦信号的叠加；这些正弦信号的复系数就是傅里叶变换 $X(\omega)$。只不过与周期信号不同的是，相邻正弦信号之间的角频率相差无限小。

2. 傅里叶变换的存在条件

上面已述，式（1-20）和式（1-21）成立需满足狄里赫利条件。

（1）$x(t)$ 满足绝对可积性，即 $\int_{-\infty}^{+\infty} |x(t)| \mathrm{d}t < \infty$；

（2）在任意有限区间内，信号 $x(t)$ 只有有限个最大值和最小值；

（3）在任意有限区间内，信号 $x(t)$ 仅有有限个不连续点，而且在这些点的跃变都必须是

有限值。

通常的实际信号绝对可积条件不一定满足，例如，在 $(-\infty, +\infty)$ 上的正弦信号就不满足。傅里叶积分和傅里叶变换存在的条件仅是充分条件而非必要条件。

3. 信号的频谱密度和频域分析

令 $\omega = 2\pi f$ 代入式（1-19），则式（1-20）和式（1-21）变为

$$X(f) = \int_{-\infty}^{+\infty} x(t) e^{-j2\pi ft} dt \qquad (1-22)$$

$$x(t) = \int_{-\infty}^{+\infty} X(f) e^{j2\pi ft} df \qquad (1-23)$$

由式（1-20）和式（1-22），得

$$X(f) = 2\pi X(\omega)$$

一般 $X(f)$ 是实变量 f 的复函数，可以写为

$$X(f) = |X(f)| e^{j\varphi(f)}$$

式中，$|X(f)|$——信号的连续幅值谱；

　　　$\varphi(f)$——信号的连续相位谱；

　　　$X(f)$——频谱密度函数，本书中称为频谱。

从前面的论述可以知道，某一信号的幅频谱表示了组成该信号的各正弦成分幅度的相对大小；而相频谱表示了各正弦成分初相位（即 $t=0$ 时的相位）的相互差别。

例 1-3　光谱反映了某种光中各种波长的光的多少，和这里所说的频谱是非常类似的。钠原子被激发时发出黄色光，其光谱是离散的 ［图 1-12（a）］。而普通的白炽灯当电压低时所发的光也是黄色光，但它的光谱是连续的 ［图 1-12（b）］。

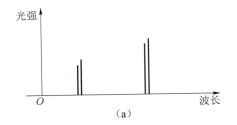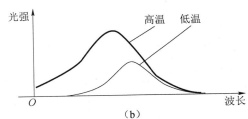

图 1-12　离散光谱和连续光谱

正如可见光的光谱比光本身更能反映光的特征一样，信号的频谱特征往往比时域特征更为明显，即从频谱更容易区分不同的信号。

频谱的应用非常广泛。求某一信号的频谱或频谱密度的过程称为信号的频谱分析或谱分析，也称为信号的频域分析。对于实际的测量信号，通常是利用频谱仪或通用软件求频谱。

例 1-4　求矩形窗函数 $w(t)$ 的频谱。

解：函数 $w(t)$ 如图 1-13 所示，其表达式为

$$w(t) = \begin{cases} 1, & |t| < \dfrac{T}{2} \\[2mm] 0, & |t| > \dfrac{T}{2} \end{cases}$$

常称其为矩形窗函数，其频谱为

$$W(f) = \int_{-\infty}^{\infty} w(t)\mathrm{e}^{-\mathrm{j}2\pi ft}\mathrm{d}t = \int_{-\frac{T}{2}}^{\frac{T}{2}} \mathrm{e}^{-\mathrm{j}2\pi ft}\mathrm{d}t = \frac{-1}{\mathrm{j}2\pi f}(\mathrm{e}^{-\mathrm{j}\pi fT} - \mathrm{e}^{\mathrm{j}\pi fT})$$

引用式（1-15），则有

$$\sin(\pi fT) = -\frac{1}{2\mathrm{j}}(\mathrm{e}^{-\mathrm{j}\pi fT} - \mathrm{e}^{\mathrm{j}\pi fT})$$

代入上式，得

$$W(f) = T\frac{\sin(\pi fT)}{\pi fT} = T\sin\mathrm{c}(\pi fT)$$

式中，T——窗宽。

矩形窗函数的频谱图如图 1-13 所示。

上式中定义了一个函数 $\sin\mathrm{c}\theta = \sin\theta / \theta$，该函数也称为采样函数或滤波函数。该信号在信号分析中很常用，其图像如图 1-14 所示。其函数值有专门的数学表可查得，它以 2π 为周期并随 θ 增大而做衰减振荡。$\sin\mathrm{c}\theta$ 是偶函数，在 $n\pi(n = \pm1, \pm2, \cdots)$ 处其值为零。

$W(f)$ 函数只有实部，没有虚部，其幅频谱为

$$|W(f)| = T|\sin\mathrm{c}(\pi fT)|$$

其相位频谱视 $\sin\mathrm{c}(\pi fT)$ 的符号而定。当 $\sin\mathrm{c}(\pi fT)$ 为正值时相角为零，当 $\sin\mathrm{c}(\pi fT)$ 为负值时相角为 π。

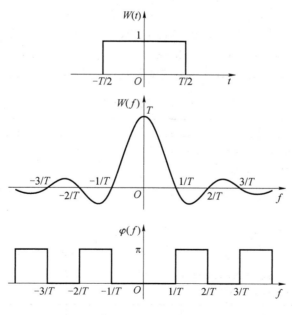

图 1-13　矩形窗及其频谱

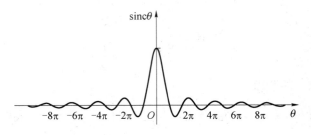

图 1-14　sincθ 图像

二、傅里叶变换的主要性质

傅里叶变换是信号分析与处理中，时域与频域之间转换的基本数学工具。掌握傅里叶变换的主要性质，有助于了解信号在某一域中变化时，在另一域中相应的变化规律，从而使复杂信号的计算分析得以简化。

1. 奇偶虚实性

函数 $x(t)$ 的傅里叶变换 $X(f)$ 为实变量 f 的复变函数，即

$$X(f) = \int_{-\infty}^{+\infty} x(t)e^{-j2\pi ft}dt$$

$$= \int_{-\infty}^{+\infty} x(t)\cos 2\pi ftdt - j\int_{-\infty}^{+\infty} x(t)\sin 2\pi ftdt$$

$$= \operatorname{Re} X(f) + j\operatorname{Im} X(f)$$

由于其实部为变量 f 的偶函数，虚部为变量 f 的奇函数，即

$$\operatorname{Re} X(f) = \operatorname{Re} X(-f)$$

$$\operatorname{Im} X(f) = -\operatorname{Im} X(-f)$$

若 $x(t)$ 为实偶函数，则 $\operatorname{Im} X(f) = 0$，$X(f) = \operatorname{Re} X(f) = X(-f)$，$X(f)$ 为实偶函数；若 $x(t)$ 为实奇函数，则 $\operatorname{Re} X(f) = 0$，$X(f) = -j\operatorname{Im} X(f) = -X(-f)$，$X(f)$ 为虚奇函数。

如果 $x(t)$ 为虚函数，则以上结论的虚实位置互换。表 1-1 为函数的奇偶虚实性质。

表 1-1　奇偶虚实性质

时域	实部	虚部	频域
实偶	$X(f) = \int_{-\infty}^{+\infty} x(t)\cos(2\pi ft)dt = \operatorname{Re} X(f)$ $X(-f) = X(f)$	0	实偶
实奇	0	$X(f) = -j\int_{-\infty}^{+\infty} x(t)\sin(2\pi ft)dt = -j\operatorname{Im} X(f)$ $X(-f) = X(f)$	虚奇
虚偶	0	$X(f) = -j\int_{-\infty}^{+\infty} x(t)\sin(2\pi ft)dt = -j\operatorname{Im} X(f)$ $X(-f) = X(f)$	虚偶
虚奇	$X(f) = \int_{-\infty}^{+\infty} x(t)\cos(2\pi ft)dt = \operatorname{Re} X(f)$ $X(-f) = X(f)$	0	实奇

了解这个性质，可以直接判断变换对相应图形的特征。实际上，该性质也可以推广到傅里叶级数。

2. 对称性

若 $x(t) \underset{F^{-1}}{\overset{F}{\rightleftharpoons}} X(f)$，则 $X(t) \underset{F^{-1}}{\overset{F}{\rightleftharpoons}} x(-f)$。

证明：

$$x(t) = \int_{-\infty}^{+\infty} X(f) \mathrm{e}^{\mathrm{j}2\pi ft} \mathrm{d}f$$

以 $-t$ 替换 t 得

$$x(-t) = \int_{-\infty}^{+\infty} X(f) \mathrm{e}^{-\mathrm{j}2\pi ft} \mathrm{d}f$$

将 t 与 f 互换得

$$x(-f) = \int_{-\infty}^{+\infty} X(t) \mathrm{e}^{-\mathrm{j}2\pi ft} \mathrm{d}t$$

所以

$$X(t) \underset{F^{-1}}{\overset{F}{\rightleftharpoons}} x(-f)$$

利用这一性质，即可由已知的傅里叶变换对，获得逆向相应的变换对。图 1-15 是对称性应用举例。

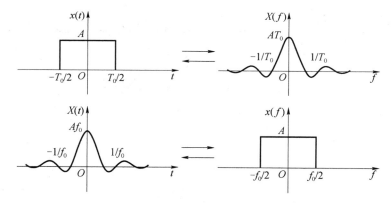

图 1-15 对称性举例

3. 时间尺度改变特性

若

$$x(t) \underset{F^{-1}}{\overset{F}{\rightleftharpoons}} X(f)$$

则

$$x(kt) \underset{F^{-1}}{\overset{F}{\rightleftharpoons}} \frac{1}{k} X\left(\frac{f}{k}\right) \qquad (k > 0)$$

证明：

$$\int_{-\infty}^{+\infty} x(kt) \mathrm{e}^{-\mathrm{j}2\pi ft} \mathrm{d}t = \frac{1}{k} \int_{-\infty}^{+\infty} x(kt) \mathrm{e}^{-\mathrm{j}2\pi \frac{f}{k}kt} \mathrm{d}(kt) = \frac{1}{k} X\left(\frac{f}{k}\right)$$

图 1-16 为尺度改变特性图，从图中可以看到，当时域尺度压缩（$k>1$）时 [图 1-16（c）]，对应的频带加宽且幅值减小；当时域尺度扩展（$k<1$）时 [图 1-16（a）]，对应的频谱变窄且

幅值增加。

例如，工程测试利用磁带来记录信号。当慢录快放时，时间尺度被压缩，虽提高了处理信号的效率，但重放的信号频带加宽，若后续处理信号设备（放大器、滤波器等）的通频带不够宽，将导致失真；反之，快录慢放时，时间尺度被扩展，重放信号频带变窄，对后续处理设备通频带的要求降低，但这是以牺牲信号处理效率为代价的。

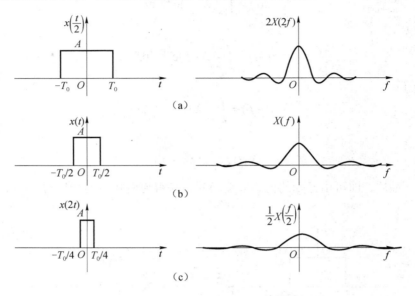

图 1-16　时间尺度改变特性举例

（a）$k=0.5$；（b）$k=1$；（c）$k=2$

4. 时移和频移特性

若

$$x(t)\underset{F^{-1}}{\overset{F}{\rightleftharpoons}}X(f)$$

在时域中当信号沿时间轴平移一个常值 t_0 时，有

$$x(t\pm t_0)\underset{F^{-1}}{\overset{F}{\rightleftharpoons}}X(f)\mathrm{e}^{\pm\mathrm{j}2\pi ft_0} \tag{1-24}$$

在频域中当信号沿频率轴平移一个常值 f_0 时，有

$$x(t)\mathrm{e}^{\pm\mathrm{j}2\pi f_0 t}\underset{F^{-1}}{\overset{F}{\rightleftharpoons}}X(f\mp f_0) \tag{1-25}$$

式（1-24）表明，在时域中当信号沿时间轴平移一个常值 t_0 时，对应的频谱函数将乘因子 $\mathrm{e}^{\pm\mathrm{j}2\pi ft_0}$，即只改变相频谱，不会改变幅频谱。式（1-25）表明，在频域中当信号沿频率轴平移一个常值 f_0 时，对应的时域函数将乘因子 $\mathrm{e}^{\mp\mathrm{j}2\pi f_0 t}$。

5. 卷积特性

两个函数 $x_1(t)$ 和 $x_2(t)$ 的卷积定义为

$$x_1(t)*x_2(t)=\int_{-\infty}^{+\infty}x_1(\tau)x_2(t-\tau)\mathrm{d}\tau$$

通常卷积的积分计算比较困难，但是利用卷积性质，则可以使信号分析大为简化，因此卷积性质（又称卷积定理）在信号分析乃至经典控制理论中都占有重要位置。

若

$$x_1(t) \underset{F^{-1}}{\overset{F}{\longleftrightarrow}} X_1(f), \quad x_2(t) \underset{F^{-1}}{\overset{F}{\longleftrightarrow}} X_2(f)$$

则

$$x_1(t) * x_2(t) \underset{F^{-1}}{\overset{F}{\longleftrightarrow}} X_1(f)X_2(f)$$

$$x_1(t)x_2(t) \underset{F^{-1}}{\overset{F}{\longleftrightarrow}} X_1(f) * X_2(f)$$

现以时域卷积为例，证明如下：

$$\int_{-\infty}^{+\infty}\left[\int_{-\infty}^{+\infty} x_1(\tau)x_2(t-\tau)\mathrm{d}\tau \mathrm{e}^{-\mathrm{j}2\pi ft}\mathrm{d}t\right]$$

$$= \int_{-\infty}^{+\infty} x_1(\tau)\left[\int_{-\infty}^{+\infty} x_2(t-\tau)\mathrm{d}t\right]\mathrm{e}^{-\mathrm{j}2\pi ft}\mathrm{d}\tau \quad （交换积分顺序）$$

$$= \int_{-\infty}^{+\infty} x_1(\tau)X_2(f)\mathrm{e}^{-\mathrm{j}2\pi\tau t}\mathrm{d}\tau \quad\quad （根据时移特性）$$

$$= X_1(f)X_2(f)$$

6. 微分和积分特性

若

$$x(t) \underset{F^{-1}}{\overset{F}{\longleftrightarrow}} X(f)$$

则直接将式（1-23）对时间微分，可得

$$\frac{\mathrm{d}^n x(t)}{\mathrm{d}t^n} \underset{F^{-1}}{\overset{F}{\longleftrightarrow}} (\mathrm{j}2\pi f)^n X(f)$$

将式（1-22）对 f 微分，得

$$(-\mathrm{j}2\pi t)^n x(t) \underset{F^{-1}}{\overset{F}{\longleftrightarrow}} \frac{\mathrm{d}^n X(f)}{\mathrm{d}f^n}$$

同理可证

$$\int_{-\infty}^{t} x(t)\mathrm{d}t \underset{F^{-1}}{\overset{F}{\longleftrightarrow}} \frac{1}{\mathrm{j}2\pi f}X(f)$$

以上两个性质用于振动测试时，如果测知同一对象的位移、速度、加速度中任一参量的频谱，则可获得其余两个参量的频谱。

第四节　典型信号及其频谱

一、矩形窗函数及其频谱

矩形窗函数频谱已在例 1-4 中讨论了，矩形窗函数在时域中有限区间内取值，但在频域中频谱在频率轴上连续且无限延伸。由于实际工程测试总是在时域中截取有限长度（窗宽范围）的信号，其本质是被测信号与矩形窗函数在时域中相乘，因而所得到的频谱必然是被测信号频谱与矩形窗函数频谱在频域中的卷积，所以实际工程测试得到的频谱也将是在频率轴上连续且无限延伸。

从图 1-13 中可看出：$f = 0 \sim \pm 1/T$ 的谱峰，幅值最大，称为主瓣，两侧其他各谱峰的峰值较低，称为旁瓣。主瓣宽度为 $2/T$，与时域窗宽度 T 成反比。可见时域窗宽度 T 越大，截取信号时长越长，主瓣宽度越小。

二、指数函数及其频谱

单边指数函数的表达式为

$$x(t) = \begin{cases} 0, & t < 0 \\ \mathrm{e}^{-at}, & t \geq 0, a > 0 \end{cases}$$

其傅里叶变换为

$$X(f) = \int_0^\infty \mathrm{e}^{-at} \mathrm{e}^{-\mathrm{j}2\pi ft} \mathrm{d}t = \frac{1}{a + \mathrm{j}2\pi f}$$

$$|X(f)| = \left| \frac{a - \mathrm{j}2\pi f}{a^2 + 4\pi^2 f^2} \right| = \frac{1}{\sqrt{a^2 + 4\pi^2 f^2}}$$

$$\varphi(f) = \arctan \frac{\mathrm{Im}\, X(f)}{\mathrm{Re}\, X(f)} = -\arctan \frac{2\pi f}{a}$$

单边指数函数及其频谱如图 1-17 所示。

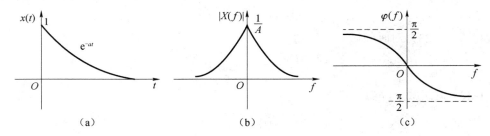

（a）　　　　　　　　　（b）　　　　　　　　　（c）

图 1-17　单边指数函数及其频谱

三、δ 函数及其频谱

1）δ 函数的定义

在 ε 时间内激发一个矩形脉冲 $S_\varepsilon(t)$（或三角形脉冲、双边指数脉冲、钟形脉冲等），其面积为 1（图 1-18）。当 $\varepsilon \to 0$ 时，$S_\varepsilon(t)$ 的极限就称为 δ 函数，记作 $\delta(t)$。δ 函数也称为单位脉冲函数。$\delta(t)$ 的特点如下：

从函数值极限的角度看

$$\delta(t) = \begin{cases} \infty, & t = 0 \\ 0, & t \neq 0 \end{cases}$$

从面积的角度来看

$$\int_{-\infty}^{+\infty} \delta(x) \mathrm{d}t = \lim_{\varepsilon \to 0} \int_{-\infty}^{+\infty} S_\varepsilon(t) \mathrm{d}t = 1$$

图 1-18　矩形脉冲与 δ 函数

2）δ 函数的性质

（1）δ 函数的采样性质。

如果 δ 函数与某一连续函数 $f(t)$ 相乘，显然其乘积仅在 $t=0$ 处为 $f(0)\delta(t)$，其余各点 $(t \neq 0)$ 的乘积均为零。其中，$f(0)\delta(t)$ 是一个强度为 $f(0)$ 的 δ 函数；也就是说，从函数值来看，该乘积趋于无限大，从面积（强度）来看，则为 $f(0)$。如果 δ 函数与某一连续函数 $f(t)$ 相乘，并在 $(-\infty,+\infty)$ 区间中积分，则有

$$\int_{-\infty}^{+\infty}\delta(t)f(t)\mathrm{d}t = \int_{-\infty}^{+\infty}\delta(t)f(0)\mathrm{d}t = f(0)\int_{-\infty}^{+\infty}\delta(t)\mathrm{d}t = f(0) \tag{1-26}$$

同理，对于有延时 t_0 的 δ 函数 $\delta(t-t_0)$，它与连续函数 $f(t)$ 的乘积只有在 $t=t_0$ 时刻不等于零，而等于强度为 $f(t_0)$ 的 δ 函数。在 $(-\infty,+\infty)$ 区间内，该乘积的积分为

$$\int_{-\infty}^{+\infty}\delta(t-t_0)f(t)\mathrm{d}t = \int_{-\infty}^{+\infty}\delta(t-t_0)f(t_0)\mathrm{d}t = f(t_0) \tag{1-27}$$

式（1-26）和式（1-27）表示 δ 函数的采样性质。此性质表明任何函数 $f(t)$ 和 $\delta(t-t_0)$ 的乘积是一个强度为 $f(t_0)$ 的 δ 函数 $\delta(t-t_0)$，而该乘积在无限区间的积分则是 $f(t)$ 在 $t=t_0$ 时刻的函数值 $f(t_0)$。这个性质是连续信号离散采样的依据。

（2）δ 函数与其他函数的卷积。

任何函数和 δ 函数 $\delta(t)$ 的卷积是一种最简单的卷积积分。

例如，一个矩形函数 $x(t)$ 与 δ 函数的卷积为 [图 1-19（a）]

$$x(t) * \delta(t) = \int_{-\infty}^{+\infty}x(\tau)\delta(t-\tau)\mathrm{d}\tau = \int_{-\infty}^{+\infty}x(\tau)\delta(\tau-t)\mathrm{d}\tau = x(t)$$

同理，当 δ 函数为 $\delta(t \pm t_0)$ 时 [图 1-19（b）]，有

$$x(t) * \delta(t \pm t_0) = \int_{-\infty}^{+\infty}x(\tau)\delta(t \pm t_0 - \tau)\mathrm{d}\tau = x(t \pm t_0)$$

可见函数 $x(t)$ 和 δ 函数的卷积结果，就是在发生 δ 函数的坐标位置上简单地将 $x(t)$ 重新构图。

（3）$\delta(t)$ 是偶函数。

（4）单位脉冲函数与单位阶跃函数的关系为

$$\delta(t) = \frac{\mathrm{d}}{\mathrm{d}t}1(t)$$

或

$$1(t) = \int_{-\infty}^{t}\delta(\tau)\mathrm{d}\tau$$

3）$\delta(t)$ 函数的频谱

将 $\delta(t)$ 进行傅里叶变换：

$$\Delta(f) = \int_{-\infty}^{+\infty} \delta(t)e^{-2\pi ft}dt = e^0 = 1$$

其逆变换为

$$\delta(t) = \int_{-\infty}^{+\infty} 1e^{j2\pi ft}df$$

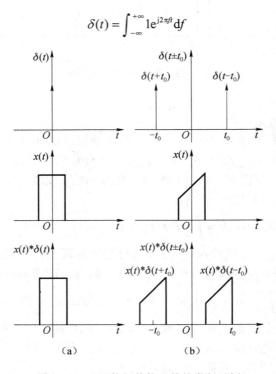

（a） （b）

图 1-19 δ 函数与其他函数的卷积示例

图 1-20 为时域 δ 函数及其频谱。由图 1-20 可知，时域 δ 函数具有无限宽广的频谱（幅频 $\Delta(f)$，相频 $\varphi(f)$），而且在所有的频段上都是等强度的，这种频谱称为均匀谱。

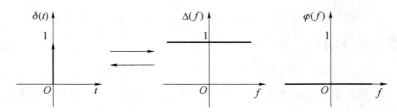

图 1-20 δ 函数及其频谱

根据傅里叶变换的对称性质和时移、频移性质，得到表 1-2 所示的傅里叶变换对。

表 1-2   傅里叶函数变换对

时域		频域
$\delta(t)$ （单位瞬时脉冲）	$\rightleftharpoons$	1 （均匀频谱密度函数）
1 （幅值为 1 的直流分量）	$\rightleftharpoons$	$\delta(f)$ （在 $f = 0$ 处有脉冲谱线）

续表

时域		频域
$\delta(t-t_0)$ （δ 函数时移 t_0）	$\rightleftharpoons$	$\mathrm{e}^{-\mathrm{j}2\pi ft_0}$ （各频率成分分别相移 $2\pi ft_0$ 角）
$\mathrm{e}^{-\mathrm{j}2\pi f_0t}$ （复指数函数）	$\rightleftharpoons$	$\delta(f-f_0)$ （将 $\delta(f)$ 频移到 f_0）

四、正、余弦函数的频谱密度函数

由于正、余弦函数不满足绝对可积条件，因此不能直接进行傅里叶变换，需在傅里叶变换时引入 δ 函数。

由欧拉公式可知，正、余弦函数可以写为

$$\cos 2\pi f_0 t = \frac{1}{2}(\mathrm{e}^{-\mathrm{j}2\pi f_0 t} + \mathrm{e}^{\mathrm{j}2\pi f_0 t})$$

$$\sin 2\pi f_0 t = \mathrm{j}\frac{1}{2}(\mathrm{e}^{-\mathrm{j}2\pi f_0 t} - \mathrm{e}^{\mathrm{j}2\pi f_0 t})$$

引入 δ 函数，其傅里叶变换如下：

$$\sin 2\pi f_0 t \Longleftrightarrow \mathrm{j}\frac{1}{2}[\delta(f+f_0) - \delta(f-f_0)]$$

$$\cos 2\pi f_0 t \Longleftrightarrow \frac{1}{2}[\delta(f+f_0) + \delta(f-f_0)]$$

图 1-21 为正、余弦函数及其频谱。

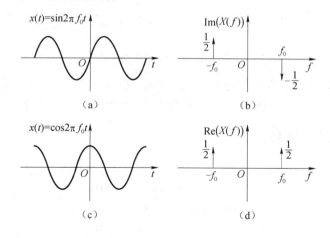

图 1-21　正、余弦函数及其频谱

五、周期单位脉冲序列的频谱

等间隔的周期单位脉冲序列常称为梳状函数，用 $\mathrm{comb}(t, T_\mathrm{s})$ 表示，即

$$\mathrm{comb}(t, T_\mathrm{s}) = \sum_{n=-\infty}^{+\infty} \delta(t - nT_\mathrm{s})$$

式中，　T_s ——周期；

　　n ——整数，$n = 0, \pm 1, \pm 2, \cdots$。

因为此函数为周期函数，所以可以表示为傅里叶级数的复指数函数形式：

$$\text{comb}(t, T_s) = \sum_{k=-\infty}^{\infty} c_k e^{j2\pi n f_s t}$$

式中，$f_s = \dfrac{1}{T_s}$，系数 $c_k = \dfrac{1}{T_s} \int_{-\frac{T_s}{2}}^{\frac{T_s}{2}} \text{comb}(t, T_s) e^{-j2\pi k f_s t} dt$。

因为在 $(-T_s/2, T_s/2)$ 区间内只有一个 $\delta(t)$，所以

$$c_k = \frac{1}{T_s} \int_{-\frac{T_s}{2}}^{\frac{T_s}{2}} \text{comb}(t, T_s) e^{-j2\pi k f_s t} dt = \frac{1}{T_s} \int_{-\frac{T_s}{2}}^{\frac{T_s}{2}} \delta(t) e^{-j2\pi k f_s t} dt = \frac{1}{T_s}$$

$$\text{comb}(t, T_s) = \frac{1}{T_s} \sum_{k=-\infty}^{+\infty} e^{j2\pi k f_s t}$$

由图 1-22 可得

$$e^{j2\pi k f_s t} \rightleftharpoons \delta(f - k f_s)$$

可见 $\text{comb}(t, T_s)$、$\text{comb}(f, f_s)$ 的频谱（图 1-22）也是梳状函数：

$$\text{comb}(f, f_s) = \frac{1}{T_s} \sum_{k=-\infty}^{+\infty} \delta(f - k f_s) = \frac{1}{T_s} \sum_{k=-\infty}^{+\infty} \delta(f - k/T_s)$$

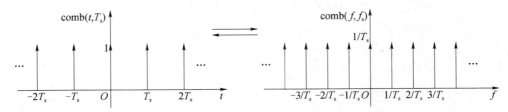

图 1-22　周期单位脉冲序列及其频谱

由图 1-22 可知，时域周期单位脉冲序列的频谱也是周期脉冲序列。若时域周期为 T_s，则频域脉冲序列的周期为 $1/T_s$；时域脉冲强度为 1，频域脉冲强度为 $1/T_s$。

六、符号函数及其频谱

符号函数的表达式可写为

$$x(t) = \text{sgn}(t) = \begin{cases} 1, & t > 0 \\ 0, & t = 0 \\ -1, & t < 0 \end{cases}$$

由于符号函数不满足绝对可积条件，因此不能直接进行傅里叶变换，它可以看成是两个指数函数当 $a \to 0$ 时的极限，如图 1-23 所示。可先求 $-e^{at}$ 和 e^{-at} 这两个指数函数的频谱，即

$$X(f) = \lim_{a \to 0} \left[\int_{-\infty}^{0} (-e^{at}) e^{-j2\pi f t} dt + \int_{0}^{\infty} (e^{-at}) e^{-j2\pi f t} dt \right]$$

$$= \lim_{a \to 0} \left[-\int_{-\infty}^{0} e^{(a-j2\pi f)t} dt + \int_{0}^{\infty} e^{-(a+j2\pi f)t} dt \right] = \lim_{a \to 0} \left[-j \frac{4\pi f}{a^2 + (2\pi f)^2} \right]$$

当 $f \neq 0$ 时，符号函数的频谱可以定义为

$$X(f) = -\mathrm{j}\frac{1}{\pi f}, \quad f \neq 0$$

可分别求出符号函数的幅频谱和相频谱为

$$|X(f)| = \frac{1}{\pi |f|}$$

$$\varphi(f) = \begin{cases} \pi/2, & f < 0 \\ -\pi/2, & f > 0 \end{cases}$$

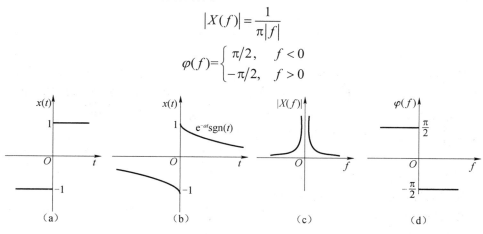

图 1-23　符号函数及其频谱

七、单位阶跃函数及其频谱

单位阶跃函数的表达式可写为

$$x(t) = \begin{cases} 1, & t > 0 \\ 0, & t < 0 \end{cases}$$

由于函数不满足绝对可积条件，因此不能直接进行傅里叶变换，如图 1-24 所示，可以用符号函数来表示单位阶跃函数，并求解其频谱。

$$x(t) = \frac{1}{2} + \frac{1}{2}\mathrm{sgn}(t)$$

其频谱可表示为

$$X(f) = \int_{-\infty}^{+\infty}\left[\frac{1}{2} + \frac{1}{2}\mathrm{sgn}(t)\right]\mathrm{e}^{-\mathrm{j}2\pi ft}\mathrm{d}t$$

$$= \int_{-\infty}^{+\infty}\frac{1}{2}\mathrm{e}^{-\mathrm{j}2\pi ft}\mathrm{d}t + \int_{-\infty}^{+\infty}\frac{1}{2}\mathrm{sgn}(t)\mathrm{e}^{-\mathrm{j}2\pi ft}\mathrm{d}t = \frac{1}{2}\delta(f) - \mathrm{j}\frac{1}{2\pi f}$$

这一频谱包含在零处的单位脉冲函数，说明单位阶跃信号包含了直流成分，且其高频分量反映了信号在零点的突变，其频谱如图 1-24 所示。

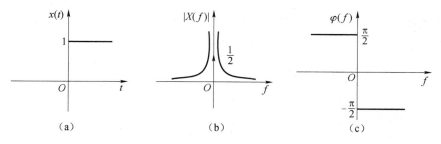

图 1-24　单位阶跃函数及其频谱

第五节　随　机　信　号

一、概述

随机信号是不能用确定的数学关系式来描述的，不能预测其未来的任何瞬时值。任何一次观测值只代表在其变动范围中可能产生的结果之一，但其值的变动服从统计规律。在工程实际中，随机信号随处可见，如气温的变化、机器振动的变化等，即使同一机床同一工人加工相同零部件，其尺寸也不尽相同。例如，汽车在水平柏油路上行驶时，车架主梁上一点的应变时间历程就是一组随机信号，在工况完全相同（车速、路面、驾驶条件等）的情况下，各时间历程的样本记录是完全不同的。

产生随机信号的物理现象称为随机现象。

表示随机信号的单个时间历程 $x_i(t)$ 称为样本函数，某随机现象可能产生的全部样本函数的集合 $\{x(t)\} = \{x_1(t), x_2(t), \cdots, x_i(t), \cdots, x_N(t)\}$（也称为总体）称为随机过程。随机过程与样本函数如图 1-25 所示。

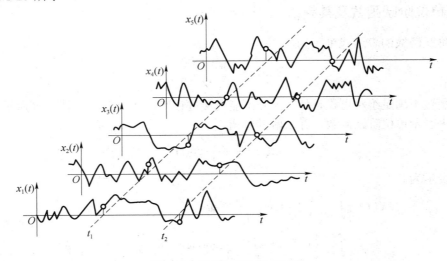

图 1-25　随机过程与样本函数

二、随机信号的主要特征参数

通常用于描述各态历经随机信号的主要统计参数有均值、均方值、均方根值、方差、标准差、概率密度函数、相关函数及功率谱密度函数。

1. 均值 μ_x、方差 σ_x^2 和均方值 ψ_x^2

均值 μ_x 表示信号的常值分量，反映了信号变化的中心趋势，即

$$\mu_x = \lim_{T \to \infty} \frac{1}{T} \int_0^T x(t)\mathrm{d}t \tag{1-28}$$

式中，$x(t)$——样本函数；

T——时间。

方差 σ_x^2 描述随机信号的波动分量，它是 $x(t)$ 偏离均值 μ_x 平方的均值，即

$$\sigma_x^2 = \lim_{T \to \infty} \frac{1}{T} \int_0^T [x(t) - \mu_x]^2 \mathrm{d}t \qquad （1-29）$$

均方值 ψ_x^2 描述随机信号的强度，它是 $x(t)$ 平方的均值，即

$$\psi_x^2 = \lim_{T \to \infty} \frac{1}{T} \int_0^T x^2(t) \mathrm{d}t \qquad （1-30）$$

均方值的正平方根称为均方根值 x_{rms}。均值、方差和均方值的相互关系为

$$\sigma_x^2 = \psi_x^2 - \mu_x^2$$

2. 概率密度函数

随机信号的概率密度函数表示信号幅值落在指定区间内的概率。如图 1-26 所示，设信号 $x(t)$ 值落在区间 $(x, x + \Delta x)$ 的时间为 T_x，则

$$T_x = \Delta t_1 + \Delta t_2 + \cdots + \Delta t_n = \sum_{i=1}^n \Delta t_i$$

当样本函数的记录时间 T 趋于无穷大时，T_x / T 的比值就是落在 $(x, x + \Delta x)$ 区间的概率，即

$$P_{\mathrm{r}}[x < x(t) \leqslant x + \Delta x] = \lim_{T \to \infty} \frac{T_x}{T}$$

定义概率密度函数

$$p(x) = \lim_{\Delta x \to 0} \frac{P_{\mathrm{r}}[x < x(t) \leqslant x + \Delta x]}{\Delta x} = \lim_{\Delta x \to 0} \frac{1}{\Delta x} \left[\lim_{T \to \infty} \frac{T_x}{T} \right]$$

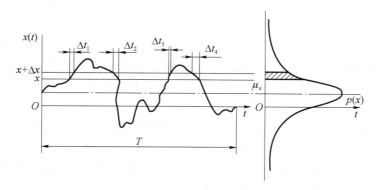

图 1-26 概率密度函数的计算

概率密度函数提供了随机信号幅值分布的信息，是随机信号的主要特征参数之一。不同的随机信号有不同的概率密度函数图形，可借此来识别信号的性质。图 1-27 是常见的四种随机信号（假设这些信号的均值为零）的概率密度函数图形。

另外两个描述随机信号的主要特征参数——相关函数和功率谱密度函数将在第十章中讲述。

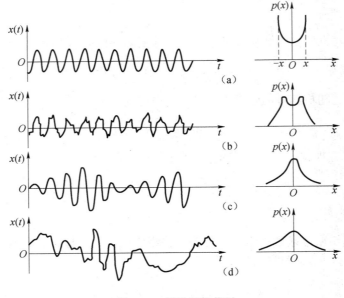

图 1-27 四种随机信号

（a）正弦信号（初始相角为随机量）；（b）正弦信号加随机噪声；（c）窄带随机信号；（d）宽带随机信号

第六节 拉氏变换及反变换

一、复数和复变函数

1. 复数

对于代数方程 $x^2 - 1 = 0$ ，方程的解为 $x = \pm 1$ 。但是，经常会遇到这种方程：$x^2 + 1 = 0$ ，满足该方程的解不是实数。把方程写成如下形式：$x^2 = -1$ ，然后通过使用虚数 j 来表示方程的解，有 $j^2 = -1$ ，$j = \sqrt{-1}$ 。j 定义为虚数单位，虚数为虚数单位 j 和一个实数 ω 的乘积，可以表示为 $j\omega$ 的形式。

复数（Complex Number）是由实数和虚数相加而组成的，表示为 $s = \sigma + j\omega$ ，其中，σ、ω 均为实数，σ 称为 s 的实部（Real Part），ω 称为 s 的虚部（Imaginary Part），记作 $\sigma = \mathrm{Re}(s)$，$\omega = \mathrm{Im}(s)$ 。若一个复数为零，则它的实部和虚部均必须为零。例如，如果复数为 $s = \sigma + j\omega = 0$，则 $\sigma = 0$ ，$\omega = 0$ 。当两个复数相等时，必须且只需它们的实部和虚部分别相等。例如，$s_1 = \sigma_1 + j\omega_1$，$s_2 = \sigma_2 + j\omega_2$ ，若 $s_1 = s_2$ ，则 $\sigma_1 = \sigma_2$，$\omega_1 = \omega_2$ 。两个实部相同、虚部绝对值相等、符号相反的复数称为共轭复数。如 $s = \sigma + j\omega$ ，共轭复数记作 $\bar{s} = \sigma - j\omega$ 。

复数有多种表示形式，常用的复数的表达形式如下：

（1）复数 s 的代数形式为 $s = \sigma + j\omega$ 。

（2）复数 s 的三角形式为 $s = |s|\cos\varphi + j|s|\sin\varphi$ $\left(|s| = \sqrt{\sigma^2 + \omega^2}, \varphi = \arctan\dfrac{\omega}{\sigma}\right)$ 。

（3）复数 s 的指数形式为 $s = |s|\mathrm{e}^{\mathrm{j}\varphi}$。

（4）复数 s 的极坐标形式为 $s = |s|\angle\varphi$。

2. 复数的运算规则

对于 $s_1 = \sigma_1 + \mathrm{j}\omega_1$，$s_2 = \sigma_2 + \mathrm{j}\omega_2$，有

（1）两个复数相加或相减，则

$$s_1 \pm s_2 = (\sigma_1 + \mathrm{j}\omega_1) \pm (\sigma_2 + \mathrm{j}\omega_2) = (\sigma_1 \pm \sigma_2) + \mathrm{j}(\omega_1 \pm \omega_2)$$

（2）两个复数相乘或相除，则

$$s_1 \times s_2 = (\sigma_1 + \mathrm{j}\omega_1) \times (\sigma_2 + \mathrm{j}\omega_2) = (\sigma_1\sigma_2 - \omega_1\omega_2) + \mathrm{j}(\sigma_2\omega_1 + \sigma_1\omega_2)$$

$$\frac{s_1}{s_2} = \frac{s_1\overline{s_2}}{s_2\overline{s_2}} = \frac{(\sigma_1\sigma_2 + \omega_1\omega_2) + \mathrm{j}(\sigma_2\omega_1 - \sigma_1\omega_2)}{\sigma_2^2 + \omega_2^2}$$

将复数用向量表示，则 $s_1 = (r_1\angle\theta_1)$，$s_2 = (r_2\angle\theta_2)$。两个复数相乘或相除等于它们的模相乘或相除，幅角相加或相减，即

$$s_1 s_2 = (r_1\angle\theta_1)(r_2\angle\theta_2) = r_1 r_2 \angle(\theta_1 + \theta_2)$$

$$\frac{s_1}{s_2} = \frac{r_1\angle\theta_1}{r_2\angle\theta_2} = \frac{r_1}{r_2}\angle(\theta_1 - \theta_2)$$

3. 复变函数的零点和极点

有复数 $s = \sigma + \mathrm{j}\omega$，以 s 为自变量，按某一确定法则构成的函数 $G(s)$ 称为复变函数。$G(s)$ 可写为

$$G(s) = u + \mathrm{j}v$$

式中，u——复变函数的实部；

$\quad\quad v$——复变函数的虚部。

例 1-5　复变函数实部与虚部的求解。复变函数 $G(s) = s^2 + 1$，当 $s = \sigma + \mathrm{j}\omega$ 时，求其实部 u 和虚部 v。

解：

$$G(s) = s^2 + 1 = (\sigma + \mathrm{j}\omega)^2 + 1 = (\sigma^2 - \omega^2 + 1) + \mathrm{j}2\sigma\omega$$

则实部 u 和虚部 v 分别为

$$u = \sigma^2 - \omega^2 + 1，\quad v = 2\sigma\omega$$

在线性控制系统中，遇到的复变函数 $G(s)$ 是 s 的单调函数。对于任一给定的 s 值，$G(s)$ 就被唯一地确定下来。

若有复变函数

$$G(s) = \frac{K(s - z_1)(s - z_2)}{s(s - p_1)(s - p_2)}$$

当 $s = z_1$ 或 z_2 时，$G(s) = 0$，则称 z_1 和 z_2 为 $G(s)$ 的零点（Zero）；当 $s = 0$、p_1 或 p_2 时，$G(s) = \infty$，则称 0、p_1 和 p_2 为 $G(s)$ 的极点（Pole）。

二、拉氏变换

拉普拉斯变换（Laplace Transform）简称拉氏变换，实际上是一种函数变换。对数变换表达式如下：

$$x = ab \Leftrightarrow \lg x = \lg a + \lg b$$

$$x = a^n b^m \Leftrightarrow \lg x = n\lg a + m\lg b$$

用对数的方法可以把乘、除运算变成加、减运算，乘方、开方运算变成乘、除运算，从而大大简化了运算。这里重要的是函数变换和逆变换，可以通过对数表来查找，而拉氏变换与此类似。

对于时域函数 $f(t)$，若满足：

（1）当 $t<0$ 时，$f(t)=0$；当 $t\geq 0$ 时，$f(t)$ 为分段连续，如图 1-28 所示，在区间 $[a, b]$ 上有有限个间断点。

（2）当 $t\to\infty$ 时，$f(t)$ 不超过某一指数函数，即满足 $|f(t)|\leq Me^{at}$，其中，M、a 为实常数。

则 $f(t)$ 的拉氏变换记作 $L[f(t)]$ 或 $F(s)$，定义为

$$L[f(t)] = F(s) = \int_0^\infty f(t)\cdot e^{-st}dt \qquad (1\text{-}31)$$

式中，$s = \sigma + j\omega$。则

$$\left|f(t)e^{-st}\right| = |f(t)|\cdot\left|e^{-st}\right| = \left|f(t)e^{-\sigma t}\right|$$

$$\left|f(t)e^{-st}\right| \leq Me^{at}\cdot e^{-\sigma t} = Me^{-(\sigma-a)t}$$

拉氏变换的被积函数 $f(t)e^{-st}$ 绝对收敛。只要是在复平面上对于 $\mathrm{Re}(s)>a$ 的所有复数 s，使式（1-31）积分绝对收敛，则 $\mathrm{Re}(s)>a$ 为拉氏变换的定义域，如图 1-29 所示。$F(s)$ 称为 $f(t)$ 的拉氏变换或者 $f(t)$ 的象函数（Image Function），$f(t)$ 又称为 $F(s)$ 的原函数（Primary Function）。

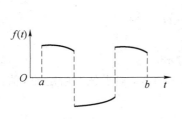

图 1-28　$f(t)$ 分段连续

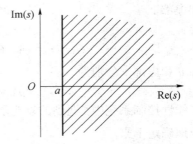

图 1-29　拉氏变换的定义域

在机电工程控制系统中的时间函数一般都能满足拉氏变换的两个条件。因为系统的瞬态响应过程通常是由加入某一扰动后开始的，可令这个时刻为时间坐标的零点 $(t=0)$。在零点以前一切变量的稳态值均不予考虑，即 $t<0$ 时各时间函数均可设为零（若实际不为零，则可在求出的结果上加上稳态值）。另外，系统中各变量的上述积分也是有限值，满足收敛条件，故可以运用拉氏变换求解。

三、典型时间函数的拉氏变换

下面通过一些常用的典型函数拉氏变换的例子，说明拉氏变换的具体实现方法和一些基本规律。

1. 单位脉冲函数

单位脉冲函数（Unit Impulse Function）如图 1-30 所示，表达式如下：

$$\delta(t) = \begin{cases} \infty, & t = 0 \\ 0, & t \neq 0 \end{cases} \tag{1-32}$$

式中，$\int_{-\infty}^{+\infty} \delta(t)\mathrm{d}t = 1$，且有

$$\int_{-\infty}^{+\infty} \delta(t) \cdot f(t)\mathrm{d}t = f(0)$$

式中，$f(0)$ 为 $t = 0$ 时函数 $f(t)$ 的值。

由式（1-31）求 $\delta(t)$ 的拉氏变换，得

$$L[\delta(t)] = \int_0^{\infty} \delta(t)\mathrm{e}^{-st}\mathrm{d}t = \mathrm{e}^{-st}\Big|_{t=0} = 1 \tag{1-33}$$

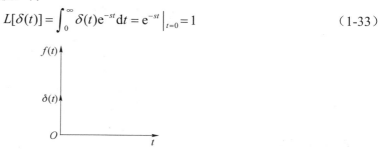

图 1-30   单位脉冲函数

2. 阶跃函数

在机电控制系统中经常遇到阶跃函数（Step Function）的情况。在图 1-31 所示的电路中，当 $t < 0$ 时，电路未加电压，$u = 0$；当 $t = 0$ 时，合上开关，此后 $u = E$。符合拉氏变换的条件，它的拉氏变换为

$$U(s) = \int_0^{\infty} u \cdot \mathrm{e}^{-st}\mathrm{d}t = -\frac{E}{s}\mathrm{e}^{-st}\Big|_0^{\infty} = \frac{E}{s} \tag{1-34}$$

当 $E = 1$ 时，$u(t)$ 为单位阶跃函数（Unit-Step Function），如图 1-32 所示，即

$$1(t) = \begin{cases} 0, & t < 0 \\ 1, & t \geqslant 0 \end{cases}$$

由式（1-31）求拉氏变换，得

$$L[1(t)] = \int_0^{\infty} 1(t) \cdot \mathrm{e}^{-st}\mathrm{d}t = -\frac{\mathrm{e}^{-st}}{s}\Big|_0^{\infty} = \frac{1}{s} \tag{1-35}$$

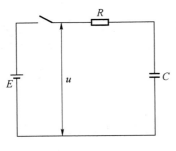

图 1-31 阶跃响应实例

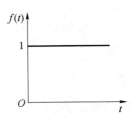

图 1-32 单位阶跃函数

3. 单位斜坡函数

单位斜坡函数（Unit Ramp Function）如图 1-33 所示，表达式如下：

$$\gamma(t) = \begin{cases} 0, & t < 0 \\ t, & t \geqslant 0 \end{cases} \tag{1-36}$$

$$
\begin{aligned}
L\left[\gamma(t)\right] &= \int_0^\infty t\mathrm{e}^{-st}\mathrm{d}t \\
&= -t\frac{\mathrm{e}^{-st}}{s}\Big|_0^\infty - \int_0^\infty\left(-\frac{\mathrm{e}^{-st}}{s}\right)\mathrm{d}t \\
&= \int_0^\infty \frac{\mathrm{e}^{-st}}{s}\mathrm{d}t = -\frac{\mathrm{e}^{-st}}{s^2}\Big|_0^\infty = \frac{1}{s^2}
\end{aligned}
\tag{1-37}
$$

4. 指数函数 e^{at}

指数函数如图 1-34 所示。在电容器的充电过程中其电压变化即为指数函数。若指数函数为 e^{at}，则其拉氏变换为

$$
\begin{aligned}
L\left[\mathrm{e}^{at}\right] &= \int_0^\infty \mathrm{e}^{at}\mathrm{e}^{-st}\mathrm{d}t = \int_0^\infty \mathrm{e}^{-(s-a)t}\mathrm{d}t \\
&= -\frac{\mathrm{e}^{-(s-a)t}}{s-a}\Big|_0^\infty = \frac{1}{s-a}
\end{aligned}
\tag{1-38}
$$

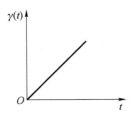

图 1-33 单位斜坡函数

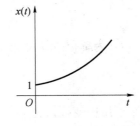

图 1-34 指数函数

5. 正弦函数 $\sin\omega t$ 和余弦函数 $\cos\omega t$

由欧拉公式，将正弦函数转化为指数函数的形式，即

$$L[\sin\omega t] = \int_0^\infty \sin\omega t e^{-st} dt$$

$$= \int_0^\infty \frac{1}{2j}\left(e^{j\omega t} - e^{-j\omega t}\right)e^{-st}dt = \frac{\omega}{s^2 + \omega^2}$$

同理，可得

$$L[\cos\omega t] = \int_0^\infty \cos\omega t e^{-st} dt$$

$$= \int_0^\infty \frac{1}{2}\left(e^{j\omega t} + e^{-j\omega t}\right)e^{-st}dt = \frac{s}{s^2 + \omega^2}$$

6. 幂函数 t^n

$$L\left[t^n\right] = \int_0^\infty t^n e^{-st} dt$$

令 $u = st$，$t = \dfrac{u}{s}$，$dt = \dfrac{1}{s}du$，则

$$L[t^n] = \int_0^\infty \frac{u^n}{s^n}e^{-u}\cdot\frac{1}{s}du = \frac{1}{s^{n+1}}\int_0^\infty u^n e^{-u}du$$

式中，$\displaystyle\int_0^\infty u^n e^{-u}du = \Gamma(n+1)$ 为 Γ 函数，而 $\Gamma(n+1) = n!$，则

$$L\left[t^n\right] = \frac{\Gamma(n+1)}{s^{n+1}} = \frac{n!}{s^{n+1}}$$

四、拉氏变换的主要运算定理

1. 线性定理（Superposition Theorem of Laplace Transform）

拉氏变换是一个线性变换，设 $L[f_1(t)] = F_1(s)$，$L[f_2(t)] = F_2(s)$，k_1、k_2 为常数，则
$$L[k_1 f_1(t) + k_2 f_2(t)] = k_1 L[f_1(t)] + k_2 L[f_2(t)] = k_1 F_1(s) + k_2 F_2(s)$$

线性定理说明某一时间内，函数为几个时间函数的代数和，其拉氏变换等于每个时间函数拉氏变换的代数和。

2. 相似定理（Similarity Theorem of Laplace Transform）

设 $L[f(t)] = F(s)$，对任一常数 a，有

$$L[f(at)] = \frac{1}{a}F\left(\frac{s}{a}\right)$$

证明：设 $at = \tau$，则由式（1-31）可得

$$L[f(at)] = \int_0^\infty f(t)e^{-st}dt = \int_0^\infty f(\tau)e^{-\left(\frac{s}{a}\right)\tau}\frac{1}{a}d\tau = \frac{1}{a}\int_0^\infty f(\tau)e^{-\left(\frac{s}{a}\right)\tau}d\tau = \frac{1}{a}F\left(\frac{s}{a}\right)$$

3. 时域位移定理（Delay Theorem of Laplace Transform）

设 $L[f(t)] = F(s)$，对任一正实数 a，有

$$L[f(t-a)] = e^{-as}F(s)$$

式中，$f(t-a)$ 为函数 $f(t)$ 的延时函数，延时时间为 a，如图 1-35 所示。

证明：设 $t-a=\tau$，则由式（1-31）可得

$$L[f(t-a)] = \int_0^\infty f(t-a)e^{-st}dt$$

$$= \int_{-a}^\infty f(\tau)e^{-s(\tau+a)}d\tau$$

$$= e^{-as}F(s)$$

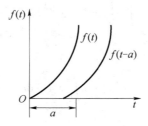

图 1-35　延时函数

例 1-6　时域位移定理的应用。求 $f(t) = (t-\tau)\cdot 1(t-\tau)$ 的拉氏变换。

解： $f(t)$ 相当于 $t\cdot 1(t)$ 在时间 t 上延迟了一个 τ 值，应用时域中的位移定理，有

$$F(s) = L[(t-\tau)\cdot 1(t-\tau)] = \frac{1}{s^2}\cdot e^{-s\tau}$$

4. 复域位移定理（Displacement Theorem of Laplace Transform）

设 $L[f(t)] = F(s)$，对任一正实数 a，有

$$L[e^{-at}f(t)] = F(s+a)$$

证明：由式（1-31）可得

$$L[e^{-at}f(t)] = \int_0^\infty e^{-at}f(t)e^{-st}dt = \int_0^\infty f(t)e^{-(s+a)t}dt = F(s+a)$$

例 1-7　复域位移定理的应用。求 $e^{-at}\sin\omega t$ 的拉氏变换。

解： 可直接运用复数域的位移定理及正弦函数的拉氏变换求得，即

$$L[e^{-at}\sin\omega t] = \frac{\omega}{(s+a)^2 + \omega^2}$$

同理，可求得

$$L[e^{-at}\cos\omega t] = \frac{s+a}{(s+a)^2 + \omega^2}$$

$$L[e^{-at}t^n] = \frac{n!}{(s+a)^{n+1}}$$

5. 微分定理（Differential Theorem of Laplace Transform）

设 $L[f(t)] = F(s)$，$f^{(n)}(t)$ 表示 $f(t)$ 的 n 阶导数，则

$$L[f^{(1)}(t)] = sF(s) - f(0^+)$$

式中，$f(0^+)$ ——当 $t\to 0^+$ 时 $f(t)$ 的值。

证明：根据分部积分法，$\int u(t)\mathrm{d}v(t) = u(t)v(t) - \int v(t)\mathrm{d}u(t)$，

令 $\mathrm{e}^{-st} = u(t)$，$f(t) = v(t)$，$\mathrm{d}v(t) = f^{(1)}(t)\mathrm{d}t$，则

$$L[f^{(1)}(t)] = \int_0^\infty f^{(1)}(t)\mathrm{e}^{-st}\mathrm{d}t = \mathrm{e}^{-st}f(t)\Big|_0^\infty - \int_0^\infty f(t)(-s\mathrm{e}^{-st})\mathrm{d}t$$

$$= s\int_0^\infty f(t)\mathrm{e}^{-st}\mathrm{d}t - f(0^+) = sF(s) - f(0^+)$$

由此可推出 $f(t)$ 各阶导数的拉氏变换。可将微分方程变换为代数方程，即

$$L[f^{(2)}(t)] = s^2 F(s) - sf(0^+) - f^{(1)}(0^+)$$
$$\vdots$$

$$L[f^{(n)}(t)] = s^n F(s) - s^{n-1} f(0^+) - s^{n-2} f^{(1)}(0^+) - \cdots - s^{(n-i-1)} f^{(i)}(0^+) - \cdots - sf^{(n-2)}(0^+) - f^{(n-1)}(0^+)$$

式中，$f^{(i)}(0^+)$ —— $f(t)$ 的第 i 阶导数当 $t \to 0^+$ 时的取值 $(0 < i < n)$。

当所有这些初始值均为零时，

$$L[f^{(n)}(t)] = s^n F(s)$$

6. 积分定理（Integral Theorem of Laplace Transform）

设 $L[f(t)] = F(s)$，则

$$L\left[\int f(t)\mathrm{d}t\right] = \frac{1}{s}F(s) + \frac{1}{s}f^{(-1)}(0^+)$$

式中，$f^{(-1)}(0^+)$ ——当 $t \to 0^+$ 时 $\int f(t)\mathrm{d}t$ 的值。

证明：根据分部积分法，令 $u(t) = \int f(t)\mathrm{d}t$，$\mathrm{d}v(t) = \mathrm{e}^{-st}\mathrm{d}t$，则

$$L\left[\int f(t)\mathrm{d}t\right] = \int_0^\infty \left[\int f(t)\mathrm{d}t\right]\mathrm{e}^{-st}\mathrm{d}t = -\frac{1}{s}\mathrm{e}^{-st}\int f(t)\mathrm{d}t\Big|_0^\infty + \frac{1}{s}\int_0^\infty f(t)\mathrm{e}^{-st}\mathrm{d}t$$

$$= \frac{1}{s}f^{(-1)}(0^+) + \frac{1}{s}F(s)$$

由此可进一步推导出 $f(t)$ 的多重积分的拉氏变换：

$$L\left[\iint f(t)\mathrm{d}t^2\right] = \frac{1}{s^2}F(s) + \frac{1}{s^2}f^{(-1)}(0^+) + \frac{1}{s}f^{(-2)}(0^+)$$
$$\cdots$$

$$L\left[\int\cdots\int f(t)\mathrm{d}t^n\right] = \frac{1}{s^n}F(s) + \frac{1}{s^n}f^{(-1)}(0^+) + \frac{1}{s^{n-1}}f^{(-2)}(0^+) + \cdots + \frac{1}{s}f^{(-n)}(0^+)$$

式中，$f^{(-i)}(0^+)$ —— $f(t)$ 的各重积分当 $t \to 0^+$ 时的取值 $(0 < i < n)$。

当所有这些初始值均为零时

$$L\left[\int\cdots\int f(t)(\mathrm{d}t)^n\right] = \frac{1}{s^n}F(s)$$

7. 初值定理（Initial-Value Theorem of Laplace Transform）

设 $f(t)$ 及其一阶导数均为可拉氏变换的，则 $f(t)$ 的初值为

$$f(0^+) = \lim_{t \to 0^+} f(t) = \lim_{s \to \infty} sF(s)$$

证明： 由微分定理得知

$$\int_0^\infty f^{(1)}(t)\mathrm{e}^{-st}\mathrm{d}t = sF(s) - f(0^+)$$

令 $s \to \infty$，对上式两边取极限，得

$$\lim_{s \to \infty}\left[\int_0^\infty f^{(1)}(t)\mathrm{e}^{-st}\mathrm{d}t\right] = \lim_{s \to \infty}[sF(s) - f(0^+)]$$

当 $s \to \infty$，$\mathrm{e}^{-st} \to 0$ 时，有

$$\lim_{s \to \infty}[sF(s) - f(0^+)] = 0$$

即

$$\lim_{s \to \infty}sF(s) = f(0^+) = \lim_{t \to 0^+}f(t)$$

应用初值定理可以确定系统或元件的初始状态。

8. 终值定理（Final-Value Theorem of Laplace Transform）

设 $f(t)$ 及其一阶导数均为可拉氏变换的，则 $f(t)$ 的终值为

$$f(\infty) = \lim_{t \to \infty}f(t) = \lim_{s \to 0}sF(s)$$

证明： 由微分定理得知

$$\int_0^\infty f^{(1)}(t)\mathrm{e}^{-st}\mathrm{d}t = sF(s) - f(0^+)$$

令 $s \to 0$，对上式两边取极限，得

$$\lim_{s \to 0}\left[\int_0^\infty f^{(1)}(t)\mathrm{e}^{-st}\mathrm{d}t\right] = \lim_{s \to 0}[sF(s) - f(0^+)]$$

当 $s \to 0$，$\mathrm{e}^{-st} \to 1$ 时，有

$$\lim_{s \to 0}\left[\int_0^\infty f^{(1)}(t)\mathrm{e}^{-st}\mathrm{d}t\right] = f(t)\big|_0^\infty = f(\infty) - f(0)$$

即

$$\lim_{s \to 0}[sF(s) - f(0^+)] = f(\infty) - f(0^+)$$

所以

$$f(\infty) = \lim_{t \to \infty}f(t) = \lim_{s \to 0}sF(s)$$

应用终值定理可以在复数域中得到系统或元件在时间域的稳态值，常利用该性质求系统的稳态误差。注意，运用终值定理的前提条件是函数有终值存在，若 $\lim_{t \to \infty}f(t)$ 不存在，则不能应用终值定理。例如，正弦函数等周期函数，它们的极限不存在，因此就不能使用终值定理。

9. 卷积定理（Convolution Theorem of Laplace Transform）

设 $L[f_1(t)] = F_1(s)$，$L[f_2(t)] = F_2(s)$，则函数的卷积为

$$L[f_1(t)*f_2(t)] = L\left[\int_0^\infty f_1(t-\tau)f_2(\tau)\mathrm{d}\tau\right] = F_1(s)F_2(s)$$

证明： 由定义得

$$L\left[\int_0^\infty f_1(t-\tau)f_2(\tau)\mathrm{d}\tau\right]\int_0^\infty\left\{\int_0^\infty f_1(t-\tau)f_2(\tau)\mathrm{d}\tau\right\}\mathrm{e}^{-st}\mathrm{d}t$$

$$=\int_0^\infty f_2(\tau)\left\{\int_0^\infty f_1(t-\tau)\mathrm{e}^{s(t-\tau)}\mathrm{d}t\right\}\mathrm{e}^{-s\tau}\mathrm{d}\tau$$

$$=\int_0^\infty F_1(s)f_2(t)\mathrm{e}^{-s\tau}\mathrm{d}\tau$$

$$=F_1(s)\int_0^\infty f_2(\tau)\mathrm{e}^{-s\tau}\mathrm{d}\tau$$

$$=F_1(s)F_2(s)$$

利用拉氏变换的性质及典型时间函数的拉氏变换，经常可以推导出其他函数的拉氏变换，从而简化运算。在附录 A 中列出了常用的一些函数及其拉氏函数的对照表。

五、拉氏逆变换

1. 拉氏逆变换的定义

当已知 $f(t)$ 的拉氏变换 $F(s)$，欲求原函数 $f(t)$ 时，称其过程为拉氏逆变换（Inverse Laplace Transform），记作 $L^{-1}[F(s)]$，并定义如下：

$$f(t)=L^{-1}[F(s)]=\frac{1}{2\pi\mathrm{j}}\int_{\sigma-\mathrm{j}\omega}^{\sigma+\mathrm{j}\omega}F(s)\mathrm{e}^{st}\mathrm{d}s \tag{1-39}$$

式中，σ ——大于 $F(s)$ 的所有奇异点实部的实常数（奇异点就是 $F(s)$ 在该点不解析，即在该点及其领域不处处可导）。

2. 拉氏逆变换的数学方法

已知象函数 $F(s)$，求原函数 $f(t)$ 的方法如下：

（1）有理函数法，根据拉氏逆变换公式（1-39）求解。由于被积函数为复变函数，需要用复变函数的留数定理求解，因此本书不做介绍。

（2）查表法，即直接利用附录 A 查出相应的原函数，这适用于象函数比较简单的情况。

（3）部分分式法，通过代数运算将一个复杂的象函数转化为数个简单的部分分式之和，然后分别求出各个分式的原函数，进而求得总的原函数。

在控制理论中，常遇到象函数 $F(s)$ 是复数 s 的有理代数式

$$F(s)=\frac{B(s)}{A(s)}=\frac{b_m s^m+b_{m-1}s^{m-1}+\cdots+b_0}{a_n s^n+a_{n-1}s^{n-1}+\cdots+a_0}=\frac{K(s-z_1)(s-z_2)\cdots(s-z_m)}{(s-p_1)(s-p_2)\cdots(s-p_n)} \tag{1-40}$$

式中，p_1，p_2，$\cdots$，p_n 和 z_1，z_2，$\cdots$，z_m 分别为 $F(s)$ 的极点和零点，且 $n>m$。如果 $n\leqslant m$，则分子 $B(s)$ 必须用分母 $A(s)$ 去除，以得到一个 s 的多项式和一个余式之和，在余式中分母阶次高于分子阶次。当式（1-40）转化为部分分式之和时，极点有可能是实数，也有可能是复数，下面分别讨论。

1）$F(s)$ 只包含不相同极点的情况，且极点为各不相同的实数

在这种情况下，$F(s)$ 总是能展开为下面简单的部分分式之和：

$$F(s)=\frac{B(s)}{A(s)}=\frac{K_1}{s-p_1}+\frac{K_2}{s-p_2}+\cdots+\frac{K_i}{s-p_i}+\cdots+\frac{K_n}{s-p_n} \tag{1-41}$$

式中，$K_1, K_2, \cdots, K_n$——待定系数；

p_i——$A(s) = 0$ 的根。

用 $(s - p_1)$ 同时乘以式（1-41）两边，并以 $s = p_1$ 代入，则有

$$K_1 = \frac{B(s)}{A(s)}(s - p_1)|_{s=p_1}$$

同样，用 $(s - p_2)$ 同时乘以式（1-41）两边，并以 $s = p_2$ 代入，得

$$K_2 = \frac{B(s)}{A(s)}(s - p_2)|_{s=p_2}$$

依此类推，得

$$K_i = \frac{B(s)}{A(s)}(s - p_i)\Big|_{s=p_i} = \frac{B(p_i)}{A'(p_i)} \quad (i = 1, 2, \cdots, n)$$

$$A'(p_i) = \frac{\mathrm{d}A(s)}{\mathrm{d}s}\Big|_{s=p_i}$$

求得各系数后，$F(s)$ 可用部分分式表示为

$$F(s) = \sum_{i=1}^{n} \frac{B(p_i)}{A'(p_i)} \cdot \frac{1}{s - p_i}$$

因 $L^{-1}\left[\frac{1}{s - p_i}\right] = \mathrm{e}^{p_i t}$，从而可求得 $F(s)$ 的原函数为

$$f(t) = L^{-1}[F(s)] = \sum_{i=1}^{n} \frac{B(p_i)}{A'(p_i)} \cdot \mathrm{e}^{p_i t}$$

例 1-8 求函数 $F(s) = \dfrac{s^2 - s + 2}{s(s^2 - s - 6)}$ 的拉氏逆变换。

解：
$$F(s) = \frac{s^2 - s + 2}{s(s^2 - s - 6)} = \frac{s^2 - s + 2}{s(s - 3)(s + 2)} = \frac{K_1}{s} + \frac{K_2}{s - 3} + \frac{K_3}{s + 2}$$

$$K_1 = \left[F(s)s\right]_{s=0} = \frac{s^2 - s + 2}{s(s - 3)(s + 2)}s\Big|_{s=0} = -\frac{1}{3}$$

$$K_2 = \left[F(s)(s - 3)\right]_{s=3} = \frac{s^2 - s + 2}{s(s - 3)(s + 2)}(s - 3)\Big|_{s=3} = \frac{8}{15}$$

$$K_3 = \left[F(s)(s + 2)\right]_{s=-2} = \frac{s^2 - s + 2}{s(s - 3)(s + 2)}(s + 2)\Big|_{s=-2} = \frac{4}{5}$$

即得

$$F(s) = -\frac{1}{3} \cdot \frac{1}{s} + \frac{8}{15} \cdot \frac{1}{s - 3} + \frac{4}{5} \cdot \frac{1}{s + 2}$$

$$f(t) = L^{-1}[F(s)] = L^{-1}\left(-\frac{1}{3} \cdot \frac{1}{s}\right) + L^{-1}\left(\frac{8}{15} \cdot \frac{1}{s - 3}\right) + L^{-1}\left(\frac{4}{5} \cdot \frac{1}{s + 2}\right)$$

$$= -\frac{1}{3} + \frac{8}{15}\mathrm{e}^{3t} + \frac{4}{5}\mathrm{e}^{-2t} \quad (t \geqslant 0)$$

2）$F(s)$ 只包含不相同极点的情况，且极点含有共轭复数

例 1-9 求函数 $F(s) = \dfrac{s+1}{s(s^2+s+1)}$ 的拉氏逆变换。

解：
$$F(s) = \frac{s+1}{s\left(s+\dfrac{1}{2}+\mathrm{j}\dfrac{\sqrt{3}}{2}\right)\left(s+\dfrac{1}{2}-\mathrm{j}\dfrac{\sqrt{3}}{2}\right)} = \frac{K_0}{s} + \frac{K_1 s + K_2}{s^2+s+1}$$

与不同实根极点的方法类似，由式（1-42）得

$$K_0 = \left. \frac{s+1}{s(s^2+s+1)} s \right|_{s=0} = 1$$

将 K_0 代入 $F(s)$ 得

$$F(s) = \frac{1}{s} + \frac{K_1 s + K_2}{s^2+s+1} = \frac{s^2+s+1}{s(s^2+s+1)} + \frac{s\left(K_1 s + K_2\right)}{s(s^2+s+1)}$$

$$= \frac{\left(K_1+1\right)s^2 + \left(K_2+1\right)s + 1}{s(s^2+s+1)}$$

与 $F(s) = \dfrac{s+1}{s(s^2+s+1)}$ 对比，分母上各多项式系数分别相等，所以有

$$\begin{cases} K_1 + 1 = 0 \\ K_2 + 1 = 1 \end{cases}$$

解得 $K = -1$，$K_2 = 0$，所以

$$F(s) = \frac{s+1}{s(s^2+s+1)} = \frac{1}{s} - \frac{s}{s^2+s+1}$$

$$= \frac{1}{s} - \frac{s}{\left(s+\dfrac{1}{2}\right)^2 + \left(\dfrac{\sqrt{3}}{2}\right)^2} = \frac{1}{s} - \frac{s+\dfrac{1}{2}}{\left(s+\dfrac{1}{2}\right)^2 + \left(\dfrac{\sqrt{3}}{2}\right)^2} + \frac{\dfrac{1}{2}}{\left(s+\dfrac{1}{2}\right)^2 + \left(\dfrac{\sqrt{3}}{2}\right)^2}$$

查拉氏变换表，得

$$f(t) = L^{-1}\left[F(s)\right] = 1 - \mathrm{e}^{-\frac{1}{2}t}\cos\frac{\sqrt{3}}{2}t + 0.57\mathrm{e}^{-\frac{1}{2}t}\sin\frac{\sqrt{3}}{2}t \quad (t \geqslant 0)$$

3）$F(s)$ 包含多重极点的情况

假设 $F(s)$ 有 r 个重极点 p_1，其余极点均不相同，则

$$F(s) = \frac{B(s)}{A(s)} = \frac{B(s)}{a_n(s-p_1)^r(s-p_{r+1})\cdots(s-p_n)}$$

$$= \frac{K_{11}}{(s-p_1)^r} + \frac{K_{12}}{(s-p_1)^{r-1}} + \cdots + \frac{K_{1r}}{s-p_1} + \frac{K_{r+1}}{s-p_{r+1}} + \frac{K_{r+2}}{s-p_{r+2}} + \cdots + \frac{K_n}{s-p_n}$$

式中，K_{11}，K_{12}，$\cdots$，K_{1r} 的求法如下：

$$\begin{cases} K_{11} = F(s)(s-p_1)^r \big|_{s=p_1} \\ K_{12} = \dfrac{\mathrm{d}}{\mathrm{d}s}[F(s)(s-p_1)^r]\big|_{s=p_1} \\ K_{13} = \dfrac{1}{2!} \cdot \dfrac{\mathrm{d}^2}{\mathrm{d}s^2}[F(s)(s-p_1)^r]\big|_{s=p_1} \\ \qquad \vdots \\ K_{1r} = \dfrac{1}{(r-1)!} \cdot \dfrac{\mathrm{d}^{r-1}}{\mathrm{d}s^{r-1}}[F(s)(s-p_1)^r]_{s=p_1} \end{cases}$$

其余系数 K_{r+1}，K_{r+2}，$\cdots$，K_n 的求法与第一种情况所述的方法相同，即

$$K_j = [F(s)(s-p_j)]\Big|_{s=p_j} = \frac{B(p_j)}{A'(p_j)} \quad (j=r+1,r+2,\cdots,n)$$

求得所有的待定系数后，$F(s)$ 的逆变换为

$$f(t) = L^{-1}[F(s)]$$
$$= \left[\frac{K_{11}}{(r-1)!}t^{r-1} + \frac{K_{12}}{(r-2)!}t^{r-2} + \cdots + K_{1r}\right]e^{p_1 t} + K_{r+1}e^{p_{r+1}t} + K_{r+2}e^{p_{r+2}t} + \cdots + K_n e^{p_n t}$$

例 1-10 $F(s)$ 包含多重极点的拉氏逆变换，求 $F(s) = \dfrac{1}{s(s+2)^3(s+3)}$ 的拉氏逆变换。

解：

$$F(s) = \frac{K_{11}}{(s+2)^3} + \frac{K_{12}}{(s+2)^2} + \frac{K_{13}}{s+2} + \frac{K_4}{s} + \frac{K_5}{s+3}$$

$$K_{11} = F(s)(s+2)^3\Big|_{s=-2} = \frac{1}{s(s+3)}\Big|_{s=-2} = -\frac{1}{2}$$

$$K_{12} = \frac{\mathrm{d}}{\mathrm{d}s}[F(s)(s+2)^3]\Big|_{s=-2} = \frac{-(2s+3)}{s^2(s+3)^2}\Big|_{s=-2} = \frac{1}{4}$$

$$K_{13} = \frac{1}{2!} \cdot \frac{\mathrm{d}^2}{\mathrm{d}s^2}[F(s)(s+2)^3]\Big|_{s=-2} = \frac{1}{2!} \cdot \frac{\mathrm{d}^2}{\mathrm{d}s^2}\left[\frac{1}{s(s+3)}\right]\Big|_{s=-2} = -\frac{3}{8}$$

$$K_4 = F(s) \cdot s\Big|_{s=0} = \frac{1}{(s+2)^3(s+3)}\Big|_{s=0} = \frac{1}{24}$$

$$K_5 = F(s)(s+3)\Big|_{s=-3} = \frac{1}{s(s+2)^3}\Big|_{s=-3} = \frac{1}{3}$$

$$F(s) = \frac{-1}{2(s+2)^3} + \frac{1}{4(s+2)^2} - \frac{3}{8(s+2)} + \frac{1}{24s} + \frac{1}{3(s+3)}$$

$$f(t) = L^{-1}[F(s)] = -\frac{1}{2} \cdot \frac{t^2}{2}e^{-2t} + \frac{1}{4}te^{-2t} - \frac{3}{8}e^{-2t} + \frac{1}{24} + \frac{1}{3}e^{-3t}$$

$$= \frac{1}{4}\left(t - t^2 - \frac{3}{2}\right)e^{-2t} + \frac{1}{3}e^{-3t} + \frac{1}{24}$$

六、拉氏变换在控制工程中的应用

在系统瞬态响应分析时，常常要对微分方程求解，若借助拉氏变换进行求解，会很方便。用拉氏变换解常微分方程的步骤如下：

（1）通过拉氏变换将常微分方程转化为象函数的代数方程。

（2）解出象函数。

（3）通过拉氏逆变换求得常微分方程的解。

例 1-11 组合机床动力滑台运动情况分析。图 1-36（a）为一个组合机床动力滑台，现在先分析其在铣平面时的运动情况。对该组合机床动力滑台进行质量、黏性阻尼及刚度折算后，可简化为图 1-36（b）所示的质量-弹簧-阻尼系统。在随时间变换的切削力 $f(t)$ 的作用下，滑台往复运动，位移为 $y(t)$。

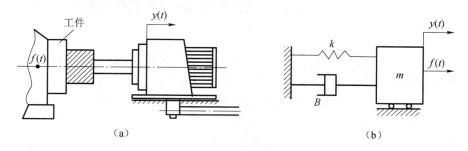

图 1-36 组合机床动力滑台及其力学模型

解： 在这个机械系统中，输入量为 $f(t)$，输出量为 $y(t)$。根据牛顿第二定律，有

$$m\frac{\mathrm{d}^2 y(t)}{\mathrm{d}t^2} = f(t) - c\frac{\mathrm{d}y(t)}{\mathrm{d}t} - ky(t) \tag{1-42}$$

式中，k——弹簧刚度；

c——等效黏性阻尼系数。

式（1-42）可整理为

$$m\frac{\mathrm{d}^2 y(t)}{\mathrm{d}t^2} + c\frac{\mathrm{d}y(t)}{\mathrm{d}t} + ky(t) = f(t) \tag{1-43}$$

式（1-43）为该系统在外力 $f(t)$ 作用下的运动方程。

设线性微分方程系数 $m=1$，$c=5$，$k=6$，$f=6$，初始条件 $\dot{y}(0)=y(0)=2$，则式（1-43）进一步转化为

$$\frac{\mathrm{d}^2 y(t)}{\mathrm{d}t^2} + 5\frac{\mathrm{d}y(t)}{\mathrm{d}t} + 6y(t) = 6$$

对微分方程两边进行拉氏变换，得代数方程为

$$s^2 Y(s) - sy(0) - \dot{y}(0) + 5sY(s) - 5y(0) + 6Y(s) = \frac{6}{s}$$

代入初始条件求解 $Y(s)$，得

$$Y(s) = \frac{2s^2 + 12s + 6}{s(s^2 + 5s + 6)} = \frac{2s^2 + 12s + 6}{s(s+3)(s+2)} = \frac{1}{s} - \frac{4}{s+3} + \frac{5}{s+2}$$

进行拉氏逆变换，得

$$y(t) = 1 - 4e^{-3t} + 5e^{-2t} \quad (t > 0)$$

该解由两部分组成：稳态分量（Stable Component）（即终值）$y(\infty) = 1$ 和瞬态分量（Transient Component）$-4e^{-3t} + 5e^{-2t}$。利用终值定理可以验证稳态分量解，即

$$\lim_{t \to \infty} y(t) = \lim_{s \to 0} sY(s) = \lim_{s \to 0} \frac{2s^2 + 12s + 6}{(s+3)(s+2)} = 1$$

对于一般的 n 阶微分方程也可应用拉氏变换求解。除了利用拉氏变换求解微分方程外，更重要的是通过拉氏变换引出控制工程的一个非常重要的概念——传递函数，有关这方面的内容将在第二章进行介绍。

第七节　MATLAB 在信号与系统上的应用

MATLAB 软件是目前比较流行的一种数学软件，特别在数值计算、信号处理、控制仿真方面尤为突出，可完成数值计算、信号与系统分析的可视化建模及仿真调试，可将信号处理等理论进行可视化、直观化展示，对于这些理论的学习和掌握非常有利。

以下将举例说明 MATLAB 在傅里叶变换及拉氏变换中的应用。

例 1-12　编写 MATLAB 程序绘制周期方波展开为傅里叶级数后波形叠加的结果曲线。

解：MATLAB 程序如下：

```
clear all;
clf;
A=5;
w0=5*pi;
N=1;    %1, 5, 7, 55
NN=N*5*2;
t=-0.5:0.001:0.5;
for i=1:length(t)
    sumsine(i)=0;
    for n=1:2:N
        sumsine(i)=sumsine(i)+sin(n*w0*t(i))/n*4*A/pi;
    end
end
plot(t, sumsine)
xlabel('t')
ylabel('x(t)')
```

程序运行结果：

分别取 $N=1，5，7，55$ 时的结果如图 1-37 所示，可看出 N 值越大，项数越多，则信号越接近方波信号。

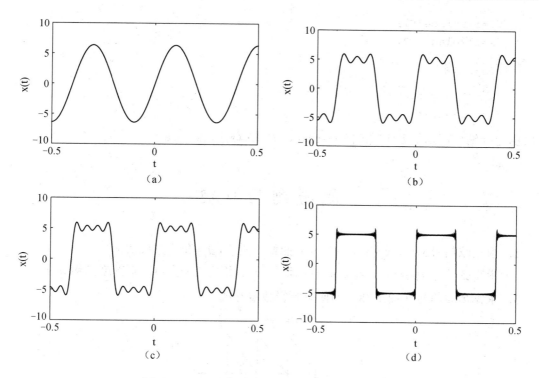

图 1-37 周期方波的傅里叶级数前有限项累加和

例 1-13 编写 MATLAB 程序求函数 $f_1(t)=\mathrm{e}^{at}$ (a 为实数)、 $f_2(t)=t-\sin t$ 的拉氏变换。

解：MATLAB 程序如下：

```
syms t s a;
f1=exp(a*t);
f2=t-sint;
L1=laplace(f1)
L2=laplace(f2)
```

程序运行结果：

```
L1 = -1/(a - s)
L2 = 1/s^2 - 1/(s^2 + 1)
```

由运行结果可知， $L\left[f_1(t)\right]=\dfrac{1}{s-a}$ ， $L\left[f_2(t)\right]=\dfrac{1}{s^2}-\dfrac{1}{s^2+1}$ 。

例 1-14 编写 MATLAB 程序求函数 $F_1(s)=\dfrac{1}{s(1+s^2)}$ ， $F_2(s)=\dfrac{s+3}{(s+1)(s+2)}$ 的拉氏反变换。

解：MATLAB 程序如下：

```
syms t s;
F1=1/(s*(1+s^2));
F2=(s+3)/((s+1)*(s+2));
```

```
f1=ilaplace(F1)
f2=ilaplace(F2)
```

程序运行结果：

```
f1 = 1 - cost
f2 = 2*exp(-t) - exp(-2*t)
```

由运行结果可知，$L^{-1}[F_1(s)] = 1 - \cos t$，$L^{-1}[F_2(s)] = 2e^{-t} - e^{-2t}$。

思考题与习题

1. 求正弦信号 $x(t) = x_0 \sin \omega t$ $(x_0 > 0)$ 的绝对均值 $|\mu_x|$ 和均方根值 x_{rms}。

2. 求正弦信号 $x(t) = x_0 \cos(\omega t + \varphi)$ 的均值 μ_x、均方值 ψ_x^2 和概率密度函数 $p(x)$。

3. 求锯齿波信号（图 1-38）的傅里叶级数展开式。

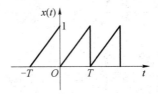

图 1-38　第 3 题图

4. 求图 1-39 所示周期方波的三角函数形式的傅里叶级数和复指数形式的傅里叶级数，并作出频谱图。

5. 求周期矩形脉冲信号的频谱，作出频谱图。设该周期矩形脉冲的幅值为 E，脉宽为 τ，周期为 T，如图 1-40 所示。

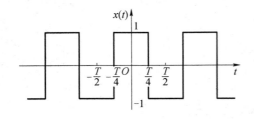

图 1-39　第 4 题图

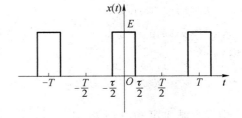

图 1-40　第 5 题图

6. 求被截断的余弦函数 $\cos \omega_0 t$（图 1-41）的傅里叶变换。

$$x(t) = \begin{cases} \cos \omega_0 t, & |t| < 0 \\ 0, & |t| \geqslant 0 \end{cases}$$

7. 求指数衰减信号 $x(t) = e^{-at} \sin \omega_0 t$（图 1-42）的频谱。

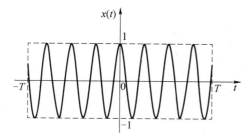

图 1-41　第 6 题图

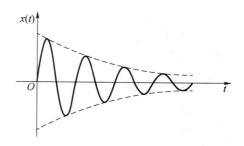

图 1-42　第 7 题图

8．试求下列函数的拉氏变换。

（1）$f(t) = t^2 + 3t + 2$；

（2）$f(t) = 5\sin 2t - 3\cos 2t$；

（3）$f(t) = t^n e^{at}$；

（4）$f(t) = e^{-at}\sin 6t$；

（5）$f(t) = t\cos at$；

（6）$f(t) = \cos^2 t$；

（7）$f(t) = e^{2t} + 5\delta(t)$；

（8）$f(t) = (4t + 5)\delta(t) + (t + 2)\cdot 1(t)$；

（9）$f(t) = \sin\left(5t + \dfrac{\pi}{3}\right)\cdot 1(t)$；

（10）$f(t) = \begin{cases} \sin t, & 0 \leqslant t \leqslant \pi \\ 0, & t < 0, t > \pi \end{cases}$；

（11）$f(t) = \left[4\cos\left(2t - \dfrac{\pi}{3}\right)\right]\cdot 1\left(t - \dfrac{\pi}{6}\right) + e^{-5t}\cdot 1(t)$；

（12）$f(t) = (15t^2 + 4t + 6)\delta(t) + 1(t - 2)$；

（13）$f(t) = 6\sin\left(3t - \dfrac{\pi}{4}\right)\cdot 1\left(t - \dfrac{\pi}{4}\right)$；

（14）$f(t) = e^{-6t}(\cos 8t + 0.25\sin 8t)\cdot 1(t)$。

9．求下列函数的拉氏反变换。

（1）$F(s) = \dfrac{1}{s^2 + 4}$；　（2）$F(s) = \dfrac{1}{(s + 1)^4}$；　（3）$F(s) = \dfrac{s}{s^2 - 2s + 5}$；

（4）$F(s) = \dfrac{2s + 3}{s^2 + 9}$；　（5）$F(s) = \dfrac{s + 3}{(s + 1)(s - 3)}$；　（6）$F(s) = \dfrac{s + 1}{s^2 + s - 6}$；

（7）$F(s) = \dfrac{2s + 5}{s^2 + 4s + 13}$；　（8）$F(s) = \dfrac{s}{(s + 2)(s + 1)^2}$。

10. 用拉氏变换的方法解下列微分方程。

（1）$\dfrac{\mathrm{d}^2 x(t)}{\mathrm{d}t^2} + 6\dfrac{\mathrm{d}x(t)}{\mathrm{d}t} + 8x(t) = 1$ ，其中 $x(0)=1, \dfrac{\mathrm{d}x(t)}{\mathrm{d}t}\bigg|_{t=0} = 0$ ；

（2）$\dfrac{\mathrm{d}^2 x(t)}{\mathrm{d}t^2} + 2\dfrac{\mathrm{d}x(t)}{\mathrm{d}t} + 2x(t) = 0$ ，其中 $x(0)=0, \dfrac{\mathrm{d}x(t)}{\mathrm{d}t}\bigg|_{t=0} = 1$ ；

（3）$\dfrac{\mathrm{d}x(t)}{\mathrm{d}t} + 10x(t) = 2$ ，其中 $x(0)=0$ 。

11. 若系统的微分方程为 $3\dfrac{\mathrm{d}y(t)}{\mathrm{d}t} + 2y(t) = 2\dfrac{\mathrm{d}x(t)}{\mathrm{d}t} + 3x(t)$ ，其中 $x(t)$ 为输入， $y(t)$ 为输出，已知 $y(0^-) = x(0^-) = 0$ ，当输入 $x(t) = 1(t)$ 时，输出的终值和初值各为多少？

12. 对于图 1-43 所示的曲线求其拉氏变化。

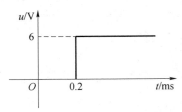

图 1-43　第 12 题图

13. 已知 $F(s) = \dfrac{10}{s(s+1)}$ 。

（1）利用终值定理，求 $t \to \infty$ 时的 $f(t)$ 值；

（2）通过取 $F(s)$ 拉氏反变换，求 $t \to \infty$ 时的 $f(t)$ 值。

14. 已知 $F(s) = \dfrac{1}{(s+2)^2}$ 。

（1）利用初值定理求 $f(0)$ 值；

（2）通过取 $F(s)$ 拉氏反变换求 $f(t)$ ，然后求 $f(0)$ 。

第二章

控制系统的数学模型

对于现实世界的某一特定对象，为了某个特定的目的，通过一些必要的假设和简化后，将系统在信号传递过程中的动态特性用数学表达式描述出来，以反映系统输入量和输出量之间的关系，该数学表达式即称为系统的数学模型。要分析动态系统，应首先推导其数学模型。推导一个合理的数学模型，是整个分析过程中最重要的事情。

模型可以假设有许多不同的形式。工程上常用的数学模型有微分方程、传递函数和状态方程。微分方程是基本的数学模型，是传递函数的基础。数学模型不是唯一的，同一个系统可有不同的数学模型，建立的数学模型是否适用只能通过实验来进行验证。

建立数学模型就是应用不同学科中的一些定律及基本原理，如牛顿定律、质量守恒定律、基尔霍夫定律和马克斯韦尔方程等。系统的数学模型被推导出来后，就可以采用各种分析方法和计算工具对系统进行分析和综合。

在推导数学模型的过程中，我们会遇到模型简化和分析结果准确度之间的矛盾，而分析结果的准确度仅取决于数学模型对给定物理系统的近似程度。因此，必须对系统做全面的分析了解，并需要有丰富的经验，才能分出系统中各部分结构及参数的作用及影响的主次，建立一个既简化又有一定准确度的适用模型。

第一节　控制系统微分方程

一、机械系统的微分方程

许多动态系统，无论是机械的、电气的、液压的，热力的，还是生物的、经济的等，都可以用微分方程加以描述。对这些微分方程进行求解，就可以获得动态系统对输入量的响应。系统的微分方程，可以通过支配具体系统的物理学定律获得。

例 2-1　机械系统中以各种形式出现的物理现象，都可使用质量、弹簧和阻尼三个要素来描述。图 2-1 所示为一机械移动系统，请列出其微分方程。给定外力 $f_i(t)$ 为输入量，位移 $x_o(t)$ 为输出量。

解：图 2-1 所示为常见的质量-弹簧-阻尼系统，阻尼器是一种产生黏性摩擦或阻尼的装置。图中的 m、k、B 分别表示质量、弹簧刚度和黏性阻尼系数。以系统在静止平衡时的那一点为零点，即平衡工作点，这样的零位选择消除了重力的影响。设系统的输入量为外作用力

$f_i(t)$，输出量为质量块的位移 $x_o(t)$。现研究外力 $f_i(t)$ 与位移 $x_o(t)$ 之间的关系。

在输入力 $f_i(t)$ 的作用下，质量块 m 将有加速度，从而产生速度和位移。质量块的速度和位移使阻尼器和弹簧产生黏性阻尼力 $f_B(t)$ 和弹性力 $f_k(t)$。这两个力反馈作用于质量块上，影响输入力 $f_i(t)$ 的作用效果，从而使质量块的速度和位移随时间发生变化，产生动态过程。

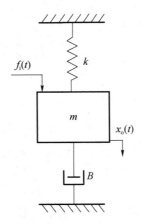

图 2-1　机械移动系统

牛顿定律是机械系统中的基本定律，在机械系统中，牛顿定律可以表示如下：

$$ma = \sum F$$

式中，m——质量；

a——加速度；

F——力。

将牛顿第二定律应用到该系统，可得

$$f_i(t) - f_B(t) - f_k(t) = m\frac{\mathrm{d}^2}{\mathrm{d}t^2}x_o(t)$$

由阻尼器、弹簧的特性，可写成

$$f_B(t) = B\frac{\mathrm{d}}{\mathrm{d}t}x_o(t)$$

$$f_k(t) = kx_o(t)$$

由以上三个式子，消去 $f_B(t)$ 和 $f_k(t)$，写成标准形式，得

$$m\frac{\mathrm{d}^2}{\mathrm{d}t^2}x_o(t) + B\frac{\mathrm{d}}{\mathrm{d}t}x_o(t) + kx_o(t) = f_i(t) \tag{2-1}$$

一般 m、k、B 均为常数，故式（2-1）为二阶常系数线性微分方程。它描述了输入 $f_i(t)$ 和输出 $x_o(t)$ 之间的动态关系。方程的系数取决于系统的结构参数；而方程的阶次等于系统中独立的储能元件（惯性质量、弹簧）的数量。

例 2-2　列写图 2-2 所示机械转动系统的微分方程。给定转矩 $T(t)$ 为系统的输入量，J 为转动体的转动惯量，B 为转动时的黏性阻尼系数，k_j 为扭转弹簧刚度，转角 $\theta(t)$ 为系统的输出量。

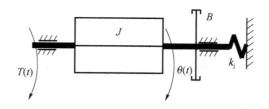

图 2-2 机械转动系统

解：机械转动系统的牛顿定理可以表示为

$$Ja(t) = \sum T(t)$$

式中，J——转动惯量；

$a(t)$ ——角加速度；

$T(t)$ ——转矩。

应用牛顿定律列出微分方程，有

$$J\frac{\mathrm{d}^2}{\mathrm{d}t^2}\theta(t) = T(t) - B\frac{\mathrm{d}\theta(t)}{\mathrm{d}t} - k_j\theta(t)$$

整理，得

$$J\frac{\mathrm{d}^2}{\mathrm{d}t^2}\theta(t) + B\frac{\mathrm{d}}{\mathrm{d}t}\theta(t) + k_j\theta(t) = T(t)$$

二、电气系统的微分方程

电气系统中某些元件如电感和电容，可以储存能量，这部分能量还可以返回系统中去。返回到系统中的能量，不超过元件储存的能量。而且，应事先向这个元件输送能量而储存起来，否则这个元件就不能向系统输送任何能量。这类元件称为无源元件。只包含无源元件的系统称为无源系统。电气系统中的电阻、电感、电容、质量、阻尼、弹簧系统都属于无源系统。可将外部的能量传送到系统中去的物理元件，称为有源元件，它具有能源，并可将能源的能量输送到系统中去。包含有源元件的系统称为有源系统。电气系统中的电压源、电流源及机械系统中外力、外力矩等系统都属于有源系统。

对于电气系统中的无源系统和有源系统通常利用基尔霍夫电压定律和基尔霍夫电流定律来建立其数学模型。基尔霍夫电压定律为任一闭合回路中电压的代数和恒为零，即 $\sum u(t) = 0$，基尔霍夫电流定律为在任何时刻，电路的任一节点上流出的电流总和与流入该节点的电流总和相等，即 $\sum i(t) = 0$，运用基尔霍夫定律时应注意元件中电流的流向及元件两端电压的参考极性。

1. 无源电路网络

电路系统中的电阻 R、电感 L 和电容 C 是电路中三个基本元件。一个 RLC 无源电路网络如图 2-3 所示，设输入端电压 $u_i(t)$ 为系统输入量。电容器 C 两端电压 $u_o(t)$ 为系统输出量。现研究输入电压 $u_i(t)$ 和输出电压 $u_o(t)$ 之间的关系。电路中的电流 $i(t)$ 为中间变量。

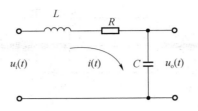

图 2-3　RLC 无源电路网络

根据基尔霍夫电压定律，有

$$u_i(t) = R \cdot i(t) + L \frac{\mathrm{d}i(t)}{\mathrm{d}t} + \frac{1}{C}\int i(t)\mathrm{d}t$$

$$u_o(t) = \frac{1}{C}\int i(t)\mathrm{d}t \to i(t) = C\frac{\mathrm{d}u_o(t)}{\mathrm{d}t}$$

消去中间变量 $i(t)$，整理得

$$LC\frac{\mathrm{d}^2}{\mathrm{d}t^2}u_o(t) + RC\frac{\mathrm{d}}{\mathrm{d}t}u_o(t) + u_o(t) = u_i(t) \tag{2-2}$$

一般假定 R、L、C 都是常数，则上式为二阶常系数线性微分方程。若 $L=0$，系统为 RC 电路，其微分方程也可简化为一阶形式：

$$RC\frac{\mathrm{d}}{\mathrm{d}t}u_o(t) + u_o(t) = u_i(t) \tag{2-3}$$

2. 有源电路网络

有源电路网络如图 2-4 所示，设电压 $u_i(t)$ 为系统输入量，电压 $u_o(t)$ 为系统输出量。现建立 $u_i(t)$ 与 $u_o(t)$ 之间的关系式。

图中 A 点为运算放大器的反相输入端，K_o 为运算放大器的开环放大倍数。因为

$$u_o(t) = -K_o u_A(t)$$

且一般 K_o 值很大，所以 A 点电位为

$$u_A(t) = -\frac{u_o}{K_o} \approx 0$$

运算放大器的输入阻抗一般都很高，故而可认为

$$i_1(t) \approx i_2(t)$$

因此，可以得到

$$\frac{u_i(t)}{R} = -C\frac{\mathrm{d}u_o(t)}{\mathrm{d}t}$$

即

$$RC\frac{\mathrm{d}u_o(t)}{\mathrm{d}t} = -u_i(t) \tag{2-4}$$

将上述系统模型进行比较，可以发现物理性质不同的系统，可以有相同的数学模型。反之，同一数学模型也可以描述成物理性质完全不同的系统。例如，比较式（2-1）和式（2-2），可以看出两个物理性质不同的系统的微分方程具有相同的形式，这种系统也可称为相似系统，在微分方程中占据相同位置的物理量称为相似量。因此，从控制理论来说，可以抛开系统的

物理属性，用同一方法进行普遍意义的分析和研究，这就是信息方法，即从信息在系统中传递、转换的方面来研究系统的功能。而从系统的动态性能来看，在相同形式的输入作用下，数学模型完全相同而物理性质不同的系统其输出响应相似，若方程系数等值响应也是完全一样的，则在实践中，我们可以通过建立和研究一个与复杂系统相似的简单系统，来代替对复杂系统的建立和研究。例如，可以用较容易制造的电子系统来模拟制造复杂的机械系统及其他物理系统，这也就是控制理论中功能模拟方法的基础。

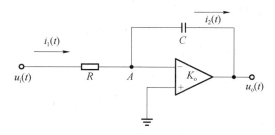

图 2-4　有源电路网络

分析上述系统模型还可以看出，描述系统运动的微分方程的系数都是系统的结构参数及其组合，这就说明系统的动态特性是系统的固有特性，取决于系统结构及其参数。

用线性微分方程描述的系统，称为线性系统。如果方程的系数为常数，则称为线性定常系统；如果方程的系数不是常数，而是时间的函数，则称为线性时变系统。线性系统的特点是具有线性性质，即服从叠加原理。这个原理是说，多个输入同时作用于线性系统的总响应，等于各个输入单独作用时产生的响应之和。

用非线性微分方程描述的系统称为非线性系统，如前述的液位控制系统。叠加原理不适用于非线性系统。

在工程实践中，可实现的线性定常系统，均能用 n 阶常系数线性微分方程来描述其运动特性。

三、建立系统微分方程的一般步骤

用解析法列写系统或元件微分方程的一般步骤如下：

（1）分析系统的工作原理和信号传递变换的过程，确定系统和各元件的输入、输出量。

（2）从系统的输入端开始，按照信号传递变换过程，依据各变量所遵循的物理或化学定律，依次列写出各元件、部件的动态微分方程。若有非线性方程，进行线性化。

（3）消去中间变量，导出元件或系统输入、输出量之间的微分方程。

（4）将微分方程标准化。将与输入有关的项放在方程右侧，与输出有关的项放在方程的左侧，且各阶导数项按降幂排列。

四、数学模型的线性化

实际系统往往有死区、饱和、间隙等各类非线性现象，几乎所有实际系统都是非线性的，而非线性的理论还不够完善，所以可以利用数学方法将这种非线性模型简化为线性模型，使得系统容易处理。当非线性因素对系统影响较小时，一般可以忽略，将系统当作线性系统处理。另外，如果系统的变量值发生微小的偏移，可以通过取其线性主部，用切线法进行线性化，以求得其增量方程式。

假设有一个输入为 x、输出为 y，其输入/输出关系为 $y = f(x)$ 的系统，如图 2-5 所示，$y(t)$ 与 $x(t)$ 之间具有非线性关系。A 点为系统的平衡工作点，坐标为 (x_0, y_0)，即 $y_0 = f(x_0)$，在 A 点附近，当输入变量 $x(t)$ 做 Δx 变化时，对应的输出变量的增量为 Δy。而对于通过 A 点的切线，当 x 变化 Δx 时，y 的增量为 $\Delta y'$。显然，若 x 在平衡工作点 A 附近只做微小的变化 Δx，则 $\Delta y \approx \Delta y'$，故可近似地认为有

$$\Delta y \approx \Delta y' = \Delta x \cdot \tan(\alpha) \tag{2-5}$$

式中，$\tan(\alpha)$ —— 函数 $y = f(x)$ 在 A 点处的导数。

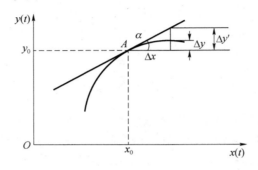

图 2-5　非线性关系线性化

以增量为变量的微分方程称为增量方程，故式（2-5）为线性增量方程。由此可见，在滑动范围内，Δy 与 $\Delta y'$ 近似相等，而和 Δx 有线性关系，即可用切线代替原来的非线性曲线，从而把非线性问题线性化了。这种线性化方法，称为滑动线性化法或切线法。

这种近似的滑动线性化，对大多数控制系统来说都是可行的。首先，控制系统在通常情况下，都有一个正常、稳定的工作状态，称为平衡工作点。例如，恒温控制系统的正常工作状态是输入、输出为常值（输出为被控温度，输入为期望值）。其次，当系统的输入或输出相对于正常工作状态发生微小偏差时，系统会立即进行控制调节，消除偏差，因此这种偏差不会很大。

滑动线性化用数学方法来表示，就是将变量的非线性函数展开成泰勒级数，分解成这些变量在某工作状态附近的小增量的表达式，然后略去高于一次小增量的项，就获得近似的线性函数。

对于以一个自变量作为输入量的非线性函数 $y = f(x)$，在平衡工作点 (x_0, y_0) 附近展开成泰勒级数，则有

$$y = f(x)$$

$$= f(x_0) + \frac{\mathrm{d}f(x)}{\mathrm{d}x}\bigg|_{x=x_0} (x - x_0) + \frac{1}{2!}\frac{\mathrm{d}^2 f(x)}{\mathrm{d}x^2}\bigg|_{x=x_0} (x - x_0)^2 + \frac{1}{3!}\frac{\mathrm{d}^3 f(x)}{\mathrm{d}x^3}\bigg|_{x=x_0} (x - x_0)^3 + \cdots$$

若将高于一次增量 $\Delta x = x - x_0$ 的项忽略，则有

$$y = f(x_0) + \frac{\mathrm{d}f(x)}{\mathrm{d}x}\bigg|_{x=x_0} (x - x_0) \tag{2-6}$$

或

$$y - y_0 = \Delta y = k\Delta x \tag{2-7}$$

式中，$y_0 = f(x_0)$ 称为系统的静态方程；$k = \dfrac{\mathrm{d}f(x)}{\mathrm{d}x}\bigg|_{x=x_0}$。

式（2-6）称为非线性系统的线性化数学模型，式（2-7）也称为增量方程式。

第二节 传 递 函 数

在控制工程中直接求解系统微分方程是分析研究系统的基本方法。系统微分方程的解就是系统的输出响应。通过表达式，可以分析系统的动态特性并绘出输出响应曲线，直观地反映系统的动态过程。但是由于在没有计算机的帮助下，微分方程求解过程烦琐，计算复杂费时，而且难以直接从微分方程本身研究和判断系统的动态性能，因此这种方法有很大的局限性。显然仅用微分方程这一数学模型来进行系统分析设计十分不便。

为了描述线性定常系统的输入/输出关系，最常用的一种数学模型是传递函数，它是在拉氏变换的基础上建立的。用传递函数描述系统可以免去求解微分方程的麻烦，间接地分析系统结构及参数与系统性能的关系，并且可以根据传递函数在复平面上的形状直接判断系统的动态性能，找出改善系统品质的方法。因此，传递函数是经典控制理论的基础，是一个极其重要的基本概念。传递函数的概念只适用于线性定常系统，也可以扩充到一定的非线性系统中去。

一、传递函数定义及一般表达式

线性定常系统的传递函数可定义为当初始条件为零时，输出量 $y(t)$ 的拉氏变换 $Y(s)$ 与输入量 $x(t)$ 的拉氏变换 $X(s)$ 之比，其表达式为

$$G(s) = \frac{L[y(t)]}{L[x(t)]} = \frac{Y(s)}{X(s)}$$

或

$$Y(s) = X(s)G(s)$$

质量-弹簧-阻尼系统（图 2-1）可用二阶微分方程式（2-1）描述其动态特性，即

$$m\frac{\mathrm{d}^2}{\mathrm{d}t^2}x_\mathrm{o}(t) + B\frac{\mathrm{d}}{\mathrm{d}t}x_\mathrm{o}(t) + Kx_\mathrm{o}(t) = f_\mathrm{i}(t)$$

在初始条件均为零的情况下，对上式进行拉氏变换，得

$$ms^2X_\mathrm{o}(s) + BsX_\mathrm{o}(s) + KX_\mathrm{o}(s) = F_\mathrm{i}(s)$$

其传递函数为

$$G(s) = \frac{X_\mathrm{o}(s)}{F_\mathrm{i}(s)} = \frac{1}{ms^2 + Bs + K} \tag{2-8}$$

系统输出量的拉氏变换 $X_\mathrm{o}(s)$ 为

$$X_o(s) = G(s)F_i(s) = \frac{1}{ms^2 + Bs + K}F_i(s) \tag{2-9}$$

同样，在零初始条件下，对式（2-2）进行拉氏变换，可得图 2-3 所示的 RLC 无源电路网络的传递函数为

$$G(s) = \frac{U_o(s)}{U_i(s)} = \frac{1}{LCs^2 + RCs + 1} \tag{2-10}$$

式（2-8）和式（2-10）表明，传递函数是复数 s 域中的系统数学模型，它仅取决于系统本身的结构及参数，表达了系统本身的特性，而与输入、输出量的形式无关。

由式（2-9）可知，如果 $F_i(s)$ 给定，则输出 $X_o(s)$ 的特性完全由传递函数 $G(s)$ 决定，因此，传递函数 $G(s)$ 表征了系统本身的动态本质。这是容易理解的，因为 $G(s)$ 是由微分方程经过拉氏变换得来的，而拉氏变换是一种线性变换，只是将变量从时间域变换到复数域，将微分方程变换为 s 域中的代数方程来处理，所以不会改变所描述的系统的动态特性。根据这一概念，就可以用以 s 为变量的代数方程来表示系统的动态特性。

对于一般的线性定常系统，设系统的输入量为 $x_i(t)$，系统的输出量为 $x_o(t)$，则单输入、单输出 n 阶线性定常系统微分方程有如下的一般形式：

$$a_0 \frac{d^n x_o(t)}{dt^n} + a_1 \frac{d^{n-1} x_o(t)}{dt^{n-1}} + \cdots + a_{n-1} \frac{dx_o(t)}{dt} + a_n x_o(t)$$
$$= b_0 \frac{d^m x_i(t)}{dt^m} + b_1 \frac{d^{m-1} x_i(t)}{dt^{m-1}} + \cdots + b_{m-1} \frac{dx_i(t)}{dt} + b_m x_i(t) \tag{2-11}$$

式中，$a_0, a_1, \cdots, a_n$ 和 $b_0, b_1, \cdots, b_m$ ——由系统结构参数决定的实常数。在实际系统中总是含有惯性元件及受到能源能量的限制，所以 $m \leq n$。

设初始条件为零，对式（2-11）进行拉氏变换，可得系统传递函数的一般形式为

$$G(s) = \frac{X_o(s)}{X_i(s)} = \frac{b_0 s^m + b_1 s^{m-1} + \cdots + b_{m-1} s + b_m}{a_0 s^n + a_1 s^{n-1} + \cdots + a_{n-1} s + a_n} \qquad (n \geq m) \tag{2-12}$$

令

$$M(s) = b_0 s^m + b_1 s^{m-1} + \cdots + b_{m-1} s + b_m$$
$$D(s) = a_0 s^n + a_1 s^{n-1} + \cdots + a_{n-1} s + a_n$$

式（2-12）可表示为

$$G(s) = \frac{X_o(s)}{X_i(s)} = \frac{M(s)}{D(s)} \tag{2-13}$$

传递函数分母中 s 的最高阶数，等于系统输出量最高阶导数的阶数。如果 s 的最高阶数等于 n，则这个系统就称为 n 阶系统。

必须强调指出的是，根据传递函数的定义，传递函数是通过系统的输入量与输出量之间的关系来描述系统固有特性的，即用系统的外部特性来揭示系统的内部特性，这也是传递函数的基本思想。传递函数基本思想在控制理论中具有特别重要的意义，当无法弄清楚一个系统的内部结构，或者系统内部结构不清楚时，借助从系统的输入来看系统的输出，也可以研究系统的功能和固有特性。现在，对系统输入/输出动态观测的方法，已发展成为控制理论研究方法的一个重要的分支，这就是系统辨识，即通过外部观测所获得的数据，辨识系统的结构及参数，从而建立系统的数学模型。

二、特征方程、零点和极点

根据式（2-12），系统传递函数的一般形式为

$$G(s) = \frac{X_o(s)}{X_i(s)} = \frac{b_0 s^m + b_1 s^{m-1} + \cdots + b_{m-1} s + b_m}{a_0 s^n + a_1 s^{n-1} + \cdots + a_{n-1} s + a_n} \quad (n \geq m)$$

$$G(s) = \frac{X_o(s)}{X_i(s)} = \frac{M(s)}{D(s)}$$

$D(s) = 0$ 称为系统的特征方程，其根称为系统特征根。特征方程决定着系统的稳定性。式中，$M(s) = 0$ 的根 $s = -z_i$ $(i = 1, 2, \cdots, m)$ 称为传递函数的零点；$D(s) = 0$ 的根 $s = -p_j$ $(j = 1, 2, \cdots, n)$ 称为传递函数的极点。显然，系统传递函数的极点就是系统的特征根。零点和极点的数值完全取决于系统诸参数 $b_0, b_1, \cdots, b_m$ 和 $a_0, a_1, \cdots, a_n$，即取决于系统的结构参数。

一般零点和极点可为实数（包括零）或复数。若为复数，必共轭成对出现。可把传递函数的零、极点表示在复平面上，图 2-6 为传递函数 $G(s) = \dfrac{s+2}{(s+3)(s^2 + 2s + 2)}$ 的零、极点分布图。图中零点用"〇"表示，极点用"×"表示。

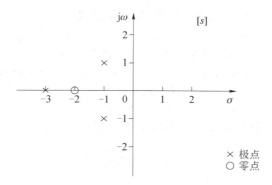

图 2-6 零、极点分布图

三、关于传递函数的几点说明

（1）传递函数是经拉氏变换导出的一种以系统参数表示的线性定常系统输入量与输出量之间的关系式，而且拉氏变换是一种线性积分运算，因此传递函数的概念只适用于线性定常系统。

（2）传递函数是在零初始条件下定义的，即在零时刻之前，系统对所给定的平衡工作点是处于相对静止状态的。因此，传递函数原则上不能反映系统在非零初始条件下的全部运动规律。

（3）传递函数不说明被描述系统的物理结构，只要动态特性相同，不同的物理系统可用同一传递函数表示。传递函数表示系统本身的动态特性，与输入量的大小和性质无关。

（4）传递函数是复变量 s 的有理分式，对于实际系统 $m \leq n$。分母多项式中的最高幂次 n 代表系统的阶数，称为 n 阶系统。

（5）一个传递函数只能表示一个输入对一个输出的关系，所以只适合于单输入-单输出系

统的描述。

（6）传递函数只能表示系统输入量与输出量之间的关系，而无法反映系统内部中间变量的变化情况。

第三节　典型环节及其传递函数

控制系统一般由若干元件以一定形式连接而成，这些元件的物理结构和工作原理可以是多种多样的，从控制理论来看，物理性质和工作原理不同的元件，可以有完全相同的数学模型，亦即具有相同的动态性能。在控制系统中，常常将具有某种确定信息传递关系的元件、元件组或元件的一部分称为一个环节，经常遇到的环节则称为典型环节。这样，任何复杂的系统便可归结为由一些典型环节组成，从而给建立数学模型、研究系统特性带来方便。熟悉和掌握典型环节的数学模型对于分析研究系统是非常必要的。

一、典型环节的分类

如前所述，线性系统的传递函数可用零-极点形式表示，即

$$G(s) = \frac{b_0(s+z_1)(s+z_2)\cdots(s+z_m)}{a_0(s+p_1)(s+p_2)\cdots(s+p_n)} = \frac{M(s)}{D(s)} \quad (n \geq m)$$

假设系统有 b 个实数零点，c 对复数零点，d 个实数极点，e 对复数极点和 v 个零极点，则

$$b + 2c = m$$
$$v + d + 2e = n$$

把对应于实数零点 z_i 和实数极点 p_j 的因式变换成如下形式：

$$s + z_i = \frac{1}{\tau_i}(\tau_i s + 1)$$
$$s + p_j = \frac{1}{T_j}(T_j s + 1)$$

式中，

$$\tau_i = \frac{1}{z_i}, \quad T_j = \frac{1}{p_j}$$

同时，把对应于共轭复数零点、极点的因式变换成如下形式：

$$(s + z_L)(s + z_{L+1}) = \frac{1}{\tau_L^2}(\tau_L^2 s^2 + 2\xi_L \tau_L s + 1)$$

式中，

$$\tau_L = \frac{1}{\sqrt{z_L z_{L+1}}}, \quad \xi_L = \frac{z_L + z_{L+1}}{2\sqrt{z_L z_{L+1}}}$$

而

$$(s + p_K)(s + p_{K+1}) = \frac{1}{T_k^2}(T_k^2 s^2 + 2\xi_k T_k s + 1)$$

式中，

$$T_k = \frac{1}{\sqrt{p_k p_{k+1}}} \quad , \quad \xi_k = \frac{p_k + p_{k+1}}{2\sqrt{p_k p_{k+1}}}$$

于是系统传递函数的一般形式可以写成

$$G(s) = \frac{K\prod_{i=1}^{b}(\tau_i s + 1)\prod_{L=1}^{c}\left(\tau_L^2 s^2 + 2\xi_L \tau_L s + 1\right)}{s^v \prod_{j=1}^{d}(T_j s + 1)\prod_{L=1}^{e}\left(T_k^2 s^2 + 2\xi_k T_k s + 1\right)} \tag{2-14}$$

式中，K——系统放大系数，即

$$K = \frac{b_0}{a_0}\prod_{i=1}^{b}\frac{1}{\tau_i}\prod_{L=i}^{c}\frac{1}{\tau_L^2}\prod_{j=1}^{d}T_j\prod_{k=1}^{e}T_k^2$$

由于传递函数这种表达式含有六种不同的因子，因此，一般说来，任何系统都可以看作是由这六种因子表示的环节的串联组合。此外，在实际工程中的各类系统（特别是机械、液压或气动系统）中均会遇到纯时间延迟现象，这种现象可用延迟函数 $g(t-\tau)$ 描述，其时间起点在 τ 时刻，因而有 $L[g(t-\tau)] = L[g(t)]\mathrm{e}^{-\tau s} = G(s)\mathrm{e}^{-\tau s}$，所以典型环节还应增加一个延迟环节 $\mathrm{e}^{-\tau s}$。以下对这七种典型环节分别举例分析。

二、典型环节示例

1. 比例环节

比例环节又称为无惯性环节，其运动方程式为

$$x_o(t) = Kx_i(t) \tag{2-15}$$

式中，$x_o(t)$、$x_i(t)$ ——环节的输出量和输入量；

K——环节的比例系数，等于输出量与输入量之比。

比例环节的传递函数为

$$G(s) = \frac{X_o(s)}{X_i(s)} = K \tag{2-16}$$

图 2-7 所示的齿轮传动副，若忽略齿侧间隙的影响，则

$$n_i(t)z_1 = n_o(t)z_2$$

式中，$n_i(t)$ ——输入轴转速；

$n_o(t)$ ——输出轴转速；

z_1、z_2 ——齿轮齿数。

上式经拉氏变换后得 $N_i(s)z_1 = N_o(s)z_2$，则

$$G(s) = \frac{N_o(s)}{N_i(s)} = \frac{z_1}{z_2} = K$$

图 2-8 所示为数字运算放大器。图中 $u_i(t)$ 为输入电压；$u_o(t)$ 为输出电压；R_1、R_2 为电阻。已知

$$u_o(t) = -\frac{R_2}{R_1}u_i(t)$$

将上式进行拉氏变换，得

$$U_o(s) = -\frac{R_2}{R_1}U_i(s)$$

故

$$G(s) = \frac{U_o(s)}{U_i(s)} = \frac{R_2}{R_1} = K$$

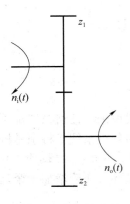

图 2-7　齿轮传动副

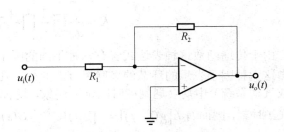

图 2-8　数字运算放大器

2. 惯性环节

运动方程为一阶微分方程 $T\dfrac{\mathrm{d}}{\mathrm{d}t}x_o(t) + x_o(t) = x_i(t)$ 形式的环节称为惯性环节。显然，其传递函数为

$$G(s) = \frac{X_o(s)}{X_i(s)} = \frac{1}{Ts+1} \tag{2-17}$$

式中，T——时间常数，表征环节的惯性，它和环节结构参数有关。

由于惯性环节中含有一个储能元件，所以当输入量突然变化时，输出量不能跟着突变，而是按指数规律逐渐变化，惯性环节的名称就由此而来。

图 2-9 为弹簧 K 和阻尼器 B 组成的一个环节，其方程为

$$B\frac{\mathrm{d}x_o(t)}{\mathrm{d}t} + Kx_o(t) = Kx_i(t)$$

传递函数为

$$G(s) = \frac{K}{Bs+K} = \frac{1}{Ts+1}$$

式中，T——惯性环节的时间常数，$T = B/K$。

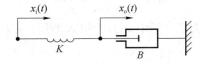

图 2-9　弹簧-阻尼器组成的环节

3. 微分环节与一阶微分环节

输出量正比于输入量微分的环节称为微分环节。其运动方程式为

$$x_o(t) = T \frac{\mathrm{d}x_i(t)}{\mathrm{d}t} \tag{2-18}$$

传递函数为

$$G(s) = \frac{X_o(s)}{X_i(s)} = Ts \tag{2-19}$$

式中，T——微分环节的时间常数。

在实际工程中，测量转速的测速发电机实质上是一台直流发电机，如图 2-10 所示。当以发电机转角 $\theta_i(t)$ 为输入量，电枢电压 $u_o(t)$ 为输出量时，有

$$u_o(t) = K_i \frac{\mathrm{d}\theta_i(t)}{\mathrm{d}t}$$

式中，K_i——发电机常数。

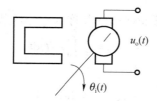

图 2-10　测速发电机

传递函数为

$$G(s) = \frac{U_o(s)}{\Theta_i(s)} = K_i s$$

微分环节的输出是输入的微分，当输入为单位阶跃函数时，输出就是脉冲函数，这在实际中是不可能的。因此，理想的微分环节难以实现，它总是与其他环节同时出现。

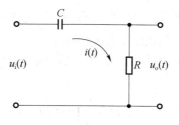

图 2-11　无源微分网络

图 2-11 所示为无源微分网络。设电压 $u_i(t)$ 为输入量，电阻 R 两端电压 $u_o(t)$ 为输出量。现研究输入电压 $u_i(t)$ 和输出电压 $u_o(t)$ 之间的关系。电路中的电流 $i(t)$ 为中间变量。

根据电压方程，可写出

$$u_i(t) = \frac{1}{C} \int i(t)\mathrm{d}t + i(t)R$$

$$u_o(t) = i(t)R$$

进行拉氏变换，消去 $I(s)$，整理后得

$$G(s) = \frac{U_\text{o}(s)}{U_\text{i}(s)} = \frac{RCs}{RCs+1} = \frac{Ts}{Ts+1}$$

式中，T——时间常数，$T=RC$。显然，它也是一个惯性微分环节。但当 $\frac{1}{C}\int i(t)\text{d}t \gg i(t)R$，即 C 很小时，可得 $U(s) \approx TsU_\text{i}(s)$。故工程技术中经常将 RC 串联电路作为微分器使用。

此外，还有一种微分环节，称为一阶微分环节，其传递函数为

$$G(s) = \frac{X_\text{o}(s)}{X_\text{i}(s)} = Ts + 1 \tag{2-20}$$

式中，T——时间常数。

微分环节的输出是输入的导数，即输出反映了输入信号的变化趋势，所以也等于给系统以有关输入变化趋势的预告。因而，在实际工程中微分环节常用来改善控制系统的动态性能。

4. 积分环节

输出量与输入量对时间积分成正比的环节称为积分环节，即

$$x_\text{o}(t) = \frac{1}{T}\int_0^t x_\text{i}(t)\text{d}t \tag{2-21}$$

其传递函数为

$$G(s) = \frac{X_\text{o}(s)}{X_\text{i}(s)} = \frac{1}{Ts} \tag{2-22}$$

式中，T——积分环节的时间常数。

积分环节的一个显著特点是输出量取决于输入量对时间的积累过程。输入量作用一段时间后，即使输入量变为零，输出量仍将保持已达到的数值，故有记忆功能；另一个特点是有明显的滞后作用，从图 2-12 可以看出，输入量为常值 A 时，由于

$$x_\text{o}(t) = \frac{1}{T}\int_0^t A\text{d}t = \frac{1}{T}At$$

$x_\text{o}(t)$ 是一斜线，输出量需经过时间 T 的滞后，才能达到输入量 $x_\text{i}(t)$ 在 $t=0$ 时的数值，因此，积分环节常被用来改善控制系统的稳态性能。

对于图 2-13 所示的液压缸，A 为活塞面积，以流量 $q_\text{i}(t)$ 为输入，活塞位移 $x_\text{o}(t)$ 为输出，则有

$$x_\text{o}(t) = \frac{1}{A}\int q_\text{i}(t)\text{d}t$$

其传递函数为

$$G(s) = \frac{X_\text{o}(s)}{Q_\text{i}(s)} = \frac{1}{As}$$

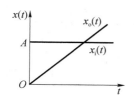

图 2-12 积分环节的性质

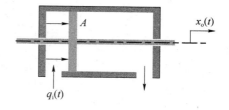

图 2-13 积分环节举例——液压缸

5. 振荡环节

振荡环节含有两个独立的储能元件，且所存储的能量能互相转换，从而导致输出带有振荡的性质。这种环节的微分方程式为

$$T^2 \frac{\mathrm{d}^2 x_{\mathrm{o}}(t)}{\mathrm{d}t^2} + 2\xi T \frac{\mathrm{d}x_{\mathrm{o}}(t)}{\mathrm{d}t} + x_{\mathrm{o}}(t) = x_{\mathrm{i}}(t) \qquad (2\text{-}23)$$

其传递函数为

$$G(s) = \frac{X_{\mathrm{o}}(s)}{X_{\mathrm{i}}(s)} = \frac{1}{T^2 s^2 + 2\xi T s + 1} \qquad (2\text{-}24)$$

式中，T——振荡环节的时间常数；

ξ——阻尼比。

振荡环节传递函数的另一常用标准形式为

$$G(s) = \frac{X_{\mathrm{o}}(s)}{X_{\mathrm{i}}(s)} = \frac{\omega_{\mathrm{n}}^2}{s^2 + 2\xi\omega_{\mathrm{n}}s + \omega_{\mathrm{n}}^2} \qquad (2\text{-}25)$$

式中，$\omega_{\mathrm{n}} = \dfrac{1}{T}$——无阻尼固有频率。

本章第一节中讨论过的质量-弹簧-阻尼系统（图 2-1），其运动微分方程为

$$m \frac{\mathrm{d}^2}{\mathrm{d}t^2} x_{\mathrm{o}}(t) + B \frac{\mathrm{d}}{\mathrm{d}t} x_{\mathrm{o}}(t) + K x_{\mathrm{o}}(t) = f_{\mathrm{i}}(t)$$

故得传递函数为

$$G(s) = \frac{X_{\mathrm{o}}(s)}{F_{\mathrm{i}}(s)} = \frac{1}{ms^2 + Bs + K} = \frac{1/K}{T^2 s^2 + 2\xi T s + 1}$$

式中，$T = \sqrt{\dfrac{m}{K}}$，$\xi = \dfrac{B}{2\sqrt{mK}}$，$\dfrac{1}{K}$ 为比例系数。当 $B < 2\sqrt{mK}$ 时，它是一个振荡环节。

本章第一节中图 2-3 所示的系统也可看作为振荡环节。但只有当 $0 < \xi < 1$ 时，二阶特征方程才有共轭复根。这时二阶系统才能称为振荡环节。当 $\xi > 1$ 时，二阶系统有两个实数根，可认为该环节是两个惯性环节的串联。

6. 二阶微分环节

输出量不仅取决于输入量本身，而且还取决于输入量的一阶和二阶导数。这种环节的微分方程式为

$$x_o(t) = \tau^2 \frac{d^2 x_i(t)}{dt^2} + 2\xi\tau \frac{dx_i(t)}{dt} + x_i(t) \tag{2-26}$$

式中，τ——二阶微分环节的时间常数；

ξ——阻尼比。

其传递函数为

$$G(s) = \frac{X_o(s)}{X_i(s)} = K\left(\tau^2 s^2 + 2\xi\tau s + 1\right) \tag{2-27}$$

只有当式（2-27）中 $\tau^2 s^2 + 2\xi\tau s + 1 = 0$ 具有一对共轭复根时，该环节才能称为二阶微分环节。如果上式具有两个实数根，则可认为这个环节是由两个一阶微分环节串联而成的。

7. 延迟环节

延迟环节是指给系统加上输入信号后，输出量要等待一段时间之后，才能不失真地复现输入环节。延迟环节不单独存在，一般与其他环节同时出现。延迟环节的输入量 $x_i(t)$ 与输出量 $x_o(t)$ 之间有如下关系：

$$x_o(t) = x_i(t - \tau) \tag{2-28}$$

式中，τ——纯延迟时间；

$x_i(t-\tau)$——$x_i(t)$ 的延迟函数，或称为平移函数。

延迟环节是线性环节，故而其传递函数为

$$G(s) = \frac{L[x_o(t)]}{L[x_i(t)]} = \frac{L[x_i(t-\tau)]}{L[x_i(t)]} = \frac{X_i(s)e^{-\tau s}}{X_i(s)} = e^{-\tau s} \tag{2-29}$$

延迟环节与惯性环节的区别在于：惯性环节从输入开始时刻起就已有输出，仅由于惯性，输出要滞后一段时间才接近于所要求的输出值；延迟环节从输入开始之初，在 0 到 τ 的区间内，并无输出，但 $t = \tau$ 之后，输出就完全等于输入，如图 2-14 所示。

延迟环节常见于液压、气动系统中，施加输入量之后，往往由于管道长度而延迟了信号传递的时间。

图 2-15 所示为轧制钢板的厚度控制装置，带钢在 A 点轧出时，厚度为 $h_i(t)$，但是这一厚度在到达 B 点时才被测厚仪检测到。测厚仪检测到的厚度 $h_o(t)$ 即为输出量，A 点处厚度 $h_i(t)$ 为输入量。若测厚仪距 A 点的距离为 L，带钢速度为 v，则延迟时间 $\tau = L/v$。

输出量与输入量之间有如下关系：

$$h_o(t) = h_i(t - \tau)$$

此式表示，在 $t < \tau$ 时，$h_o(t) = 0$，即测厚仪不反映 τ 的值；$t \geq \tau$ 时，测厚仪在延时 τ 后，立即反映 $h_i(t)$ 在 $t = 0$ 时的值及其以后的值，因而其传递函数为

$$G(s) = \frac{H_o(s)}{H_i(s)} = e^{-\tau s}$$

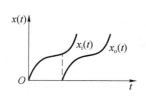

图 2-14 延迟环节输入/输出的关系

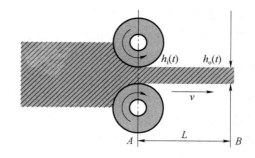

图 2-15 纯时间延迟——轧制钢板的厚度控制装置

以上是线性定常系统中，按数学模型区分的几个基本的典型环节。各典型环节的典型微分方程、传递函数及说明如表 2-1 所示。

表 2-1 几个基本的典型环节的微分方程、传递函数及说明

序号	环节名称	微分方程	传递函数	说明
1	比例环节	$x_o(t) = K x_i(t)$	K	输出量以一定的比例复现输入量，并且无失真和时间滞后
2	积分环节	$x_o(t) = \int_0^t x_i(t)\mathrm{d}t$	$\dfrac{1}{s}$	输出量的变化速度等于输入量，即输出量与输入量之间呈积分关系
3	惯性环节	$T\dfrac{\mathrm{d}}{\mathrm{d}t}x_o(t) + x_o(t) = x_i(t)$	$\dfrac{1}{Ts+1}$	含有一种储能元件，输出量的变化滞后于输入量，不能立即复现突变的输入量
4	振荡环节	$T^2\dfrac{\mathrm{d}^2 x_o(t)}{\mathrm{d}t^2} + 2\xi T\dfrac{\mathrm{d}x_o(t)}{\mathrm{d}t} + x_o(t) = x_i(t)$	$\dfrac{1}{T^2 s^2 + 2\xi T s + 1}$	含有两种储能元件，并且两种储能元件所存储的能量能够相互转换
5	微分环节	$x_o(t) = \dfrac{\mathrm{d}x_i(t)}{\mathrm{d}t}$	s	输出量与输入量之间呈微分关系
6	一阶微分环节	$x_o(t) = \tau\dfrac{\mathrm{d}x_i(t)}{\mathrm{d}t} + x_i(t)$	$\tau s + 1$	输出量取决于输入量及其一阶导数
7	二阶微分环节	$x_o(t) = \tau^2\dfrac{\mathrm{d}^2 x_i(t)}{\mathrm{d}t^2} + 2\xi\tau\dfrac{\mathrm{d}x_i(t)}{\mathrm{d}t} + x_i(t)$	$\tau^2 s^2 + 2\xi\tau s + 1$	输出量取决于输入量本身及其一阶和二阶导数
8	延迟环节	$x_o(t) = x_i(t - \tau)$	$\mathrm{e}^{-\tau s}$	在 0 到 τ 的区间内，并无输出，但 $t = \tau$ 之后，输出就完全等于输入

综上所述，各个环节是根据运动微分方程划分的，一个环节不一定代表一个元件，也许是几个元件之间的运动特性才组成一个环节。此外，同一元件在不同系统中的作用不同，输入/输出的物理量不同，也可起到不同环节的作用。

第四节 系 统 框 图

控制系统可以由许多元件组成，为了表明元件在系统中的功能，以便于对系统进行分析

和研究，我们经常要用到系统框图。系统框图是系统中每个元件的功能和信号流向的图解形式，表明了系统中各种元件的相互关系和信号流动情况，在控制工程中具有广泛的应用。

一、框图的结构要素

图 2-16 为一控制系统的框图。从图 2-16 中可以看出，框图是由一些符号组成的，有表示信号输入/输出的通路及箭头，有表示信号进行加减的求和点，还有一些表示环节的框和将信号引出的引出线。一般认为系统框图由三种要素组成：函数框、求和点和引出线。

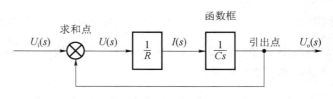

图 2-16　框图举例

1. 信号线

信号线是带有箭头的直线，箭头表示信号的传递方向，直线旁标记信号的时间函数或象函数，如图 2-17 所示。

$$\xrightarrow{\quad X_i(s) \quad} \quad 或 \quad \xrightarrow{\quad x_i(t) \quad}$$

图 2-17　信号线

2. 函数框

函数框是传递函数的图解表示。如图 2-18 所示，框两侧为输入量和输出量，框内写入该输入/输出之间的传递函数。输出信号的量纲等于输入信号的量纲与传递函数量纲的乘积。函数框具有运算功能，即

$$X_2(s) = G(s)X_1(s)$$

其函数框图为

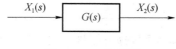

图 2-18　函数框图

3. 求和点

求和点也称为比较点，是信号之间代数加减运算的图解，用符号⊗及相应的信号箭头表示，每一个箭头前方的"+"号或"−"号表示加上此信号或减去此信号。几个相邻的求和点可以合并、分解、互换，即满足代数加减运算的结合律、分配律、交换律，如图 2-19 所示，它们都是等效的。显然只有性质和量纲相同的信号才能进行比较、叠加。

注意，求和点可以有多个输入信号，但输出是唯一的，即使绘有若干个输出信号线，其

实这些输出信号的性质和大小均相同，例如，图 2-19 中所示输出信号仍是 $A-B+C$ 信号。

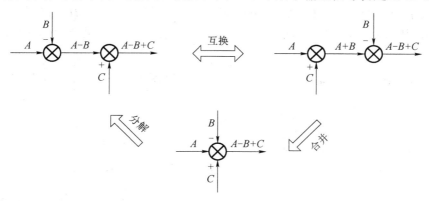

图 2-19 求和点

4. 信号引出点

信号引出点表示信号引出或测量的位置和传递方向，如图 2-20 所示。从同一信号线上引出的信号，其性质、大小完全一样。因此，当同一个信号需要输送到不同地方时，可用信号引出点来表示。

任何线性系统都可以由函数框、求和点和引出线等组成的框图来表示。

图 2-20 引出点

控制系统一般是由许多元件组成的，为了表明元件在系统中的功能，形象直观地描述系统中信号传递、变换的过程，以及便于进行系统分析和研究，经常要用到系统框图。系统框图是系统数学模型的图解形式，在控制工程中具有广泛的应用。此外，采用框图更容易求取系统的传递函数。

二、系统框图的建立

建立系统框图的步骤如下：

（1）建立系统各部件的微分方程，明确信号的因果关系（输入/输出），一般规定微分方程及拉氏变换中输入项写在等式右侧，输出项写在等式左侧。

（2）对上述微分方程进行拉氏变换，并绘出相应的函数框图。

（3）按照信号在系统中传递、变换的过程，依次将各元部件的函数框图连接起来（将同一变量的信号通路连接在一起），系统输入量置于左端，输出量置于右端，便得到系统框图。

下面举例说明系统框图的绘制。

图 2-21（a）所示为无源 RC 电路网络。输入端电压 $u_i(t)$、输出端电压 $u_o(t)$ 分别为系统的输入量、输出量。从电容 C 充电过程可知，输入端施加电压 $u_i(t)$ 后，在电阻 R 上将有压降，

从而产生电流 $i(t)$，因此对电阻 R 而言，$u_i(t)$ 是因，$i(t)$ 是果。$i(t)$ 流经电容 C 后，电容两端才有电压 $u_o(t)$，即对于电容 C 来说，$i(t)$ 是因，$u_o(t)$ 是果。由于 $u_o(t)$ 的存在，将使电阻上的压降减小，从而使 $i(t)$ 减小，当 $u_o(t)$ 等于 $u_i(t)$ 时，$i(t)$ 等于零，系统达到稳态。

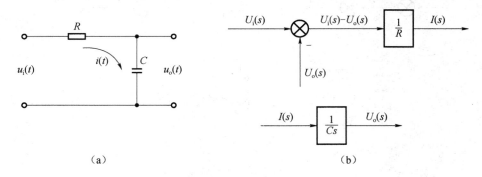

（a）　　　　　　　　　　　　　（b）

图 2-21　RC 电路网络及框图

根据上述讨论，依据基尔霍夫定律，系统的因果方程组为

$$\begin{cases} Ri(t) = u_i(t) - u_o(t) \\ u_o(t) = \dfrac{1}{C} \int i(t) \mathrm{d}t \end{cases}$$

在零初始条件下，对以上两式进行拉氏变换，得

$$\begin{cases} RI(s) = U_i(s) - U_o(s) \\ U_o(s) = \dfrac{1}{Cs} I(s) \end{cases}$$

为清楚起见，还可表示成

$$\begin{cases} I(s) = \dfrac{1}{R}\left[U_i(s) - U_o(s) \right] \\ U_o(s) = \dfrac{1}{Cs} I(s) \end{cases}$$

根据以上两式，按其正确的因果关系，绘得相应的单元框图，如图 2-21（b）所示。最后将各单元框图按信号传递关系正确连接起来，可得图 2-22 所示的系统框图。

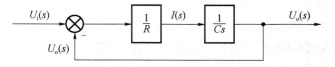

图 2-22　RC 电路网络系统框图

例 2-3　图 2-23 所示为一机械系统。设作用力 $f_i(t)$、位移 $x_o(t)$ 分别为系统的输入量、输出量。

解：外力 $f_i(t)$ 的作用在 m_1 上并产生位移 $x(t)$，m_1 的速度和位移分别使阻尼器和弹簧 k_1 产生黏性阻尼力 $f_B(t)$ 和弹性力 $f_{k_1}(t)$。$f_B(t)$、$f_{k_1}(t)$ 作用于质量块 m_2，使之产生位移 $x_o(t)$；另一方面，依据牛顿第三定律，又反馈作用于 m_1，从而影响到力 $f_i(t)$ 的作用效果。m_2 的位移 $x_o(t)$

的结果是使弹簧 k_2 产生弹性力 $f_{k_2}(t)$，并反作用于 m_2 上。

系统受力分析如图 2-23 所示。

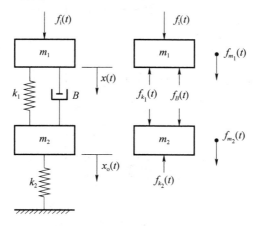

图 2-23　机械系统

根据以上分析，按牛顿定律，系统方程组为

$$m_1\ddot{x}(t) = f_i(t) - f_B(t) - f_{k_1}(t)$$

$$f_{k_1}(t) = k_1\left[x(t) - x_o(t)\right]$$

$$f_B(t) = B\left[\frac{dx(t)}{dt} - \frac{dx_o(t)}{dt}\right]$$

$$m_2\ddot{x}_o(t) = f_{k_1}(t) + f_B(t) - f_{k_2}(t)$$

$$f_{k_2}(t) = k_2 x_o(t)$$

对上面系统方程组进行拉氏变换，得

$$X(s) = \frac{1}{m_1 s^2}\left[F_i(s) - F_B(s) - F_{k_1}(s)\right]$$

$$F_{k_1}(s) = k_1\left[X(s) - X_o(s)\right]$$

$$F_B(s) = Bs\left[X(s) - X_o(s)\right]$$

$$X_o(s) = \frac{1}{m_2 s^2}\left[F_{k_1}(s) + F_B(s) - F_{k_2}(s)\right]$$

$$F_{k_2}(s) = k_2 X_o(s)$$

各方程对应的单元框图如图 2-24 所示。然后将各单元框图按信号传递顺序及关系连接起来，如图 2-25 所示，即得到该机械系统的框图。

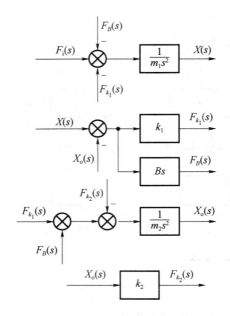

图 2-24 机械系统的单元框图

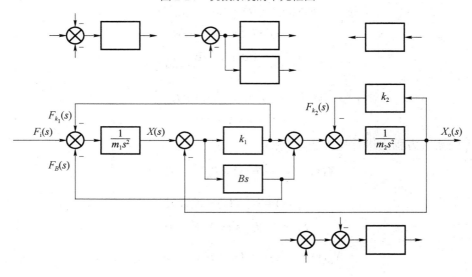

图 2-25 机械系统的框图

三、系统框图的简化

为分析系统的动态性能，需对系统框图进行运算和变换，求出总的传递函数。这种运算变换就是设法将框图化为一个等效的框，而框中的数学表达式即为系统总传递函数。框图的变换应按等效原则进行。所谓等效即对框图的任一部分进行变换时，变换前后输入与输出之间总的数学关系应保持不变。显然变换的实质相当于对系统方程组进行消元，求出系统输入与输出的总关系式。

1. 框图的运算法则

框图的基本组成形式可分为三种：串联连接、并联连接和反馈连接。

1）串联连接

框与框首尾相连，前一框的输出就是后一框的输入，如图 2-26（a）所示，前、后框之间无负载效应。框串联后总的传递函数等于每个单元框图传递函数的乘积，如图 2-26（b）所示。

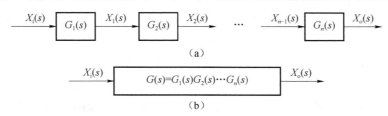

（a）

（b）

图 2-26　框图串联连接

2）并联连接

若多个框具有同一个输入，则以各单元框图输出的代数和作为总输出，如图 2-27（a）所示。框并联后总的传递函数，等于所有并联单元框图传递函数之和，如图 2-27（b）所示。

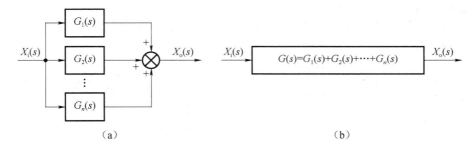

（a）　　　　　　　　　　　　　　　　　　　（b）

图 2-27　框图并联连接

3）反馈连接

一个框的输出，输入到另一个框，得到的输出再返回作用于前一个框的输入端，这种结构称为反馈连接，如图 2-28（a）所示。由图 2-28（a），按信号传递的关系可写出：

$$X_{\mathrm{o}}(s) = G(s)E(s)$$

$$E(s) = X_{\mathrm{i}}(s) \mp B(s)$$

$$B(s) = H(s)X_{\mathrm{o}}(s)$$

消去 $E(s)$、$B(s)$，得

$$X_{\mathrm{o}}(s) = G(s)\left[X_{\mathrm{i}}(s) \mp H(s)X_{\mathrm{o}}(s)\right]$$

$$\left[1 \pm G(s)H(s)\right]X_{\mathrm{o}}(s) = G(s)X_{\mathrm{i}}(s)$$

因此，得闭环传递函数为

$$\Phi(s) = \frac{X_{\mathrm{o}}(s)}{X_{\mathrm{i}}(s)} = \frac{G(s)}{1 \pm G(s)H(s)}$$

式中，分母上的加号对应于负反馈；减号对应于正反馈。即框图反馈连接后，其闭环传递函数等于前向通道的传递函数除以 1 加（或减）前向通道与反馈通道传递函数的乘积，如图 2-28（b）所示。

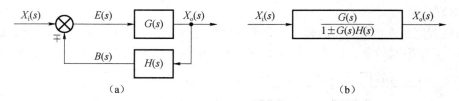

图 2-28　框图反馈连接

任何复杂系统的框图，都不外乎是由串联、并联和反馈三种基本连接方式交织组成的，但要实现上述三种运算，则必须将复杂的交织状况变换为可运算的状态，这就要进行框图的等效变换。

2. 框图的等效变换法则

框图变换就是将求和点或引出点的位置在等效原则上做适当的移动，消除框之间的交叉连接，然后一步步运算，求出系统总的传递函数。

1）求和点的移动

图 2-29 表示了求和点后移的等效结构。将 $G(s)$ 框前的求和点后移到 $G(s)$ 的输出端，而且仍要保持信号 A、B、C 的关系不变，则在被移动的通路上必须串入 $G(s)$ 框，如图 2-29（b）所示。

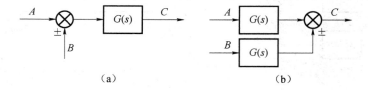

图 2-29　求和点后移

移动前，信号关系为

$$C = G(s)(A \pm B)$$

移动后，信号关系为

$$C = G(s)A \pm G(s)B$$

因为 $G(s)(A \pm B) = G(s)A \pm G(s)B$，所以它们是等效的。

图 2-30 表示了求和点前移的等效结构。

移动前，有

$$C = AG(s) \pm B$$

移动后，有

$$C = G(s)\left[A \pm \frac{1}{G(s)} B \right] = G(s)A \pm B$$

两者完全等效。

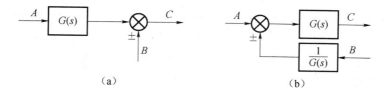

（a） （b）

图 2-30 求和点前移

2）引出点的移动

图 2-31 给出了引出点前移的等效结构。将 $G(s)$ 框输出端的引出点移动到 $G(s)$ 的输入端，仍要保持总的信号不变，则在被移动的通路上应该串入 $G(s)$ 的框，如图 2-31（b）所示。

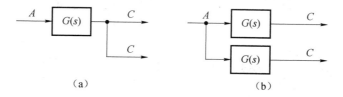

（a） （b）

图 2-31 引出点前移

移动前，引出点引出的信号为

$$C = G(s)A$$

移动后，引出点引出的信号仍要保证为 C，即

$$C = G(s)A$$

图 2-32 给出了引出点后移的等效变换。显然，移动后的输出 A 仍为

$$A = \frac{1}{G(s)}G(s)A = A$$

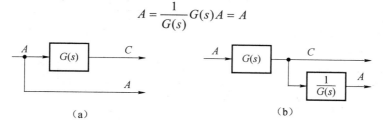

（a） （b）

图 2-32 引出点后移

框图等效变换法则如表 2-2 所示，具体应满足以下两条规律：

（1）各前向通路传递函数的乘积保持不变。

（2）各回路传递函数的乘积保持不变。

表 2-2 框图等效变换法则

序号	原框图	等效框图	说明
1	A $+$ $A-B$ $+$ $A-B+C$ ⊗ ⊗ $-$ B $+$ C	A $+$ $A+C$ $+$ $A-B+C$ ⊗ ⊗ $+$ C $-$ B	加法交换律

序号	原框图	等效框图	说明
2			加法结合律
3			乘法交换律
4			乘法结合律
5			并联环节简化
6			相加点前移
7			相加点后移
8			引出点前移
9			引出点后移
10			引出点前移越过比较点
11			将并联的一路变成1
12			将反馈系统变成单位反馈

续表

序号	原框图	等效框图	说明
13	A $+$ ⊗ $-$ → G_1 → B，G_2 反馈	A → $\dfrac{G_1}{1+G_1G_2}$ → B	反馈系统简化

3. 由框图求系统传递函数

由框图求系统传递函数的关键是移动求和点和引出点，消去交叉回路，变换成可以运算的反馈连接回路。

例 2-4　将图 2-33（a）所示系统框图化简，求出系统传递函数。

解： 首先将引出点 A 前移到 $G_3(s)$ 输入端，消去交叉回路，得图 2-33（b）。然后，由里向外逐个消去内反馈回路，得图 2-33（c）、（d）。最后得图 2-33（e）所示的系统传递函数，即

$$G(s)=\frac{X_o(s)}{X_i(s)}\cdot=\frac{G_1(s)G_2(s)G_3(s)}{1-G_1(s)G_2(s)H_1(s)+G_2(s)G_3(s)H_2(s)+G_1(s)G_2(s)G_3(s)H_3(s)}$$

必须说明，框图简化的途径不是唯一的，但总有一条路径是最简单的。

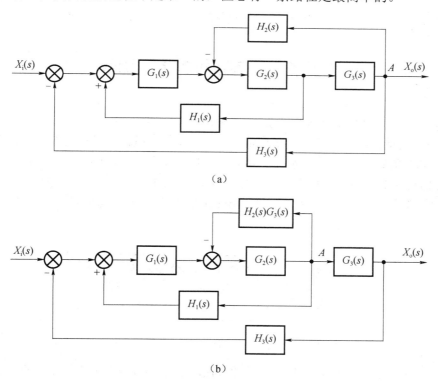

（a）

（b）

图 2-33　系统框图简化过程

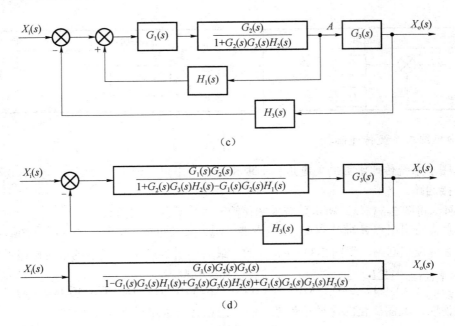

（c）

（d）

图 2-33　系统框图简化过程（续）

第五节　控制系统的传递函数

控制系统在工作过程中会受到两类信号的作用，一类是输入信号（给定值、指令及参考输入等）；另一类是扰动信号，或称为干扰信号。输入信号 $x_i(t)$ 通常加在系统控制装置的输入端，也就是系统的输入端。而干扰信号 $n(t)$ 一般作用在受控对象上，也可能出现在其他部件上。一个考虑扰动的闭环控制系统的典型结构可用图 2-34 所示框图表示。图中 $X_i(s)$ 到 $X_o(s)$ 的信号传递通路称为前向通道，而 $X_o(s)$ 到 $B(s)$ 的通路称为反馈通道。

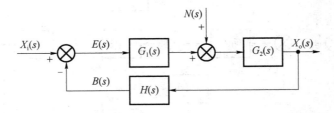

图 2-34　考虑扰动的闭环控制系统的典型结构

研究系统输出量 $x_o(t)$ 的运动规律，只考虑输入信号 $x_i(t)$ 的作用是不完全的，往往还需要考虑干扰信号 $n(t)$ 对系统的影响。

一、系统开环传递函数

在图 2-34 中，将 $H(s)$ 的输出通道断开，亦即将系统的主反馈通道断开，这时前向通道传递函数与反馈通道传递函数的乘积 $G_1(s)G_2(s)H(s)$，称为该系统的开环传递函数。

闭环系统的开环传递函数也可定义为偏差信号 $E(s)$ 和反馈信号 $B(s)$ 之间的传递函数，即

$$G_K(s) = \frac{B(s)}{E(s)} = G_1(s)G_2(s)H(s) \tag{2-30}$$

式中，$G_K(s)$ ——闭环系统的开环传递函数。

必须强调指出，开环传递函数是闭环控制系统的一个重要概念，它并不是开环系统的传递函数，而是指闭环系统的开环传递函数。

二、$x_i(t)$ 作用下系统的闭环传递函数

令 $n(t) = 0$，这时图 2-34 简化为图 2-35（a）。输入 $X_i(s)$ 与输出 $X_{o1}(s)$ 之间的传递函数为

$$\varPhi_i(s) = \frac{X_{o1}(s)}{X_i(s)} = \frac{G_1(s)G_2(s)}{1 + G_1(s)G_2(s)H(s)} \tag{2-31}$$

称 $\varPhi_i(s)$ 为输入 $X_i(s)$ 作用下系统的闭环传递函数。

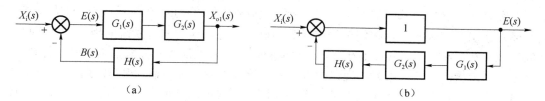

图 2-35 闭环系统图

（a）$x_i(t)$ 作用下的闭环系统；（b）偏差信号与输入信号之间的关系

而输出的拉氏变换式为

$$X_{o1}(s) = \varPhi_i(s)X_i(s) = \frac{G_1(s)G_2(s)}{1 + G_1(s)G_2(s)H(s)}X_i(s) \tag{2-32}$$

为了分析系统偏差信号 $e(t)$ 的变化规律，寻求偏差信号与输入之间的关系，将框图变换成图 2-35（b）。写出输入 $X_i(s)$ 与偏差 $E(s)$ 之间的传递函数，称为输入作用下的偏差传递函数，用 $\varPhi_{Ei}(s)$ 表示。

$$\varPhi_{Ei}(s) = \frac{E(s)}{X_i(s)} = \frac{1}{1 + G_1(s)G_2(s)H(s)} \tag{2-33}$$

三、$n(t)$ 作用下系统的闭环传递函数

为研究干扰对系统的影响，需要求出输入 $N(s)$ 与输出 $X_{o2}(s)$ 之间的传递函数。这时，令 $x_i(t) = 0$，则图 2-34 简化为图 2-36（a），由图 2-36（a）可得

$$\varPhi_n(s) = \frac{X_{o2}(s)}{N(s)} = \frac{G_2(s)}{1 + G_1(s)G_2(s)H(s)} \tag{2-34}$$

称 $\varPhi_n(s)$ 为在扰动作用下的闭环传递函数，简称干扰传递函数。而系统在扰动作用下所引起的输出为

$$X_{o2}(s) = \varPhi_n(s)N(s) = \frac{G_2(s)}{1 + G_1(s)G_2(s)H(s)}N(s) \tag{2-35}$$

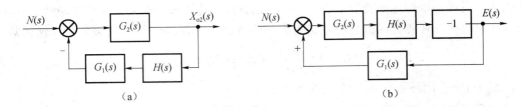

图 2-36　闭环系统图

（a）$n(t)$ 作用下的闭环系统；（b）偏差信号与干扰信号之间的关系

同理，扰动作用下的偏差传递函数称为干扰偏差传递函数，用 $\Phi_{\mathrm{m}}(s)$ 表示。以 $N(s)$ 作为输入，$E(s)$ 作为输出的框图如图 2-36（b）所示，由图 2-36（b）可得

$$\Phi_{\mathrm{m}}(s) = \frac{E(s)}{N(s)} = \frac{-G_2(s)H(s)}{1 + G_1(s)G_2(s)H(s)} \tag{2-36}$$

从式（2-31）、式（2-33）、式（2-34）及式（2-36）可看出：控制系统的闭环传递函数 $\Phi_{\mathrm{r}}(s)$、$\Phi_{\mathrm{Ei}}(s)$ 及 $\Phi_{\mathrm{n}}(s)$、$\Phi_{\mathrm{m}}(s)$ 均具有相同的特征项 $1 + G_1(s)G_2(s)H(s)$，其中 $G_1(s)G_2(s)H(s)$ 为系统的开环传递函数。因此，这些闭环传递函数的极点相同。这说明，系统的极点与外部输入信号的形式和在系统中的作用位置无关，同时也和输出信号的形式及提取输出信号的位置无关。换言之，系统极点（特征根）不变，即系统固有特性不变，它与输入/输出的形式、位置均无关。另一方面，这四个传递函数的分子各不相同，且与前向通道上的传递函数有关。因此，闭环传递函数的分子随着输入量的作用点和输出量的引出点不同而不同。显然，同一个外作用加在系统不同的位置上，系统的响应是不同的，但决不会改变系统的固有特性。

四、系统的总输出

根据线性系统的叠加原理，系统在同时受 $x_{\mathrm{i}}(t)$ 和 $n(t)$ 作用时，其总输出应为各外作用分别引起的输出的总和，将式（2-32）和式（2-35）相加，即得总输出量

$$X_{\mathrm{o}}(s) = X_{\mathrm{o1}}(s) + X_{\mathrm{o2}}(s) = \frac{G_1(s)G_2(s)}{1 + G_1(s)G_2(s)H(s)} X_{\mathrm{i}}(s) + \frac{G_2(s)}{1 + G_1(s)G_2(s)H(s)} N(s)$$

如果系统中的参数设置能满足 $\left|G_1(s)G_2(s)H(s)\right| \gg 1$ 及 $\left|G_1(s)H(s)\right| \gg 1$，则系统总输出表达式可近似为

$$X_{\mathrm{o}}(s) \approx \frac{1}{H(s)} X_{\mathrm{i}}(s)$$

上式表明，采用反馈控制的系统，适当选择部件的结构参数，系统就具有很强的抑制干扰能力。同时，系统的输出只取决于反馈通道上的传递函数及输入信号，而与前向通道上的传递函数无关。特别是当 $H(s)=1$ 时，即系统为单位反馈时，$X_{\mathrm{o}}(s) \approx X_{\mathrm{i}}(s)$，表明系统几乎实现了对输入信号的完全复现，即获得较高的工作精度。

最后指明一点，在式（2-36）中，$\Phi_{\mathrm{m}}(s)$ 为负值传递函数，是因为扰动总是使实际输出在负的方向上偏离希望值的缘故。

第六节 信 号 流 图

虽然框图对于分析系统很有用处，但遇到结构复杂的系统时，其简化和变换过程往往非常烦琐。一般可采用信号流图，它可在复杂控制系统中，表示系统变量之间的关系，且简单易绘制。信号流图是 1953 年由 S.J.梅逊（Mason）首先提出的。

一、信号流图的组成

与图 2-37（a）所示系统框图所对应的系统信号流图如图 2-37（b）所示。

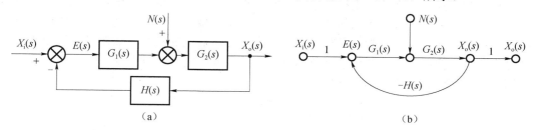

图 2-37　框图与信号流图

由图 2-37（b）可看出信号流图是用一些节点和支路来描述系统的，它基本包含了框图所有的信息，应用梅逊公式，不必对信号流图进行简化，就可以找到系统中各变量间的关系。下面先结合图 2-37（b）简要介绍一下信号流图中用到的几个概念。

1. 节点

节点用来表示信号，其值等于所有进入该节点的信号之和，如图 2-37（b）中的 $X_i(s)$、$X_o(s)$、$E(s)$、$N(s)$。其中，$N(s)$ 只有输出的线段，称为输入节点或源点；$X_o(s)$ 只有输入的线段，称为输出节点，也称为汇点；$E(s)$ 既有输入的线段又有输出的线段，称为混合节点。

2. 支路

连接两个节点的定向线段称为支路，其上的箭头表明信号的流向，各支路上还标明了增益，即支路的传递函数，也称为传输。例如，图 2-37（b）中从节点 $X_i(s)$ 到 $E(s)$ 为一支路，其中 1 为该支路的增益。

3. 通路

从一个节点开始沿着支路箭头方向连续经过相连支路而终止到另一个节点（或同一节点）的路径称为通路。从输入节点到输出节点的通路上通过任何节点不多于一次的通路称为前向通路。

4. 回路

始端与终端重合且与任何节点相交不多于一次的通道称为回路。没有任何公共节点的回路称为不接触回路。

二、信号流图的绘制

信号流图的绘制方法常用的有以下两种：

1. 由系统微分方程绘制

首先，将系统微分方程进行拉氏变换，转换成以 s 为自变量的方程；然后，按照系统中变量的因果关系，按从左向右的顺序排列；最后，用带箭头的线段标明支路。

2. 由系统框图绘制

这也是常用的一种方法。根据数学方程式将输入量、输出量、引出点、比较点及中间各节点变量正确连接，便可得到系统的信号流图。由系统微分方程绘制是用标有传递函数的定向线段代替各环节的框。二者都是数学模型，具有一一对应的关系，在布局上很相似，并有等效对应关系。但信号流图省略了环节的框，不必区分比较点和引出点，所以更简单。

例 2-5 将图 2-38 所示的框图转化为信号流图。

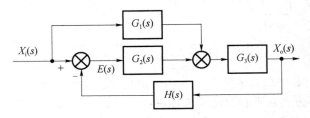

图 2-38 例 2-5 系统框图

解： 图 2-38 所示的信号流图如图 2-39 所示。

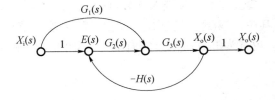

图 2-39 例 2-7 信号流图

例 2-6 将图 2-40 所示的框图转化为信号流图。

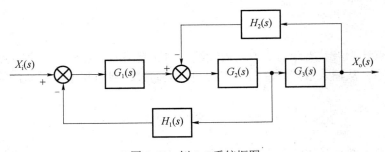

图 2-40 例 2-6 系统框图

解： 图 2-40 所示的信号流图如图 2-41 所示。

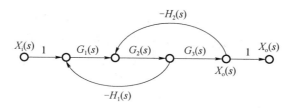

图 2-41　例 2-6 信号流图

三、梅逊公式及其应用

信号流图不必简化流图，直接利用梅逊公式即可写出从输入节点到输出节点的系统传递函数。梅逊公式可表示为

$$P = \frac{1}{\Delta} \sum_K P_K \cdot \Delta_K$$

式中，P_K ——第 K 条前向通路的通路传递函数；

Δ ——信号流图的特征式，可由下式计算：

$$\Delta = 1 - \sum_a L_a + \sum_{b,c} L_b L_c - \sum_{d,e,f} L_d L_e L_f + \cdots$$

式中，$\displaystyle\sum_a L_a$ ——所有不同回路的传递函数的和；

$\displaystyle\sum_{b,c} L_b L_c$ ——每两个互不接触回路的传递函数的乘积之和；

$\displaystyle\sum_{d,e,f} L_d L_e L_f$ ——每 3 个互不接触回路的传递函数的乘积之和；

Δ_K ——第 K 条前向通路特征式的余因式，即除去与第 K 条前向通路相接触回路的传递函数之后的 Δ 值。

例 2-7　试求图 2-39 所示的信号流图所表示的系统传递函数。

解： 此例中有两条前向通路 P_1、P_2，一条反馈回路 L_1。

$P_1 = G_2 G_3$

$P_2 = G_1 G_3$

$L_1 = -G_2 G_3 H$

$\Delta = 1 - L_1 = 1 + G_2 G_3 H$

$\Delta_1 = 1$ （所有回路都与 P_1 接触）

$\Delta_2 = 1$ （所有回路都与 P_2 接触）

可求出系统的传递函数为

$$G(s) = \frac{G_1 G_3 + G_2 G_3}{1 + G_2 G_3 H}$$

例 2-8　试求图 2-42 所示的信号流图所表示的系统传递函数。

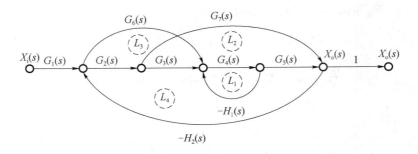

图 2-42 例 2-8 信号流图

解：此例中有 3 条前向通路 P_1、P_2、P_3，4 条反馈回路 L_1、L_2、L_3、L_4，且 L_1 和 L_2 不接触。

$$P_1 = G_1 G_2 G_3 G_4 G_5$$
$$P_2 = G_1 G_6 G_4 G_5$$
$$P_3 = G_1 G_2 G_7$$
$$L_1 = -G_4 H_1$$
$$L_2 = -G_2 G_7 H_2$$
$$L_3 = -G_6 G_4 G_5 H_2$$
$$L_4 = -G_2 G_3 G_4 G_5 H_2$$
$$L_1 L_2 = G_2 G_4 G_7 H_1 H_2 \quad (L_1 \text{ 和 } L_2 \text{ 不接触})$$
$$\Delta = 1 - (L_1 + L_2 + L_3 + L_4) + L_1 L_2$$
$$= 1 + G_4 H_1 + G_2 G_7 H_2 + G_6 G_4 G_5 H_2 + G_2 G_3 G_4 G_5 H_2 + G_2 G_4 G_7 H_1 H_2$$
$$\Delta_1 = 1 \quad (\text{所有回路都与 } P_1 \text{ 接触})$$
$$\Delta_2 = 1 \quad (\text{所有回路都与 } P_2 \text{ 接触})$$
$$\Delta_3 = 1 - L_1 = 1 + G_4 H_1 \quad (L_1 \text{ 与 } P_3 \text{ 不接触})$$

可求出系统的传递函数为

$$G(s) = \frac{G_1 G_2 G_3 G_4 G_5 + G_1 G_6 G_4 G_5 + G_1 G_2 G_7 (1 + G_4 H_1)}{1 + G_4 H_1 + G_2 G_7 H_2 + G_6 G_4 G_5 H_2 + G_2 G_3 G_4 G_5 H_2 + G_2 G_4 G_7 H_1 H_2}$$

例 2-9 使用梅逊公式求图 2-43 所示的结构框图所表示的系统传递函数。

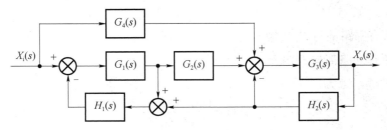

图 2-43 例 2-9 系统框图

解：首先根据系统框图画出信号流图，如图 2-44 所示。

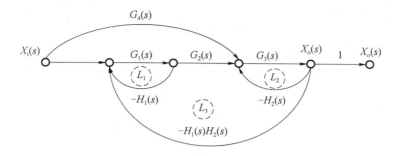

图 2-44　例 2-9 信号流图

此例中有 2 条前向通路 P_1、P_2，3 条反馈回路 L_1、L_2、L_3，且 L_1 和 L_2 不接触。

$P_1 = G_1G_2G_3$

$P_2 = G_3G_4$

$L_1 = -G_1H_1$

$L_2 = -G_3H_2$

$L_3 = -G_1G_2G_3H_1H_2$

$L_1L_2 = G_1G_3H_1H_2$（L_1 和 L_2 不接触）

$\Delta = 1 - (L_1 + L_2 + L_3 + L_4) + L_1L_2$

　　$= 1 + G_1H_1 + G_3H_2 + G_1G_2G_3H_1H_2 + G_1G_3H_1H_2$

$\Delta_1 = 1$　（所有回路都与 P_1 接触）

$\Delta_2 = 1 - L_1 = 1 + G_1H_1$（$L_1$ 与 P_2 不接触）

可求出系统的传递函数为

$$G(s) = \frac{G_1G_2G_3 + G_3G_4 + G_1G_3G_4H_1}{1 + G_1H_1 + G_3H_2 + G_1G_2G_3H_1H_2 + G_1G_3H_1H_2}$$

第七节　MATLAB 在控制系统数学建模中的应用

　　本章论述了控制系统数学模型的基本概念、图解表示方法及建立数学模型的方法步骤。下面通过实例进一步说明如何把实际系统抽象为数学模型，如何用解析方法和图解方法来推导系统的传递函数。通常的方法是：首先建立一个简单的模型，并尽可能是线性的，而不管系统中可能存在的某些严重非线性和其他实际特性，从而得到近似的系统动态响应；然后为了更完整地分析，再建立一个更加精确的模型。

　　Simulink 是 MATLAB 最重要的组件之一，它提供一个动态系统建模、仿真和综合分析的集成环境。在该环境中，无须大量书写程序，只需要通过简单直观的鼠标操作，就可构造出复杂的系统。Simulink 具有适应面广、结构流程清晰、仿真精细、贴近实际、效率高、灵活等优点。Simulink 已被广泛应用于控制理论和数字信号处理的复杂仿真和设计。

　　例 2-10　电动机转速调速系统的系统框图如图 2-45 所示，求其局部反馈传递函数和系统闭环传递函数。

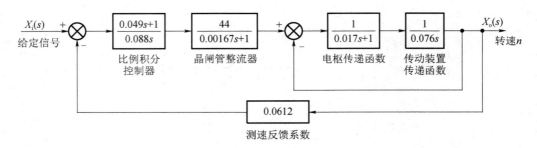

图 2-45　电动机转速调速系统的系统框图

解：求传递函数的 MATLAB 程序如下：

```
n1=[1];  d1=[0.017 1];  s1=tf(n1,d1);      % 电枢传递函数
n2=[1];  d2=[0.076 0];  s2=tf(n2,d2);      % 传动装置传递函数
sys1=feedback(s1*s2, 1)                     % 局部反馈系统的闭环传递函数

n3=[0.049 1];  d3=[0.088 0];  s3=tf(n3,d3);  % 比例积分环节
n4=[0 44];  d4=[0.00167 1];  s4=tf(n4,d4);   % 晶闸管环节
n5=[1];  d5=0.0612;  s5=tf(n5,d5);           % 测速反馈系数
sys=feedback(sys1*s3*s4, s5)                 % 求反馈系统的闭环传递函数
```

程序运行结果：

```
sys1 =
            1
   -----------------------------------
   0.001292 s^2 + 0.076 s + 1
sys =
                  0.1319 s + 2.693
   ---------------------------------------------------------------------
   1.162e-08 s^4 + 7.642e-06 s^3 + 0.0004183 s^2 + 2.161 s + 44
```

例 2-11　以汽车悬架双质量系统为例，说明数学模型建立及其在 MATLAB Simulink 软件中的仿真应用。

1. 建立微分方程和传递函数

图 2-46（a）所示为汽车悬架双质量系统原理图。当汽车在道路上行驶时，轮胎的垂直位移是一个运动激励，作用在汽车的悬挂系统上。该系统的运动由质心的平移运动和围绕质心的旋转运动组成。要建立整个系统的精确模型比较复杂。本例仅建立车体在垂直方向上运动的简化的数学模型，如图 2-46（b）所示。

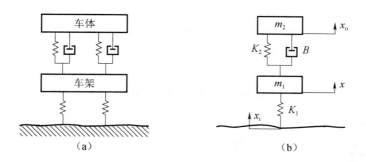

图 2-46 汽车悬架双质量系统

（a）原理图；（b）简化数学模型图

设汽车轮胎的垂直运动 x_i 为系统的输入量，车体的垂直运动 x_o 为系统的输出量，则根据牛顿第二定律，得到系统运动方程为

$$m_1 \ddot{x} = B(\dot{x}_o - \dot{x}) + K_2(x_o - x) + K_1(x_i - x) \tag{2-37}$$

$$m_2 \ddot{x}_o = -B(\dot{x}_o - \dot{x}) - K_2(x_o - x) \tag{2-38}$$

因此，有

$$m_1 \ddot{x} + B\dot{x} + (K_1 + K_2)x = B\dot{x}_o + K_2 x_o + K_1 x_i \tag{2-39}$$

$$m_2 \ddot{x}_o + B\dot{x}_o + K_2 x_o = B\dot{x} + K_2 x \tag{2-40}$$

假设初始条件为零，对式（2-39）和式（2-40）进行拉氏变换，得到

$$[m_1 s^2 + Bs + (K_1 + K_2)]X(s) = (Bs + K_2)X_o(s) + K_1 X_i(s) \tag{2-41}$$

$$(m_2 s^2 + Bs + K_2)X_o(s) = (Bs + K_2)X(s) \tag{2-42}$$

将式（2-42）代入式（2-41），消去中间变量 $X(s)$，整理后即得简化的汽车悬挂系统的传递函数，即

$$\frac{X_o(s)}{X_i(s)} = \frac{K_1(Bs + K_2)}{m_1 m_2 s^4 + (m_1 + m_2)Bs^3 + [K_1 m_2 + (m_1 + m_2)K_2]s^2 + K_1 Bs + K_1 K_2} \tag{2-43}$$

由式（2-41）和式（2-42）可画出系统框图，如图 2-47 所示。由式（2-43）和图 2-47 可见，这个简化的汽车悬挂系统是四阶系统。

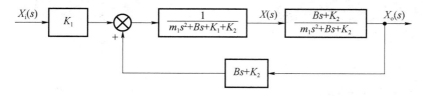

图 2-47 双质量系统框图

2. MATLAB Simulink 建模

MATLAB 可以进行框图化简，也可以在 Simulink 中根据系统框图进行动态结构图建模。

根据式（2-39）和式（2-40）在 Simulink 中建立仿真模型，如图 2-48 所示。为观察系统响应曲线，设置系统参数为

$$m_1 = 45.4, \quad m_2 = 317.5, \quad K_1 = 192\,000, \quad K_2 = 22\,000, \quad B = 1\,520$$

　　模拟路面脉冲试验观察系统响应，将路面位移输入 x_i 设为脉冲输入，脉冲宽度为 0.5s，脉冲幅值为 0.3。运行程序后可分别观察各点位移、速度的变换曲线波形，如图 2-49～图 2-53 所示。

　　将路面位移输入 x_i 设为随机信号，设定 Random Number 信号发生器的参数，可得到路面位移输入 x_i 和车体位移输出 x_o 的波形曲线如图 2-54 和图 2-55 所示。

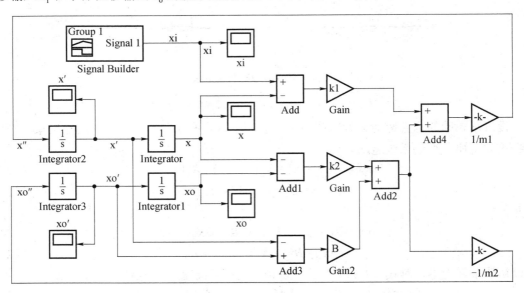

图 2-48　双质量系统 Simulink 仿真模型

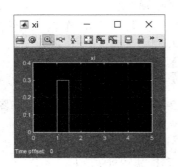

图 2-49　x_i 的信号波形

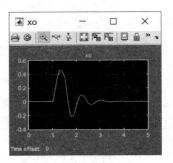

图 2-50　x_o 的信号波形

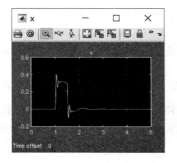

图 2-51　x 的信号波形

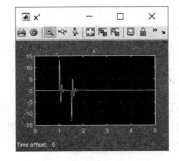

图 2-52　x' 的信号波形

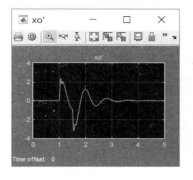

图 2-53 x_o' 的信号波形

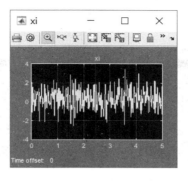

图 2-54 x_i 的信号波形

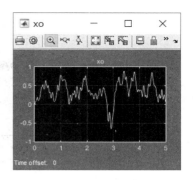

图 2-55 x_o 的信号波形

思考题与习题

1. 试求图 2-56 所示机械系统的传递函数, 其中, 外力 $f(t)$、位移 $x_i(t)$ 为输入量, 位移 $x_o(t)$ 为输出量, k(弹性系数)、B(阻尼系数)、m(质量)均为常数。

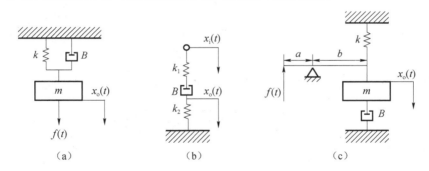

图 2-56 第 1 题图

2. 试求图 2-57 所示无源电路网络的传递函数, 其中, $u_i(t)$ 为输入量, $u_o(t)$ 为输出量, R 为电阻, C 为电容。

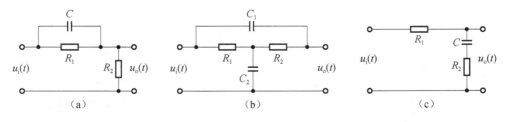

图 2-57 第 2 题图

3. 试证明图 2-58 中所示力学系统 [图 2-58(a)] 和电路系统 [图 2-58(b)] 是相似系统(即有相同形式的数学模型)。

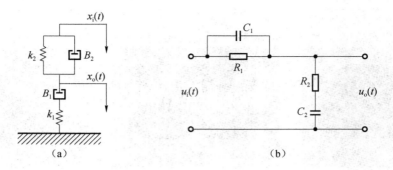

图 2-58　第 3 题图

4. 飞机俯仰角控制系统结构图如图 2-59 所示，试求闭环传递函数 $X_o(s)/X_i(s)$。

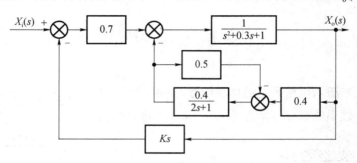

图 2-59　第 4 题图

5. 试用结构图等效化简法求图 2-60 所示各系统的传递函数 $X_o(s)/X_i(s)$。

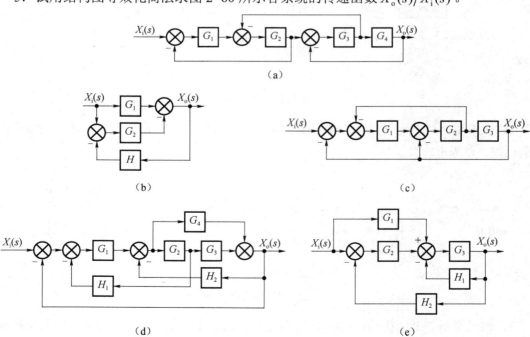

图 2-60　第 5 题图

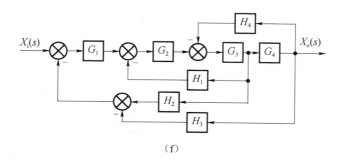

（f）

图 2-60　第 5 题图（续）

6．试用梅逊公式求图 2-61 所示各系统的传递函数 $X_o(s)/X_i(s)$。

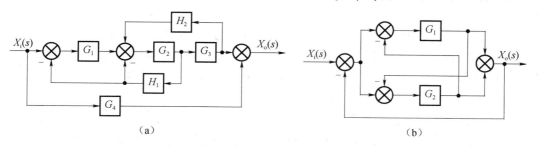

（a）　　　　　　　　　　　　　　　　（b）

图 2-61　第 6 题图

7．已知系统的结构图如图 2-62 所示，其中，$X_i(s)$ 为输入信号，$N(s)$ 为干扰信号，试求传递函数 $X_o(s)/X_i(s)$ 与 $X_o(s)/N(s)$。

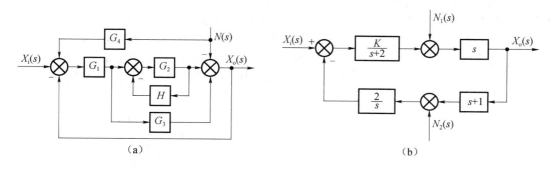

（a）　　　　　　　　　　　　　　　　（b）

图 2-62　第 7 题图

第三章

控制系统的时间响应

在工程实际中，一旦系统的数学模型建立之后，通常就可采用不同的系统分析方法对系统的动态性能和稳态性能进行分析，进而确定改进系统性能的途径。对于线性定常系统，常用的系统分析方法有时域分析法、根轨迹法和频域分析法。所谓时域分析法就是在时间域内，研究在各种形式的输入信号作用下，系统输出响应的时间特征。即根据系统的微分方程，以拉氏变换为数学工具，直接解出系统的时间响应，然后根据响应的表达式及其描述曲线来分析系统的输出量随时间变化的规律。

第一节　典型输入信号及时间响应的概念与性能指标

一、典型输入信号

实际系统的输入信号常具有随机性质，预先无法知道，而且难以用简单的解析式表示。因此预先规定一些特殊的实验输入信号，比较各种系统对这些实验输入信号的响应。在控制工程中，常用的典型输入信号有单位脉冲信号、单位阶跃信号、单位加速度信号等（图 3-1）。典型信号的选择原则是：具有典型性，能够反映系统工作的大部分实际情况；形式应尽可能简单，便于分析处理；能使系统在最不利的情况下工作；应当在实际中可以得到或近似地得到。

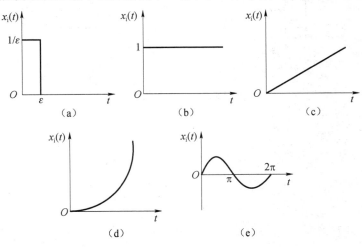

图 3-1　典型输入信号

1. 单位脉冲信号

单位脉冲信号的数学表达式为

$$
x_i(t) = \begin{cases} \dfrac{1}{\varepsilon}, & 0 \leqslant t \leqslant \varepsilon \\ 0, & t < 0, \ t > \varepsilon \end{cases} \tag{3-1}
$$

式中，ε——脉冲宽度。

若脉冲宽度 $\varepsilon \to 0$，则式（3-1）为

$$
x_i(t) = \begin{cases} \infty, & t = 0 \\ 0, & t \neq 0 \end{cases} \tag{3-2}
$$

并且有

$$
\int_{-\infty}^{+\infty} x_i(t) \, \mathrm{d}t = 1 \tag{3-3}
$$

此时脉冲信号称为理想单位脉冲函数，记作 $\delta(t)$，其拉氏变换为

$$
X_i(s) = L[\delta(t)] = 1 \tag{3-4}
$$

单位脉冲信号［图 3-1（a）］表征在极短的时间内给系统注入的冲击能量，通常用来模拟系统在实际工作时突然遭受脉动电压、机械碰撞、敲打冲击等作用。

2. 单位阶跃信号

单位阶跃信号的数学表达式为

$$
x_i(t) = \begin{cases} 1, & t \geqslant 0 \\ 0, & t < 0 \end{cases} \tag{3-5}
$$

单位阶跃信号通常记为 $1(t)$，其拉氏变换为

$$
X_i(s) = L[1(t)] = \frac{1}{s} \tag{3-6}
$$

单位阶跃信号［图 3-1（b）］表征系统输入信号的突变，通常用来模拟电源突然接通、负载突然变化、指令突然转换等，是评价系统瞬态响应性能时使用较多的一种典型信号。

3. 单位斜坡信号

单位斜坡信号又称为单位速度信号，其数学表达式为

$$
x_i(t) = \begin{cases} t, & t \geqslant 0 \\ 0, & t < 0 \end{cases} \tag{3-7}
$$

其拉氏变换为

$$
X_i(s) = L[t] = \frac{1}{s^2} \tag{3-8}
$$

单位斜坡信号［图 3-1（c）］表征的是匀速变化的信号。

4. 单位加速度信号

单位加速度信号的数学表达式为

$$x_i(t) = \begin{cases} \dfrac{1}{2}t^2, & t \geqslant 0 \\ 0, & t < 0 \end{cases} \tag{3-9}$$

其拉氏变换为

$$X_i(s) = L\left[\frac{1}{2}t^2\right] = \frac{1}{s^3} \tag{3-10}$$

单位斜坡信号［图 3-1（d）］表征的是匀加速变化的信号。

在分析系统的准确性，计算系统的稳态误差时，选用的典型输入信号是单位阶跃信号、单位斜坡信号和单位加速度信号。

5. 正弦信号

正弦信号的数学表达式为

$$x_i(t) = A\sin\omega t \tag{3-11}$$

其拉氏变换为

$$X_i(s) = \frac{A\omega}{s^2 + \omega^2} \tag{3-12}$$

对系统进行频域分析时，选用正弦信号［图 3-1（e）］作为系统的输入信号，分析系统的稳态响应。

二、时间响应的概念

所谓时间响应是指在输入信号作用下，系统输出随时间变化的函数关系。输入信号为典型信号时，微分方程数学模型的解就是系统时间响应的数学表达式。如图 3-2 所示，任意系统的时间响应都由瞬态响应和稳态响应两部分组成。

（1）瞬态响应：系统在某一输入信号作用下，输出量从初始状态到稳定状态的响应过程。

（2）稳态响应：当某一信号输入时，系统在时间趋于无穷大时的输出状态。

瞬态响应反映系统的快速性和稳定性，稳态响应反映系统的准确性。

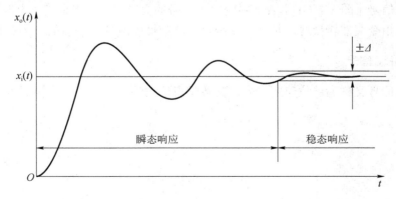

图 3-2　系统的时间响应

三、系统的时域性能指标

对控制系统的基本要求是其响应的稳定性、准确性和快速性。控制系统的性能指标是评价系统动态品质的定量指标，是定量分析的基础。性能指标往往用几个特征量来表示，既可以在时域提出，也可以在频域提出。时域性能指标比较直观，是以系统对单位阶跃输入信号的时间响应形式给出的，如图 3-3 所示，主要有上升时间 t_r、峰值时间 t_p、最大超调量 M_p、调整时间 t_s 及振荡次数 N 等。

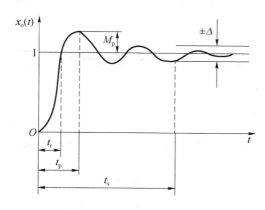

图 3-3　系统的动态性能指标

1. 上升时间 t_r

对于没有超调的系统，从理论上讲，其响应曲线到达稳态值的时间需要无穷大，因此，将其上升时间 t_r 定义为阶跃响应曲线从稳态值的 10% 上升到稳态值的 90% 所需的时间；对于有振荡的系统，响应曲线从零时刻出发首次到达稳态值所需的时间称为上升时间 t_r。

2. 峰值时间 t_p

阶跃响应曲线从零时刻出发越过稳态值，首次到达第一个峰值所需的时间称为峰值时间 t_p。

3. 最大超调量 M_p

阶跃响应曲线的最大峰值和稳态值的差与稳态值的比值称为最大超调量 M_p，通常用百分数（%）来表示，即

$$M_p = \frac{x_o(t_p) - x_o(\infty)}{x_o(\infty)} \times 100\%$$

4. 调整时间 t_s

在阶跃响应曲线的稳态值处取 $\pm\Delta$ （Δ 一般为 5% 或 2%）作为允许误差范围，响应曲线到达并将一直保持在这一误差范围内所需要的时间称为调整时间 t_s。调整时间的长短，直接表征了系统对输入信号的响应快速性。

5. 振荡次数 N

振荡次数 N 是在调整时间 t_s 内定义的，实测时可按响应曲线穿越稳态值次数的一半来

记数。

综上所述，系统的动态性能指标中，上升时间 t_r、峰值时间 t_p 和调整时间 t_s 反映系统时间响应的快速性，最大超调量 M_p 和振荡次数 N 则反映系统时间响应的平稳性。工程上常用的是调整时间 t_s、最大超调量 M_p 和峰值时间 t_p。

第二节　一阶系统的时间响应

一、一阶系统的数学模型

凡能用一阶常微分方程描述的系统称为一阶系统，一个典型的一阶系统框图如图 3-4 所示，其传递函数为

$$G(s) = \frac{X_o(s)}{X_i(s)} = \frac{1}{Ts+1} \tag{3-13}$$

式中，T——系统的时间常数。

在实际应用中，一阶系统的例子很多，例如，忽略质量的弹簧阻尼系统、RC 电路、恒温箱、液位调节系统、室温调节系统等都是常见的一阶系统。

图 3-5 所示为 RC 电路，$u_i(t)$ 为输入电压，$u_o(t)$ 为输出电压，RC 电路的微分方程为

$$RC\frac{du_o(t)}{dt} + u_o(t) = u_i(t)$$

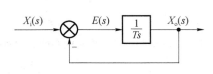

图 3-4　典型的一阶系统

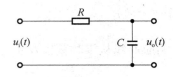

图 3-5　RC 电路

取初始条件为零，则 RC 电路的传递函数为

$$G(s) = \frac{U_o(s)}{U_i(s)} = \frac{1}{RCs+1} = \frac{1}{Ts+1}$$

式中，$T = RC$，是 RC 电路的时间常数。

二、一阶系统的单位脉冲响应

系统在单位脉冲信号作用下的输出称为单位脉冲响应。当一阶系统的输入信号 $x_i(t) = \delta(t)$，即 $X_i(s) = 1$ 时，可得系统单位脉冲响应的拉氏变换为

$$X_o(s) = G(s)X_i(s) = \frac{1}{Ts+1} \times 1 = \frac{\frac{1}{T}}{s+\frac{1}{T}} \tag{3-14}$$

对式（3-14）取拉氏反变换，可得系统的单位脉冲响应为

$$x_{\mathrm{o}}(t) = \frac{1}{T} \mathrm{e}^{-\frac{t}{T}} \quad (t \geqslant 0) \tag{3-15}$$

根据式（3-15）绘制一阶系统的单位脉冲响应曲线，如图 3-6 所示，当 $t \to \infty$ 时，$x_{\mathrm{o}}(t) \to 0$，即单位脉冲响应的稳态响应为零。从图 3-6 可知，单位脉冲响应曲线是一条单调下降的指数曲线。T 越小，系统惯性越小，过渡过程越短，系统的快速性越好；反之，T 越大，系统的惯性越大，系统的响应越缓慢。

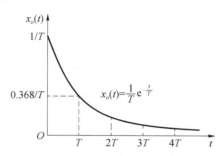

图 3-6　一阶系统的单位脉冲响应曲线

三、一阶系统的单位阶跃响应

系统在单位阶跃信号作用下的输出称为单位阶跃响应。当一阶系统的输入信号 $x_{\mathrm{i}}(t) = 1(t)$，即 $X_{\mathrm{i}}(s) = \dfrac{1}{s}$ 时，可得系统单位阶跃响应的拉氏变换式为

$$X_{\mathrm{o}}(s) = \frac{1}{s(Ts+1)} = \frac{1}{s} - \frac{T}{Ts+1} \tag{3-16}$$

对式（3-16）取拉氏反变换，可得系统的单位阶跃响应为

$$x_{\mathrm{o}}(t) = x_s(t) + x_t(t) = 1 - \mathrm{e}^{-t/T} \quad (t \geqslant 0) \tag{3-17}$$

由式（3-17）可知，$x_{\mathrm{o}}(t)$ 中 $-\mathrm{e}^{-t/T}$ 为瞬态分量，1 为稳态分量。根据式（3-17）绘制一阶系统的单位阶跃响应曲线，如图 3-7 所示，是一条单调的指数上升曲线。

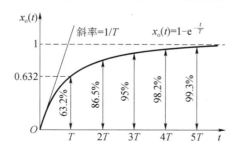

图 3-7　一阶系统的单位阶跃响应曲线

由图 3-7 及式（3-17）可知：

（1）$t = T$ 时，$x_{\mathrm{o}}(t) = 0.632$，表示系统输出响应 $x_{\mathrm{o}}(t)$ 从初始值达到稳态值的 63.2% 时，所经历的时间为 T，由此可见，系统的时间常数 T 越小，响应速度越快。

（2）响应曲线在 $t=0$ 处的切线斜率为 $1/T$，$\left.\dfrac{\mathrm{d}x_\mathrm{o}(t)}{\mathrm{d}t}\right|_{t=0}=\dfrac{1}{T}$。

（3）当 $t\to\infty$ 时，$x_\mathrm{o}(t)=1$，这时输入与输出一致，误差为零，且过渡过程平稳（即无振荡）。

（4）根据调整时间 t_s 的定义，如果希望响应曲线保持在稳态值的5%的允许范围内，即

$$x_\mathrm{o}(t_\mathrm{s})=1-\mathrm{e}^{-\frac{t_\mathrm{s}}{T}}=0.95$$

则

$$t_\mathrm{s}=3T$$

如果希望响应曲线保持在稳态值的2%的允许范围内，即

$$x_\mathrm{o}(t_\mathrm{s})=1-\mathrm{e}^{-\frac{t_\mathrm{s}}{T}}=0.98$$

则

$$t_\mathrm{s}=4T$$

由此可见时间常数 T 是一阶系统的重要特征参数。T 的大小反映了过渡过程持续时间的长短，T 越小，过渡过程持续时间越短，则系统的响应就越快。

例 3-1 某一阶系统如图 3-8 所示。

（1）当 $K_\mathrm{h}=0.1$ 时，求调节时间 t_s（$\varDelta=2\%$）；

（2）若要求 $t_\mathrm{s}=0.1\mathrm{s}$（$\varDelta=2\%$），求反馈系数 K_h。

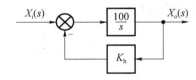

图 3-8　例 3-1 系统框图

解：（1）由系统框图可求得系统的闭环传递函数为

$$\varPhi(s)=\frac{G(s)}{1+G(s)H(s)}=\frac{100/s}{1+(100/s)\times0.1}=\frac{100}{s+10}=\frac{10}{1+s/10}$$

与标准形式对比得：$T=\dfrac{1}{10}=0.1(\mathrm{s})$，$t_\mathrm{s}=4T=0.4(\mathrm{s})$。

（2）系统的闭环传递函数为

$$\varPhi(s)=\frac{100/s}{1+(100/s)\times K_\mathrm{h}}=\frac{1/K_\mathrm{h}}{1+s/100K_\mathrm{h}}$$

要求 $t_\mathrm{s}=0.1\mathrm{s}$，即 $4T=0.1\mathrm{s}$，则

$$T=\frac{1}{100K_\mathrm{h}}=\frac{0.1}{4}$$

得 $K_\mathrm{h}=0.4$。

四、一阶系统的单位斜坡响应

系统在单位斜坡信号作用下的输出称为单位斜坡响应。当一阶系统的输入信号 $x_\mathrm{i}(t)=t$，

即 $X_i(s) = \dfrac{1}{s^2}$ 时，可得系统单位斜坡响应的拉氏变换为

$$X_o(s) = \frac{1}{s^2(Ts+1)} = \frac{1}{s^2} - \frac{T}{s} + \frac{T}{s+\dfrac{1}{T}} \tag{3-18}$$

对式（3-18）取拉氏反变换，可得系统的单位斜坡响应为

$$x_o(t) = t - T + Te^{-\frac{1}{T}t} \quad (t \geq 0) \tag{3-19}$$

根据式（3-19）绘制一阶系统的单位斜坡响应曲线，如图 3-9 所示，是一条由零开始逐渐变为等速变化的曲线，稳态输出与输入同斜率，但滞后一个时间常数 T，即存在跟踪误差 $e(\infty)$，其数值与时间 T 相等。

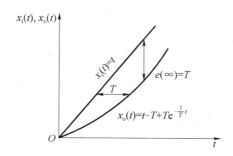

图 3-9　一阶系统的单位斜坡响应

五、线性定常系统的重要特征

一阶系统的典型输入响应特性与时间常数 T 密切相关，时间常数 T 越小，单位脉冲响应的衰减越快，单位阶跃响应的调节时间越小，单位斜坡响应的稳态滞后时间也越小。

此外，三种典型输入信号之间存在着积分和微分的关系，由式（3-15）、式（3-17）、式（3-19）可知，三种信号的时间响应也存在着同样的积分和微分关系。

由此可以得出线性定常系统时间响应的一个重要性质：系统对某一输入信号的积分或微分的时间响应，等于系统对该输入信号时间响应的积分或微分。这一性质，适用于任意线性定常系统。

根据这个性质，如果已知系统的单位阶跃响应，就可以对其微分求得系统的单位脉冲响应，也可以对其积分求得系统的单位速度响应。

第三节　二阶系统的时间响应

一、二阶系统的定义

凡是系统的输出信号与输入信号能用二阶微分方程描述的系统都称为二阶系统。二阶系统在控制工程上非常重要，因为很多实际系统都是二阶系统。许多高阶系统在一定条件下可以近似地简化为二阶系统来研究。因此，分析二阶系统的响应特性具有重要的实际意义。

一个典型的二阶系统框图如图 3-10 所示，它由比例环节、积分环节和惯性环节串联后经

单位负反馈构成，其传递函数为

$$G(s) = \frac{X_o(s)}{X_i(s)} = \frac{K}{s(Ts+1)+K} = \frac{K}{Ts^2 + s + K}$$

式中，K——系统开环增益；

$\quad\quad T$——系统时间常数。

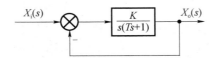

图 3-10　典型二阶系统

二阶系统的典型传递函数通常写成以下标准形式：

$$G(s) = \frac{X_o(s)}{X_i(s)} = \frac{\omega_n^2}{s^2 + 2\xi\omega_n s + \omega_n^2} \quad （首 1 标准型） \quad （3-20）$$

$$G(s) = \frac{X_o(s)}{X_i(s)} = \frac{1}{T^2 s^2 + 2\xi Ts + 1} \quad （尾 1 标准型） \quad （3-21）$$

式中，$\omega_n = \sqrt{\dfrac{K}{T}}$——二阶系统的无阻尼固有频率；

$\quad\quad \xi = \dfrac{1}{2\sqrt{TK}}$——系统的阻尼比。

ω_n 和 ξ 是二阶系统重要的特征参数，因为它们决定着二阶系统的时间响应特征。二阶系统的首 1 标准型传递函数常用于时域分析中，频域分析时则常用尾 1 标准型。

图 3-11 所示的机械移动系统为一个典型的二阶系统。可列出其微分方程为

$$m\frac{d^2 x(t)}{dt^2} + B\frac{dx(t)}{dt} + kx(t) = f(t)$$

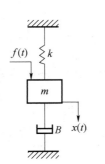

对其进行拉氏变换，列出其传递函数为

$$G(s) = \frac{X(s)}{F(s)} = \frac{1}{ms^2 + Bs + k} = \frac{1}{k} \cdot \frac{\omega_n^2}{s^2 + 2\xi\omega_n s + \omega_n^2}$$

式中，$\omega_n = \sqrt{\dfrac{k}{m}}; \quad \xi = \dfrac{B}{2\sqrt{km}}$。

通常称系统传递函数的分母为特征多项式，令分母等于 0，可得二阶系统的特征方程为

图 3-11　机械移动系统

$$s^2 + 2\xi\omega_n s + \omega_n^2 = 0$$

求解特征方程，得到系统的两个极点为

$$s_{1,2} = -\xi\omega_n \mp \omega_n\sqrt{\xi^2 - 1}$$

由此可见，二阶系统的极点由阻尼比和固有频率决定，尤其是随着阻尼比 ξ 取值的不同，二阶系统极点性质也各不相同。

（1）当 $0 < \xi < 1$ 时，二阶系统称为欠阻尼系统，其特征方程的根是一对共轭复根，即

$$s_{1,2} = -\xi\omega_n \pm j\omega_n\sqrt{1-\xi^2} = -\xi\omega_n \pm j\omega_d$$

式中，$\omega_d = \omega_n\sqrt{1-\xi^2}$。

（2）当 $\xi=1$ 时，二阶系统称为临界阻尼系统，其特征方程的根是两个相等的负实根，即具有两个相等的负实数极点：

$$s_{1,2}=-\omega_\mathrm{n}$$

（3）当 $\xi>1$ 时，二阶系统称为过阻尼系统，其特征方程的根是两个不相等的负实根，即具有两个不相等的负实数极点：

$$s_{1,2}=-\xi\omega_\mathrm{n}\pm\omega_\mathrm{n}\sqrt{\xi^2-1}$$

（4）当 $\xi=0$ 时，二阶系统称为零阻尼系统，其特征方程的根是一对共轭虚根，即具有一对共轭虚数极点：

$$s_{1,2}=\pm\mathrm{j}\omega_\mathrm{n}$$

（5）当 $\xi<0$ 时，二阶系统称为负阻尼系统，其特征方程的根具有正实部，即其极点位于 $[s]$ 平面的右半边。

二、二阶系统的单位阶跃响应

如果二阶系统的输入信号为 $x_\mathrm{i}(t)=1(t)$ ，即 $X_\mathrm{i}(s)=\dfrac{1}{s}$ ，则二阶系统在单位阶跃信号作用下输出的拉氏变换为

$$X_\mathrm{o}(s)=G(s)X_\mathrm{i}(s)=\frac{\omega_\mathrm{n}^2}{s(s^2+2\xi\omega_\mathrm{n}s+\omega_\mathrm{n}^2)} \tag{3-22}$$

对式（3-22）取拉氏反变换，得出二阶系统的单位阶跃响应为

$$x_\mathrm{o}(t)=L^{-1}\left[X_\mathrm{o}(s)\right]=L^{-1}\left[\frac{\omega_\mathrm{n}^2}{s(s^2+2\xi\omega_\mathrm{n}s+\omega_\mathrm{n}^2)}\right]$$

下面根据阻尼比 ξ 的不同取值来分析二阶系统的单位阶跃响应。

1. 欠阻尼状态（ $0<\xi<1$ ）

在欠阻尼状态下，二阶系统具是一对共轭复数极点，二阶系统单位阶跃响应的拉氏变换可展开成部分分式，即

$$\begin{aligned} X_\mathrm{o}(s)&=\frac{\omega_\mathrm{n}^2}{s(s^2+2\xi\omega_\mathrm{n}s+\omega_\mathrm{n}^2)}\\ &=\frac{1}{s}-\frac{s+\xi\omega_\mathrm{n}}{(s+\xi\omega_\mathrm{n})^2+\omega_\mathrm{d}^2}-\frac{\xi}{\sqrt{1-\xi^2}}\cdot\frac{\omega_\mathrm{d}}{(s+\xi\omega_\mathrm{n})^2+\omega_\mathrm{d}^2} \end{aligned} \tag{3-23}$$

对式（3-23）取拉氏反变换，得二阶系统在欠阻尼状态下的单位阶跃响应为

$$\begin{aligned} x_\mathrm{o}(t)&=1-\mathrm{e}^{-\xi\omega_\mathrm{n}t}\cos\omega_\mathrm{d}t-\frac{\xi}{\sqrt{1-\xi^2}}\mathrm{e}^{-\xi\omega_\mathrm{n}t}\sin\omega_\mathrm{d}t\\ &=1-\frac{\mathrm{e}^{-\xi\omega_\mathrm{n}t}}{\sqrt{1-\xi^2}}(\sqrt{1-\xi^2}\cos\omega_\mathrm{d}t+\xi\sin\omega_\mathrm{d}t)\\ &=1-\frac{\mathrm{e}^{-\xi\omega_\mathrm{n}t}}{\sqrt{1-\xi^2}}\sin(\omega_\mathrm{d}t+\varphi)\qquad(t\geqslant0) \end{aligned}$$

式中，$\varphi = \arctan \dfrac{\sqrt{1-\xi^2}}{\xi}$ $(\sin\varphi = \sqrt{1-\xi^2}; \cos\varphi = \xi)$。

从图 3-12 的曲线①可以看出，二阶系统在欠阻尼状态下的单位阶跃响应曲线是一条衰减的正弦振荡曲线，欠阻尼二阶系统的单位阶跃响应由两部分组成：稳态分量为 1；瞬态分量是一个以 ω_d 为频率的衰减振荡过程，响应曲线位于两条包络线 $1 \pm \mathrm{e}^{-\xi\omega_\mathrm{n}t}/\sqrt{1-\xi^2}$ 之间，其衰减的快慢取决于 ω_n 和 ξ 的大小，指数 $\xi\omega_\mathrm{n}$ 称为衰减指数。

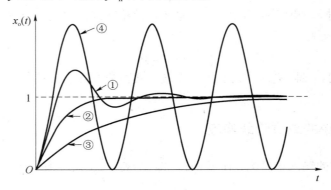

图 3-12　二阶系统单位阶跃响应曲线

2. 临界阻尼状态（$\xi = 1$）

在临界阻尼状态下，二阶系统具有两个相等的负实数极点，二阶系统的单位阶跃响应的拉氏变换可展开成部分分式，即

$$X_\mathrm{o}(s) = \frac{\omega_\mathrm{n}^2}{s(s^2 + 2\xi\omega_\mathrm{n}s + \omega_\mathrm{n}^2)} = \frac{\omega_\mathrm{n}^2}{s(s+\omega_\mathrm{n})^2}$$
$$= \frac{1}{s} - \frac{1}{s+\omega_\mathrm{n}} - \frac{\omega_\mathrm{n}}{(s+\omega_\mathrm{n})^2} \tag{3-24}$$

将式（3-24）进行拉氏反变换，得出二阶系统在临界阻尼状态时的单位阶跃响应为

$$x_\mathrm{o}(t) = 1 - \mathrm{e}^{-\omega_\mathrm{n}t} - \omega_\mathrm{n}t\mathrm{e}^{-\omega_\mathrm{n}t} = 1 - \mathrm{e}^{-\omega_\mathrm{n}t}(1+\omega_\mathrm{n}t) \qquad (t \geqslant 0)$$

二阶系统在临界阻尼状态下的单位阶跃响应曲线如图 3-12 所示的曲线②，是一条无振荡、无超调的单调上升曲线，二阶系统处于振荡与不振荡的临界状态。

3. 过阻尼状态（$\xi > 1$）

在过阻尼状态下，二阶系统具有两个不相等的负实数极点，二阶系统的单位阶跃响应的拉氏变换可展开成部分分式，即

$$X_\mathrm{o}(s) = \frac{\omega_\mathrm{n}^2}{s(s^2 + 2\xi\omega_\mathrm{n}s + \omega_\mathrm{n}^2)}$$
$$= \frac{1}{s} - \frac{1}{2(1+\xi\sqrt{\xi^2-1}-\xi^2)(s+\xi\omega_\mathrm{n}-\omega_\mathrm{n}\sqrt{\xi^2-1})} -$$
$$\frac{1}{2(1-\xi\sqrt{\xi^2-1}-\xi^2)(s+\xi\omega_\mathrm{n}+\omega_\mathrm{n}\sqrt{\xi^2-1})} \tag{3-25}$$

将式（3-25）进行拉氏反变换，得出二阶系统在过阻尼状态时的单位阶跃响应为

$$x_o(t) = 1 - \frac{1}{2(1 + \xi\sqrt{\xi^2 - 1} - \xi^2)}e^{-(\xi - \sqrt{\xi^2 - 1})\omega_n t} - \frac{1}{2(1 - \xi\sqrt{\xi^2 - 1} - \xi^2)}e^{-(\xi + \sqrt{\xi^2 - 1})\omega_n t} \quad (t \geqslant 0)$$

二阶系统在过阻尼状态下的单位阶跃响应曲线如图 3-12 所示的曲线③，这是一条无振荡的单调无超调上升曲线，二阶系统的过渡过程持续时间较长。由上式可以看出，$x_o(t)$ 中包含两个衰减的指数项。由于两个闭环极点距离虚轴的远近不同，因此两个指数项衰减的速度也不同。当二者差别很大时，离虚轴太远的极点可以忽略不计，该系统可以近似处理为一阶系统。

4. 零阻尼状态（$\xi = 0$）

在零阻尼状态下，二阶系统具有一对共轭虚数极点，二阶系统的单位阶跃响应的拉氏变换可展开成部分分式，即

$$X_o(s) = \frac{\omega_n^2}{s(s^2 + 2\xi\omega_n s + \omega_n^2)} = \frac{\omega_n^2}{s(s^2 + \omega_n^2)} = \frac{1}{s} - \frac{s}{s^2 + \omega_n^2} \tag{3-26}$$

将式（3-26）进行拉氏反变换，得出二阶系统在零阻尼状态时的单位阶跃响应为

$$x_o(t) = 1 - \cos\omega_n t \quad (t \geqslant 0)$$

二阶系统在零阻尼状态下的单位阶跃响应曲线如图 3-12 所示的曲线④，它是一条无阻尼等幅振荡曲线，二阶系统处于临界稳定状态。

5. 负阻尼状态（$\xi < 0$）

在负阻尼状态下，分析方法与上述四种方法类似，可以推导出当 $t \to \infty$ 时，$x_o(t) \to \infty$，即负阻尼系统的阶跃响应是发散的，系统不稳定。当 $-1 < \xi < 0$ 时负阻尼系统的单位阶跃响应曲线是振荡发散的，如图 3-13（a）所示；当 $\xi \leqslant -1$ 时负阻尼系统的单位阶跃响应曲线是单调发散的，如图 3-13（b）所示。

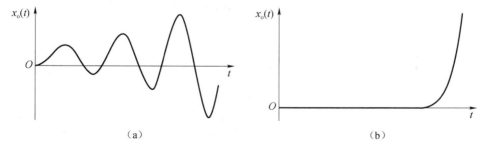

（a）　　　　　　　　　　　　（b）

图 3-13　二阶负阻尼系统的单位阶跃响应曲线

综上所述，二阶系统的瞬态指标由 ξ 和 ω_n 共同决定，需综合考虑它们的影响来进行选择。增大无阻尼自然频率 ω_n，可提高系统的快速响应性能，而不会改变超调量；增大阻尼比，可减小最大超调量，减弱系统的振荡性能，使系统的相对稳定性增加，但会使系统的快速性变差。

当阻尼比 $\xi \geqslant 1$ 时，二阶系统的瞬态过程具有单调上升的特性，系统的稳定性较好。随着 ξ 的减小，振荡性加强，但仍是衰减振荡。当 $\xi = 0$ 时出现等幅振荡，达到临界稳定状态。若从系统的瞬态响应持续时间即快速性来看，在无振荡的单调上升曲线中，以 $\xi = 1$ 时的瞬态响

应持续时间最短。在欠阻尼的衰减振荡曲线中，当 ξ 为 $0.4\sim0.8$ 时，其响应曲线能较快地达到稳态值，同时振荡也不严重。因此实际的工程系统常常设计成欠阻尼状态，且阻尼比 ξ 以选择在 $0.4\sim0.8$ 为宜，称 $\xi = 0.707$ 为最佳阻尼比。

二阶系统对单位脉冲、单位速度输入信号的时间响应，其分析方法与对单位阶跃响应的分析方法相同，这里不再做详细说明。

三、欠阻尼二阶系统的性能指标

1. 上升时间 t_r

响应曲线从零时刻出发，首次到达稳态值所需的时间称为上升时间 t_r，即

$$t_r = \frac{\pi - \varphi}{\omega_d} \quad \left(\varphi = \arctan \frac{\sqrt{1-\xi^2}}{\xi} \right)$$

将 $\omega_d = \omega_n \sqrt{1-\xi^2}$，代入上式，得

$$t_r = \frac{\pi - \varphi}{\omega_d} = \frac{\pi - \varphi}{\omega_n \sqrt{1-\xi^2}}$$

2. 峰值时间 t_p

响应曲线从零时刻出发首次到达第一个峰值所需的时间称为峰值时间 t_p，由图 3-12 的曲线①知，可以令

$$\left. \frac{\mathrm{d}x_o(t)}{\mathrm{d}t} \right|_{t=t_p} = 0$$

可得

$$\frac{\omega_n}{\sqrt{1-\xi^2}} \mathrm{e}^{-\xi\omega_n t_p} \sin(\omega_d t_p) = 0$$

因为

$$\frac{\omega_n}{\sqrt{1-\xi^2}} \mathrm{e}^{-\xi\omega_n t_p} \neq 0$$

所以

$$\sin(\omega_d t_p) = 0$$

从而

$$\omega_d t_p = 0, \pi, 2\pi, \cdots$$

由于峰值时间 t_p 是过渡过程 $x_o(t)$ 达到第一个峰值所对应的时间，所以应取

$$\omega_d t_p = \pi$$

即

$$t_p = \frac{\pi}{\omega_d} = \frac{\pi}{\omega_n \sqrt{1-\xi^2}}$$

3. 最大超调量 M_p

按照定义，由 $x_o(\infty) = 1$，可得

$$M_p = \frac{x_o(t_p) - x_o(\infty)}{x_o(\infty)} \times 100\%$$

将 $t_p = \pi/\omega_d$，$x_o(\infty) = 1$ 代入上式，整理可得

$$M_p = e^{\frac{-\xi\pi}{\sqrt{1-\xi^2}}} \times 100\%$$

由此可见，最大超调量 M_p 只与系统的阻尼比 ξ 有关，而与固有频率 ω_n 无关。

4. 调整时间 t_s

在响应曲线的稳态值处取 $\pm\Delta$（一般为 5%或 2%）作为允许误差范围，响应曲线到达并将一直保持在这一误差范围内所需要的时间称为调整时间 t_s。

当 $\Delta = 5\%$ 时，$t_s = \dfrac{3}{\xi\omega_n}$；

当 $\Delta = 2\%$ 时，$t_s = \dfrac{4}{\xi\omega_n}$。

当 ξ 一定时，ω_n 越大，t_s 就越小，即系统的响应速度就越快。当 ω_n 一定时，以 ξ 为自变量，对 t_s 求极值，可得当 $\xi = 0.707$，t_s 取得极小值，即系统的响应速度最快。当 $\xi < 0.707$ 时，ξ 越小，则 t_s 越大；当 $\xi > 0.707$ 时，ξ 越大，则 t_s 越大。

5. 振荡次数 N

振荡次数 N 是在调整时间 t_s 内定义的，实测时可按响应曲线穿越稳态值次数的一半来记数。

$$N = \frac{t_s}{2\pi/\omega_d} = \frac{1.5\sqrt{1-\xi^2}}{\pi\xi} \quad (\Delta = 5\%)$$

$$N = \frac{t_s}{2\pi/\omega_d} = \frac{2\sqrt{1-\xi^2}}{\pi\xi} \quad (\Delta = 2\%)$$

由此可见，振荡次数 N 与 M_p 一样，只与系统的阻尼比有关，而与固有频率无关。

综上所述，二阶系统的性能指标中，上升时间 t_r、峰值时间 t_p 和调整时间 t_s 反映二阶系统时间响应的快速性，最大超调量 M_p 和振荡次数 N 则反映二阶系统时间响应的平稳性。

例 3-2 某数控机床的位置随动系统为单位负反馈系统，其开环传递函数为 $G(s) = \dfrac{9}{s(s+1)}$，试计算系统的 M_p、t_p、t_s 和 N。

解：系统的闭环传递函数为

$$\Phi(s) = \frac{G(s)}{1+G(s)} = \frac{9}{s(s+1)+9} = \frac{9}{s^2+s+9}$$

系统为典型的二阶系统，其特征参数 $\omega_n = 3$，$\xi = 1/6$，这是一个欠阻尼二阶系统，其性能指标如下：

峰值时间为

$$t_p = \frac{\pi}{\omega_n \sqrt{1-\xi^2}} \approx 1.062\ (s)$$

最大超调量为

$$M_p = e^{-\frac{\pi\xi}{\sqrt{1-\xi^2}}} \times 100\% \approx 53.8\%$$

调整时间为

$$t_s = \frac{3}{\xi\omega_n} = 6(s) \quad (\Delta = 5\%)$$

$$t_s = \frac{4}{\xi\omega_n} = 8(s) \quad (\Delta = 2\%)$$

振荡次数为

$$N = \frac{t_s}{2\pi/\omega_d} = \frac{1.5\sqrt{1-\xi^2}}{\pi\xi} \approx 3 \quad (\Delta = 5\%)$$

$$N = \frac{t_s}{2\pi/\omega_d} = \frac{2\sqrt{1-\xi^2}}{\pi\xi} \approx 4 \quad (\Delta = 2\%)$$

例 3-3 控制系统框图如图 3-14 所示。若要求系统单位阶跃响应最大超调量 $M_p = 20\%$，调整时间 $t_s < 1.5s(\Delta = 5\%)$，试确定 K 与 τ 的值。

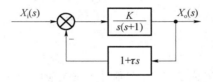

图 3-14 例 3-2 系统框图

解： 由系统框图可得系统闭环传递函数为

$$\Phi(s) = \frac{\dfrac{K}{s(s+1)}}{1 + \dfrac{K}{s(s+1)}(1+\tau s)} = \frac{K}{s^2 + (1+K\tau)s + K}$$

与二阶系统传递函数的标准形式比较，可得

$$K = \omega_n^2, \quad \tau = (2\xi\omega_n - 1)/\omega_n^2$$

由性能指标 $M_p = 20\%$，$t_s < 1.5s$ 可以求得系统的特征参数的值为

$$\xi \approx 0.456, \quad \omega_n \approx 4.385$$

将系统的特征参数代入，可以求得 K 与 τ 的值分别为

$$K = \omega_n^2 \approx 19.23$$

$$\tau = (2\xi\omega_n - 1)/\omega_n^2 \approx 0.156$$

例 3-4　图 3-15 为一个机械振动系统简化原理图。当有 $f(t) = 3\,\mathrm{N}$ 的力（阶跃输入）作用于系统时，系统中质量 m 做如图 3-15 所示的运动，根据响应曲线，确定质量 m、黏性阻尼系数 B 和弹簧刚度系数 k。

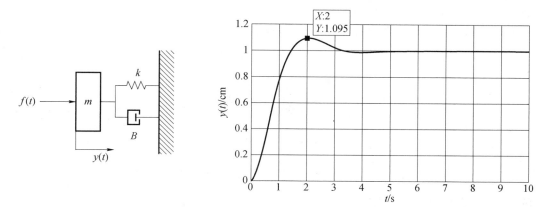

图 3-15　机械振动系统及阶跃响应曲线图

解：（1）列出系统数学模型：

$$m\frac{\mathrm{d}^2 y(t)}{\mathrm{d}t^2} + B\frac{\mathrm{d}y(t)}{\mathrm{d}t} + ky(t) = f(t)$$

对其进行拉氏变换，并求取传递函数为

$$G(s) = \frac{Y(s)}{F(s)} = \frac{1}{ms^2 + Bs + k} = \frac{1}{k}\frac{\dfrac{k}{m}}{s^2 + \dfrac{B}{m}\cdot s + \dfrac{k}{m}} = \frac{1}{k}\cdot\frac{\omega_\mathrm{n}^2}{s^2 + 2\xi\omega_\mathrm{n}s + \omega_\mathrm{n}^2}$$

式中，　$\omega_\mathrm{n} = \sqrt{\dfrac{k}{m}}$——无阻尼固有频率；

$$\xi = \frac{B}{2}\sqrt{\frac{1}{mk}}$$——阻尼比。

（2）由图中响应曲线可知输出 $x_\mathrm{o}(t)$ 的稳态值为 1cm，可求出 k。由 $f(t) = 3\,\mathrm{N}$ 可得

$$F(s) = \frac{3}{s}$$

$$Y(s) = G(s)F(s) = \frac{1}{ms^2 + Bs + k}\cdot\frac{3}{s}$$

由拉氏变换的终值定理可得

$$y(t)\big|_{t\to\infty} = \lim_{s\to 0} sY(s) = \frac{3}{k} = 1$$

所以 $k = 3\mathrm{N/cm} = 300\mathrm{N/m}$。

（3）由最大超调量 $M_\mathrm{p} = 0.095\mathrm{cm}$ 和峰值时间 $t_\mathrm{p} = 2\mathrm{s}$ 求 ξ、ω_n：

$$M_\mathrm{p} = \frac{x_\mathrm{o}(t_\mathrm{p}) - x_\mathrm{o}(\infty)}{x_\mathrm{o}(\infty)} = \mathrm{e}^{-\frac{\xi}{\sqrt{1-\xi^2}}\pi}\times 100\% \approx 9.5\%$$

所以

$$\xi \approx 0.6$$

由 $t_p = \dfrac{\pi}{\omega_d} = \dfrac{\pi}{\omega_n \sqrt{1-\xi^2}} = 2\text{s}$，得 $\omega_n \approx 1.96$。

（4）通过二阶系统的标准形式由 ξ、ω_n 求 m 和 B：

$$\omega_n = \sqrt{\frac{k}{m}} \approx 1.96$$

$$m = \frac{k}{\omega_n^2} = \frac{300}{1.96^2} \approx 78.09 \ (\text{kg})$$

$$\xi = \frac{B}{2}\sqrt{\frac{1}{mk}} \approx 0.6$$

$$B = 2\xi\sqrt{mk} = 2 \times 0.6 \times \sqrt{300 \times 78.09} \approx 183.67 \ (\text{N·s/m})$$

四、高阶系统的时间响应

在实际系统中，还存在有三阶及三阶以上的高阶系统。其瞬态响应的特点如下：

（1）响应的瞬态分量取决于传递函数的全部零、极点和增益。而传递函数增益的变化并不影响响应曲线的形状，而只影响响应的幅度。

（2）纯实数极点产生指数衰减的瞬态项，但只有纯实数极点的系统也可能有超调，只不过并非像振荡二阶系统那样衰减振荡。共轭复数极点产生衰减振荡的瞬态项，但总响应却不一定有明显的超调。

（3）离虚轴越近的极点，其瞬态项维持越长久，对瞬态分量影响也越大，它主要决定了瞬态响应的特征。

（4）零点使系统的阻尼变小。零点离虚轴越近，这种作用也越强。而附加极点的影响则相反，会使系统的阻尼增加。

（5）一对彼此靠近（间距为与其他零、极点距离的 1/5 以下）的零、极点称为偶极子。其作用近似抵消，可以忽略相应分量的影响。在保持静态增益不变的前提下，如果在传递函数中把一对偶极子消去，则单位阶跃响应基本不变。

（6）系统响应的瞬态分量主要由离虚轴最近（其周围没有零点，而且其他闭环极点与该极点的实部之比超过 5 倍以上）的一个或几个极点所决定，它们称为主导极点。它经常以共轭复数形式出现，高阶系统的瞬态响应特性主要由闭环主导极点决定。若存在一对主导极点，则该高阶系统可以近似按二阶系统来分析。大部分实际系统都希望阶跃响应是略带超调的衰减振荡，即希望主导极点为一对位置合适的共轭复数，它们的阻尼角越小，则超调量越小；离虚轴越远，则响应越快。

例 3-5 有一高阶系统传递函数为

$$G(s) = \frac{10(s+3.2)}{(s+3)(s+10)(s^2+2s+2)}$$

试求单位阶跃响应的动态性能和稳态输出。

解： 传递函数可转换为

$$G(s) = \frac{10(s+3.2)}{(s+3)(s+10)(s+1+\text{j})(s+1-\text{j})}$$

零、极点分布如图 3-16 所示，则有

$$G(s) = \frac{32\left(\dfrac{1}{3.2}s+1\right)}{3 \times 10\left(\dfrac{1}{3}s+1\right)\left(\dfrac{1}{10}s+1\right)(s^2+2s+2)} \approx 0.53 \times \frac{2}{(s^2+2s+2)}$$

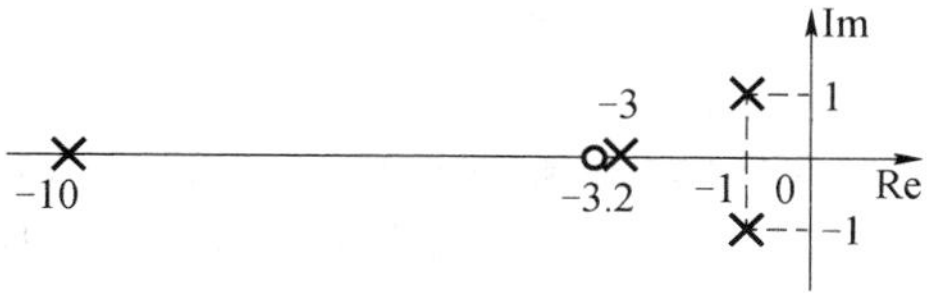

图 3-16 高阶系统近似成低阶系统

与标准的欠阻尼二阶系统只相差 0.53 个倍数。根据上面的第（1）点结论，这并不影响响应曲线的形状，而只影响响应的幅度，故响应的参数和阶跃响应的性能指标分别为

$$\omega_{\text{n}} = \sqrt{2}\,\text{s}^{-1}, \quad \xi = 2/(2\sqrt{2}) \approx 0.707$$

$$\sigma = \text{e}^{-\pi\xi/\sqrt{1-\xi^2}} = \text{e}^{-\pi \times 0.707/\sqrt{1-0.707^2}} \approx 4.3\%$$

$$t_{\text{s}} = \frac{3}{\xi\omega_{\text{n}}} = \frac{3}{0.707 \times \sqrt{2}} \approx 3(\text{s})$$

由于传递函数是标准欠阻尼二阶系统的 0.53 倍，故单位阶跃输入时的稳态输出为 0.53。其实这个结果用静态增益的概念也可以得到，而不必化简传递函数，即静态增益为

$$G(0) = \frac{10(s+3.2)}{(s+3)(s+10)(s^2+2s+2)}\bigg|_{s=0} = \frac{10 \times 3.2}{3 \times 10 \times 2} \approx 0.53$$

输入的稳态值为 1，故输出的稳态值为 0.53。

离虚轴很近的一对零、极点通常是不能消去的。这是因为，由本节高阶系统瞬态响应的第（3）和第（4）个特点可知，这一对零、极点各自对瞬态分量的贡献都很大；由于数学模型具有不可避免的误差，因此它们实际上也许不太符合对消的条件，这时，对消带来的误差将给结论带来本质性的影响。至于不稳定的极点，就更不允许对消了。

第四节　MATLAB 在时域分析中的应用

时域分析，尤其是高阶系统的时域分析，绘制响应波形和求取性能指标等问题是非常困难的，这些均需要大量的数值计算和复杂的图形绘制，MATLAB/Simulink 仿真平台可以为此提供非常有用的工具。以下通过实例讲述 MATLAB 在时域分析中的应用。

例 3-6 已知系统闭环传递函数为 $\varPhi(s) = \dfrac{1}{s^2+0.54s+3}$，试求其单位阶跃响应曲线和单位斜坡响应曲线。

解：MATLAB 的程序代码如下：

```
num=[1];den=[1 0.54 3];                    %传递函数分子、分母多项式系数行向量
t=0:0.1:10;                                %设定响应时间为10s,间隔0.1s
u=t;                                       %u为单位斜坡输入
y1=step(num,den,t);                        %求系统的单位阶跃响应
y2=lsim(num,den,u,t);                      %求系统的单位斜坡响应
plot(t,y1,'b-',t,y2,'k--','LineWidth',2)   %将两条响应曲线画在同一个图上
grid                                       %添加栅格
xlabel('Time(sec)t');ylabel('y(t)')        %标注横、纵坐标轴
title('单位阶跃响应曲线和单位斜坡响应曲线')   %添加图标题
legend('单位阶跃响应曲线','单位斜坡响应曲线') %添加文字标注
```

运行程序，输出的响应曲线如图 3-17 所示。

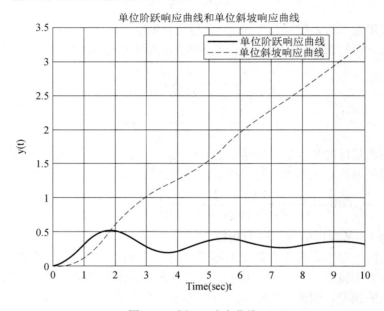

图 3-17 例 3-6 响应曲线

例 3-7 已知单位负反馈系统，其开环传递函数为 $G(s) = \dfrac{\omega_n^2}{s(s + 2\xi\omega_n)}$，其中 $\omega_n = 1$，ξ 为阻尼比，试绘制 ξ 分别为 0，0.2，0.4，0.9，1.2 时，此单位负反馈系统的单位阶跃响应曲线。

解：MATLAB 的程序代码如下：

```
wn=1;                                      %固有频率
sigma=[0 0.2 0.4 0.9 1.2];                 % 阻尼比0,0.2,0.4,0.9,1.2
num=wn*wn;
t=0:0.1:20;                                %设定响应时间为20s,间隔0.1s
for j=1:5
    den=conv([1,0],[1,2*wn*sigma(j)]);     % 开环传递函数的分母
    s1=tf(num,den);                        % 建立开环传递函数
```

```
        sys=feedback(s1,1);                    % 单位负反馈系统闭环传递函数
        y(:,j)=step(sys,t);                    %求系统的单位阶跃响应
end
plot(t,y(:, 1:5),'k-','LineWidth',1.5)         %将响应曲线画在同一个图上
grid                                           %添加栅格
xlabel('Time(sec)t');ylabel('y(t)')            %标注横、纵坐标轴
title('典型二阶系统取不同阻尼比时的单位阶跃响应')   %添加图标题
gtext(ksi=0'); gtext(ksi=0.2'); gtext(ksi=0.4');%添加文字注释
gtext(ksi=0.9'); gtext(ksi=1.2');
```

运行程序，输出的响应曲线如图 3-18 所示。

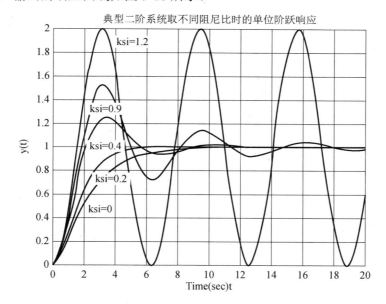

图 3-18　例 3-7 响应曲线

例 3-8　已知单位负反馈系统的开环传递函数为

$$G(s) = \frac{2(3s+1)}{s(s^2+s-3)}$$

试编写程序绘制单位阶跃响应曲线并计算其性能指标。

解：MATLAB 的程序代码如下：

```
num=[6 2]; den=[1 1 -3 0]; s1=tf(num,den);
sys=feedback(s1,1);
t=0:0.1:30;                          %设定响应时间为20s,间隔0.1s
y=step(sys,t);                       %求系统的单位阶跃响应
plot(t,y,'k-','LineWidth',1.5)       %将响应曲线画在同一个图上
grid                                 %添加栅格
xlabel('Time(sec)t');ylabel('y(t)')  %标注横、纵坐标轴
title('高阶系统单位阶跃响应')          %添加图标题
```

```
    [mp1,tf]=max(y);                            %计算 Mp(%)和 tp
    cs=length(t);
    yss=y(cs);
    Mp=100*(mp1-yss)/yss
    tp=t(tf)
    i=cs+1;                                      %计算 ts
    n=0;
    while n==0,
        i=i-1;
        if i==1,
            n=1;
        elseif y(i)>1.05*yss,
            n=1;
        end
    end;
    t1=t(i);  cs=length(t);
    j=cs+1;
    n=0;
    while n==0,
        j=j-1;
        if j==1,
            n=1;
        elseif y(j)<0.95*yss,
            n=1;
        end
    end;
    t2=t(j);
    if t2<tp
        if t1>t2,
            ts=t1
        end
    elseif t2>tp
        if t2<t1,
            ts=t2
        else
            ts=t1
        end
    end
```

运行程序，性能指标的计算结果如下：

```
Mp = 197.3994
tp = 1.7000
ts = 22.7000
```

输出的响应曲线如图 3-19 所示。

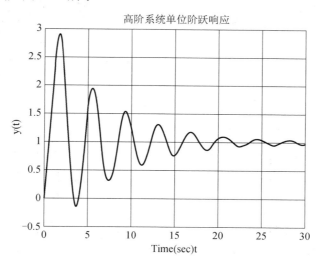

图 3-19   例 3-8 响应曲线

思考题与习题

1．已知零初始条件下，系统的单位阶跃响应为 $x_o(t) = 1 - 2e^{-2t} + e^{-t}$，试求系统的传递函数和脉冲响应。

2．图 3-20 所示的 RC 电路中，$R = 1\text{M}\Omega$，$C = 4\mu\text{F}$，$u_i(t) = \left[1(t) - 1(t-30)\right] \text{V}$，当 t 为 4s 时，输出 $u_o(t)$ 值为多少？当 t 为 30s 时，输出 $u_o(t)$ 的值是多少？

3．某系统闭环传递函数为 $\Phi(s) = \dfrac{s+1}{s^2 + 5s + 6}$，试求其单位脉冲响应函数。

4．某单位负反馈系统开环传递函数为 $G(s) = \dfrac{4}{s(s+5)}$，试求该系统的单位阶跃响应函数和单位脉冲响应函数。

5．已知控制系统结构图如图 3-21 所示，求输入 $x_i(t) = 3 \times 1(t)$ 时系统的输出 $x_o(t)$。

图 3-20   第 2 题图

图 3-21   第 5 题图

6．试比较图 3-22 中两个系统的单位阶跃响应。

7．某位置随动系统的输出为 $X_o(s) = \dfrac{2s+3}{3s^2 + 7s + 1}$，试求系统输出的初始位置。

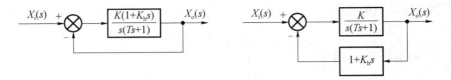

图 3-22　第 6 题图

8. 一阶系统结构图如图 3-23 所示。要求系统闭环增益 $K_\Phi = 2$，调节时间 $t_s \leqslant 0.4\text{s}$（误差范围 $\Delta = 2\%$），试确定参数 K_1、K_2 的值。

9. 某系统的单位阶跃响应为 $x_o(t) = 8(1 - e^{-0.3t})$，求系统的调整时间。

10. 两系统闭环传递函数分别为 $G_1(s) = \dfrac{2}{2s+1}$ 和 $G_2(s) = \dfrac{1}{s+1}$，当输入信号为单位阶跃信号时，试判断其到达各自稳态值 63.2% 的时间。

11. 某伺服机构的单位阶跃响应为 $x_o(t) = 1 + 0.2e^{-60t} - 1.2e^{-10t}$，计算系统的闭环传递函数，并求出系统的固有频率 ω_n 和阻尼比 ξ。

12. 试求图 3-24 所示系统的闭环传递函数，并求出闭环阻尼比 ξ 为 0.5 时所对应的 K 值。

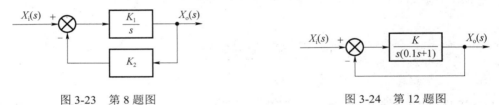

图 3-23　第 8 题图　　　　　　　　　　　图 3-24　第 12 题图

13. 系统的闭环传递函数为 $G(s) = \dfrac{\omega_n^2}{s^2 + 2\xi\omega_n s + \omega_n^2}$，为使系统单位阶跃响应有 5% 的最大超调量和 2s 的调整时间，试求 ξ 和 ω_n 的值。

14. 已知一系统的微分方程为

$$\frac{d^2 y(t)}{dt^2} + 2\xi \frac{dy(t)}{dt} + y(t) = x(t) \quad (0 < \xi < 1)$$

当 $x(t) = 1(t)$ 时，试求最大超调量。

15. 系统框图如图 3-25 所示，试证明该系统在 [s] 平面右半边有零点，并求系统的单位阶跃响应。

16. 图 3-26 为宇宙飞船姿态控制系统框图，假设系统中控制器时间常数 T 等于 3s，力矩与惯量比为 $\dfrac{K}{J} = \dfrac{2}{9}(\text{rad}/\text{s}^2)$，试求系统阻尼比 ξ。

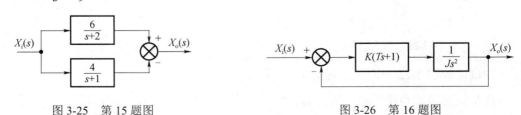

图 3-25　第 15 题图　　　　　　　　　　　图 3-26　第 16 题图

17. 设单位负反馈系统开环传递函数为 $G(s) = \dfrac{1}{s(s+1)}$，试求系统的上升时间、峰值时间、最大超调量和调整时间。

18. 设单位负反馈系统开环传递函数为 $G(s) = \dfrac{K}{s(s+10)}$，当阻尼比为 0.5 时，求 K 值，并求系统的峰值时间、最大超调量和调整时间。

19. 系统框图如图 3-27 所示，试求单位阶跃响应的最大超调量 M_p、上升时间 t_p 和调整时间 t_s。

20. 在图 3-28 所示的系统中，$K=10$，输入信号为单位阶跃信号，为使最大超调量为 16%，$\omega_n = 10$，求 a、b 的值。

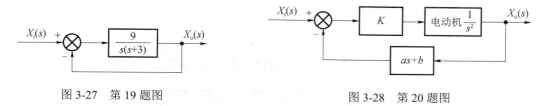

图 3-27 第 19 题图　　　　　　　图 3-28 第 20 题图

21. 单位负反馈系统开环传递函数为 $G(s) = \dfrac{K}{s(Ts+1)}$，其中 $K>0$，$T>0$，试求开环增益 K 减少多少能使系统单位阶跃响应的最大超调量从 75% 降到 25%。

22. 图 3-29 所示系统的单位阶跃响应如图 3-22 所示。试确定参数 K_1、K_2 和 a 的数值。

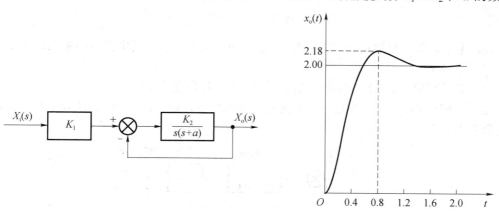

图 3-29 第 22 题图

23. 机器人控制系统结构图如图 3-30 所示。试确定参数 K_1、K_2 的值，使系统阶跃响应的峰值时间为 0.5s，超调量为 2%。

24. 某典型二阶系统的单位阶跃响应如图 3-31 所示。试确定系统的闭环传递函数。

25. 图 3-32 所示是电压测量系统，输入电压 $e_i(t)$ V，输出位移 $y(t)$ cm，放大器增益 $K=10$，丝杠每转螺距 1mm，电位计滑臂每移动 1cm，电压增量为 0.4V。当对电动机加 10V 阶跃电压时（带负载），稳态转速为 1000r/min，达到该值 63.2% 需要 0.5s。画出系统框图，求出传递

函数 $Y(s)/E(s)$，并求系统单位阶跃响应的峰值时间 t_p、最大超调量 M_p、调节时间 t_s 和稳态值 $y(\infty)$。

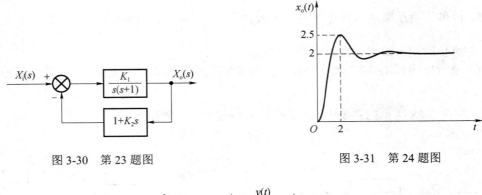

图 3-30　第 23 题图　　　　　　　图 3-31　第 24 题图

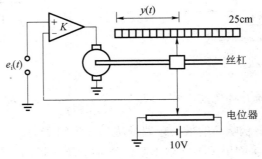

图 3-32　第 25 题图

26．电子心脏起搏器心律控制系统结构图如图 3-33 所示，其中模仿心脏的传递函数相当于一纯积分环节。

（1）若 $\xi = 0.5$ 对应最佳响应，则起搏器增益 K 应取多大？

（2）若期望心速为 60 次/min，并突然接通起搏器，则 1s 后实际心速为多少？瞬时最大心速为多少？

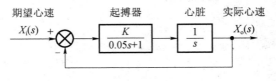

图 3-33　第 26 题图

第四章

控制系统频率特性分析

控制系统的时间响应分析是以传递函数为基础，以微分方程、拉氏变换与反变换为数学工具，在典型输入信号的条件下，直接解出系统的时间响应，然后根据响应的表达式及其描述曲线来分析系统的性能。该方法较为直观。但是对经高阶系统，微分方程的建立与求解比较麻烦，用计算机解题则性能指标与系统参数的关系难以确定；另外对于一些难以建模的系统则无能为力。这使得频域分析法在实际应用中受到一定的限制。频域分析法（也称为频率响应法）不必求解系统微分方程，是一种基于频率特性或频率响应，对控制系统进行分析和设计的图解方法。

系统的频率响应不但可以由微分方程或传递函数求得，也可通过实验的方法确定系统，对于难以列写微分方程的系统来说具有重要的实际意义；该方法不必求解系统的特征根，利用开环频率特性的图形对系统进行分析，具有形象直观和计算量少的特点；此外，系统的频域性能指标与时域性能指标之间存在着一定的对应关系，频域特性和其结构参数密切相关，所以，根据频域特性曲线的形状去选择系统的结构参数，可使之满足时域性能指标的要求。

频率特性分析是经典控制理论中研究与分析系统特性的主要方法。利用此方法，将传递函数从复域引到具有明确物理概念的频域来分析系统的特性是极为有效的。频率特性分析可建立起系统的时间响应与其频谱及单位脉冲响应与其频率特性之间的直接关系，而且可沟通在时域中与在频域中对系统的研究与分析。

第一节　频率特性的基本概念

一、频率响应的概念

频率特性分析是研究系统对正弦输入的稳态响应。电路与频率有着密切的关系，此外在机械工程领域中，很多问题需要研究系统与过程在不同频率的输入信号作用下的响应特性，如共振频率、动刚度、频谱密度、抗振稳定性等特性都属于系统在频率域中表现出的特性。因此，频率分析法对于机械系统及过程的分析和设计是一种十分重要的方法。

频率响应是指系统或元件对正弦输入信号的稳态响应，即线性系统输出稳定后，输出量的振幅和相位随输入正弦信号的频率变化而有规律地变化。

在图 4-1 所示的线性系统中，输入的正弦信号为

$$x_i(t) = A\sin\omega t$$

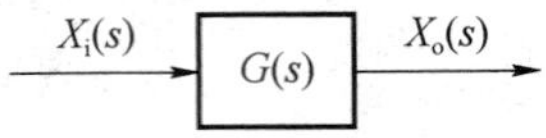

$X_i(s)$ → $G(s)$ → $X_o(s)$

图 4-1　系统输入正弦信号

线性系统在正弦信号输入作用下，过渡过程结束后的稳态输出也是正弦信号，其输出正弦信号的频率与输入正弦信号的频率相同。如图 4-2 所示，即系统对正弦输入的响应为

$$x_o(t) = B\sin[\omega t + \varphi(\omega)]$$

系统稳态输出的幅值和相位与输入信号是不同的。其稳态输出与输入的幅值比为

$$A(\omega) = \frac{B}{A} = |G(j\omega)| \tag{4-1}$$

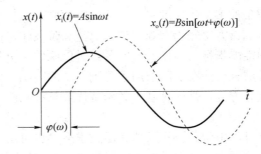

图 4-2　正弦输入及稳态输出波形

稳态输出信号与输入信号的相位差是输入信号的频率的函数，即

$$\varphi(\omega) = \angle G(j\omega) \tag{4-2}$$

频域分析法的数学基础是傅里叶变换。大多数的线性系统可以简单地将拉式变换 $G(s)$ 中的 s 换成 $j\omega$ 而直接得到相应的傅里叶变换式。例如，在式（4-1）和式（4-2）中，$G(j\omega)$ 是在系统传递函数 $G(s)$ 中令 $s = j\omega$ 求得的。其中，$|G(j\omega)|$ 称为系统的幅频特性，记作 $A(\omega)$，它描述了在稳态情况下，当系统输入不同频率的谐波信号时，其幅值的衰减或增大特性。$\angle G(j\omega)$ 称为系统的相频特性，记作 $\varphi(\omega)$，它描述了在稳态情况下，当系统输入不同频率的谐波信号时，其相位产生超前 $[\varphi(\omega) > 0]$ 或滞后 $[\varphi(\omega) < 0]$ 的特性。规定按逆时针方向旋转为正值，按顺时针方向旋转为负值。对于物理系统，相位一般是滞后的，即 $\varphi(\omega)$ 一般是负值。$A(\omega)$ 和 $\varphi(\omega)$ 总称为系统的频率特性，由系统的固有特性决定。

$G(j\omega)$ 是 ω 的复变函数，即

$$G(j\omega) = \text{Re}[G(j\omega)] + j\text{Im}[G(j\omega)] = u(\omega) + jv(\omega) \tag{4-3}$$

式中，$u(\omega)$ ——频率特性的实部，称为实频特性；

$v(\omega)$ ——频率特性的虚部，称为虚频特性。

综上所述，可以分析出幅频特性、相频特性与实频特性、虚频特性之间的关系。由式（4-3）可得

$$u(\omega) = \text{Re}[G(j\omega)], v(\omega) = \text{Im}[G(j\omega)]$$

由式（4-1）和式（4-2）可得

$$G(\mathrm{j}\omega) = A(\omega)\left[\cos\varphi(\omega) + \mathrm{j}\sin\varphi(\omega)\right]$$

所以

$$A(\omega) = \left|G(\mathrm{j}\omega)\right|, \quad \varphi(\omega) = \arctan\frac{v(\omega)}{u(\omega)}$$

例 4-1 简单的 RC 电路如图 4-3 所示，其传递函数为 $G(s) = \dfrac{1}{Ts+1}$，其中，T 为时间常数，且 $T=RC$。

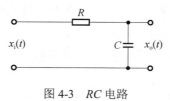

图 4-3 RC 电路

解：正弦输入信号为

$$x_i(t) = A\sin\omega t$$

取拉氏变换为

$$X_i(s) = \frac{A\omega}{s^2 + \omega^2}$$

电路的输出为

$$X_o(s) = G(s)X_i(s) = \frac{1}{Ts+1} \cdot \frac{A\omega}{s^2 + \omega^2}$$

取拉氏反变换，并整理，得

$$x_o(t) = \frac{AT\omega}{1+T^2\omega^2} \cdot \mathrm{e}^{-\frac{t}{T}} + \frac{A}{\sqrt{1+T^2\omega^2}}\sin(\omega t - \arctan T\omega)$$

由此式 $x_o(t)$ 即为由输入引起的响应。其中，右边第一项是瞬态分量，第二项是稳态分量。随着时间的推移，即 $t \to \infty$ 时，瞬态分量迅速衰减至零，系统的输出 $x_o(t)$ 即为稳态分量，所以系统的稳态响应为

$$\begin{aligned}
x_o(t) &= \frac{A}{\sqrt{1+T^2\omega^2}}\sin\left(\omega t - \arctan T\omega\right)\\
&= A\left|G(\mathrm{j}\omega)\right|\sin\left[\omega t + \angle G(\mathrm{j}\omega)\right]\\
&= B\sin\left[\omega t + \varphi(\omega)\right]
\end{aligned}$$

所以，幅频特性为

$$A(\omega) = \frac{\dfrac{A}{\sqrt{1+(T\omega)^2}}}{A} = \frac{1}{\sqrt{1+(T\omega)^2}}$$

相频特性为

$$\varphi(\omega) = -\arctan(T\omega)$$

二、频率特性的性质和特点

系统频率特性与系统的传递函数一样，可唯一地确定系统的性能，因此只需对系统的频率特性进行分析，即可得到系统的相关性能。频率特性具有以下性质：

（1）频率分析方法就是通过分析频率特性 $G(\mathrm{j}\omega)$ 的两大要素 $A(\omega)$、$\varphi(\omega)$ 与输入信号频率 ω 的关系，来建立系统的结构参数与系统性能的关系。幅频特性和相频特性是系统的固有特性，与外界因素无关。

（2）频率特性具有明确的物理意义，可通过微分方程或传递函数求得，也可以通过实验方法来确定，这对于一些难以列写微分方程式的系统来说，具有很重要的实际意义。

（3）频率特性随频率变化，是因为系统中含有储能元件，它们在进行能量交换时，对不同的信号，可使系统有不同的特性。

（4）频率分析方法不仅可以用于线性定常系统，而且也适用于传递函数中含有延迟环节的系统及一些非线性系统。

系统的频率特性就是单位脉冲响应函数的傅里叶变换，即频谱。所以，对频率特性的分析就是对单位脉冲响应函数的频谱分析。对系统进行频谱分析具有以下特点：

（1）频率特性分析通过分析不同的谐波输入时系统的稳态响应，以获得系统的动态特性。

（2）根据频率特性，可以较方便地判别系统的稳定性和稳定性储备。

（3）通过频率特性进行参数选择或对系统进行校正，选择系统工作的频率范围，或者根据系统工作的频率范围，设计具有合适的频率特性的系统，可使系统尽可能达到预期的性能指标。

三、频率特性与传递函数之间的关系

设系统的传递函数为

$$G(s) = \frac{X_{\mathrm{o}}(s)}{X_{\mathrm{i}}(s)} = \frac{b_m s^m + b_{m-1} s^{m-1} + \cdots + b_1 s + b_0}{a_n s^n + a_{n-1} s^{n-1} + \cdots + a_1 s + a_0}$$

当输入信号为 $x_{\mathrm{i}}(t) = A\sin\omega t$ 时，其 Laplace 变换为 $X_{\mathrm{i}}(s) = \dfrac{A\omega}{s^2 + \omega^2}$，可求出其输出为

$$X_{\mathrm{o}}(s) = G(s)X_{\mathrm{i}}(s) = \frac{b_m s^m + b_{m-1} s^{m-1} + \cdots + b_s s + b_0}{a_n s^n + a_{n-1} s^{n-1} + \cdots + a_1 s + a_0} \cdot \frac{A\omega}{s^2 + \omega^2}$$

若无重极点，则有

$$X_{\mathrm{o}}(s) = \sum_{i=1}^{n} \frac{A_i}{s - s_i} + \left(\frac{B}{s - \mathrm{j}\omega} + \frac{B^*}{s + \mathrm{j}\omega} \right)$$

故

$$x_{\mathrm{o}}(t) = \sum_{i=1}^{n} A_i \mathrm{e}^{s_i t} + \left(B\mathrm{e}^{\mathrm{j}\omega t} + B^* \mathrm{e}^{-\mathrm{j}\omega t} \right)$$

若系统稳定，则系统的稳态响应为

$$x_{\mathrm{o}}(t) = B\mathrm{e}^{\mathrm{j}\omega t} + B^* \mathrm{e}^{-\mathrm{j}\omega t}$$

式中，

$$B = G(s)\frac{A\omega}{(s-j\omega)(s+j\omega)}(s-j\omega)\bigg|_{s=j\omega}$$

$$= G(s)\frac{A\omega}{s+j\omega}\bigg|_{s=j\omega}$$

$$= G(j\omega)\cdot\frac{A}{2j}$$

$$= |G(j\omega)|e^{j\angle G(j\omega)}\cdot\frac{A}{2j}$$

$$B^* = G(-j\omega)\cdot\frac{A}{-2j} = |G(j\omega)|e^{-j\angle G(j\omega)}\cdot\frac{A}{-2j}$$

所以有

$$x_o(t) = |G(j\omega)|A\frac{e^{j[\omega t+\angle G(j\omega)]}-e^{-j[\omega t+\angle G(j\omega)]}}{2j}$$

$$= |G(j\omega)|A\sin[\omega t+\angle G(j\omega)]$$

根据频率特性的定义可知，系统的幅频特性和相频特性分别为

$$A(\omega) = |G(j\omega)|, \quad \varphi(\omega) = \angle G(j\omega)$$

四、频率特性的求法

系统的频率特性可通过以下三种方法求得，一般较常用的是后两种。

（1）已知系统方程，输入正弦函数求其稳态解，取输出稳态分量和输入正弦的复数比。

（2）根据传递函数来求取。

（3）通过实验测得。

另外，由于频率特性、传递函数及微分方程都表征了系统的内在规律，所以可以简单地进行变换，得到相应的表达式。三者间的关系可以用图4-4来表示。

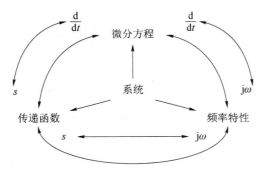

图4-4 系统的微分方程、传递函数和频率特性之间的相互转换关系

例 4-2 以典型二阶系统为例，说明系统的频率特性、传递函数和微分方程之间的转换关系。

解：一个典型二阶系统的传递函数为

$$G(s) = \frac{X_o(s)}{X_i(s)} = \frac{\omega_n^2}{s^2+2\xi\omega_n s+\omega_n^2}$$

以 $j\omega$ 代换 s，则频率特性为

$$G(j\omega) = \frac{X_o(j\omega)}{X_i(j\omega)} = \frac{\omega_n^2}{-\omega^2 + 2\xi\omega_n j\omega + \omega_n^2}$$

以 $\dfrac{d}{dt}$ 代换 s，可以化成微分方程的形式

$$\frac{d^2 x_o(t)}{dt^2} + 2\xi\omega_n \frac{dx_o(t)}{dt} + \omega_n^2 x_o(t) = \omega_n^2 x_i(t)$$

由此可见，控制系统的三种表达式之间能够较方便地转换。

例 4-3 已知 $G(s) = \dfrac{1}{s(0.1s+1)}$，求其频率特性。

解： 以 $j\omega$ 代换 s，则频率特性为

$$G(j\omega) = \frac{1}{j\omega(1+j0.1\omega)} = \frac{1}{-0.1\omega^2 + j\omega} = \frac{-0.1\omega^2 - j\omega}{(-0.1\omega^2 + j\omega)(-0.1\omega^2 - j\omega)} = \frac{-0.1\omega^2 - j\omega}{0.01\omega^4 + \omega^2}$$

其幅频特性和相频特性分别为

$$A(\omega) = \frac{1}{\omega\sqrt{0.01\omega^2 + 1}}, \quad \varphi(\omega) = -90° - \arctan 0.1\omega$$

其实频特性和虚频特性分别为

$$u(\omega) = -\frac{0.1}{0.01\omega^2 + 1}, \quad v(\omega) = -\frac{1}{0.01\omega^3 + \omega}$$

例 4-4 已知系统的单位阶跃响应为 $x_o(t) = 1 - 1.8e^{-4t} + 0.8e^{-9t}$ $(t \geq 0)$，试求系统的幅频特性与相频特性。

解： 先求系统的传递函数，由已知条件有

$$x_o(t) = 1 - 1.8e^{-4t} + 0.8e^{-9t} \quad (t \geq 0)$$

由 $X_i(s) = \dfrac{1}{s}$ 及 $X_o(s) = \dfrac{1}{s} - 1.8\dfrac{1}{s+4} + 0.8\dfrac{1}{s+9}$，可得

$$G(s) = \frac{X_o(s)}{X_o(s)} = \frac{36}{(s+4)(s+9)}$$

$$G(j\omega) = G(s)\big|_{s=j\omega} = \frac{36}{(4+j\omega)(9+j\omega)}$$

$$A(\omega) = |G(j\omega)| = \frac{36}{\sqrt{16+\omega^2} \cdot \sqrt{81+\omega^2}}$$

$$\varphi(\omega) = 0 - \arctan\frac{\omega}{4} - \arctan\frac{\omega}{9} = -\arctan\frac{\omega}{4} - \arctan\frac{\omega}{9}$$

例 4-5 某单位负反馈系统的开环传递函数 $G(s) = \dfrac{1}{s+1}$，若输入信号 $x_i(t) = 2\sin 2t$，试求系统的稳态输出。

解： 控制系统的闭环传递函数为

$$\Phi(s) = \frac{G(s)}{1+G(s)} = \frac{1}{s+2}$$

令 $s = j\omega$，则有

$$\varPhi(\mathrm{j}\omega) = \varPhi(s)\big|_{s=\mathrm{j}\omega} = \frac{1}{\mathrm{j}\omega+2} = \frac{1}{\sqrt{2^2+\omega^2}}\angle -\arctan\frac{\omega}{2}$$

由于输入正弦信号的频率为 $\omega = 2\,\mathrm{rad/s}$，则

$$\varPhi(\mathrm{j}\cdot 2) = \frac{1}{\sqrt{2^2+2^2}}\angle -\arctan\frac{2}{2} = 0.35\angle -45°$$

系统的稳态输出为

$$x_{\mathrm{o}}(t) = 0.35\times 2\sin\left(2t-45°\right) = 0.7\sin\left(2t-45°\right)$$

五、频率特性的图形表示法

用频率分析法对系统进行分析、设计时，除了频率特性的函数表达式外，通常借助极坐标图、对数坐标图、尼柯尔斯图等图示方法对系统进行图解分析。

1. 频率特性的极坐标图（Nyquist 图）

频率特性的极坐标图又称为奈奎斯特（Nyquist）图（简称奈氏图），也称为幅相频率特性图。由于 $G(\mathrm{j}\omega)$ 是 ω 的复变函数，故可在复平面上用复矢量表示。

对于给定的 ω，$G(\mathrm{j}\omega)$ 可以用一矢量或其端点坐标来表示，矢量长度为其幅值 $|G(\mathrm{j}\omega)|$，与正实轴的夹角为其相位 $\varphi(\omega)$，在实轴和虚轴上的投影分别为其实部 $\mathrm{Re}[G(\mathrm{j}\omega)]$ 和虚部 $\mathrm{Im}[G(\mathrm{j}\omega)]$。

相位 $\varphi(\omega)$ 的符号规定为：从正实轴开始，逆时针方向旋转为正，顺时针方向旋转为负。当 ω 从 $0\to\infty$ 时，$G(\mathrm{j}\omega)$ 端点的轨迹即为频率特性的极坐标图，或称为 Nyquist 图，如图 4-5 所示。它不仅表示幅频特性和相频特性，而且也表示实频特性和虚频特性。图中 ω 的箭头方向为 ω 从小到大的方向。

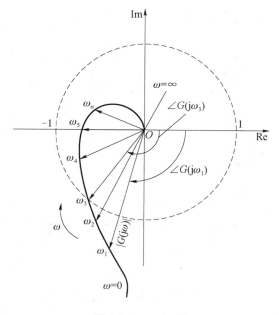

图 4-5　Nyquist 图

2. 对数频率特性图（Bode 图）

频率特性的对数坐标图又称为伯德（Bode）图。对数坐标图是将幅值对频率的关系和相位对频率的关系分别画在两张图上，称对数幅频特性图和对数相频特性图，分别表示幅频特性和相频特性。

对数坐标图的横坐标表示频率 ω，但按对数分度，单位是 s^{-1} 或 rad/s，如图 4-6 所示。由图 4-6 可知，若在横坐标上任意取两点，使其满足 $\omega_1 / \omega_0 = 10$，则两点的距离为 $\lg(\omega_1 / \omega_0) = 1$。因此，不论起点如何，只要角频率变化 10 倍，在横坐标上线段长均等于一个单位。即频率 ω 从任一数值 ω_0 增加（减小）到 $\omega_1 = 10\omega_0(\omega_1 = \omega_0 / 10)$ 的频带宽度在对数坐标上为一个单位。将该频带宽度称为十倍频程，通常以 "dec" 表示。

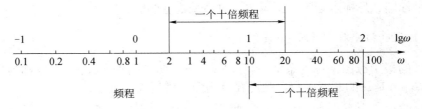

图 4-6   Bode 图横坐标

对数幅频特性图的纵坐标表示 $G(j\omega)$ 的幅值 $A(\omega)$，单位是 dB，按线性分度；对数相频特性图的纵坐标表示 $G(j\omega)$ 的相位 $\varphi(\omega)$，单位是（°），是也按线性分度。图 4-7 表示 Bode 图的坐标系。

对数幅频特性图的纵坐标的单位 dB 的定义为 $1dB = 20\lg|G(j\omega)|$（图中简写为 $20\lg|G|$）。注意，当 $|G(j\omega)| = 1$ 时，其分贝值为零，即 0dB 表示输出幅值等于输入幅值。

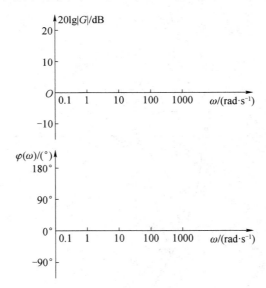

图 4-7   Bode 图坐标系

第二节 频率响应的极坐标图（Nyquist 图）

一、基本环节的 Nyquist 图

1. 比例环节

比例环节的特点是输出能够无滞后、无失真地复现输入信号。实际中大多数元部件和系统都包含这种环节，如减速器、放大器、液压放大器等。比例环节的传递函数为

$$G(s) = K$$

其频率特性为

$$G(j\omega) = K$$

$$G(j\omega) = K = u(\omega) + jv(\omega) = A(\omega)e^{j\varphi(\omega)}$$

式中，$u(\omega) = K$ ——实频特性；

$v(\omega) = 0$ ——虚频特性；

$A(\omega) = K$ ——幅频特性；

$\varphi(\omega) = 0$ ——相频特性。

比例环节的 Nyquist 图是实轴上的一个点，如图 4-8 所示。

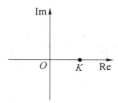

图 4-8　比例环节的 Nyquist 图

2. 积分环节

积分环节的传递函数为

$$G(s) = \frac{1}{s}$$

其频率特性为

$$G(j\omega) = \frac{1}{j\omega}$$

$$G(j\omega) = -\frac{1}{\omega}j = u(\omega) + jv(\omega) = A(\omega)e^{j\varphi(\omega)}$$

式中，$u(\omega) = 0$ ——实频特性；

$v(\omega) = -\dfrac{1}{\omega}$ ——虚频特性；

$$A(\omega) = \frac{1}{\omega} \text{——幅频特性；}$$

$$\varphi(\omega) = -90° \text{——相频特性。}$$

积分环节的幅相特性曲线是一条与虚轴负轴相重合的直线。

当 $\omega \to 0$ 时，$|G(j\omega)| = -\infty$；当 $\omega \to \infty$ 时，$|G(j\omega)| = 0$。曲线如图 4-9（a）所示。

3. 微分环节

微分环节的传递函数为

$$G(s) = s$$

其频率特性为

$$G(j\omega) = j\omega$$

$$G(j\omega) = j\omega = u(\omega) + jv(\omega) = A(\omega)e^{j\varphi(\omega)}$$

式中，$u(\omega) = 0$ ——实频特性；

$v(\omega) = \omega$ ——虚频特性；

$A(\omega) = \omega$ ——幅频特性；

$\varphi(\omega) = 90°$ ——相频特性。

微分环节的幅相特性曲线是一条与虚轴正轴相重合的直线。当 $\omega \to 0$ 时，$|G(j\omega)| = 0$；当 $\omega \to \infty$ 时，$|G(j\omega)| = \infty$。曲线如图 4-9（b）所示。

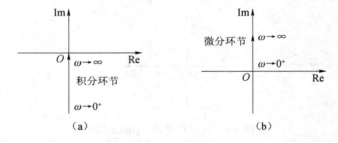

图 4-9　积分环节及微分环节的 Nyquist 图

4. 惯性环节

惯性环节的传递函数为

$$G(s) = \frac{1}{Ts+1}$$

其频率特性为

$$G(j\omega) = \frac{1}{Tj\omega+1}$$

$$G(j\omega) = \frac{Tj\omega-1}{(Tj\omega+1)(Tj\omega-1)} = \frac{1-Tj\omega}{T^2\omega^2+1} = u(\omega) + jv(\omega) = A(\omega)e^{j\varphi(\omega)}$$

式中，$u(\omega) = \frac{1}{T^2\omega^2+1}$ ——实频特性；

$$v(\omega) = \frac{-T\omega}{T^2\omega^2 + 1}$$ ——虚频特性；

$$A(\omega) = \frac{1}{\sqrt{T^2\omega^2 + 1}}$$ ——幅频特性；

$$\varphi(\omega) = -\arctan(T\omega)$$ ——相频特性。

由于 $\left(u(\omega) - \frac{1}{2}\right)^2 + \left(v(\omega)\right)^2 = \left(\frac{1}{2}\right)^2$，所以惯性环节的幅相特性曲线是一个圆心在 $(1/2, j0)$、半径为 1/2 的圆。$v(\omega)<0$ 时为半圆。曲线如图 4-10 所示。

5. 一阶微分环节

一阶微分环节的传递函数为

$$G(s) = Ts + 1$$

其频率特性为

$$G(j\omega) = Tj\omega + 1$$

$$G(j\omega) = 1 + jT\omega = u(\omega) + jv(\omega) = A(\omega)e^{j\varphi(\omega)}$$

式中，$u(\omega) = 1$ ——实频特性；

$v(\omega) = T\omega$ ——虚频特性；

$A(\omega) = \sqrt{T^2\omega^2 + 1}$ ——幅频特性；

$\varphi(\omega) = \arctan(T\omega)$ ——相频特性。

当 $\omega \to 0$ 时，$|G(j\omega)| = 1$，$\angle G(j\omega) = 0°$；

当 $\omega \to \infty$ 时，$|G(j\omega)| = \infty$，$\angle G(j\omega) = 90°$。

一阶微分环节的幅相特性曲线是通过点 $(1, j0)$，平行虚轴一直向上引申的直线，如图 4-11 所示。

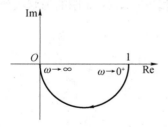

图 4-10　惯性环节 Nyquist 图

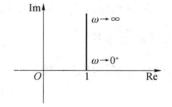

图 4-11　一阶微分环节 Nyquist 图

6. 二阶振荡环节 $(0 < \xi < 1)$

二阶振荡环节的传递函数为

$$G(s) = \frac{\omega_n^2}{s^2 + 2\xi\omega_n s + \omega_n^2}$$

其频率特性为

$$G(j\omega) = \frac{1}{1 + j2\xi\dfrac{\omega}{\omega_n} + \left(j\dfrac{\omega}{\omega_n}\right)^2}$$

$$G(j\omega) = \frac{1}{1 + j2\xi\dfrac{\omega}{\omega_n} + \left(j\dfrac{\omega}{\omega_n}\right)^2} = \frac{1}{\left(1 - \dfrac{\omega^2}{\omega_n^2}\right) + j2\xi\dfrac{\omega}{\omega_n}}$$

$$= u(\omega) + jv(\omega) = A(\omega)e^{j\phi(\omega)}$$

幅频特性为

$$A(\omega) = |G(j\omega)| = \frac{1}{\sqrt{\left(1 - \dfrac{\omega^2}{\omega_n^2}\right)^2 + 4\xi^2\dfrac{\omega^2}{\omega_n^2}}}$$

相频特性为

$$\varphi(\omega) = -\arctan\frac{2\xi\dfrac{\omega}{\omega_n}}{1 - \dfrac{\omega^2}{\omega_n^2}}$$

根据频率特性公式，求其某些特殊点的值如下：

当 $\omega = 0$ 时，$|G(j\omega)| = 1$，$\angle G(j\omega) = 0°$；

当 $\omega = \omega_n$ 时，$|G(j\omega)| = \dfrac{1}{2\xi}$，$\angle G(j\omega) = -90°$；

当 $\omega = \infty$ 时，$|G(j\omega)| = 0$，$\angle G(j\omega) = -180°$。

二阶振荡环节的幅相特性曲线如图 4-12 所示。$G(j\omega)$ 的高频部分与负实轴相切。Nyquist 图的精确形状与阻尼比有关，但对于欠阻尼和过阻尼的情况，Nyquist 图的形状大致相同。当过阻尼时，阻尼系数越大，其图形越接近圆。

7. 二阶微分环节

二阶微分环节的传递函数为

$$G(s) = \tau^2 s^2 + 2\xi\tau s + 1$$

其频率特性为

$$G(j\omega) = (1 - \tau^2\omega^2) + j2\xi\tau\omega$$

可求出其幅相频率特性：

实频特性为

$$u(\omega) = 1 - \tau^2\omega^2$$

虚频特性为

$$v(\omega) = 2\xi\tau\omega$$

幅频特性为

$$A(\omega) = \sqrt{(1 - \tau^2\omega^2)^2 + (2\xi\omega\tau)^2}$$

相频特性为

$$\varphi(\omega) = \arctan \frac{2\xi\tau\omega}{1-\tau^2\omega^2}$$

由此可分析出：

当 $\omega = 0$ 时，$|G(j\omega)| = 1$，$\angle G(j\omega) = 0°$；

当 $\omega = \dfrac{1}{\tau}$ 时，$|G(j\omega)| = 2\xi$，$\angle G(j\omega) = 90°$；

当 $\omega = \infty$ 时，$|G(j\omega)| = \infty$，$\angle G(j\omega) = 180°$。

二阶微分环节的幅相特性曲线如图 4-13 所示。

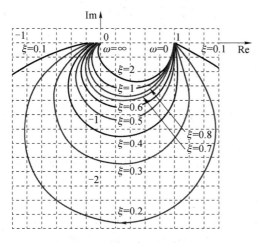

图 4-12 二阶振荡环节的 Nyquist 图

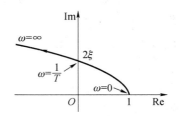

图 4-13 二阶微分环节的 Nyquist 图

8. 延时环节

延时环节的传递函数为

$$G(s) = e^{-\tau s}$$

其频率特性为

$G(j\omega) = e^{-j\omega\tau}$ 幅频特性为 $A(\omega) = 1$，相频特性为 $\varphi(\omega) = -\tau\omega$，故幅相频率特性是一个以原点为圆心、半径为 1 的圆，如图 4-14 所示。

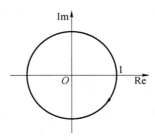

图 4-14 延时环节的 Nyquist 图

二、频率特性的 Nyquist 图的绘制方法

绘制精确的系统开环幅相频率特性图比较麻烦。因此，在一般情况下，可绘制概略开环幅相特性曲线，但概略曲线能够保持频率特性的重要特性。根据本节基本环节 Nyquist 图的介绍，可归纳 Nyquist 图概略曲线的绘制方法及步骤如下：

（1）将系统的开环频率特性函数 $G(j\omega)$ 写成若干典型环节串联形式。

（2）由 $G(j\omega)$ 求出其实频特性 $\text{Re}[G(j\omega)]$、虚频特性 $\text{Im}[G(j\omega)]$ 和幅频特性 $|G(j\omega)|$、相频特性 $\angle G(j\omega)$ 的表达式。

（3）求出起点 $\omega = 0$、终点 $\omega \to \infty$ 的 $G(j\omega)$。

（4）求出 Nyquist 图与实轴的交点，可令 $\text{Im}[G(j\omega)] = 0$ 求得，也可以利用 $\angle G(j\omega) = n \cdot 180°$（$n$ 为奇数）求出，并标注在极坐标图上。

（5）求出 Nyquist 图与虚轴的交点，可令 $\text{Re}[G(j\omega)] = 0$ 求得，也可以利用 $\angle G(j\omega) = n \cdot 90°$（$n$ 为整数）求出，并标注在极坐标图上。

（6）补充必要的关键点。

（7）根据 $\angle G(j\omega)$、$|G(j\omega)|$、$\text{Re}[G(j\omega)]$、$\text{Im}[G(j\omega)]$ 的变化趋势及 $G(j\omega)$ 所处的象限，勾画出大致的 Nyquist 曲线。

例 4-6 已知系统开环传递函数为 $G(s) = \dfrac{K}{(T_1 s + 1)(T_2 s + 1)}$，试绘制其 Nyquist 曲线。

解：
$$G(j\omega) = \frac{K}{(j\omega T_1 + 1)(j\omega T_2 + 1)}$$
$$= \frac{K}{\sqrt{1 + (\omega T_1)^2}\sqrt{1 + (\omega T_2)^2}}(-\angle \arctan \omega T_1 - \angle \arctan \omega T_2)$$

（1）起点：系统不含有积分环节，其 Nyquist 曲线起始于点 $(K, j0)$。

（2）终点：以 $-(n-m)\times 90° = -180°$ 方向终止于坐标原点。

（3）曲线：随着频率 ω 的增加，曲线走向为顺时针方向，相角由 $0°$ 单调减小到 $-180°$。

（4）与负实轴的交点：令 $\text{Im}[G(j\omega)] = 0$，可求出 $\omega_g = \infty$，相应的 $\text{Re}[G(j\omega_g)] = 0$。

与虚轴的交点：$\omega = 1/\text{sqrt}(T_1 T_2)$，交点为 $\left(0, -jK \text{ sqrt}(T_1 T_2)/(T_1 + T_2)\right)$。

绘制 Nyquist 曲线，如图 4-15 所示。

例 4-7 已知系统开环传递函数为 $G(s) = \dfrac{K}{s(T_1 s + 1)(T_2 s + 1)}$，试绘制其 Nyquist 曲线。

解：
$$G(j\omega) = \frac{K}{j\omega(j\omega T_1 + 1)(j\omega T_2 + 1)}$$
$$= \frac{K}{\omega\sqrt{1 + (\omega T_1)^2}\sqrt{1 + (\omega T_2)^2}}(-90° - \angle \arctan \omega T_1 - \angle \arctan \omega T_2)$$

（1）起点：系统含 1 个积分环节，Nyquist 曲线起始于相角为 $-90°$ 的无穷远处。

（2）终点：以 $-(n-m)\times 90° = -270°$ 方向终止于坐标原点。

（3）曲线形状：$\omega = 0 \to +\infty$，曲线走向为顺时针方向，相角 $= -90° \to -180° \to -270°$。

低频渐近线与虚轴距离为 $\lim\limits_{\omega \to 0^+} \text{Re}[G(j\omega)] = -K(T_1 + T_2)$。

（4）与负实轴的交点：令 $\text{Im}[G(j\omega)]=0$，可求出 $\omega_g = 1/\sqrt{T_1 T_2}$，相应的 $\text{Re}[G(j\omega_g)] = -KT_1T_2/(T_1 + T_2)$。

绘制 Nyquist 曲线，如图 4-16 所示。

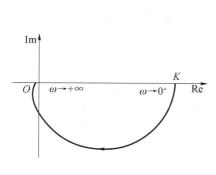

图 4-15　例 4-6 Nyquist 图

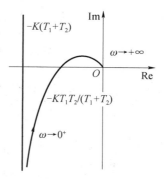

图 4-16　例 4-7 Nyquist 图

第三节　频率响应的对数坐标图（Bode 图）

一、基本环节的 Bode 图

1. 比例环节

比例环节的传递函数为

$$G(s) = K$$

其频率特性为

$$G(j\omega) = K$$

$$G(j\omega) = K = u(\omega) + jv(\omega) = A(\omega)e^{j\varphi(\omega)}$$

对数幅频特性为

$$L(\omega) = 20\lg\left|G(j\omega)\right| = 20\lg K$$

对数相频特性为

$$\varphi(\omega) = 0°$$

比例环节的 Bode 图如图 4-17 所示，其对数幅频图是一条幅值为 $20\lg|K|\text{dB}$ 的水平线；当 $K>0$ 和 $K<0$ 时，其相频特性分别为 $\varphi(\omega) = 0°$ 和 $\varphi(\omega) = -180°$ 的水平线。

2. 积分环节

积分环节的传递函数为

$$G(s) = \frac{1}{s}$$

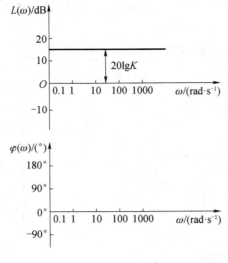

图 4-17　比例环节的 Bode 图

其频率特性为

$$G(\mathrm{j}\omega) = \frac{1}{\mathrm{j}\omega}$$

对数幅频特性为

$$L(\omega) = 20\lg\left|G(\mathrm{j}\omega)\right| = 20\lg\frac{1}{\omega} = -20\lg\omega$$

对数相频特性为

$$\varphi(\omega) = -90°$$

积分环节的对数幅频特性是一条在 $\omega=1$ 时通过 0dB，斜率为-20dB/dec 的直线；对数相频特性为 $\varphi(\omega) = -90°$ 的一条水平线。曲线如图 4-18（a）所示。

3. 微分环节

微分环节的传递函数为

$$G(s) = s$$

其频率特性为

$$G(\mathrm{j}\omega) = \mathrm{j}\omega$$

对数幅频特性为

$$L(\omega) = 20\lg\left|G(\mathrm{j}\omega)\right| = 20\lg\omega$$

对数相频特性为

$$\varphi(\omega) = 90°$$

微分环节的对数幅频特性是一条在 $\omega=1$ 时通过 0dB，斜率为+20dB/dec 的直线；对数相频特性为 $\varphi(\omega) = 90°$ 的一条水平线。曲线如图 4-18（b）所示。

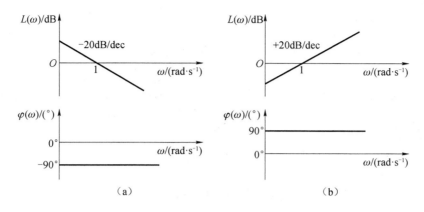

图 4-18 积分环节及微分环节的 Bode 图

（a）积分环节；（b）微分环节

4. 惯性环节

惯性环节的传递函数为

$$G(s) = \frac{1}{Ts+1}$$

其频率特性为

$$G(j\omega) = \frac{1}{Tj\omega+1}$$

对数幅频特性为

$$L(\omega) = 20\lg|G(j\omega)| = 20\lg\frac{1}{\sqrt{T^2\omega^2+1}} = -20\lg\sqrt{T^2\omega^2+1}$$

由此可知：

（1）当 $\omega \ll \dfrac{1}{T}$ 时，$(T\omega)^2 \ll 1$，$L(\omega) \approx -20\lg 1 = 0(\text{dB})$，即在低频段幅值渐近线为横坐标轴。

（2）当 $\omega \gg \dfrac{1}{T}$ 时，$(T\omega)^2 \gg 1$，$L(\omega) \approx -20\lg(T\omega)(\text{dB})$，频率每变化 10 倍频程，即 $\dfrac{\omega_2}{\omega_1} = 10$，

则幅值下降 $L(\omega_2) - L(\omega_1) = -20\lg T\omega_2 + 20\lg T\omega_1 = -20(\text{dB})$，即高频渐近线的斜率是-20dB/dec。

（3）当 $\omega = \dfrac{1}{T}$ 时，高频渐近线 $L(\omega) = -20\lg T\omega = 0(\text{dB})$，故高频渐近线与横轴交于 $\omega = \dfrac{1}{T}$ 处。

对数相频特性为

$$\varphi(\omega) = -\arctan(T\omega)$$

当 $\omega = \dfrac{1}{T}$ 时，$\varphi(\omega) = -45°$，所以对数相频曲线是关于在$(1/T, -45°)$弯点斜对称的反正切曲线。

惯性环节的对数幅频曲线和对数相频曲线如图 4-19 所示。

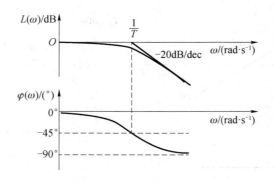

图 4-19　惯性环节的 Bode 图

5. 一阶微分环节

一阶微分环节的传递函数为

$$G(s) = Ts + 1$$

其频率特性为

$$G(j\omega) = Tj\omega + 1$$

对数幅频特性为

$$L(\omega) = 20\lg |G(j\omega)| = 20\lg\sqrt{T^2\omega^2 + 1}$$

由此可知：

（1）当 $\omega \ll \dfrac{1}{T}$ 时，$(T\omega)^2 \ll 1$，$L(\omega) \approx 20\lg 1 = 0(\text{dB})$，即在低频段幅值渐近线为横坐标轴。

（2）当 $\omega \gg \dfrac{1}{T}$ 时，$(T\omega)^2 \gg 1$，$L(\omega) \approx 20\lg(T\omega)(\text{dB})$，可分析出在高频段幅值渐近线为 +20dB/dec 斜率的斜线。两渐近线交于转折频率 $\omega = \dfrac{1}{T}$ 处。可见一阶微分的对数幅频特性与惯性环节是关于横坐标轴对称的。

对数相频特性为

$$\varphi(\omega) = \arctan(T\omega)$$

当 $\omega = \dfrac{1}{T}$ 时，$\varphi(\omega) = 45°$，所以对数相频曲线是关于在 $(1/T, 45°)$ 弯点斜对称的反正切曲线。

一阶微分环节的对数幅频曲线和对数相频曲线如图 4-20 所示。

6. 二阶振荡环节 $(0 < \xi < 1)$

二阶振荡环节的传递函数为

$$G(s) = \frac{\omega_n^2}{s^2 + 2\xi\omega_n s + \omega_n^2}$$

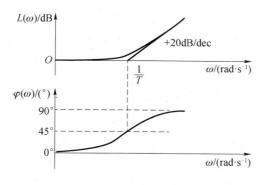

图 4-20　一阶微分环节的 Bode 图

其频率特性为

$$G(\mathrm{j}\omega) = \frac{1}{1 + \mathrm{j}2\xi\dfrac{\omega}{\omega_n} + \left(\mathrm{j}\dfrac{\omega}{\omega_n}\right)^2}$$

对数幅频特性为

$$L(\omega) = -20\lg\sqrt{\left[1 - \left(\dfrac{\omega}{\omega_n}\right)^2\right]^2 + \left(2\xi\dfrac{\omega}{\omega_n}\right)^2}$$

对数相频特性为

$$\varphi(\omega) = -\arctan\left(\frac{2\xi\dfrac{\omega}{\omega_n}}{1 - \left(\dfrac{\omega}{\omega_n}\right)^2}\right)$$

由此可见，在 ω 很小，即 $\omega \ll \omega_n$ 的低频段，$T\omega = \dfrac{\omega}{\omega_n} \approx 0$，$L(\omega) \approx -20\lg 1 \approx 0\mathrm{dB}$，渐近线为一条 0dB 的水平直线。当 $\omega \gg \omega_n$ 的高频段时，系统频率特性近似二重积分环节，$L(\omega) = -20\lg(\omega^2 T_n^2) = -40\lg(\omega T_n)$，渐近线是一条斜率为-40dB/dec 的直线。这两条线相交处于无阻尼自然振荡角频率 ω_n，称为二阶系统（振荡环节）的转折频率。在转折频率处，幅频特性与渐近线之间存在一定的误差，其值取决于阻尼比 ξ 的值，阻尼比越小，则误差越大。当 $\xi < 0.707$ 时，对数幅频特性图上出现峰值。对数相频曲线是关于在 $(\omega_n, -90°)$ 弯点斜对称的反正切曲线。振荡环节的 Bode 图如图 4-21 所示。

7．二阶微分环节

二阶微分环节的传递函数为

$$G(s) = \tau^2 s^2 + 2\xi\tau s + 1$$

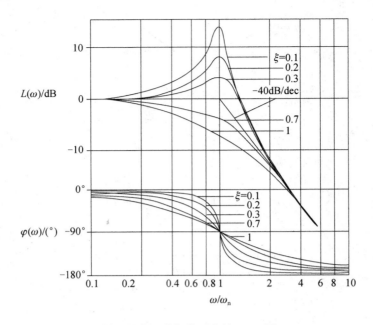

图 4-21 二阶振荡环节的 Bode 图

其频率特性为

$$G(\mathrm{j}\omega) = (1 - \tau^2\omega^2) + \mathrm{j}2\xi\tau\omega$$

二阶微分环节的对数幅频特性为

$$L(\omega) = 20\lg\sqrt{\left[1 - \left(\frac{\omega}{\omega_\mathrm{n}}\right)^2\right]^2 + \left(2\xi\frac{\omega}{\omega_\mathrm{n}}\right)^2} \quad \left(\omega_\mathrm{n} = \frac{1}{\tau}\right)$$

对数相频特性为

$$\varphi(\omega) = \arctan\left(\frac{2\xi\dfrac{\omega}{\omega_\mathrm{n}}}{1 - \left(\dfrac{\omega}{\omega_\mathrm{n}}\right)^2}\right)$$

由此可见，二阶微分环节的对数频率特性与振荡环节仅相差一个负号，因此二阶微分环节与振荡环节的对数幅频曲线是对称于 0dB 的曲线，对数相频曲线是对称于 0° 的曲线。其 Bode 图如图 4-22 所示。

8. 延时环节

延时环节的传递函数为

$$G(s) = \mathrm{e}^{-\tau s}$$

其频率特性为

$$G(\mathrm{j}\omega) = \mathrm{e}^{-\mathrm{j}\omega\tau}$$

延时环节的对数幅频特性为

$$L(\omega) = 20 \lg G(j\omega) = 20 \lg 1 = 0$$

对数相频特性为

$$\varphi(\omega) = -\tau\omega$$

即对数幅频曲线在对数幅频特性图上是过 0dB 的水平直线。对数相频特性随 ω 增加而线性增加，在线性坐标中，$\angle G(j\omega)$ 应是一条直线，但对数相频特性是一条曲线，如图 4-23 所示。

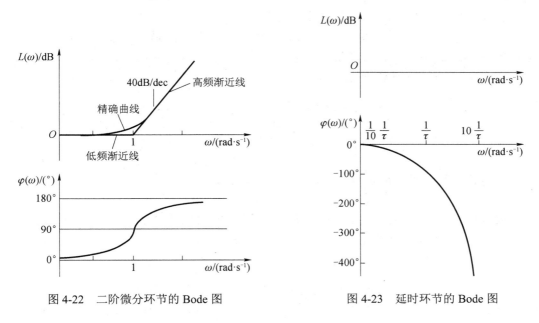

图 4-22   二阶微分环节的 Bode 图   图 4-23   延时环节的 Bode 图

二、对数频率特性图（Bode 图）的绘制方法

1. 典型环节的对数频率特性图的特点

关于对数幅频特性：

（1）积分环节为过点(1，0)、斜率为-20dB/dec 的直线。

（2）微分环节为过点(1，0)、斜率为 20dB/dec 的直线。

（3）一阶微分环节的低频渐近线为 0dB；高频渐近线为始于点(ω_T, 0)（其中，$\omega_T = 1/T$）、斜率为 20dB/dec 的直线。

（4）惯性环节的低频渐近线为 0dB；高频渐近线为始于点(ω_T, 0)（其中，$\omega_T = 1/T$）、斜率为-20dB/dec 的直线。

（5）振荡环节的低频渐近线为 0dB；高频渐近线为始于点(ω_n, 0)、斜率为-40dB/dec 的直线。

（6）二阶微分环节的低频渐近线为 0dB；高频渐近线为始于点(ω_n, 0)、斜率为 40dB/dec 的直线。

关于对数相频特性：

（1）积分环节为-90°的水平线。

（2）微分环节为90°的水平线。

（3）惯性环节为在 0～-90°范围内变化且对称于点$(\omega_T, -45°)$（其中$\omega_T = 1/T$）的反正切曲线。

（4）一阶微分环节为在 0～90°范围内变化且对称于点$(\omega_T, 45°)$（其中$\omega_T = 1/T$）的反正切曲线。

（5）振荡环节为在0～-180°范围内变化且对称于点$(\omega_n, -90°)$的反正切曲线。

（6）二阶微分环节为在0～180°范围内变化且对称于点$(\omega_n, 90°)$的反正切曲线。

掌握了以上典型环节的 Bode 图特点，便可以绘制一般系统的 Bode 图。

一般系统的传递函数的标准形式如式为

$$G(j\omega) = \frac{K}{s^v} \frac{\prod_{i=1}^{m_1}(j\tau_i\omega+1)\prod_{i=m_1+1}^{m_1+(m-m_1)/2}(1-\tau_i^2\omega^2+2j\zeta_i\tau_i\omega)}{\prod_{l=v+1}^{v+n_1}(jT_l\omega+1)\prod_{l=v+n_1+1}^{v+n-(n-v-n_1)/2}(1-T_l^2\omega^2+2j\xi_lT_l\omega)} \tag{4-4}$$

可将系统传递函数表示成多个典型环节传递函数相乘的形式：

$$G(j\omega) = G_1(j\omega)G_2(j\omega)\cdots G_N(j\omega) \tag{4-5}$$

由传递函数指数表达式$G(j\omega) = A(\omega)\cdot e^{j\varphi(\omega)}$展开，可求出其对应的对数幅频特性和相频特性：

$$
\begin{aligned}
A(\omega)\cdot e^{j\varphi(\omega)} &= A_1(\omega)\cdot e^{j\varphi_1(\omega)}A_2(\omega)\cdot e^{j\varphi_2(\omega)}\cdots A_N(\omega)\cdot e^{j\varphi_N(\omega)} \\
&= A_1(\omega)A_2(\omega)\cdots A_N(\omega)\cdot e^{j\varphi_1(\omega)}e^{j\varphi_2(\omega)}\cdots e^{j\varphi_N(\omega)} \\
&= A_1(\omega)A_2(\omega)\cdots A_N(\omega)\cdot e^{j[\varphi_1(\omega)+\varphi_2(\omega)+\cdots\varphi_N(\omega)]}
\end{aligned}
$$

因此，

$$
\begin{aligned}
L(\omega) &= 20\lg A(\omega) = 20\lg[A_1(\omega)A_2(\omega)\cdots A_N(\omega)] \\
&= 20\lg[A_1(\omega)] + 20\lg[A_2(\omega)] + \cdots + 20\lg[A_N(\omega)] \\
&= L_1(\omega) + L_2(\omega) + \cdots + L_N(\omega) \\
&= \sum_{i=1}^{N}L_i(\omega)
\end{aligned}
$$

$$\varphi(\omega) = \varphi_1(\omega) + \varphi_2(\omega) + \cdots + \varphi_N(\omega) = \sum_{i=1}^{N}\varphi_i(\omega)$$

2. 系统的 Bode 图的绘制步骤

（1）将系统频率特性函数化为由典型环节组成的形式（串联）。

（2）列出各典型环节的角频率及相应斜率，将角频率按小到大的顺序排列。

（3）分别画出各典型环节幅频曲线的渐近折线和相频曲线。

（4）将各环节对数幅频曲线的渐近线进行叠加，得到系统幅频曲线的渐近线，必要时对其进行修正。

（5）将各环节相频曲线叠加，得到系统的相频曲线。

3. Bode 图的优点

与 Nyquist 图相比，Bode 图具有以下优点：

（1）可将乘除运算转化为加减运算，因而可通过简单的图像叠加快速绘制高阶系统的 Bode 图，如 $20\lg[A_1(\omega)A_2(\omega)]=20\lg A_1(\omega)+20\lg A_2(\omega)$。

（2）由于频率轴是对数分度，等距对应频率值等比，纵轴是相对的（$\omega=0$ 的点在 $-\infty$ 远处），因此可以在较大的频段范围内表示系统频率特性。

（3）可以绘制渐近的对数幅频特性；也可以画出精确的对数频率特性。

（4）Bode 图还可通过实验方法绘制，经分段直线近似整理后，可很容易得到实验对象的频率特性表达式或传递函数 $G(s)$。

下面举例说明 Bode 图的绘制方法。

例 4-8　已知 $G(s)=\dfrac{1.25(s+2)}{s\left[s^2+0.5s+0.25\right]}$，画对数幅频特性曲线。

解：把 $G(s)$ 化为标准形式

$$G(s)=\frac{10\left(\dfrac{1}{2}s+1\right)}{s\left[\left(\dfrac{s}{0.5}\right)^2+2\times0.5\times\dfrac{s}{0.5}+1\right]}$$

$G(s)$ 为四个典型环节的组合：

（1）比例环节 $G_1(s)=K=10$。

（2）积分环节 $G_2(s)=\dfrac{1}{s}$。

（3）振荡环节 $G_3(s)=1\left/\left[\left(\dfrac{s}{0.5}\right)^2+2\times0.5\times\dfrac{s}{0.5}+1\right]\right.$。

（4）一阶微分 $G_4(s)=\dfrac{1}{2}s+1$。

可分别绘制各个典型环节的对数幅频曲线，累加得系统的对数幅频曲线，如图 4-24 所示。

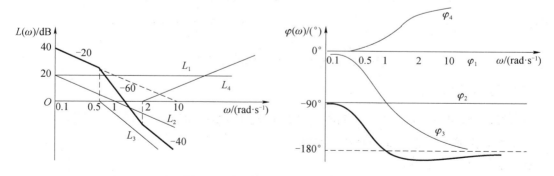

图 4-24　例 4-8 对数幅频特性曲线图

例 4-9 设系统开环传递函数为 $G(s) = \dfrac{4(s+1)}{s(2s+1)\left(\dfrac{1}{4}s^2 + \dfrac{1}{10}s + 1\right)}$，绘制其 Bode 图。

解： $G(s)$ 为标准形式，分析其中包含的典型环节。

（1）对数幅频特性：

含有一个积分环节，比例环节放大系数 $K=4$；

转折频率：$\omega_1 = 0.5$，$\omega_2 = 1$，$\omega_3 = 2$。

渐近线斜率：

过 $\omega = 1$，$L = 20\lg 4 = 12\text{dB}$，作斜率为 -20dB/dec 的低频渐近线。

到 $\omega_1 = 0.5$，斜率变为 -40dB/dec；

到 $\omega_2 = 1$，斜率变为 -20dB/dec；

到 $\omega_3 = 2$，斜率变为 -60dB/dec。

（2）对数相频特性：

$$\varphi(\omega) = \arctan\omega - 90° - \arctan 2\omega - \arctan\dfrac{\dfrac{1}{10}}{1 - \left(\dfrac{\omega}{2}\right)^2}$$

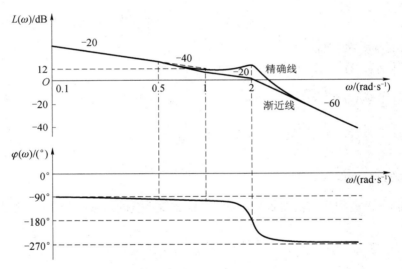

图 4-25　例 4-9 对数频率特性曲线图

三、最小相位系统

在系统的开环传递函数中，没有位于 [s] 右半平面的零点和极点，且没有纯滞后环节的系统为最小相位系统，反之为非最小相位系统。

设系统的开环传递函数为

$$G(s) = \frac{X_o(s)}{X_i(s)} = \frac{b_m s^m + b_{m-1}s^{m-1} + \cdots + b_1 s + b_0}{a_n s^n + a_{n-1}s^{n-1} + \cdots + a_1 s + a_0}$$

在 $n \geqslant m$ 且幅频特性相同的情况下，当频率 ω 从 0 连续变化到 $+\infty$ 时，最小相位系统的相角变化范围最小。对于最小相位系统，知道了系统的幅频特性，其相频特性就唯一确定了。

例4-10 两个系统的开环传递函数分别为 $G_1(s) = \dfrac{1+T_1 s}{1+T_1 s}$，$G_2(s) = \dfrac{1-T_2 s}{1+T_2 s}$，其中，

$0<T_2<T_1$。

解： 它们的对数幅频特性和对数相频特性分别为

$$L_1(\omega) = 20\lg\sqrt{1+(\omega T_2)^2} - 20\lg\sqrt{1+(\omega T_1)^2}，\quad \varphi_1(\omega) = -\arctan(\omega T_1) + \arctan(\omega T_2)$$

$$L_2(\omega) = 20\lg\sqrt{1+(\omega T_2)^2} - 20\lg\sqrt{1+(\omega T_1)^2}，\quad \varphi_2(\omega) = -\arctan(\omega T_1) - \arctan(\omega T_2)$$

对数频率曲线如图 4-26 所示。显然两个系统的幅频特性一样，但相频特性不同。由图 4-26 可见，$\varphi_2(\omega)$ 的变化范围要比 $\varphi_1(\omega)$ 大得多。$G_1(s)$ 为最小相位系统，$G_2(s)$ 为非最小相位系统。

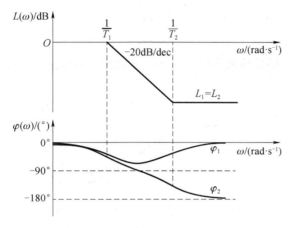

图 4-26 $G_1(s)$ 和 $G_2(s)$ 的 Bode 图

四、由频率特性曲线求系统传递函数

对于一个最小相位系统，对数幅频特性与对数相频特性之间存在确定的对应关系。若知道了其幅频特性，它的相频特性也就唯一地确定了。许多实际系统的物理模型很难通过数学分析准确地建立，可以通过实验测出系统的频率特性曲线，进而得出系统的传递函数。

一般系统的传递函数的标准形式为

$$G(s) = \frac{K}{s^v} \frac{\displaystyle\prod_{i=1}^{m_1}(\tau_i s + 1) \prod_{l=m_1+1}^{m_1+(m-m_1)/2}(\tau_l^2 s^2 + 2\zeta_l \tau_l s + 1)}{\displaystyle\prod_{l=v+1}^{v+n_1}(T_l s + 1) \prod_{l=v+n_1+1}^{v+n_1+(n-v-n_1)/2}(T_l^2 s^2 + 2\xi_l T_l s + 1)} \tag{4-6}$$

式中，v——系统的型次，若 $v=0$，称为 0 型系统；若 $v=1$，称为 I 型系统；若 $v=2$，称为 II 型系统。

$\tau_i s + 1$——第 i 个一阶微分环节的传递函数。

$\dfrac{1}{T_l s + 1}$——第 l 个一阶惯性环节的传递函数。

$\tau_l^2 s^2 + 2\zeta_l \tau_l s + 1$——第 l 个二阶微分环节的传递函数，其中 ζ_l 为阻尼比。

$$\frac{1}{T_l^2 s^2 + 2\xi_l T_l s + 1}$$ ——第 l 个振荡环节的传递函数，其中 ξ_l 为阻尼比。

1. 0 型系统

系统的频率特性可写为

$$G(\mathrm{j}\omega) = K \frac{\prod\limits_{i=1}^{m_1}(\tau_i \mathrm{j}\omega + 1) \prod\limits_{l=m_1+1}^{m_1+(m-m_1)/2}(\tau_l^2(\mathrm{j}\omega)^2 + 2\zeta_l \tau_l \mathrm{j}\omega + 1)}{\prod\limits_{l=v+1}^{v+n_1}(T_l \mathrm{j}\omega + 1) \prod\limits_{l=v+n_1+1}^{v+n_1+(n-v-n_1)/2}(T_l^2(\mathrm{j}\omega)^2 + 2\xi_l T_l \mathrm{j}\omega + 1)}$$

在低频时，ω 很小，

$$G(\mathrm{j}\omega) \approx K$$
$$|G(\mathrm{j}\omega)| = K$$

可见，0 型系统对数幅频特性曲线在低频段是幅值为 $20\lg K$ 的一条平行于横坐标的水平直线，如图 4-27 所示的低频段。

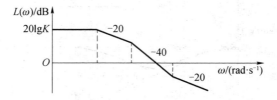

图 4-27　0 型系统对数幅频特性曲线低频段

2. I 型系统

系统的频率特性可写为

$$G(\mathrm{j}\omega) = \frac{K}{\mathrm{j}\omega} \frac{\prod\limits_{i=1}^{m_1}(\tau_i \mathrm{j}\omega + 1) \prod\limits_{l=m_1+1}^{m_1+(m-m_1)/2}(\tau_l^2(\mathrm{j}\omega)^2 + 2\zeta_l \tau_l \mathrm{j}\omega + 1)}{\prod\limits_{l=v+1}^{v+n_1}(T_l \mathrm{j}\omega + 1) \prod\limits_{l=v+n_1+1}^{v+n_1+(n-v-n_1)/2}(T_l^2(\mathrm{j}\omega)^2 + 2\xi_l T_l \mathrm{j}\omega + 1)}$$

在低频时，ω 很小，

$$G(\mathrm{j}\omega) \approx \frac{K}{\mathrm{j}\omega}$$

$$|G(\mathrm{j}\omega)| = \frac{K}{\omega}$$

可见，I 型系统对数幅频特性曲线在低频段是斜率为-20dB/dec、过点$(1,20\lg K)$的一条直线，如图 4-28 所示的低频段。

I 型系统低频段或其延长线与横坐标轴的交点坐标为 ω_1，应满足

$$20\lg\left|\frac{K}{\mathrm{j}\omega_1}\right| = 20\lg\frac{K}{\omega_1} = 0$$

$$\frac{K}{\omega_1} = 1$$

$$\omega_1 = K$$

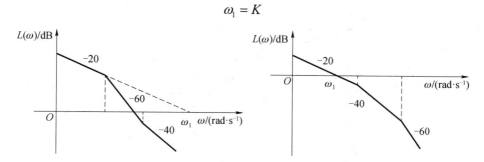

图 4-28 I 型系统对数幅频特性曲线低频段

3. II 型系统

系统的频率特性可写为

$$G(\mathrm{j}\omega) = \frac{K}{(\mathrm{j}\omega)^2} \frac{\displaystyle\prod_{i=1}^{m_1}(\tau_i\mathrm{j}\omega+1)\prod_{l=m_1+1}^{m_1+(m-m_1)/2}(\tau_l^2(\mathrm{j}\omega)^2+2\zeta_l\tau_l\mathrm{j}\omega+1)}{\displaystyle\prod_{l=v+1}^{v+n_1}(T_l\mathrm{j}\omega+1)\prod_{l=v+n_1+1}^{v+n_1+(n-v-n_1)/2}(T_l^2(\mathrm{j}\omega)^2+2\xi_lT_l\mathrm{j}\omega+1)}$$

在低频时，ω 很小，

$$G(\mathrm{j}\omega) \approx \frac{K}{(\mathrm{j}\omega)^2}$$

$$\left|G(\mathrm{j}\omega)\right| = \frac{K}{\omega^2}$$

可见，II 型系统对数幅频特性曲线在低频段是斜率为-40dB/dec、过点(1,20lg$K$)的一条直线，如图 4-29 所示的低频段。

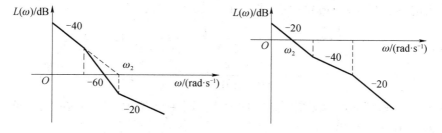

图 4-29 II 型系统对数幅频特性曲线低频段

II 型系统低频段或其延长线与横坐标轴的交点坐标为 ω_2，应满足

$$20\lg\frac{K}{\omega_2^2}=0$$

$$\frac{K}{\omega_2^2}=1$$

$$\omega_2=\sqrt{K}$$

例 4-11   某系统用实验测出的近似开环对数幅频特性曲线如图 4-30 所示，写出对应的开环传递函数。

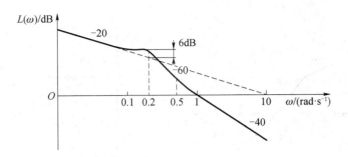

图 4-30   系统对数幅频特性曲线

解：由图 4-30 可知，系统开环幅频特性渐近线的斜率变化依次为[-20]→[-60]→[-40]，结合曲线可知系统应包含四个典型环节：比例环节、积分环节、二阶振荡环节、一阶微分环节。因此系统的开环传递函数表达式为

$$G(s) = K \cdot \frac{1}{s} \cdot \frac{\omega_n^2}{s^2 + 2\xi\omega_n s + \omega_n^2} \cdot (Ts+1)$$

（1）从图 4-30 中可以看出低频段斜率为-20dB/dec，可判断出该系统为 I 型系统。根据低频段与横轴交点的频率为 10，可知 $K=10$。

（2）从积分环节到二阶振荡环节的转折频率 $\omega_n=0.2$。当 $\omega=\omega_n$ 时，振荡环节的峰值（最大误差值）为 6dB，即

$$20\lg\frac{1}{2\xi} = 6 \quad \rightarrow \quad \xi \approx 0.25$$

（3）从二阶振荡环节到一阶微分环节的转折频率 $\omega=0.5$，所以一阶微分环节的时间常数

$$T = \frac{1}{\omega} = 2$$

将上述求得的各参数代入 $G(s)$ 的表达式，有

$$G(s) = 10 \cdot \frac{1}{s} \cdot \frac{0.2^2}{s^2 + 2 \cdot 0.25 \cdot 0.2s + 0.2^2} \cdot (2s+1)$$
$$= \frac{0.8s + 0.4}{s(s^2 + 0.1s + 0.04)}$$

例 4-12   某系统的近似对数幅频特性曲线如图 4-31 所示，写出对应的传递函数。

解：依图 4-31 可写出：

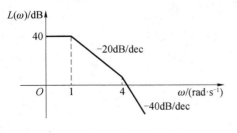

$$G(s) = \frac{K}{\left(\frac{s}{1}+1\right)\left(\frac{s}{4}+1\right)}$$

其中，$20\lg K = L(\omega) = 40\text{dB}$，即 $K=100$，则

$$G(s) = \frac{100}{(s+1)\left(\frac{1}{4}s+1\right)}$$

图 4-31   系统对数幅频特性曲线

第四节　控制系统的频域指标

在第三章的时域分析中，介绍了衡量系统过渡过程的一些时域性能指标，下面介绍在频域分析时要用到的一些有关频率的特征量或频域性能指标，如图 4-32 所示。频域性能指标是选用频率特性曲线在数值和形状上的某些特征点来评价系统的性能的。

一、频率特性的性能指标

1. 零频幅值

零频幅值 $A(0)$ 表示当频率 ω 接近于零时，闭环系统稳态输出的幅值与输入幅值之比。对单位反馈系统而言，它反映了系统的稳态精度。

2. 复现频率 ω_M 与复现带宽 $0\sim\omega_M$

若事先规定一个 Δ 作为反映低频输入信号的容许误差，那么 ω_M 就是幅频特性值与 $A(0)$ 的差第一次达到 Δ 时的频率值，称为复现频率；当频率超过 ω_M 时，输出就不能"复现"输入，所以 $0\sim\omega_M$ 表征复现低频输入信号的频带宽度，称为复现带宽。

3. 谐振频率 ω_r 与相对谐振峰值 M_r

幅频特性 $A(\omega)$ 出现最大值 A_{max} 时的频率称为谐振频率 ω_r；当 $\omega=\omega_r$ 时的幅值 A_{max} 与零频值 $A(0)$ 之比称为谐振比或相对谐振峰值 M_r。M_r 越大，阻尼比越小，越易振荡；反之，则越稳定。故它反映了系统的相对稳定性。

$$\omega_r=\frac{1}{T}\sqrt{1-2\xi^2},\ M_r=\frac{1}{2\xi\sqrt{1-\xi^2}}$$

4. 截止频率 ω_b 与截止带宽 $0\sim\omega_b$

一般规定幅频特性 $A(\omega)$ 的数值由 $A(0)$ 下降到零频幅值的 0.707 倍时的频率，亦即 $A(\omega)$ 的数值由 $A(0)$ 下降 3dB 时的频率称为截止频率 ω_b；$0\sim\omega_b$ 的范围称为系统的截止带宽或带宽。带宽越大，响应的速度越快，但高频干扰越大。

另外还有系统相对稳定性的指标，如幅值裕量、相位裕量等，在下章中介绍。

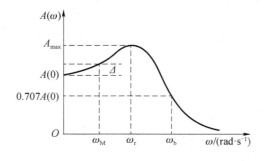

图 4-32　频率特性的特征量

二、频率响应指标和瞬态响应指标之间的关系

系统的频域性能指标和时域性能指标都可以反映控制系统的性能，明确它们之间的关系，将有利于直接根据系统频率特性进行系统性能分析，然后近似推广到高阶系统中。

对于标准二阶系统，其谐振峰值为

$$M_r = \frac{1}{2\xi\sqrt{1-\xi^2}}$$

最大超调量为

$$M_p = e^{-\xi\pi/\sqrt{1-\xi^2}} \times 100\%$$

由此可见，最大超调量 M_p 和谐振峰值 M_r 都随阻尼比 ξ 的增大而减小。同时随着 M_r 的增加，相应的 M_p 也增加，其物理意义在于：当闭环幅频特性有谐振峰时，系统的输入信号的频谱在 $\omega = \omega_r$ 附近的谐波分量通过系统后显著增强，从而引起振荡。

二阶系统的截止频率 ω_b，根据定义可得

$$L(\omega_b) - L(0) = -3\text{dB}$$

即

$$L(\omega_b) = 20\lg\left[\frac{1}{\sqrt{\left(1-(T\omega_b)^2\right)^2 + (2\xi T\omega_b)^2}}\right] = -3$$

其中，

$$T = \frac{1}{\omega_n}$$

代入上式，可得

$$\frac{1}{\sqrt{\left[1-\left(\frac{\omega_b}{\omega_n}\right)^2\right]^2 + \left(2\xi\frac{\omega_b}{\omega_n}\right)^2}} \approx 0.707$$

由此得它们与 ξ 的关系：

$$\frac{\omega_b}{\omega_n} = \sqrt{1-2\xi^2 + \sqrt{2-4\xi^2+4\xi^4}} \quad (0 \leqslant \xi \leqslant 0.707)$$

根据公式谐振频率 $\omega_r = \frac{1}{T}\sqrt{1-2\xi^2}$，调整时间 $t_s = \frac{3}{\xi\omega_n}$（$\Delta=5\%$），$t_s = \frac{4}{\xi\omega_n}$（$\Delta=2\%$），峰值时间 $t_p = \frac{\pi}{\omega_n\sqrt{1-\xi^2}}$，可以看出：随阻尼比 ξ 的增大，t_s 减小，$\frac{\omega_b}{\omega_n}$ 减小，$\frac{\omega_r}{\omega_n}$ 减小，$t_p\omega_n$ 增大。

三、闭环系统性能分析

一般可用开环对数幅频特性反映闭环系统的性能。开环对数频率特性的低频段、中频段、高频段分别表征了系统的稳定性、动态特性和抗干扰能力。以图 4-33 所示开环系统对数幅频

特性曲线进行分析如下：

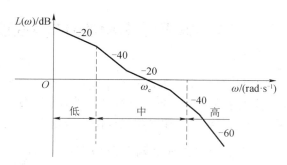

图 4-33　系统对数幅频特性曲线的分段特性

1. 低频段

低频段通常是指开环对数幅频特性在第一个转折频率以前的频率区段，这一段特性是由系统的类型 v 和开环增益 K 决定的。

低频段可以根据 $\omega=1$ 时的幅值 $20\lg K$ 和斜率 $-20v$（dB/dec），确定积分环节的个数和开环增益。这两个参数是决定系统稳态误差的重要指标。因此，对数幅频特性曲线的低频段反映了控制系统的稳态性能——稳态精度。

2. 中频段

中频段通常是以剪切频率 ω_c（开环对数幅频特性曲线与横轴交点的频率值）为中心的一段频率区段，这段特性集中反映系统的稳定性和快速性，即系统的动态性能。为保证系统有较好的动态性能，一般希望开环对数幅频特性曲线以 -20dB/dec 的斜率穿过坐标横轴，并保持较宽的频带。ω_c 是系统开环频域指标，也是表征系统动态性能的间接指标。

3. 高频段

高频段通常是指大于剪切频率 ω_c 的频率区段，这段特性集中反映系统抗高频干扰的能力。

三个频段的划分没有严格的准则，但反映了控制系统性能影响的主要方面。一般系统的开环幅频特性曲线满足以下特性：

（1）若要求系统的阶跃响应和脉冲响应无稳态误差，则低频段应具有 -20dB/dec 或 -40dB/dec 的斜率。为保证系统的稳态精度，低频段应具有较高分贝数的斜率。

（2）开环幅频特性曲线应以 -20dB/dec 的斜率穿过横轴，且具有一定的中频段宽度，以保证系统具有较高的稳定裕量和较好的平稳性。

（3）开环幅频特性曲线应具有较高的 ω_c，以提高闭环系统的快速性。

（4）高频段应有较大的斜率，以增强系统的抗干扰能力。

第五节　MATLAB 在频率特性分析中的应用

频率特性分析主要研究系统的频率行为，从频率响应中可以得到带宽、增益、转折频率等系统特征。MATLAB 中提供了很多用于频率特性分析的函数和工具，下面主要举例说明在 MATLAB 中绘制极坐标图（Nyquist 图）和对数坐标图（Bode 图）的方法。

例 4-13　已知典型的二阶振荡环节传递函数为 $G(s) = \dfrac{\omega_n^2}{s^2 + 2\xi\omega_n s + \omega_n^2}$，其中 $\omega_n = 0.7$，试绘制 ξ 等于 $0.1, 0.4, 1.0, 1.6, 2.0$ 时的 Bode 图。

解：MATLAB 的程序如下：

```
w=[0,logspace(-2,2,200)];                      % 频率范围
wn=0.7;                                         % 固有频率
ksi=[0.1 0.4 1.0 1.6 2.0];                      % 阻尼比
for j=1:5
    sys=tf([wn*wn],[1,2*ksi(j)*wn,wn*wn])       % 不同阻尼比的系统传递函数
    bode(sys,w);                                % 绘制 Bode 图
    hold on;
end
grid
gtext('ksi=0.1');gtext('ksi=0.4');gtext('ksi=1.0');gtext('ksi=1.6');
gtext('ksi=2.0'); % 文字注释
```

输出的 Bode 图如图 4-34 所示。

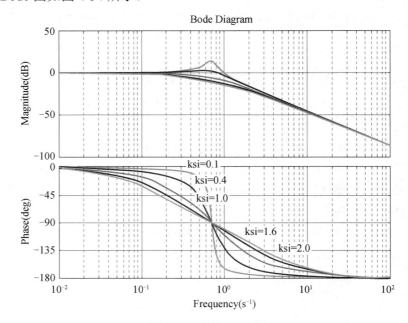

图 4-34　系统 Bode 图

例 4-14　已知系统开环传递函数为 $G(s)=\dfrac{2s^2+5s+1}{s^2+2s+3}$，试系统 Nyquist 图。

解： MATLAB 的程序如下：

```
num=[2 5 1];den=[1 2 3];
G=tf(num,den);
nyquist(G);
grid
```

输出的 Nyquist 图如图 4-35 所示。

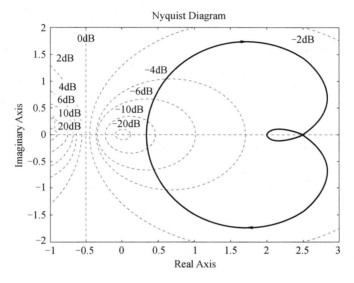

图 4-35　系统 Nyquist 图

思考题与习题

1．试求下列函数的幅频特性、相频特性、实频特性和虚频特性。

（1）$G(s)=\dfrac{5}{30s+1}$；

（2）$G(s)=\dfrac{1}{s(0.1s+1)}$。

2．已知系统开环传递函数

$$G(s)H(s)=\frac{10}{s(2s+1)(s^2+0.5s+1)}$$

试分别计算开环频率特性的幅值 $A(\omega)$ 和相角 $\varphi(\omega)$。

3．设单位负反馈系统的开环传递函数为 $G(s) = \dfrac{10}{s+1}$ ，当系统有以下输入信号时求系统的稳态输出。

（1） $x_{\mathrm{i}}(t) = \sin(t+30°)$ ；

（2） $x_{\mathrm{i}}(t) = 2\cos(2t-45°)$ ；

（3） $x_{\mathrm{i}}(t) = \sin(t+30°) - 2\cos(2t-45°)$ 。

4．绘制下列传递函数的 Nyquist 图。

（1） $G(s) = K/s$ ；

（2） $G(s) = K/s^2$ ；

（3） $G(s) = K/s^3$ 。

5．试绘制下列传递函数的 Nyquist 图和 Bode 图。

（1） $G(s) = \dfrac{5}{(2s+1)(8s+1)}$ ；（2） $G(s) = \dfrac{10(1+s)}{s^2}$ 。

6．用分贝数表示下列量：

（1）2；　　　　（2）10；　　　　（3）40；　　　　（4）0.01；　　　　（5）100。

7．绘制下列传递函数的渐近对数幅频特性曲线。

（1） $G(s) = \dfrac{200}{s^2(s+1)(10s+1)}$ ；

（2） $G(s) = \dfrac{40(s+0.5)}{s(s+0.2)(s^2+s+1)}$ ；

（3） $G(s) = \dfrac{20(3s+1)}{s^2(6s+1)(s^2+4s+25)(10s+1)}$ ；

（4） $G(s) = \dfrac{8(s+0.1)}{s(s^2+s+1)(s^2+4s+25)}$ 。

8．最小相角系统传递函数的近似对数幅频特性曲线如图 4-36 所示。试分别写出对应的传递函数。

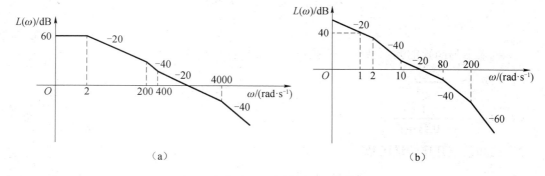

图 4-36　第 8 题图

9．最小相角系统传递函数的近似对数幅频特性曲线如图 4-37 所示。试写出对应的传递函数，并概略绘制对应的对数相频特性曲线。

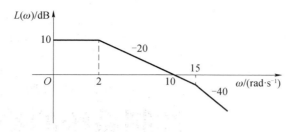

图 4-37 第 9 题图

10. 已知单位负反馈系统的开环传递函数为 $G(s) = \dfrac{10}{s(0.05s+1)(0.1s+1)}$，试计算闭环系统的 M_r 和 ω_r。

第五章

控制系统的稳定性分析

对于实际的控制系统，输入量总是有限大的，也总是希望输出量不要超过一定的限度。因此，一个系统能在实际中应用，最重要的问题是稳定性问题。不稳定的系统，当其受到外界或内部一些因素的扰动时，即使这些扰动很微弱，持续时间也很短，照样会使系统中的各物理量偏离其原平衡工作点，并随时间的推移而发散，致使系统在扰动消失后，也不可能恢复到原来的平衡工作状态。本章首先介绍线性定常系统稳定性的基本概念，然后重点讨论常用的稳定性判据，最后介绍系统的相对稳定性及其表示形式。

第一节　稳定性的基本概念

一、系统不稳定现象的发生

例 5-1　在驾驶学校的操场上，学员司机试图使汽车在某一条直线上行驶（图 5-1）。在受到扰动情况下（如路面凹凸不平），如果司机不去控制转向盘，则实际路径与指定路径的差距将越来越大。

图 5-1　驾驶汽车的例子

例 5-2　如图 5-2 所示的液压位置随动系统，从油源来的压力为 p_s 的压力油，经伺服阀和两条软管以流量 q_2 进入或 q_1 流出油缸，阀芯相对于阀体获得输入位移 x_i 后，活塞输出位移 x_o，此输出再经活塞与阀体的刚性联系，即经反馈联系 B 反馈到阀体上，从而改变了阀芯与阀体的相对位移量，组成了一个闭环系统，它保证活塞跟随阀芯的运动而运动。

阀芯受外力右移，即输入位移 x_i 后，控制口 2、4 打开，控制口 3、1 关闭，压力油进入左缸，右缸接通回油，活塞向右移动。当外力去掉后，阀芯停止运动，活塞滞后于阀芯，继续右移，直至控制口 2 关闭，回到原来的平衡位置。

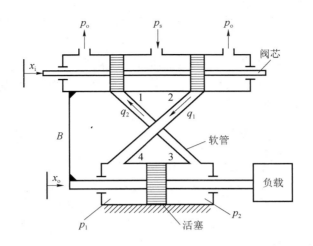

图 5-2 液压位置随动系统

因移动的活塞有惯性，在伺服阀平衡位置活塞仍不能停止，继续右移，因而使控制口 1、3 打开，2、4 关闭，压力油反过来进入右缸，左缸接通回油，使活塞反向（向左）移动，并带动阀体左移，直至阀体与阀芯回复到原来的平衡位置。

但活塞因惯性继续左移，使油路又反向……这样，阀芯在原位不动的情况下，活塞与阀体相对阀芯反复振荡。由于所选择的系统各参数（如质量、阻尼和弹性等）不同，当系统是线性系统时，这种振荡可能是衰减的（减幅的），也可能是发散的（增幅的）或等幅的，如图 5-3 所示。当这种自由振荡是增幅振荡时，就称系统是不稳定的。

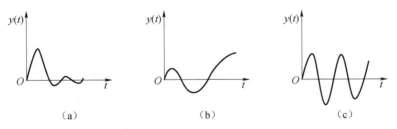

图 5-3 系统自由振荡输出的三种情况

（a）稳定；（b）不稳定；（c）临界稳定

关于系统的不稳定现象需注意以下几点：

首先，线性系统不稳定现象发生与否，取决于系统内部条件，而与输入无关。如在例 5-2 中，系统在输入撤销后，从偏离平衡位置所处的初始状态出发，因系统本身的固有特性而产生振动的线性系统的稳定性只取决于系统本身的结构与参数，而与输入无关（非线性系统的稳定性是与输入有关的）。

其次，系统发生不稳定现象必有适当的反馈作用。如果原系统是稳定的，那么加入反馈后就形成闭环系统，可能产生不稳定；如果原系统是不稳定的，那么加入反馈后就形成闭环系统，更可能不稳定。

当输入 $X_i(s)$ 撤消后，此闭环系统就以初始偏差 $E(s)$ 作为进一步控制的信号，并由此产

生输出 $X_o(s)$，而反馈作用则不断将输出 $X_o(s)$ 反馈回来，从输入 $X_i(s)$ 中不断减去（或加上） $X_o(s)$，得到新的偏差 $E(s)$。

若反馈的结果削弱了 $E(s)$ 的作用（即负反馈），则会使 $X_o(s)$ 越来越小，系统最终趋于稳定；若反馈的结果加强了 $E(s)$ 的作用（即正反馈），则会使 $X_o(s)$ 越来越大，此时此闭环系统是否稳定，则视 $X_o(s)$ 是收敛还是发散而定。

二、系统稳定的定义和条件

自动控制系统的稳定性，就是系统能够抵抗使它偏离平衡状态的扰动作用，重新返回原来稳态的性能，也即在作用于系统上的扰动消除之后，系统能够以足够的准确度恢复初始平衡状态。具有以上特性的系统称为稳定系统：反之，当扰动消除后，不能恢复到初始平衡状态为，则称的系统不稳定系统。稳定性是系统去掉扰动后自身的一种恢复能力，是系统的一种固有特性，这种固有特性只与系统本身的结构参数有关，而与初始条件和外作用无关。

根据上述稳定性的定义，可以求得定常线性系统稳定性条件。

设定常线性系统的微分方程为

$$(a_0 p^n + a_1 p^{n-1} \cdots + a_{n-1} p + a_n)x_o(t) = (b_0 p^m + \cdots + b_{m-1}p + b_m)x_i(t), \quad n \geqslant m \qquad (5\text{-}1)$$

式中，$p = \dfrac{\mathrm{d}}{\mathrm{d}t}$。

若记

$$D(p) = a_0 p^n + a_1 p^{n-1} + \cdots + a_{n-1} p + a_n$$
$$M(p) = b_0 p^m + b_1 p^{m-1} + \cdots + b_{m-1} p + b_m$$

对式（5-1）做拉氏变换，得

$$X_o(s) = \frac{M(s)}{D(s)} X_i(s) + \frac{N(s)}{D(s)} \qquad (5\text{-}2)$$

式中，$\dfrac{M(s)}{D(s)} = G(s)$ 为系统传递函数。

$N(s)$ 是与初始条件 $x_o^{(k)}(0^-)$（输出 $x_o(t)$ 及其各阶导数 $x_o^{(k)}(t)$ 在输入作用前 $t=0$ 时刻的值，即系统在输入作用前的初始状态）有关的多项式。

研究初始状态 $N(s)$ 影响下系统的时间响应时，可在式（5-2）中取 $X_i(s) = 0$ 得到这一时间响应（即零输入的响应）：

$$X_o(s) = \frac{N(s)}{D(s)}$$

若 s_i 为系统特征方程 $D(s) = 0$ 的根（或称系统的特征根，亦即系统的传递函数的极点），当 $s_i(i = 1, 2, \cdots, n;)$ 各不相同时，有：

$$x_o(t) = L^{-1}\left[X_o(s)\right] = L^{-1}\left[\frac{N(s)}{D(s)}\right] = \sum_{i=1}^{n} A_{1i} \exp(s_i t)$$

式中，$A_{1i} = \dfrac{N(s)}{\dot{D}(s)}\bigg|_{s=s_i}, \dot{D}(s) = \dfrac{\mathrm{d}}{\mathrm{d}s}D(s)$

由上式可知，若系统所有特征根 s_i 的实部均为负值，即 $\text{Re}[s_i]<0$，则需输入响应最终将衰减到零，即 $\lim\limits_{t\to\infty}x_o(t)=0$，这样的系统就是稳定的。反之，若特征根中有一个或多个根具有正实部，则零输入响应随时间的推移而发散，即 $\lim\limits_{t\to\infty}x_o(t)=\infty$，这样的系统就是不稳定的。

上述结论对于任何初始状态（只要不使系统超出其线性工作范围）都是成立的，而且当系统的特征根具有相同值时，也是成立的。

式（5-1）右端各项系数对系统稳定性没有影响，相当于系统传递函数 $G(s)$ 的各零点的稳定性没有影响。这些参数反映了外界输入作用于同一系统的不同处的特性，不影响系统稳定性这个系统本身的固有特性。

系统稳定的充要条件：系统的全部特征根（即闭环极点）都具有负实部；反之，若特征根中有一个或一个以上具有正实部，则系统必不稳定。

也就是说，若系统传递函数 $G(s)$ 的全部极点均位于[s]平面的左半平面，则系统稳定；反之，若有一个或一个以上的极点位于[s]平面的右半平面，则系统不稳定；若有部分极点位于虚轴上，而其余的极点均在[s]平面的左半平面，则系统称为临界稳定。

由于对系统参数的估算或测量可能不够准确，而且系统在实际运行过程中，参数值也可能有变动，因此原来处于虚轴上的极点实际上可能变动到[s]平面的右半面，致使系统不稳定。从工程控制的实际情况看，一般认为临界稳定实际上往往属于不稳定。应当指出，上述不稳定区虽然包括虚轴 $j\omega$，但不包括虚轴所通过的坐标原点。在这一点上，相当于特征方程的根 $s_i=0$，系统仍属稳定。

第二节　Routh（劳斯）稳定判据

判别系统的稳定性，也就是要解出系统特征方程的根，看这些根是否均具有负实部。在实际工程系统中，由于直接求解高阶方程的根过于复杂，因此可以通过讨论特征根的分布，看其是否全部具有负实部，以此来判别系统的稳定性，由此形成了一系列稳定性判据。其中最重要的一个判据就是 1884 年由 E.J.Routh 提出的 Routh（劳斯）判据。劳斯判据是基于方程根和系数的关系建立的，能够判断一个多项式方程中是否存在位于复平面右半部的正根，而不必求解方程式。它是判别系统稳定性的代数判据之一。

一、系统稳定的必要条件

设系统特征方程为

$$D(s)=a_0s^n+a_1s^{n-1}+\cdots+a_{n-1}s+a_n=0 \tag{5-3}$$

将式（5-3）中各项同除以 a_0 并分解因式，得

$$s^n+\frac{a_1}{a_0}s^{n-1}+\cdots+\frac{a_{n-1}}{a_0}s+\frac{a_n}{a_0}=(s-s_1)(s-s_2)\cdots(s-s_n) \tag{5-4}$$

式中，$s_1,s_2,\cdots,s_n$ 为系统的特征根，再将式（5-4）右边展开，得

$$(s-s_1)(s-s_2)\cdots(s-s_{n-1})(s-s_n)$$

$$=s^n-(\sum_{i=1}^n s_i)s^{n-1}+(\sum_{\substack{i<j \\ i=1 \\ j=2}}^n s_i s_j)s^{n-2}-\cdots+(-1)^n\prod_{i=1}^n s_i \tag{5-5}$$

比较式（5-4）和式（5-5）可看出根与系数有如下的关系：

$$\frac{a_1}{a_0}=-\sum_{i=1}^n s_i$$

$$\frac{a_2}{a_0}=\sum_{\substack{i<j \\ i=1,j=2}}^n s_i s_j$$

$$\frac{a_3}{a_0}=-\sum_{\substack{i<j<k \\ i=1,j=2,k=3}}^n s_i s_j s_k \tag{5-6}$$

$$\vdots$$

$$\frac{a_n}{a_0}=(-1)^n\prod_{i=1}^n s_i$$

从式（5-6）可知，要使全部特征根 $s_1,s_2,\cdots,s_n$ 均具有负实部，就必须满足以下两个条件，即系统稳定的必要条件：

（1）特征方程的各项系数 $a_i(i=0,1,2,\cdots,n-1,n)$ 都不等于零。因为若有一个系数为零，则必会出现实部为零的特征根或实部有正有负的特征根，才能满足式（5-6）中各式。

（2）特征方程的各项系数 a_i 的符号都相同，这样才能满足式（5-6）中各式。

按习惯，一般取 a_i 为正值，因此，上述两个条件可归结为系统稳定的一个必要条件，即

$$a_n>0,\ a_{n-1}>0,\ \cdots,\ a_1>0,\ a_0>0 \tag{5-7}$$

满足必要条件的一阶系统与二阶系统一定是稳定的，而高阶系统则未必稳定，还需用 Routh 稳定判据来进行判断。

二、Routh（劳斯）稳定判据

设系统的特征方程为

$$D(s)=a_0 s^n+a_1 s^{n-1}+\cdots+a_{n-1}s+a_n=0 \tag{5-8}$$

将系统的特征方程式（5-8）的系数按下列形式排列，称为 Routh 数列。

$$
\begin{array}{lcccccc}
s^n & a_0 & a_2 & a_4 & a_6 & \cdots \\
s^{n-1} & a_1 & a_3 & a_5 & a_7 & \cdots \\
s^{n-2} & b_1 & b_2 & b_3 & b_4 & \cdots \\
s^{n-3} & c_1 & c_2 & c_3 & \cdots \\
\quad\vdots \\
s^2 & d_1 & d_2 & d_3 \\
s^1 & e_1 & e_2 \\
s^0 & f_1 \\
\end{array} \tag{5-9}
$$

式中，各未知元素 $b_1,b_2,b_3,b_4,\cdots,c_1,c_2,c_3,\cdots,e_1,e_2,f_1$ 根据下列公式计算：

$$b_1 = \frac{a_1 a_2 - a_0 a_3}{a_1}, \quad b_2 = \frac{a_1 a_4 - a_0 a_5}{a_1}, \quad b_3 = \frac{a_1 a_6 - a_0 a_7}{a_1}, \quad \cdots$$

$$c_1 = \frac{b_1 a_3 - a_1 b_2}{b_1}, \quad c_2 = \frac{b_1 a_5 - a_1 b_3}{b_1}, \quad c_3 = \frac{b_1 a_7 - a_1 b_4}{b_1}, \quad \cdots$$

$$\cdots$$

每一行的元素计算到零为止，系数的完整阵列呈三角形。为简化计算过程，可以用一正整数去乘以或除以某一行的各项，并不会改变稳定性的结论。

Routh 稳定判据给出系统稳定的必要条件是所有系数 a_i 均为正值；系统稳定的充分条件是 Routh 数列中第一列元素符号均为正号。系统特征方程的全部根都位于左半 $[s]$ 平面的充分必要条件是特征方程的全部系数都是正值，并且 Routh 阵列第一列中所有项都具有正号。

Routh 稳定判据还指出：Routh 数列表中第一列元素符号改变的次数就是特征方程中正实部根的个数。

列出 Routh 数列表后，可能会出现以下几种情况：

1. Routh 数列中第一列元素均不为零

例 5-3　已知系统的特征方程为 $s^4 + 8s^3 + 17s^2 + 16s + 5 = 0$，试用 Routh 稳定判据判别系统的稳定性。

解： 该系统特征方程的系数不缺项且均同号，满足系统稳定的必要条件。

列出 Routh 数列表：

$$
\begin{array}{lccc}
s^4 & 1 & 17 & 5 \\
s^3 & 8 & 16 & \\
s^2 & \dfrac{8\times17-1\times16}{8}=15 & \dfrac{8\times5-0}{8}=5 & 0 \\
s^1 & \dfrac{15\times16-5\times8}{15}=\dfrac{40}{3} & & \\
s^0 & 5 & &
\end{array}
$$

由 Routh 数列第一列可看出，第一列元素的符号全为正，所以控制系统稳定。

例 5-4　已知系统的特征方程为 $2s^4 + s^3 + 3s^2 + 5s + 10 = 0$，试用 Routh 稳定判据判别系统的稳定性。

解： 该系统特征方程的系数不缺项且均同号，满足系统稳定的必要条件。

列出 Routh 数列表：

$$
\begin{array}{lccc}
s^4 & 2 & 3 & 10 \\
s^3 & 1 & 5 & \\
s^2 & -7 & 10 & \\
s^1 & 45/7 & & \\
s^0 & 10 & &
\end{array}
$$

由 Routh 数列第一列可看出，第一列元素的符号不全为正，且从 $1 \to -7 \to \dfrac{45}{7}$，符号改变了 2 次，说明闭环系统不稳定，且有 2 个正实部特征根。

2. Routh 数列中某一行的第一列元素为零，但该行其余元素不全为零

此时可以用一个很小的正数 ε 来代替第一列等于零的元素，之后继续计算 Routh 数列中的其余各个元素，再按前述方法对系统稳定性进行判别。

例 5-5 已知系统的特征方程为 $s^4 + 2s^3 + s^2 + 2s + 1 = 0$，试用 Routh 稳定判据判别系统的稳定性。

解： 该系统特征方程的系数不缺项且均为正数，满足系统稳定的必要条件。

列出 Routh 数列表：

$$
\begin{array}{cccc}
s^4 & 1 & 1 & 1 \\
s^3 & 2 & 2 & \\
s^2 & 0 \to \varepsilon & 1 & \\
s^1 & \dfrac{2\varepsilon - 2}{\varepsilon} < 0 & & \\
s^0 & 1 & &
\end{array}
$$

由于第一列元素存在负数，所以系统不稳定。第一列元素的符号改变了 2 次，所以系统有 2 个正实部特征根。

例 5-6 已知系统的特征方程为 $s^3 + 2s^2 + s + 2 = 0$，试用 Routh 判据判别系统的稳定性。

解： 该系统特征方程的系数不缺项且均为正数，满足系统稳定的必要条件。

列出 Routh 数列表：

$$
\begin{array}{ccc}
s^3 & 1 & 1 \\
s^2 & 2 & 2 \\
s^1 & 0 \to \varepsilon & \\
s^0 & 2 &
\end{array}
$$

第一列元素除 ε 外均为正，所以没有正实部特征根，第 3 行为 0，说明有共轭虚根存在，由

$$s^3 + 2s^2 + s + 2 = (s^2 + 1)(s + 2) = 0$$

可知，其根为 $\pm j$、-2，系统临界稳定。

3. Routh 数列中某一行的元素全为零

如果某一导出行的所有元素都等于零，则表明在 $[s]$ 平面内存在一些大小相等，但位置径向相反的根，即存在两个大小相等、符号相反的实根和（或）两个共轭虚根。此时，可利用该行的上一行元素组成辅助多项式，将其对 s 求导一次，再用新多项式的系数代替全零行系数，此时，阵列中其余各项的计算可以继续进行下去。$[s]$ 平面内的这些大小相等、位置径向相反的根可以通过求解辅助方程得到。

例 5-7 已知系统的特征方程为 $s^6 + 2s^5 + 8s^4 + 12s^3 + 20s^2 + 16s + 16 = 0$，试用 Routh 稳定判据判别系统的稳定性。

解： 该系统特征方程的系数不缺项且均同号，满足系统稳定的必要条件。

列出 Routh 数列表如下，在第 4 行出现全零行，具体计算步骤如下：

$$
\begin{array}{llllll}
s^6 & 1 & 8 & 20 & 16 & \\
s^5 & 2 & 12 & 16 & 0 & \text{辅助方程}\\
s^4 & 1 & 6 & 8 & 0 & \longrightarrow F(s)=s^4+6s^2+8\\
s^3 & 0 & 0 & & & \downarrow \text{求导}\\
s^3 & 4 & 12 & & & \longleftarrow F(s)=4s^3+12s\\
s^2 & 3 & 8 & & &\\
s^1 & 4/3 & & & &\\
s^0 & 8 & & & &
\end{array}
$$

第一列元素没有负数，所以系统没有正实部特征根。从辅助方程 $F(s)=s^4+6s^2+8$ 可以看出，系统具有两对大小相等、符号相反的共轭复根，$s_{1,2}=\pm\sqrt{2}\mathrm{j}, s_{3,4}=\pm2\mathrm{j}$。所以，系统处于临界稳定状态。

三、Routh 稳定判据的应用

例 5-8　图 5-4 是某垂直起降飞机的高度控制系统结构框图，试确定使系统稳定的 K 值的范围。

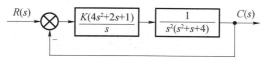

图 5-4　控制系统结构框图

解：由结构框图可列出系统开环传递函数为

$$
G(s)=\frac{K(4s^2+2s+1)}{s^3(s^2+s+4)}
$$

可列出系统特征方程为

$$
D(s)=s^5+s^4+4s^3+4Ks^2+2Ks+K=0
$$

列出其 Routh 数列表：

$$
\begin{array}{lll}
s^5 & 1 & 4 \quad 2K\\
s^4 & 1 & 4K \quad K\\
s^3 & 4(1-K) & K \qquad\qquad \longrightarrow K<1\\
s^2 & \dfrac{(15-16K)K}{4(1-K)} & K \qquad\qquad \longrightarrow K<16/15\approx1.067\\
s^1 & \dfrac{-32K^2+47K-16}{4(1-K)} & \qquad\qquad\quad \longrightarrow 0.536<K<0.933\\
s^0 & K & \qquad\qquad \longrightarrow K>0
\end{array}
$$

综上所述，使系统稳定的 K 值范围是 $0.536<K<0.933$。

应用 Routh 稳定判据判别系统稳定性，回答了有关绝对稳定性的问题。但对于很多实际情况来说，还需要知道有关系统相对稳定性的情况。通过移动平面的坐标轴后再应用 Routh 判据，同样可以解决系统相对稳定性的问题；另外 Routh 稳定判据还可用来分析系统参数对稳定性的影响和鉴别延滞系统的稳定性。

应用 Routh 稳定判据求解系统相对稳定性的有效方法是移动平面的坐标轴，然后再应用 Routh 稳定判据。把虚轴左移 σ_1，（图 5-5）令 $s = z - \sigma_1$，代入系统的特征方程式，得到 z 为变量的新特征方程式，列出其 Routh 阵列，则该阵列第一列中的符号变化次数，就等于位于新虚轴（垂直线 $s = -\sigma_1$）右边的根的数目。然后可检验新特征方程式有几个根位于新虚轴（垂直线 $s = -\sigma_1$）的右边。如果所有根均在新虚轴的左边（新 Routh 阵列式第一列均为正数），则说系统具有稳定裕量 σ_1。

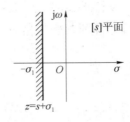

图 5-5　稳定裕量

例 5-9　检验特征方程式

$$2s^3 + 10s^2 + 13s + 4 = 0$$

是否有根在右半平面，并检验有几个根在直线 $s = -1$ 的右边。

解： 列出 Routh 数列劳斯表为

$$
\begin{array}{ccc}
s^3 & 2 & 13 \\
s^2 & 10 & 4 \\
s^1 & 12.2 & \\
s^0 & 4 &
\end{array}
$$

第一列元素无符号改变，故没有根在[s]平面右半平面。

再令 $s = z - 1$，代入特征方程式，得

$$2(z-1)^3 + 10(z-1)^2 + 13(z-1) + 4 = 0$$

$$2z^3 + 4z^2 - z - 1 = 0$$

因为上式中的系数有负号，所以方程必然有根位于垂直线 $s = -1$ 的右方。列出以 z 为变量的 Routh 数列表：

$$
\begin{array}{ccc}
z^3 & 2 & -1 \\
z^2 & 4 & -1 \\
z^1 & \dfrac{-4+2}{4} & \\
z^0 & -1 &
\end{array}
$$

上表可见第一列元素的符号变化了一次，表示原方程有一个根在垂直线 $s = -1$ 的右方。

第三节　Nyquist（奈奎斯特）稳定判据

Routh 稳定判据判别系统的稳定性，一方面，要求必须知道闭环系统的特征方程，而实际系统的特征方程是难以写出来的；另一方面，也较难判别系统稳定的程度及各参数对稳定性的影响。此外，Routh 稳定判据无法由此找到改善系统稳定性的途径。

Nyquist（奈奎斯特）稳定判据是由 H.Nyquist 于 1932 年提出的稳定性判据，在 1940 年以后得到了广泛的应用。判据所提出的判别闭环系统稳定的充要条件仍然是以特征方程 $1+G(s)H(s)=0$ 的根全部具有负实部为基础的，但是它将函数 $1+G(s)H(s)$ 与开环频率特性 $G_k(j\omega)$（即 $G(j\omega)H(j\omega)$）联系起来，从而将系统特性由复域引入频域来分析。具体地说，它是通过 $G_k(j\omega)$ 的 Nyquist 图，利用图解法来判别闭环系统的稳定性的。它从代数判据脱颖而出，是一种几何判据。这一判据在控制工程中得到了广泛的采用，闭环系统的绝对稳定性可以由开环频率曲线（即 $G(j\omega)H(j\omega)$ 曲线）图解确定，而无须实际确定闭环极点。由解析的方法，或者由实验的方法获得的开环频率响应曲线，均可用来进行稳定性的分析。这是一种十分方便、实用的方法，因此，Nyquist 稳定判据又称为频域法判据。

根据频域内的稳定性判据（Nyquist 稳定判据），还能指出系统的稳定性储备——相对稳定性；若系统不稳定，Nyquist 稳定判据还能如 Routh 稳定判据那样，指出系统不稳定的闭环极点的个数，即具有正实部的特征根的个数。此外，Nyquist 判据还能方便地调整系统参数，从而提高系统的相对稳定性。

一、幅角原理（Cauchy 定理）

Nyquist 稳定判据是建立在复变函数中的幅角原理基础之上的。

幅角原理是利用复变函数 $F(s)$ 将平面 $[s]$ 上的闭合曲线或轨迹映射转换到另一平面上。

设有一复变函数

$$F(s) = \frac{K(s-z_1)(s-z_2)\cdots(s-z_m)}{(s-p_1)(s-p_2)\cdots(s-p_n)} \tag{5-10}$$

式中，s——复变量，以 $[s]$ 复平面上的 $s = \sigma + j\omega$ 表示；

$F(s)$——复变函数，以 $[F(s)]$ 复平面上的 $F(s) = u + jv$ 表示。

设 $F(s)$ 是在 $[s]$ 平面上除有限个奇点外的任一点 s 的解析函数（即单值连续的正则函数），则对于 $[s]$ 平面上任意一点，在 $[F(s)]$ 平面上必有一个映射点与之对应。因此，若 $[s]$ 平面上任意选定一条闭合封闭曲线 L_s，使其不经过 $F(s)$ 的任一奇点（即任何零点和极点），则在 $[F(s)]$ 平面上必有一条封闭曲线 L_F 与之对应，如图 5-6 所示。L_F 的运动方向或是顺时针，或是逆时针，这取决于 $F(s)$ 本身的特性。这里需要注意的重点不是映射曲线的形状，而是它是否包围 $[F(s)]$ 平面的坐标原点，以及包围原点的方向和圈数，因为这与系统的稳定性密切相关。

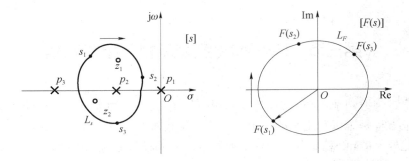

图 5-6 [s] 平面与 [F(s)] 平面的映射关系

将 $F(s)$ 写成 s 多项式分式的形式，即

$$F(s) = \frac{K(s-z_1)(s-z_2)...(s-z_m)}{(s-p_1)(s-p_2)...(s-p_n)} = |F(s)| e^{j\angle F(s)}$$

式中，

$$|F(s)| = K \frac{\prod\limits_{i=1}^{m} |s-z_i|}{\prod\limits_{j=1}^{n} |s-p_j|}$$

$$\angle F(s) = \sum_{i=1}^{m} \angle(s-z_i) - \sum_{j=1}^{n} \angle(s-p_j) = \sum_{i=1}^{m} \varphi_{z_i} - \sum_{j=1}^{n} \varphi_{p_j}$$

若封闭曲线 L_s 内只包围了 $F(s)$ 的一个零点，而其他零、极点均位于 L_s 之外，如图 5-7（a）所示，则当 s 沿着 L_s 顺时针运动一圈时，向量 $(s-z_i)$ 的相位角变化 -2π（这里定义逆时针旋转的角度为正），而其他各向量的角度变化为零，$F(s)$ 的相位角变化为 -2π。或者说，$F(s)$ 在 $[F(s)]$ 平面沿 L_F 绕原点顺时针旋转了一圈，如图 5-7（b）所示。依此类推，若 L_F 包围了 P 个极点，则在 $[F(s)]$ 平面上的映射轨迹 L_F 将绕原点逆时针旋转 P 圈。

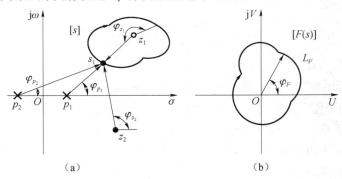

（a）　　　　　　　　　　　　　（b）

图 5-7 L_s 包围零点时的映射

综上所述，可得幅角定理：设 $[s]$ 平面上封闭曲线 L_s 包围 $F(s)$ 的 Z 个零点和 P 个极点，并且该封闭曲线不经过 $F(s)$ 的任一零点和极点，则当复变量 s 沿着封闭曲线按顺时针方向移动一圈时，在 $[F(s)]$ 平面上的映射曲线绕原点顺时针转过 N 圈，即 $N = Z - P$。若 $N > 0$，则表示顺时针旋转 N 圈；若 $N < 0$，则表示逆时针旋转 N 圈。

二、Nyquist 稳定判据

1. [*s*] 平面虚轴上无开环极点

设闭环系统的开环传递函数为

$$G_k(s) = G(s)H(s) = \frac{K^*(s-z_1)(s-z_2)\cdots(s-z_m)}{(s-p_1)(s-p_2)\cdots(s-p_n)} \ (n \geqslant m) \qquad (5\text{-}11)$$

其中，K^* 为系统的开环根轨迹增益，由于各因式常数项不均为 1，故 K^* 不等于开环增益 K；系统的闭环传递函数为

$$\Phi(s) = \frac{G(s)}{1+G(s)H(s)}$$

若系统的特征方程为

$$1+G(s)H(s) = 0$$

令

$$F(s) = 1+G(s)H(s)$$

则

$$\begin{aligned}
F(s) &= 1 + \frac{K^*(s-z_1)(s-z_2)\cdots(s-z_m)}{(s-p_1)(s-p_2)\cdots(s-p_n)} \ (n \geqslant m)\\
&= \frac{(s-p_1)(s-p_2)\cdots(s-p_n) + K(s-z_1)(s-z_2)\cdots(s-z_m)}{(s-p_1)(s-p_1)\cdots(s-p_n)}\\
&= \frac{(s-s_1)(s-s_2)\cdots(s-s_n)}{(s-p_1)(s-p_2)\cdots(s-p_n)}
\end{aligned}$$

式中，$s_1, s_2, \cdots, s_n$——复变函数 $F(s)$ 的零点。由此可见，$F(s)$ 的零点即为系统闭环传递函数 $\Phi(s)$ 的极点；$F(s)$ 的极点即为开环传递函数 $G_k(s)$ 的极点。

线性定常系统稳定的充分必要条件：闭环系统的特征方程 $1+G(s)H(s)=0$ 的全部根具有负实部，即 $\Phi(s)$ 在 [s] 平面的右半平面没有极点，也就是 $F(s)$ 在 [s] 平面的右半平面没有零点。

选择一条封闭曲线 L_s 包围整个 [s] 平面的右半平面。这一封闭曲线 L_s 称为 [s] 平面上的 Nyquist 轨迹。当 ω 由 $-\infty$ 变到 $+\infty$ 时，Nyquist 轨迹的方向为顺时针方向，如图 5-8 所示。

若 $F(s) = 1+G(s)H(s)$ 在 [s] 右半平面有 Z 个零点和 P 个极点，由幅角原理可知，当 s 沿 [s] 平面上的 Nyquist 轨迹移动一圈时，在 [F(s)] 平面上的映射曲线 L_F 将顺时针包围原点 $N=Z-P$ 圈。

由于 $F(s)-1 = G(s)H(s)$，因此，$F(s)$ 的映射曲线 L_F 包围原点的圈数就等于 $G(s)H(s)$ 的映射曲线 L_{GH} 包围点 $(-1, j0)$ 的圈数，如图 5-9 所示。

闭环系统稳定的充要条件是 $F(s)$ 在 [s] 平面的右半平面无零点，即 $Z=0$。若 $G(s)H(s)$ 的 Nyquist 轨迹逆时针包围点 $(-1, j0)$ 的圈数等于其在 [s] 右半平面的极点数 P，即 $N=P$，则由 $N=Z-P$ 得出 $Z=0$，闭环系统稳定。

综上所述，Nyquist 稳定判据（以下简称为奈氏判据）表述为：如果开环传递函数 $G(s)H(s)$ 在 [s] 右半平面上有 P 个极点，当 ω 由 $-\infty$ 变到 $+\infty$ 时，[GH] 平面上的开环频率特性 $G(j\omega)H(j\omega)$ 逆时针包围点 $(-1, j0)$ P 圈，则闭环系统稳定；反之，闭环系统就不稳定。

奈氏判据也可以表述为：如果开环传递函数 $G(s)H(s)$ 在[s]右半平面上有 P 个极点，当 ω 由 0 变化到 $+\infty$ 时，[GH]平面上的开环频率特性 $G(j\omega)H(j\omega)$ 逆时针包围点 $(-1, j0)$ $P/2$ 圈，则闭环系统稳定；反之，闭环系统就不稳定。

若开环系统稳定，即 $P=0$，则此时闭环系统稳定的充分必要条件是系统的开环频率特性 $G(j\omega)H(j\omega)$ 不包围点 $(-1, j0)$。

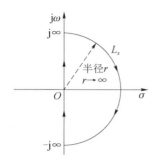

图 5-8　Nyquist 曲线

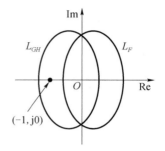

图 5-9　[GH]平面上的 L_{GH} 与[$F(s)$]平面上的 L_F 对应

例 5-10　已知开环传递函数 $G(s)H(s) = \dfrac{K}{(T_1 s + 1)(T_2 s + 1)}$ $(K > 0)$，试用奈氏判据判别系统的稳定性。

解： 当 $\omega = 0$ 时，$\left| G(j\omega)H(j\omega) \right| = K$，　$\angle G(j\omega)H(j\omega) = 0°$；

当 $\omega = \infty$ 时，$\left| G(j\omega)H(j\omega) \right| = 0$，　$\angle G(j\omega)H(j\omega) = -180°$。

系统的 Nyquist 图如图 5-10 所示，因为 $G(s)H(s)$ 在[s]平面的右半平面无极点，即 $P=0$，且系统的 Nyquist 曲线不包围点 $(-1, j0)$，因此无论 K 取何正值，系统总是稳定的。

例 5-11　已知开环传递函数 $G(s)H(s) = \dfrac{K}{Ts - 1}$，试用奈氏判据确定闭环系统稳定的 K 的范围。

解： 开环频率特性为

$$G(j\omega)H(j\omega) = \frac{K}{jT\omega - 1}$$

幅频特性和相频特性分别为

$$\left| G(j\omega)H(j\omega) \right| = \frac{K}{\sqrt{1 + T^2 \omega^2}}$$

$$\angle G(j\omega)H(j\omega) = -180° + \arctan T\omega$$

系统的 Nyquist 图如图 5-11 所示，该系统 $P=1$，由图 5-11 可见，若 $G(j\omega)H(j\omega)$ 按逆时针方向绕点 $(-1, j0)$ 一圈，则闭环系统稳定，为此要求 $K>1$；若 $K<1$，则闭环系统不稳定。由此可见，对于开环不稳定系统，闭环后有可能稳定，也有可能不稳定。

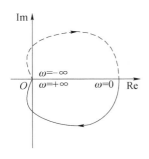

图 5-10 例 5-10 图

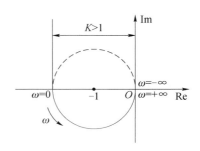

图 5-11 例 5-11 图

例 5-12 已知系统开环传递函数为

$$G(s) = \frac{10(s^2 - 2s + 5)}{(s+2)(s-0.5)}$$

试概略绘制幅相特性曲线，并根据奈氏判据判定闭环系统的稳定性。

解： 作出系统开环零、极点分布图，如图 5-12（a）所示。$G(j\omega)$ 的起点、终点分别为

$$G(j0) = 50\angle 180^\circ$$
$$G(j\infty) = 10\angle 0^\circ$$

$G(j\omega)$ 与实轴的交点为

$$G(j\omega) = \frac{10(5 - \omega^2 - j2\omega)}{(2 + j\omega)(-0.5 + j\omega)}$$
$$= \frac{10\left[-(5-\omega^2)(1+\omega^2) + 3\omega^2 + j\omega(-5.5 + 3.5\omega^2)\right]}{(1+\omega^2)^2 + (1.5\omega)^2}$$

令 $\text{Im}[G(j\omega)] = 0$，可解出

$$\omega_0 = \sqrt{5.5/3.5} \approx 1.254$$

代入实部，有

$$\text{Re}[G(j\omega_0)] \approx -4.037$$

概略绘制幅相特性曲线，如图 5-12（b）所示。根据奈氏判据，有

$$Z = P - 2N = 1 - 2\left(\frac{-1}{2}\right) = 2$$

所以闭环系统不稳定。

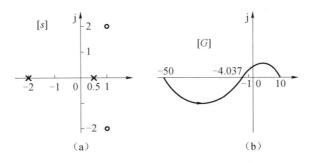

图 5-12 例 5-12 图

2. [s] 平面原点处有开环极点

如果开环传递函数 $G(s)H(s)$ 在原点有一个极点，由于[s]平面上的 Nyquist 轨迹不能经过开环极点，这时应以半径为无穷小的圆弧逆时针绕过开环极点所在的原点，如图 5-13 所示。

设系统的开环传递函数为

$$G(s)H(s) = \frac{K\prod\limits_{i=1}^{m}(T_i s+1)}{s^v\prod\limits_{j=1}^{n-v}(T_j s+1)} \qquad (n \geqslant m)$$

式中，v——串联积分环节的数目，当沿着无穷小半圆逆时针方向移动时，有 $s = \lim\limits_{r\to 0}re^{j\theta}$，映射到 [GH] 平面的曲线可以按下式求得：

$$G(s)H(s)\Big|_{s=\lim\limits_{r\to 0}re^{j\theta}} = \frac{K\prod\limits_{i=1}^{m}(T_i s+1)}{s^v\prod\limits_{j=1}^{n-v}(T_j s+1)}\Bigg|_{s=\lim\limits_{r\to 0}re^{j\theta}} = \lim\limits_{r\to 0}\frac{K}{r^v}e^{-jv\theta} = \infty e^{-jv\theta}$$

当 s 沿小半圆从 $\omega=0^-$ 变化到 $\omega=0^+$ 时，θ 角从 $-\dfrac{\pi}{2}$ 经 $0°$ 变化到 $\dfrac{\pi}{2}$，这时 $G(s)H(s)$ 平面上的 Nyquist 轨迹沿无穷大半径按顺时针方向从 $\omega=0^-$ 转过 $v\pi$ 到 $\omega=0^+$。即如果有 v 个开环极点 $-\dfrac{\pi}{2}$ 在[s]平面的原点处，则 $G(s)H(s)$ 平面上的 Nyquist 轨迹将沿顺时针方向从 $-v\dfrac{\pi}{2}$ 转到 $v\dfrac{\pi}{2}$。

例 5-13　图 5-14 为系统 $P \neq 0$ 时的 Nyquist 图，开环传递函数为

$$G(s)H(s) = \frac{K(s+3)}{s(s-1)} \quad (K>1)$$

试根据奈氏判据判别系统的稳定性。

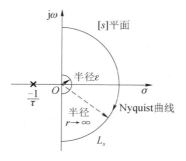
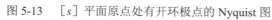

图 5-13　[s] 平面原点处有开环极点的 Nyquist 图

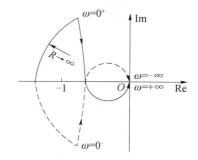

图 5-14　例 5-13 图

解：因为 $G(s)H(s)$ 在[s]平面的右半平面有一个极点 $s=1$，所以 $P=1$。当 ω 由 $-\infty$ 变化到 $+\infty$ 时，由于开环 Nyquist 轨迹逆时针包围点 $(-1, j0)$ 一圈，因此闭环系统是稳定的。由于 $G(s)H(s)$ 的分母中含有一个积分环节，所以当 ω 由 $-\infty$ 变化到 $+\infty$ 时，以无穷小半径圆经过原点，映

射到[GH]平面就是半径为∞、按顺时针方向从$-\dfrac{\pi}{2}$变化到$\dfrac{\pi}{2}$的圆弧。

3. 奈氏判据的几点说明

（1）奈氏判据是基于幅角定理通过开环频率特性曲线相对于点$(-1, j0)$的包围情况来判别闭环系统的稳定性的。这是因为闭环特征多项式为$F(s) = 1 + G(s)H(s)$，而$F(s)$包围$[s]$平面原点的情况与$G(s)H(s)$在$[GH]$平面包围点$(-1, j0)$的情况完全相同，因此用$G(j\omega)H(j\omega)$曲线包围点$(-1, j0)$的情况同样可以反映闭环系统的固有特性。

（2）用奈氏判据判别闭环系统稳定性的基本公式是$Z = N + P$，式中Z的数值等于$1 + G(s)H(s)$在右半$[s]$平面上的零点数；N的数值等于对$(-1, j0)$点顺时针包围的次数；P的数值等于函数$G(s)H(s)$在右半平面上的极点数。判别步骤如下：首先要确定开环是否稳定，即P是多少；然后绘出开环频率特性$G(j\omega)H(j\omega)$的Nyquist图，根据其围绕点$(-1, j0)$的情况确定包围圈数N，$N>0$表示逆时针旋转，$N<0$表示顺时针旋转；最后再根据$N = Z - P$确定Z是否为零，$Z = 0$表示闭环系统稳定，$Z \neq 0$表示闭环系统不稳定。

（3）如果$G(j\omega)H(j\omega)$的轨迹通过点$(-1, j0)$，则特征方程的零点或闭环极点将位于$j\omega$轴上，这是实际系统所不希望的。对于设计得很好的闭环系统，特征方程的根不会位于$j\omega$轴上。

（4）开环频率特性$G(j\omega)H(j\omega)$的Nyquist图是以实轴为对称轴的，由此一般只需给出ω由0到$+\infty$变化的曲线即可判别闭环系统的稳定性。

4. 具有延迟环节系统的稳定性分析

开环传递函数含有一个延迟环节时，仍可采用奈氏判据判断系统的稳定性。图5-15为具有延迟环节的系统框图。

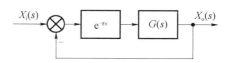

图5-15　具有延迟环节的系统框图

系统的开环传递函数为

$$G_k(s) = G(s)e^{-\tau s}$$

开环频率特性为

$$G_k(j\omega) = G(j\omega)e^{-j\tau\omega}$$

幅频特性和相频特性为

$$\left|G_k(j\omega)\right| = \left|G(j\omega)\right|$$
$$\angle G_k(j\omega) = \angle G(j\omega) - \tau\omega$$

延迟环节不改变系统的幅频特性，仅使相频特性发生变化，不利于系统的稳定性。

5. 对数奈氏判据

根据奈氏判据，若控制系统的开环是稳定的，闭环系统稳定的充要条件是开环频率特性不包围点$(-1, j0)$。若将极坐标图（Nyquist图）转换成对数坐标图，则两种坐标图之间有如下对应关系。

（1）Nyquist图上的单位圆$\left|G(j\omega)H(j\omega)\right| = 1$，对应于Bode图上的0dB线，即对数幅频特性图的横轴。单位圆之外，$\left|G(j\omega)H(j\omega)\right| > 1$，对应于对数幅频特性图的0dB线以上。

（2）Nyquist 图上的负实轴相当于对数相频特性图上的 −180° 线。

Nyquist 图与单位圆交点的频率，即对数幅频特性曲线与横轴交点的频率，称为剪切频率或幅值穿越频率，用 ω_c 表示。Nyquist 图与负实轴交点的频率，即对数相频特性曲线与 −180° 线交点的频率，称为相位穿越频率，记为 ω_g。

于是，在 Nyquist 图上，若开环频率响应按逆时针方向包围点 $(-1, j0)$ 一圈，则 $G(j\omega)H(j\omega)$ 必然从上而下穿越负实轴的 −1 至 −∞ 线段一次，因为伴随这种穿越的相移 $\angle G(j\omega)H(j\omega)$ 将产生增量，所以称为正穿越。相反，若开环频率响应按顺时针方向包围 Nyquist 图上的点 $(-1, j0)$ 一圈，$G(j\omega)H(j\omega)$ 必然从下而上穿越负实轴的 −1 至 −∞ 线段一次，因为伴随这种穿越的相移 $\angle G(j\omega)H(j\omega)$ 将产生负增量，所以称为负穿越，如图 5-16 所示。

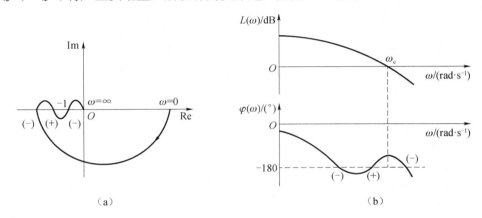

图 5-16　Nyquist 图与 Bode 图之间的对应关系

对数奈氏判据表述为：如果开环系统在[s]平面的右半平面有 P 个极点，则闭环系统稳定的充要条件是，在对数幅频特性为正的所有频段内，相频特性曲线在 −180° 线上的正、负穿越之差为 $P/2$，其中，P 为位于[s]平面右半部的开环极点数目。

如果开环系统是稳定的，即 $P=0$，则在对数幅频特性为正的所有频段内，相频特性曲线不穿越 −180° 线，闭环系统稳定。

对数奈氏判据也可以表述为：若开环系统稳定，即 $P=0$，开环对数幅频特性比其对数相频特性先交于横轴，即 $\omega_c < \omega_g$，则闭环系统稳定；若开环对数幅频特性比其对数相频特性后交于横轴，即 $\omega_c > \omega_g$，则闭环系统不稳定；若 $\omega_c = \omega_g$，则闭环系统临界稳定。

第四节　控制系统的相对稳定性

设计控制系统时，要求它必须稳定，这是控制系统能够正常工作的必要条件，在此基础上，系统还必须具备适当的相对稳定性。Nyquist 图不仅表明了系统是否稳定，而且它还表明了系统的稳定程度。如果需要的话，Nyquist 图还能提供关于如何改善稳定性的信息。

从 Nyquist 稳定判据可推知：若 $P=0$，且闭环系统稳定，则 Nyquist 轨迹离点 $(-1, j0)$ 越远，其闭环系统的稳定性越高；开环 Nyquist 轨迹离点 $(-1, j0)$ 越近，其闭环系统的稳定性越低。

系统的相对稳定性可以通过开环 Nyquist 曲线对点 $(-1, j0)$ 的靠近程度来表征。定量表示通常用相位裕量 γ 和幅值裕量 K_g 来衡量，如图 5-17 所示。

一、相位裕量 γ

如图 5-17 所示，Nyquist 曲线与单位圆交点的频率定义为幅值穿越频率（或剪切频率）ω_c，因此有

$$A(\omega_c) = |G(j\omega_c)H(j\omega_c)| = 1$$
$$L(\omega_c) = 20\lg A(\omega_c) = 20\lg|G(j\omega_c)H(j\omega_c)| = 0\text{dB}$$

在 $\omega = \omega_c$ 时，使系统达到不稳定边缘所需要附加的相位滞后量称为相位裕量。相位裕量 γ 等于剪切频率 ω_c 处的相频特性 $\varphi(\omega_c)$ 距 $-180°$ 线的相位差，即

$$\gamma = 180° + \varphi(\omega_c)$$

在 Nyquist 图中，如图 5-17（a）、（c）所示，相位裕量 γ 即为 $\omega = \omega_c$ 处对负实轴的相位差值。对于稳定系统，该点应在负实轴以下，如图 5-17（a）所示；反之，对于不稳定系统，该点应在负实轴以上，如图 5-17（c）所示。

在相应的在 Bode 图上，如图 5-17（b）、（d）所示，在 $\omega = \omega_c$ 时，对数相频特性曲线距 $-180°$ 线的相位差值即为相位裕量。对于稳定系统，$\varphi(\omega_c)$ 必在 Bode 图 $-180°$ 线以上，即为正相位裕量；对于不稳定系统，$\varphi(\omega_c)$ 必在 Bode 图 $-180°$ 线以下，即为负相位裕量。

若使最小相位系统稳定，相位裕量 γ 必须为正值。

二、幅值裕量 K_g

如图 5-17 所示，Nyquist 曲线与负实轴的交点频率为相位穿越频率 ω_g。在相位等于 $-180°$ 的频率 ω_g 上，开环幅频特性 $|G(j\omega_g)H(j\omega_g)|$ 的倒数称为系统的幅值裕量，即

$$K_g = \frac{1}{|G(j\omega_g)H(j\omega_g)|}$$

在 Bode 图上，幅值裕量以分贝（dB）表示即

$$K_g(\text{dB}) = 20\lg K_g = -20\lg|G(j\omega_g)H(j\omega_g)|$$

对于稳定系统，当增益裕量以分贝表示时，$K_g(\text{dB})$ 必在 0dB 线以下，$K_g(\text{dB}) > 0$，即为正幅值裕量；对于不稳定系统，$K_g(\text{dB})$ 必在 0dB 线以上，$K_g(\text{dB}) < 0$，即为负幅值裕量。

因此，对于开环为 $P = 0$ 的闭环系统来说，开环频率特性 $G(j\omega_g)H(j\omega_g)$ 具有正幅值裕量与正相位裕量时，闭环系统稳定。幅值裕量与相位裕量越大，则系统的相对稳定性越好。

在工程控制实践中，一般希望

$$\gamma(\omega_c) = 30° \sim 60°$$
$$K_g(\text{dB}) > 6\text{dB}$$

在实际系统中，在判断系统相对稳定性时，分析相位裕量与幅值裕量时，需注意以下几点：

相位裕量和幅值裕量应同时进行考虑，其中一项达到要求并不能说明系统的稳定储备满足。对于最小相位系统，应具有正相位裕量和正幅值裕量。最小相位系统幅值和相位有确定

的对应关系，要求达到 $\gamma(\omega_c)=30°\sim60°$，$K_g(\mathrm{dB})>6\mathrm{dB}$，则在幅值穿越频率处的斜率应大于 $-40\mathrm{dB/dec}$，一般应为 $-20\mathrm{dB/dec}$，否则相位裕量无法达到。

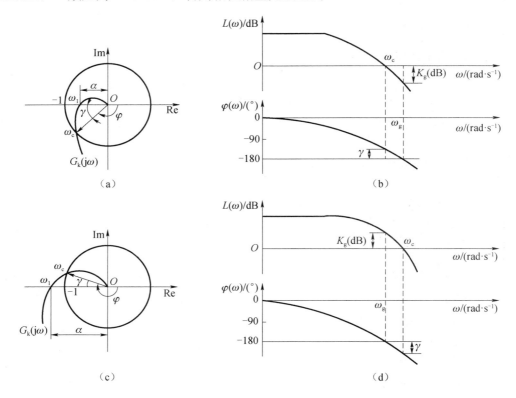

图 5-17　相角裕量与幅值裕量

应当着重指出，对于非最小相位系统，除非 $G(\mathrm{j}\omega)$ 图不包围-1+j0 点，否则稳定条件是不能满足的。因此，稳定的非最小相位系统将具有负的相位和幅值裕量。

对于二阶振荡系统，理论上不可能不稳定，但如果有延时环节存在，则一阶或二阶系统也可能变成不稳定。

幅值穿越频率为

$$\omega_c=\omega_n\sqrt{\sqrt{1+4\xi^4}-2\xi^2}$$

相位裕量为

$$\gamma=\arctan\frac{2\xi}{\sqrt{\sqrt{1+4\xi^4}-2\xi^2}}$$

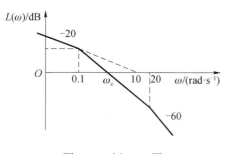

图 5-18　例 5-14 图

例 5-14 某最小相角系统的开环对数幅频特性如图 5-18 所示。

（1）写出系统开环传递函数；

（2）利用相角裕度判断系统的稳定性；

（3）将其对数幅频特性向右平移十倍频程，试讨论对系统性能的影响。

解：（1）系统开环传递函数为

$$G(s) = \frac{10}{s\left(\dfrac{s}{0.1}+1\right)\left(\dfrac{s}{20}+1\right)}$$

（2）系统的开环相频特性为

$$\varphi(\omega) = -90° - \arctan\frac{\omega}{0.1} - \arctan\frac{\omega}{20}$$

可求出剪切频率为

$$\omega_c = \sqrt{0.1 \times 10} = 1\text{rad}/\text{s}$$

相角裕度为

$$\gamma = 180° + \varphi(\omega_c) \approx 2.85°$$

故系统稳定。

（3）将其对数幅频特性向右平移十倍频程后，可得系统新的开环传递函数为

$$G(s) = \frac{100}{s(s+1)\left(\dfrac{s}{200}+1\right)}$$

可求出剪切频率为

$$\omega_{c1} = 10\omega_c = 10\text{ rad/s}$$

相角裕度为

$$\gamma_1 = 180° + \varphi(\omega_{c1}) \approx 2.85° = \gamma$$

故系统稳定性不变。由时域指标估算公式可得

$$M_p = 0.16 + 0.4\left(\frac{1}{\sin\gamma}-1\right) = M_{p_1}$$

$$t_s = \frac{K_0\pi}{\omega_c} = \frac{K_0\pi}{10\omega_{c1}} = 0.1t_{s1}$$

所以，系统的超调量不变，调节时间缩短，动态响应加快。

例 5-15 若控制系统的开环传递函数为

$$G(s)H(s) = \frac{K}{s(1+T_1s)(1+T_2s)}$$

试求：（1）不同 K 值时系统的稳定性；

（2）当 $T_1=1$，$T_2=0.2$ 和 $K=0.75$ 时系统的幅值裕量。

解： 系统的开环频率特性为

$$\begin{aligned}G(\mathrm{j}\omega)H(\mathrm{j}\omega) &= \frac{K}{\mathrm{j}\omega(1+T_1\mathrm{j}\omega)(1+T_2\mathrm{j}\omega)}\\&= U(\omega) + \mathrm{j}V(\omega)\end{aligned}$$

对应于不同的 K 值，系统的开环幅相特性曲线如图 5-19 所示。

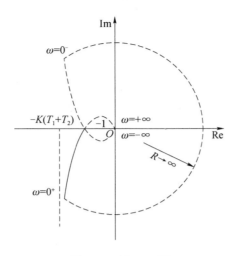

图 5-19　例 5-15 图

开环幅相特性曲线与负实轴交点处的频率为 ω_2，令开环幅相特性的虚部 $V(\omega)=0$，可得

$$\omega_2 = \frac{1}{\sqrt{T_1 T_2}}$$

若使系统稳定，必须满足开环幅相特性曲线不包围点 $(-1, j0)$，即

$$U(\omega_2) = -\frac{KT_1T_2}{(T_1+T_2)} > -1$$

即

$$K < \frac{T_1+T_2}{T_1 T_2}$$

由此可见，当 $K < \dfrac{T_1+T_2}{T_1 T_2}$ 时，开环幅相特性曲线不包围点 $(-1, j0)$，闭环系统稳定；当

$K = \dfrac{T_1+T_2}{T_1 T_2}$ 时，开环幅相特性曲线正好穿过点 $(-1, j0)$，闭环系统临界稳定；当 $K > \dfrac{T_1+T_2}{T_1 T_2}$ 时，

开环幅相特性曲线包围点 $(-1, j0)$，闭环系统不稳定。

系统的幅相裕量定义为开环幅相特性曲线与负实轴交点处幅值的倒数，即

$$K_g = \left(\frac{KT_1T_2}{T_1+T_2} \right)^{-1}$$

将 T_1=1，T_2=0.2 和 K=0.75 代入上式，得

$$K_g = 8, \quad K_g(\mathrm{dB}) = 20\lg 8\mathrm{dB} \approx 18\mathrm{dB}$$

例 5-16　若单位反馈系统的开环传递函数为

$$G(s) = \frac{K}{s(s+1)(0.1s+1)}$$

试求：（1）使系统幅值裕量 $K_g(\mathrm{dB}) = 20\mathrm{dB}$ 的 K 值；

（2）使系统相位裕量 $\gamma = 60°$ 的 K 值。

解：（1）系统的开环频率特性为

$$G(\mathrm{j}\omega) = \frac{K}{\mathrm{j}\omega(\mathrm{j}\omega+1)(0.1\mathrm{j}\omega+1)} = U(\omega) + \mathrm{j}V(\omega)$$

令 $\varphi(\omega_0) = -180°$，可得

$$-90° - \arctan\omega_\mathrm{g} - \arctan 0.1\omega_\mathrm{g} = -180°$$

$$\arctan\omega_\mathrm{g} + \arctan 0.1\omega_\mathrm{g} = 90°$$

$$\omega_\mathrm{g} \cdot 0.1\omega_\mathrm{g} = 1$$

$$\omega_\mathrm{g} = \sqrt{10}$$

$$\left|G(\mathrm{j}\omega)\right| = \frac{K}{\omega_\mathrm{g}\sqrt{1+\omega_\mathrm{g}^2}\sqrt{1+0.01\omega_\mathrm{g}^2}} = \frac{K}{11}$$

系统幅值裕量 $K_\mathrm{g}(\mathrm{dB}) = 20\mathrm{dB}$，即

$$K_\mathrm{g}(\mathrm{dB}) = -20\lg\left|G(\mathrm{j}\omega)\right| = -20\lg\left(\frac{K}{11}\right) = 20(\mathrm{dB})$$

解得 $K=1.1$。

（2）系统的幅频特性和相频特性分别为

$$\left|G(\mathrm{j}\omega)\right| = \frac{K}{\omega\sqrt{1+\omega^2}\sqrt{1+0.01\omega^2}}$$

$$\varphi(\omega) = -90° - \arctan\omega - \arctan 0.1\omega$$

由已知条件可得

$$\gamma = 180° + \varphi(\omega_\mathrm{c}) = 90° - \arctan\omega_\mathrm{c} - \arctan 0.1\omega_\mathrm{c} = 60°$$

即

$$\arctan\omega_\mathrm{c} + \arctan 0.1\omega_\mathrm{c} = 30°$$

解得 $\omega_\mathrm{c} \approx 0.5$，代入幅频特性表达式 $\left|G(\mathrm{j}\omega_\mathrm{c})\right| = 1$，可得

$$K \approx 0.574$$

第五节 MATLAB 在系统稳定性中的应用

MATLAB 提供了直接求取系统中所有零、极点的函数，因此可以直接根据零、极点的分布情况对系统的稳定性进行判断。另外 MATLAB 提供了计算系统稳定裕度的函数，反映了系统在闭环时的相对稳定性。

例 5-17 已知单位负反馈系统的开环传递函数为 $G(s) = \dfrac{2(s+10)}{s(s+2)(s+3)(s+8)}$，试用 MATLAB 编写程序判断闭环系统的稳定性，并绘制闭环系统的零、极点图。

解： MATLAB 的程序代码如下：

```
z=-10;p=[0,-2,-3,-8];k=2;        %开环零点、极点和增益
```

```
Go=zpk(z,p,k);                    % 建立零、极点形式的开环传递函数
Gc=feedback(Go, 1);               % 单位负反馈连接
Gctf=tf(Gc);                      % 建立闭环传递函数
dc=Gctf.den;                      % 获取闭环传递函数的特征多项式
dens=poly2str(dc{1}, 's')         % 将特征多项式系数转换为字母形式的函数
p=roots(dc{1})                    % 求特征根
pzmap(Gctf)                       % 绘制零、极点图
grid
```

程序运行结果如下：

```
dens =0 s^4 + 13 s^3 + 46 s^2 + 50 s + 20
p =   -7.9831 + 0.0000i
      -3.5341 + 0.0000i
      -0.7414 + 0.3990i
      -0.7414 - 0.3990i
```

可见，系统只有负实部特征根，因此闭环系统是稳定的。系统的零、极点分布如图 5-20 所示。

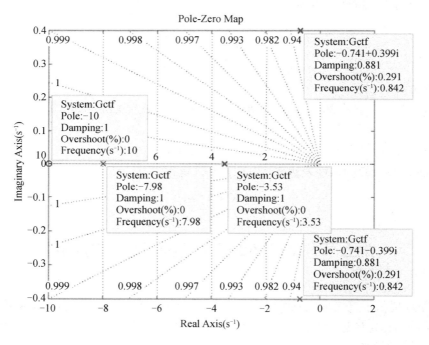

图 5-20　例 5-17 系统零、极点分布图

例 5-18　已知系统开环传递函数为 $G(s)=\dfrac{5(0.0167s+1)}{s(0.03s+1)(0.0025s+1)(0.001s+1)}$，试计算系统的相位裕量和幅值裕量，并绘制 Bode 图。

解： MATLAB 的程序代码如下：

```
         num=5*[0.0167, 1];                                    %  传 递 函 数 分
子多项式系数行向量
         den=conv(conv([1,0],[0.03 1]), conv([0.0025,1],[0.001,1]));   %  传 递 函 数 分 母
         G=tf(num,den);                                        %  传 递 函 数
         bode(G);                                              %  绘 制 Bode 图
         grid;                                                 %  添 加 栅 格
         [Gm, Pm, Wcg, Wcp]=margin(G)                          %  求 稳 定 裕 量
```

程序运行结果如下：

```
    Gm  =   455.2548
    Pm  =    85.2751
    Wcg =   602.4232
    Wcp =     4.9620
```

由运行结果可知，系统幅值裕量 K_g=455.2548，相位裕量γ=85.2751°，相角穿越频率 $\omega_g = 602.4232 \text{s}^{-1}$、幅值穿越频率 $\omega_c = 4.9620 \text{s}^{-1}$。

系统 Bode 图如图 5-21 所示。

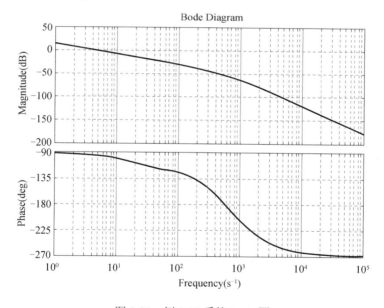

图 5-21　例 5-18 系统 Bode 图

例 5-19　已知系统的开环传递函数为$G(s)=\dfrac{100K}{s(s+5)(s+10)}$，试分别绘制 K=1,10,20 时系统的 Nyquist 图，并利用 Nyquist 稳定判据判断闭环系统的稳定性。

解： MATLAB 的程序代码如下：

```
    z=[];  p=[0,-5,-10];                      %  开环传递函数的零、极点
    k=100.*[1, 10, 20];                       %  开环传递函数的增益
    G=zpk(z,p,k(1)); [re1,im1]=nyquist(G);    %  建立传递函数
```

```
G=zpk(z,p,k(2)); [re2,im2]=nyquist(G);
G=zpk(z,p,k(3)); [re3,im3]=nyquist(G);
plot(re1(:),im1(:),re2(:),im2(:),re3(:),im3(:))  % 绘制 Nyquist 图
grid;  xlabel('Real Axis'); ylabel('Imaginary Axis');
gtext('K=1');gtext('K=10');gtext('K=20');
```

程序运行结果如图 5-22（a）所示。根据 Nyquist 稳定判据，需要判断曲线是否包围点(-1, j0)，所以设定坐标轴范围，增加程序：

```
v=[-5,1,-5,1]; axis(v);                          % 坐标轴范围
```

此时程序运行结果如图 5-22（b）所示，当 $K=1$ 时，开环系统 Nyquist 图不包围点(-1，j0)，根据 Nyquist 稳定判据，该闭环系统稳定；当 $K=10$ 或 $K=20$ 时，开环系统 Nyquist 图包围点(-1，j0)，根据 Nyquist 稳定判据，闭环系统不稳定。

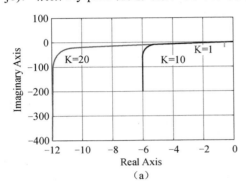 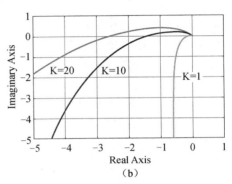

图 5-22　例 5-19 系统 Nyquist 图

思考题与习题

1. 已知系统的特征方程，试判别系统的稳定性，并确定在右半[s]平面根的个数及纯虚根。

（1） $s^5 + 2s^4 + 2s^3 + 4s^2 + 11s + 10 = 0$；

（2） $s^5 + 3s^4 + 12s^3 + 24s^2 + 32s + 48 = 0$；

（3） $s^4 + 10s^3 + 35s^2 + 50s + 24 = 0$；

（4） $s^4 + 2s^3 + 10s^2 + 24s + 80 = 0$。

2. 对于如下特征方程的反馈控制系统，试确定使该系统稳定的 K 值。

（1） $s^3 + 5Ks^2 + (2K+3)s + 10 = 0$；

（2） $s^4 + 22s^3 + 10s^2 + 2s + K = 0$；

（3） $s^3 + (K+0.5)s^2 + 4Ks + 50 = 0$；

（4） $s^4 + 20Ks^3 + 5s^2 + (10+K)s + 15 = 0$。

3．试判断图 5-23 所示系统的稳定性。

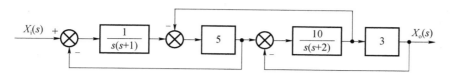

图 5-23　第 3 题图

4．负反馈系统 $G(s) = \dfrac{10}{s(s-1)}$ ，$H(s) = Ks$ ，试确定闭环系统稳定时 K 的取值。

5．单位负反馈系统开环传递函数如下，试确定闭环系统稳定时 K 的取值范围。

（1）$G(s) = \dfrac{K}{s(s+1)(s+2)}$ ；（2）$G(s) = \dfrac{K}{s(s+1)(s+5)}$ 。

6．单位反馈系统的开环传递函数为 $G(s) = \dfrac{K}{s(s+3)(s+5)}$ ，要求系统特征根的实部不大于 -1 ，试确定开环增益的取值范围。

7．对于图 5-24 所示系统，试确定：

（1）使系统稳定时 a 的取值范围；

（2）使系统特征值均落在 [s] 平面中 Re=-1 这条线的左边时 a 的取值范围。

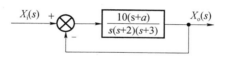

图 5-24　第 7 题图

8．核反应堆石墨棒位置控制闭环系统如图 5-25 所示，其目的在于获得希望的辐射水平，增益 4.4 就是石墨棒位置和辐射水平的变换系数，辐射传感器的时间常数为 0.1s，直流增益为 1，设控制器传递函数 $G_c(s) = 1$ 。

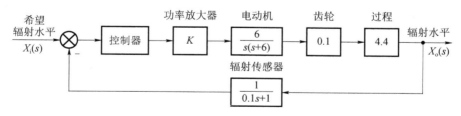

图 5-25　第 8 题图

（1）求使系统稳定的功率放大器增益 K 的取值范围；

（2）设 $K = 20$ ，传感器的传递函数 $H(s) = \dfrac{1}{\tau s + 1}$ （τ 不一定是 0.1），求使系统稳定的 τ 的取值范围。

9．分别确定图 5-26 所示各系统开环放大系数 K 的稳定域，并说明积分环节的数目对系统稳定性的影响。

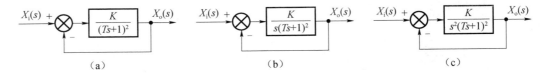

图 5-26　第 9 题图

10．求图 5-27 所示系统稳定时，K_0 的取值范围（$\xi = 0.5$，$\omega_n = 5$）。

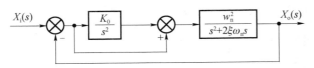

图 5-27　第 10 题图

11．已知系统开环传递函数 $G(s) = \dfrac{10}{s(0.2s^2 + 0.8s - 1)}$，试根据奈氏判据确定闭环系统的稳定性。

12．已知反馈系统，其开环传递函数如下：

（1）$G(s) = \dfrac{100}{s(0.2s + 1)}$；

（2）$G(s) = \dfrac{50}{(0.2s + 1)(s + 2)(s + 0.5)}$；

（3）$G(s) = \dfrac{10}{s(0.1s + 1)(0.25s + 1)}$；

（4）$G(s) = \dfrac{100\left(\dfrac{s}{2} + 1\right)}{s(s + 1)\left(\dfrac{s}{10} + 1\right)\left(\dfrac{s}{20} + 1\right)}$。

试用奈氏判据或对数奈氏判据判断闭环系统的稳定性，并确定系统的相角裕度和幅值裕度。

13．试根据奈氏判据，判断图 5-28 中（a）～（j）所示曲线对应闭环系统的稳定性。已知曲线（1）～（10）对应的开环传递函数如下：

（1）$G(s) = \dfrac{K}{(T_1 s + 1)(T_2 s + 1)(T_3 s + 1)}$；

（2）$G(s) = \dfrac{K}{s(T_1 s + 1)(T_2 s + 1)}$；

（3）$G(s) = \dfrac{K}{s^2(Ts + 1)}$；

（4）$G(s) = \dfrac{K(T_1 s + 1)}{s^2(T_2 s + 1)}$ $(T_1 > T_2)$；

（5）$G(s) = \dfrac{K}{s^3}$；

（6） $G(s) = \dfrac{K(T_1 s + 1)(T_2 s + 1)}{s^3}$;

（7） $G(s) = \dfrac{K(T_5 s + 1)(T_6 s + 1)}{s(T_1 s + 1)(T_2 s + 1)(T_3 s + 1)(T_4 s + 1)}$;

（8） $G(s) = \dfrac{K}{T_1 s - 1}$ $(K > 1)$;

（9） $G(s) = \dfrac{K}{T_1 s - 1}$ $(K < 1)$;

（10） $G(s) = \dfrac{K}{s(Ts - 1)}$ 。

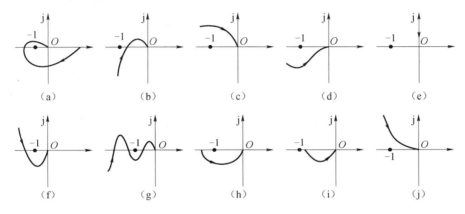

图 5-28 第 13 题图

14．对于典型二阶系统，已知参数 $\omega_n = 3$ ， $\xi = 0.7$ ，试确定剪切频率 ω_c 和相角裕度 γ 。

15．已知系统开环传递函数如下，分别画出 Bode 图，并求出相角裕量和幅值裕量，判断其稳定性。

（1） $G(s)H(s) = \dfrac{250}{s(0.03s + 1)(0.0047s + 1)}$;

（2） $G(s)H(s) = \dfrac{1 - 2s}{(2s + 1)(s + 1)}$ 。

16．设单位反馈控制系统开环传递函数为

$$G(s) = \dfrac{10K(s + 0.5)}{s^2(s + 2)(s + 10)}$$

（1）试画出 K=1 和 K=10 时的开环 Bode 图；

（2）判断闭环系统的稳定性；

（3）若系统稳定，试从 Bode 图上求出相位裕量和幅值裕量。

17．设单位反馈控制系统开环传递函数为

$$G(s) = \dfrac{as + 1}{s^2}$$

试确定使相位裕量等于 45° 的 a 值。

第六章

控制系统的误差分析与计算

第一节　误差与稳态误差的基本概念

控制系统在输入信号作用下，其输出信号中将含有两个分量。其中一个分量是暂态分量（也称为瞬态分量），它反映控制系统的动态性能，是控制系统的重要特性之一。对于稳定的系统，暂态分量随着时间的增长而逐渐消失，最终将趋于零。另一个分量称为稳态分量，它反映控制系统跟踪输入信号或抑制扰动信号的能力和准确度，它是控制系统的另一个重要特性。对于稳定的系统来说，稳态性能的优劣一般是根据系统反应某些典型输入信号的稳态误差来评价的。稳态误差最终反映了系统跟踪控制信号或者抑制干扰信号的能力。

控制系统的稳态误差是由很多因素造成的，不但与系统本身的结构与参数（即系统的类型）有关，而且还与输入信号的类型有关，输入量的改变不可避免地会引起瞬态过程中的误差，并且还会引起稳态误差。值得注意的是，系统的稳态误差是在系统稳定的条件下定义和推导的。如果系统不稳定，就谈不上稳态误差的问题。

一、稳态误差的概念

设 $X_{\mathrm{or}}(s)$ 是控制系统输出（被控量）的希望值，$X_{\mathrm{o}}(s)$ 是控制系统的实际输出值。我们定义系统输出的希望值与输出的实际值之差为控制系统的误差，记作 $E'(s)$，即

$$E'(s) = X_{\mathrm{or}}(s) - X_{\mathrm{o}}(s) \tag{6-1}$$

对于图 6-1（a）所示的单位反馈系统，输出的希望值就是系统的输入信号。因此，系统的误差为

$$E'(s) = X_{\mathrm{i}}(s) - X_{\mathrm{o}}(s) \tag{6-2}$$

可见，单位反馈系统的误差就是偏差 $E(s)$。但对于图 6-1（b）所示的非单位反馈系统，输出的希望值与输入信号之间存在一个给定的函数关系。这是因为，系统反馈传递函数 $H(s)$ 通常是系统输出量反馈到输入端的测量变换关系。因此，在一般情况下系统输出的希望值与输入信号之间的关系为

$$X_{\mathrm{or}}(s) = \frac{X_{\mathrm{i}}(s)}{H(s)}$$

所以系统误差为

$$E'(s) = \frac{1}{H(s)} X_\text{i}(s) - X_\text{o}(s) \qquad (6\text{-}3)$$

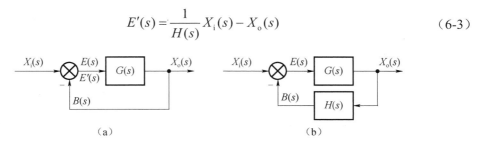

（a）　　　　　　　　　　　　　（b）

图 6-1　控制系统典型结构框图

由图 6-1（b）和式（6-3）不难看出，误差与偏差之间存在如下关系：

$$E'(s) = \frac{1}{H(s)} E(s) \qquad (6\text{-}4)$$

误差是时间 t 的函数，在时间域中以 $\varepsilon(t)$ 表示。所谓稳态误差，是指系统在趋于稳态后的输出希望值 $X_\text{or}(\infty)$ 和实际输出的稳态值 $X_\text{o}(\infty)$ 之差。因此，控制系统稳态误差实质上是误差信号 $\varepsilon(t)$ 的稳态分量 $\varepsilon_\text{ss}(\infty)$，即当时间 t 趋于无穷时 $\varepsilon(t)$ 的极限存在，则稳态误差 ε_ss，为

$$\varepsilon_\text{ss} = \lim_{t \to \infty} \varepsilon(t) \qquad (6\text{-}5)$$

通常利用终值定理来计算稳态误差，即

$$\varepsilon_\text{ss} = \lim_{t \to \infty} \varepsilon(t) = \lim_{s \to 0} s\varepsilon(s) \qquad (6\text{-}6)$$

这样计算稳态误差比求解系统的误差响应 $\varepsilon(t)$ 要简单得多。

终值定理使用条件是 $\varepsilon(t)$ 的拉氏变换式 $E'(s)$ 的全部极点都必须分布在 $[s]$ 平面的左半平面。因此，利用终值定理求稳态误（偏）差，其实质问题可归结为求误（偏）差的拉氏变换式。

而所谓控制系统稳态偏差，实质上是偏差信号 $e(t)$ 的稳态分量 $e_\text{ss}(\infty)$，即当时间 t 趋于无穷时 $e(t)$ 的极限存在，则稳态偏差 e_ss 同样可利用终值定理进行求解，即

$$e_\text{ss} = \lim_{t \to \infty} e(t) = \lim_{s \to 0} sE(s) \qquad (6\text{-}7)$$

由式（6-4）、式（6-6）和式（6-7）知，稳态误差与稳态偏差存在如下关系：

$$\varepsilon_\text{ss} = \lim_{s \to 0} \frac{1}{H(s)} e_\text{ss} = \frac{e_\text{ss}}{H(0)} \qquad (6\text{-}8)$$

对单位反馈而言，误差与偏差定义是一致的。而在非单位反馈系统中，二者定义是有差别的。系统的偏差 $E(s)$ 通常是可以测量的，有一定的实际物理意义；而系统的误差定义为输出的希望值与实际输出信号之差，此定义比较接近误差的理论意义，但它通常不可测量，只有数学意义。根据误差与偏差的定义及其相互关系，通常人们会通过偏差来求解误差，甚至在一些书中所讨论的误差都可以用偏差来表示（在本书中，除特别说明以外，误差 ε_ss、$\varepsilon(t)$、$E'(s)$ 写作偏差 e_ss、$E(s)$、$e(t)$）。

二、稳态误差的产生因素

下面先举例说明稳态误差的产生因素。

1. 随动系统

在图 6-2 所示的随动系统中，要求输出角 θ_2 以一定精度跟踪输入角 θ_1，显然这时输出的希望值就是系统的输入角，故这个随动系统的偏差就是系统的误差。

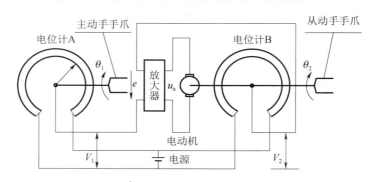

图 6-2　随动系统工作原理图

若系统在平衡状态下（$\theta_2 = \theta_1$），即 $\theta_e = \theta_1 - \theta_2 = 0$，$u_a = 0$，电动机不转，假定在 $t = 0$ 时，输入轴突然转过某一角度 θ_1，如图 6-3（a）所示。由于系统有"惯性"，输出不可能立即跟上输入 θ_1，于是出现误差，此时 $\theta_e = \theta_1 - \theta_2 \neq 0$，相应的 $u_a \neq 0$，电动机就要开始转动，使输出轴跟随输入轴转动，直到 $\theta_2 = \theta_1$，$\theta_e = 0$，$u_a = 0$ 为止。此时，电动机停止转动，系统进入新的平衡状态。这种情况下系统不产生稳态误差。

假定输入轴做等速转动（斜坡输入）显然，这时输出轴仍将跟随输入轴转动，而且，当瞬态过程结束，系统进入新的稳态后，输出轴的转速将等于输入轴的转速，即 $\dot{\theta}_2 = \dot{\theta}_1$，但是 $\theta_2 \neq \theta_1$，即 $\theta_e \neq 0$，如图 6-3（b）所示。因为要使电动机做等速转动，就一定要求其输入端有一定的电压 u，因此放大器的输入电压 u_a 也必不为零，所以 θ_e 也就不为零。其次，假如输入速度增加（其余情况保持不变），那么维持电动机转动的电压亦应增加，因此相应的 u_a 和 θ_e 也增加［图 6-3（c）］。由此可知，稳态误差将随着输入轴转速的增加而加大。

最后，若增大放大器的放大系数，则同样大小的 u 值所需要的 u_a 值就减小，对应的 θ_e 也就减小了。因此，稳态误差随着放大系数的增大而减小。

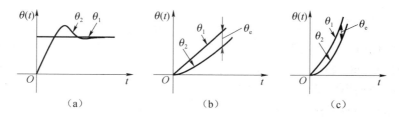

图 6-3　随动系统的响应曲线

由此可见，对这样一个随动系统，系统的稳态误差和外作用的形式、大小有关，也与系统的结构参量（开环放大系数）有关。

2. 电压控制系统

首先研究一个较简单的电压控制系统，其原理图如图 6-4 所示，要求控制发电机发出的电压保持某一恒值。系统的控制信号为 u_r，其大小等于被控制量 u 的希望值。通常它是一个恒值，故此系统是一个恒值系统。作用在系统上的干扰信号为负载的变化。电压控制系统的误差为

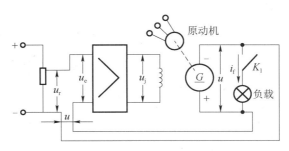

图 6-4　电压控制系统原理图

$$u_e(t) = u_r(t) - u(t)$$

当系统稳态时，不论负载是否存在，输出电压 u 总不等于零。要使 u 不等于零，则发电机励磁电压 u_j 也不能为零，因此 u_e 总不为零。显然，系统处于稳态时（即负载不变）u_e 为常值，即此系统的稳态误差不为零。

如何来减小或消除系统的稳态误差呢？一种方法是可以通过增加放大器的放大系数来减小稳态误差，但不能消除；另一种方法是可以改变系统结构来消除或减小稳态误差。例如，在图 6-4 所示的系统中加入电动机和电位器（给系统增添了积分环节）成为电压控制系统。此系统在恒值负载的情况下稳态误差为零。

先分析一下系统在空载时消除稳态误差的物理过程。假定 $u > u_r$，则 $u_e < 0$，u_e 经过放大器放大后加到电动机上使电动机转动，电动机轴的转动就带动电位器电刷转动，从而改变了励磁电压。励磁电压应该向减小的方向变化，这样才能使发电机的电压 u 减小。总之，只要 $u \neq u_r$，u_e 就存在，电动机总要转动电刷改变 u_j，使 u 趋于 u_r，直到 $u = u_r$ 时电动机才停止转动，系统进入平衡状态，此时 $u_e = 0$，这就表明系统在空载时稳态误差等于零。

系统带上恒值负载后情况如何呢？负载加入后使发电机的输出电压 u 下降，因此 $u_r > u$，$u_e > 0$，u_e 的出现就会重复上述过程，使电动机转动电刷增加励磁电压，直至 $u = u_r$ 时电动机才停止转动，此时 u_e 回到零。可见，系统不论负载如何改变，在稳态时系统的稳态误差总为零。

三、系统的类型

任何实际的控制系统，对于某些类型的输入，往往是允许稳态误差存在。例如，同一个系统，对于阶跃输入可能没有稳态误差，但对于斜坡输入却可能出现一定的稳态误差。对于某一类型的输入，是否会使一个给定的系统产生稳态误差，取决于系统的开环传递函数的类型。系统的类型则是根据闭环系统的开环传递函数来定义的。

在负反馈系统中［图 6-1（b）］，定义开环传递函数为

$$G_k(s) = G(s)H(s)$$

可表示为一般形式：

$$G_k(s) = \frac{b_0 s^m + b_1 s^{m-1} + \cdots + b_m}{a_0 s^n + a_1 s^{n-1} + \cdots + a_n} \quad (n \geqslant m) \tag{6-9}$$

若分式最后一项为 $a_N s^{n-N}(N = 0,1,2,\cdots,n)$ 则式（6-9）变为

$$\begin{aligned} G(s)H(s) &= \frac{b_0 s^m + b_1 s^{m-1} + \cdots + b_m}{a_0 s^n + a_1 s^{n-1} + \cdots + a_N s^{n-N}} \\ &= \frac{b_m \left(\dfrac{b_0}{b_m} s^m + \dfrac{b_1}{b_m} s^{m-1} + \cdots + 1 \right)}{a_N s^{n-N} \left(\dfrac{a_0}{a_N} s^N + \dfrac{a_1}{a_N} s^{N-1} + \cdots + 1 \right)} = \frac{KB_1(s)}{s^v A_1(s)} \end{aligned} \tag{6-10}$$

式中，$K = \dfrac{b_m}{a_N}$ ——系统的开环增益；

$A_1(s)$、$B_1(s)$ ——常数项为 1 的 s 的多项式；

$v = n - N$ ——在原点处有 v 重极点，也即开环传递函数所含的积分环节 $\dfrac{1}{s}$ 的个数，也称为无差度。

可根据式（6-10）来定义系统的类型，即 $v=0$，$v=1$，$v=2$，……时，系统分别称为 0 型，I 型，II 型，……这里值得注意的是，不要把系统的类型（型次）与系统的阶次混淆起来，这是两个不同的概念。

（1）当 $v=0$ 时，式（6-10）表示为

$$G(s)H(s) = \left.\frac{KB_1(s)}{s^v A_1(s)}\right|_{v=0} = \frac{KB_1(s)}{A_1(s)} \tag{6-11}$$

式（6-11）中所对应的闭环系统称为 0 型系统，其开环传递函数不含积分环节。

（2）当 $v=1$ 时，式（6-10）表示为

$$G(s)H(s) = \left.\frac{KB_1(s)}{s^v A_1(s)}\right|_{v=1} = \frac{KB_1(s)}{s^1 A_1(s)} \tag{6-12}$$

式（6-12）中所对应的闭环系统称为 I 型系统，其开环传递函数含有一个积分环节。

（3）当 $v=2$ 时，式（6-10）表示为

$$G(s)H(s) = \left.\frac{KB_1(s)}{s^v A_1(s)}\right|_{v=2} = \frac{KB_1(s)}{s^2 A_1(s)} \tag{6-13}$$

式（6-13）中所对应的闭环系统称为 II 型系统，其开环传递函数含有两个积分环节。

同理，当 $v=3$ 时，闭环系统称为 III 型系统，依此类推。一般来说，系统的类型越高，即系统的开环传递函数所含的积分环节越多，系统准确度就越高，但稳定性会变差。因此，在设计控制系统时，不易采用较高类型的系统，一般只用到 II 型。

在设计系统时，一般总是从开环到闭环，即系统的开环传递函数总是预先知道的，故系统的类型可以预先确定。具体的做法是，把系统的开环传递函数的分子和分母分别化为常数

项为 1 的多项式，求出其开环增益和积分环节的个数，就可以确定系统的类型。

四、稳态误差的计算

求解系统的误差 $\varepsilon(t)$（或偏差 $e(t)$）与求解系统的输出 $x_o(t)$ 一样，对于高阶系统是较困难的。但是，如果只是关心系统在瞬态过程结束后的误差，即系统的稳态误差，问题就容易解决了。对于线性系统，系统总的稳态误差等于输入信号和干扰信号分别作用时产生的稳态误差的代数和。

1. 给定稳态误差

给定输入信号作用下的稳态误差，表征了系统的精度，与开环传递函数及输入信号有关。

2. 扰动引起的稳态误差

在扰动信号作用下产生的误差，表征了系统的抗干扰能力。

扰动稳态误差分为外部扰动误差和内部扰动误差。其中外部扰动稳态误差为在外部扰动信号作用下产生的误差；内部扰动稳态误差即是系统内部扰动引起的误差，在精度要求较高的场合下应加以考虑。

以下将分别讨论单位反馈系统和非单位反馈系统的稳态误差，以及干扰作用下的稳态误差。本书中一般所讲的单位反馈系统均指单位负反馈系统。

第二节　单位反馈系统稳态误差的计算

对于单位反馈系统，误差 $\varepsilon(t)$ 与偏差 $e(t)$ 相同，因此可用偏差代替误差。图 6-5 为一个单位反馈系统。由于单位反馈系统的误差与偏差相同，因此，其误差 $E'(s)$ 直接可以从系统偏差传递函数 $\Phi_e(s)$ 中得到，即

$$\Phi_e(s) = \frac{E'(s)}{X_i(s)} = \frac{E(s)}{X_i(s)} = \frac{1}{1+G(s)} \tag{6-14}$$

则有

$$E'(s) = E(s) = \frac{1}{1+G(s)} X_i(s) \tag{6-15}$$

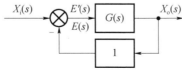

图 6-5　单位负反馈控制系统

一、利用终值定理求不同输入函数下的稳态误差

1. 阶跃输入 $x_i(t) = R_0 \cdot 1(t)$ （ R_0 为表示阶跃量大小的常值）

输入函数的拉氏变换为 $X_i(s) = \dfrac{R_0}{s}$ ，由式（6-14）和式（6-15），得

$$e_{ss} = \lim_{s \to 0} sE(s) = \lim_{s \to 0} s \frac{1}{1+G(s)} \frac{R_0}{s} = \frac{R_0}{1+\lim_{s \to 0} G(s)} = \frac{R_0}{1+K_p} \tag{6-16}$$

2. 斜坡输入 $x_i(t) = V_0 t \cdot 1(t)$ （ V_0 表示输入信号的速度）

输入函数的拉氏变换为 $X_i(s) = V_0 / s^2$ ，由式（6-14）和式（6-15），得

$$e_{ss} = \lim_{s \to 0} sE(s) = \frac{V_0}{\lim_{s \to 0} sG(s)} = \frac{V_0}{K_v} \tag{6-17}$$

3. 加速度输入 $x_i(t) = \left(a_0 t^2 \cdot 1(t) \right) / 2$ （ a_0 为加速度）

输入函数的拉氏变换为 $X_i(s) = a_0 / s^3$ ，由式（6-14）和式（6-15），得

$$e_{ss} = \lim_{s \to 0} sE(s) = \frac{a_0}{\lim_{s \to 0} s^2 G(s)} = \frac{a_0}{K_a} \tag{6-18}$$

由式（6-16）～式（6-18）可见，稳态误差与输入函数大小（ R_0、V_0、a_0 ）成正比，同时与系统开环传递函数 $G(s)$ 有关。我们定义

$$K_p = \lim_{s \to 0} G(s) \tag{6-19}$$

$$K_v = \lim_{s \to 0} sG(s) \tag{6-20}$$

$$K_a = \lim_{s \to 0} s^2 G(s) \tag{6-21}$$

K_p 、 K_v 和 K_a 分别称为位置、速度和加速度静态误差系数，统称为静态误差系数。用这些静态误差系数表示稳态误差，则有

$$e_{ss} = \frac{R_0}{1+K_p} \tag{6-22}$$

$$e_{ss} = \frac{V_0}{K_v} \tag{6-23}$$

$$e_{ss} = \frac{a_0}{K_a} \tag{6-24}$$

因此，把相对应的稳态误差也分别称为位置、速度和加速度误差。但要注意：速度误差（或加速度误差）这个术语，是表示系统在斜坡输入（或加速度输入）作用时的稳态误差。某系统速度（或加速度）误差 e_{ss} 为常值时，并不是指系统在到达稳态后，其输入与输出在速度（或加速度）上有一个固定的差值，而是说系统在斜坡（或加速度）输入作用下，到达稳态后，存在一个固定的差值（误差），在图 6-6 中清楚地显示了这一点。

由式（6-19）～式（6-21）可知，K_p 、 K_v 和 K_a 的大小分别反映了系统在阶跃、斜坡和加速度输入作用下系统的稳态精度及跟踪典型输入信号的能力。静态误差系数越大，稳态误

差越小，跟踪精度越高。

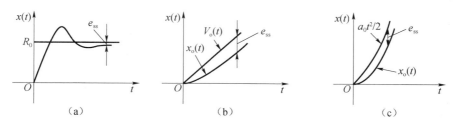

图 6-6　单位反馈系统的响应及其稳态误差

　　总之，静态误差系数 K_p、K_v 和 K_a 均是从系统本身的结构特征上体现了系统消除稳态误差的能力，它反映了系统跟踪典型输入信号的精度。

　　根据静态误差系数的定义可知，它们与系统开环传递函数 $G(s)$ 有关，因此稳态误差还与系统结构形式及参数有关。

　　将 $G(s)$ 写成典型环节形式（最小相位系统），即

$$G(s) = \frac{K(\tau_1 + 1) \cdots (\tau_2^2 s + 2\xi_2 \tau_2 s + 1) \cdots}{s^v (T_1 s + 1) \cdots (T_2^2 s^2 + 2\xi_1 T_2 s + 1) \cdots} \tag{6-25}$$

对式（6-25），有

$$\lim_{s \to 0} G(s) = \lim_{s \to 0} \frac{K}{s^v}$$

　　式（6-19）～式（6-21）清楚地表明，静态误差系数只与开环传递函数中的积分环节、放大系数有关，而与时间常数无关。

二、系统的类型和误差系数

1. 0 型系统（$v = 0$）

根据式（6-19）～式（6-24），可得

$$K_p = \lim_{s \to 0} G(s) = \lim_{s \to 0} \frac{K}{s^v} = K$$

$$K_v = \lim_{s \to 0} s \frac{K}{s^v} = 0$$

$$K_a = \lim_{s \to 0} s^2 \frac{K}{s^v} = 0$$

则有

$$e_{ss} = \frac{R_0}{1 + K_p} = \frac{R_0}{1 + K} , \quad e_{ss} = \frac{V_0}{K_v} = \infty , \quad e_{ss} = \frac{a_0}{K_a} = \infty$$

　　可见对于 0 型系统，只有位置误差是有限值，速度和加速度误差均为无穷大。因此，在阶跃输入下，当系统允许存在一定的稳态误差时，可以采用 0 型系统。如果对于阶跃输入，希望稳态误差为零，则 0 型系统无法满足要求。

2. I 型系统（$v=1$）

根据式（6-19）～式（6-24），可得

$$K_p = \lim_{s \to 0} \frac{K}{s} = \infty$$

$$K_v = \lim_{s \to 0} s\frac{K}{s} = K$$

$$K_a = \lim_{s \to 0} s^2 \frac{K}{s} = 0$$

则有

$$e_{ss} = \frac{R_0}{1+K_p} = 0, \quad e_{ss} = \frac{V_0}{K_v} = \frac{V_0}{K}, \quad e_{ss} = \frac{a_0}{K_a} = \infty$$

显然，I 型系统对阶跃输入不存在稳态误差，而对斜坡输入有一定的常值稳态误差，对加速度输入及更高阶次的输入，稳态误差为无穷大。

3. II 型系统（$v=2$）

根据式（6-19）～式（6-24），可得

$$K_p = \lim_{s \to 0} \frac{K}{s^2} = \infty$$

$$K_v = \lim_{s \to 0} s\frac{K}{s^2} = \infty$$

$$K_a = \lim_{s \to 0} s^2 \frac{K}{s^2} = K$$

则有

$$e_{ss} = \frac{R_0}{1+K_p} = 0, \quad e_{ss} = \frac{V_0}{K_v} = 0, \quad e_{ss} = \frac{a_0}{K_a} = \frac{a_0}{K}$$

显然，II 型系统对阶跃输入和斜坡输入的稳态误差都为零，而对加速度输入有稳态误差。K_a 的大小反映了系统跟踪等加速度输入信号的能力。K_a 越大，稳态误差越小，精度越高。

表 6-1 列出了控制系统的类型、静态误差系数及稳态误差与输入信号之间的关系。

表 6-1　输入信号作用下的稳态误差

系统类型	静态误差系数			$x_i(t) = R_0 \cdot 1(t)$	$x_i(t) = V_0 t$	$x_i(t) = a_0 t^2 / 2$
v	K_p	K_v	K_a	$e_{ss} = \dfrac{R_0}{1+K_p}$	$e_{ss} = \dfrac{V_0}{K_v}$	$e_{ss} = \dfrac{a_0}{K_a}$
0	K	0	0	$\dfrac{R_0}{1+K}$	∞	∞
I	∞	K	0	0	$\dfrac{V_0}{K}$	∞
II	∞	∞	K	0	0	$\dfrac{a_0}{K}$

由表 6-1 可见：

（1）在对角线上（如表 6-1 中斜线所示），静态误差系数均为系统开环增益 K，对角线以

上的静态误差系数为零，对角线以下为无穷大。对应的稳态误差 e_{ss} 栏，对角线上均为有限常值，且与系统开环增益成反比，与系统输入量大小成正比。而在稳态误差栏，对角线以上 e_{ss} 为无穷大，在对角线以下为零。

这说明静态误差系数越大，稳态误差越小，系统跟踪输入信号的能力越强，跟踪精度越高。所以误差系数 K_p、K_v 和 K_a 均是系统本身从结构特征上体现了消除稳态误差的能力。

（2）0 型系统（$v=0$），对三种典型输入均有差，故又称为有差系统。I 型系统（$v=1$），对阶跃输入信号为无差，而对斜坡输入和加速度输入为有差，故称为一阶无差系统。II 型系统（$v=2$），对阶跃输入和斜坡输入均为无差，而对加速度输入为有差，故称为二阶无差系统。可见，系统类型越高，系统稳态无差度越高。因此，从稳态准确度的要求上讲，积分环节似乎越多越好，但这要受系统稳定性的限制，因而实际系统一般不超过两个积分环节。

为什么在开环系统中串入积分环节能使有差系统变成无差系统呢？这是因为理想积分环节的输出等于输入对时间的积分，如图 6-7 所示。当输入不为零时，输出将不断变化。只有当输入为零时，输出才保持某一常值不变。此常值为"不定值"，其具体数值由输入为零前的工作情况所决定。由于积分环节的上述特性，即可理解为什么在开环传递函数中包含有串联积分环节时，在阶跃函数作用下就不会存在恒定的误差。同时也可以说明，如果输入信号变化复杂，或者为正负交变的信号，那么积分环节再多也无法解决问题。

（3）表 6-1 中的稳态误差有时出现了无穷大。请不要误解为这在物理上不可能，例如，不停旋转的雷达天线，其输出量即累计的旋转角就趋于无穷大。但稳态误差趋于无穷大表示完全不能跟随，即系统在该输入下不能投入实际使用（图 6-8）。对实际输入信号而言，这意味着当输入变化比较激烈时输出不能跟随输入。

输出对不断变化的给定输入跟随性好时，意味着不但动态跟随性能和抗干扰性能好，而且稳态性能一定也好。

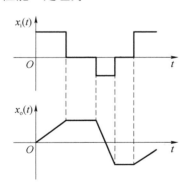

图 6-7　积分环节的输入/输出特性

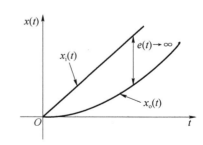

图 6-8　稳态误差为无穷大时，单位反馈的随动系统不能跟随

例 6-1　如图 6-9 所示系统，若已知输入信号 $x_i(t)=1(t)+t+t^2/2$。求系统的稳态误差。

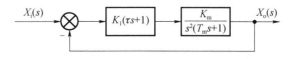

图 6-9　例 6-1 系统结构框图

解：首先，判别系统的稳定性，系统闭环特征方程为

$$s^2(T_m+1)+K_1K_m(\tau s+1)=0$$

展开整理，得

$$T_m s^3 + s^2 + K_1 K_m \tau s + K_1 K_m = 0$$

根据代数判据，可知系统稳定的条件：$a_i>0$，即 T_m、K_1、K_m 和 τ 均应大于零；$(a_1 a_2 - a_0 a_3)>0$，即 $(K_1 K_m \tau - K_1 K_m K_m)>0$，因此要求 $\tau > T_m$。

其次，根据计算稳态误差的公式，可以直接求出系统的稳态误差。

由图 6-9 可知，系统为单位反馈系统，系统的偏差即为误差；系统开环传递函数中有两个积分环节，即为 II 型系统。因此，由表 6-1 可知：

当输入 $x_i(t)=1(t)$ 时，$e_{ss1}=0$；

当输入 $x_i(t)=t$ 时，$e_{ss2}=0$；

当输入 $x_i(t)=\dfrac{1}{2}t^2$ 时，$e_{ss3}=\dfrac{1}{K_a}=\dfrac{1}{K_1 K_m}$。

所以，系统在 $x_i(t)=1(t)+t+\dfrac{1}{2}t^2$ 输入下的稳态误差为

$$e_{ss}=\frac{1}{K_1 K_m}$$

应当指出：系统必须是稳定的，否则计算稳态误差没有意义。

例 6-2　已知单位反馈系统的开环传递函数为

$$G(s)=\frac{7(s+1)}{s(s+4)(s^2+2s+2)}$$

试分别求出当输入信号 $x_i(t)=1(t)$、t、t^2 时系统的稳态误差。

解：由开环传递函数 $G(s)=\dfrac{7(s+1)}{s(s+4)(s^2+2s+2)}$ 可知该系统为 I 型系统，可判断系统稳定；

开环增益为 $K=7/8$，由静态误差系数法，通过查表可知：

$x_i(t)=1(t)$ 时，$e_{ss}=0$；

$x_i(t)=t$ 时，$e_{ss}=\dfrac{A}{K}=\dfrac{8}{7}=1.14$；

$x_i(t)=t^2$ 时，$e_{ss}=\infty$。

例 6-3　已知单位反馈系统的开环传递函数为

$$G(s)=\frac{40(0.4s+1)}{s^2(0.04s+1)(0.2s+2)(0.007s+1)(0.0017s+1)}$$

试求当输入信号为 $x_i(t)=1(t)+t+t^2$ 时系统的给定稳态误差 e_{ss}。

解：首先检验系统是稳定的。

由于是线性系统，具有叠加性质，因此系统误差为各输入信号 $x_i(t)=1(t)$，$x_i(t)=(t)$，$x_i(t)=t^2$ 产生的稳态误差的代数和，即 $e_{ss}=e_{ssp}+e_{ssv}+e_{ssa}$。

可知系统为 II 型系统，由静态误差系数法，通过查表可知：

$$e_{ssp}=0, e_{ssv}=0, e_{ssa}=\frac{a_o}{K}$$

式中，K——开环增益。将开环传递函数转化为常数项为 1 的标准型后可得

$$G(s) = \frac{40(0.4s+1)}{2s^2(0.04s+1)(0.1s+1)(0.007s+1)(0.0017s+1)}$$

$$= \frac{20(0.4s+1)}{s^2(0.04s+1)(0.1s+1)(0.007s+1)(0.0017s+1)}$$

所以 $K=20$，$a_0 = 2$。可得系统稳态误差为

$$e_{ss} = e_{ssp} + e_{ssv} + e_{ssa} = 0 + 0 + \frac{2}{20} = 0.1$$

第三节　非单位反馈系统稳态误差的计算

非单位反馈系统如图 6-10 所示。将框图化简可知

$$X_o(s) = \frac{G(s)}{1+G(s)H(s)} X_i(s)$$

由误差的定义式（6-3）可知

$$E'(s) = \frac{1}{H(s)} X_i(s) - X_o(s)$$

因此

$$E'(s) = \left[\frac{1}{H(s)} - \frac{G(s)}{1+G(s)H(s)} \right] X_i(s)$$

可利用终值定理计算稳态误差，则

$$\varepsilon_{ss} = \lim_{s \to 0} sE'(s) = \lim_{s \to 0} s \left[\frac{1}{H(s)} - \frac{G(s)}{1+G(s)H(s)} \right] X_i(s) \tag{6-26}$$

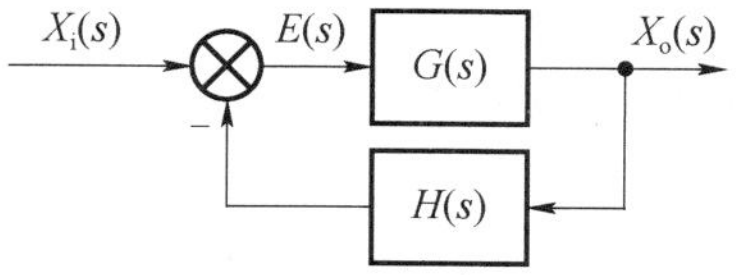

图 6-10　非单位反馈系统结构框图

例6-4　已知非单位反馈系统的框图如图 6-10 所示，假定输入信号为 $H(s) = 0.1$，$G(s) = \dfrac{10}{s+1}$，求该系统在单位阶跃信号输入作用下的稳态误差。

解：

解法 1：将上述已知条件代入式（6-26），得

$$\varepsilon_{ss} = \lim_{s \to 0} s \left(\frac{1}{0.1} - \frac{10}{s+2} \right) \frac{1}{s} = 5$$

解法 2：利用误差与偏差之间的关系式 $E'(s) = \dfrac{1}{H(s)} E(s)$ 进行计算。

首先计算出偏差，然后再换算成误差。

由图 6-10 得偏差信号的拉氏变换式为

$$E(s) = X_i(s) - H(s)X_o(s) = \frac{1}{1+G(s)H(s)}X_i(s)$$

利用终值定理代入上述已知条件，计算稳态偏差为

$$e_{ss} = \lim_{s \to 0} sE(s) = \lim_{s \to 0} s\frac{1}{1+G(s)H(s)}X_i(s) = \lim_{s \to 0}\frac{s+1}{s+2} = 0.5$$

最后得系统稳态误差（已知 $H(s) = 0.1$） $\varepsilon_{ss} = \dfrac{e_{ss}}{0.1} = 5$。

综上所述，两种计算方法结果是相同的。

第四节　干扰作用下的稳态误差

由于控制系统经常处于各种扰动作用之下，如负载的变动，电源电压波动及系统工作环境温度、湿度的变化等。因此，系统在扰动作用下的稳态误差大小就反映了系统抗扰动的能力。在理想情况下，总希望系统对任何扰动作用的稳态误差为零。但实际上，这是不可能做到的。对于扰动作用下的稳态误差，同样可以采用终值定理计算。系统典型结构框图如图 6-11 所示。

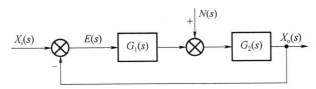

图 6-11　系统典型结构框图

假定系统无输入作用，只有扰动 $N(s)$ 作用在系统上。这时系统输出的希望值为零，而实际输出值为

$$X_o(s) = \Phi_n(s)N(s) = \frac{G_2(s)}{1+G_1(s)G_2(s)}N(s)$$

因此，扰动作用下系统的误差为

$$E_n(s) = -X_o(s) = -\frac{G_2(s)}{1+G_1(s)G_2(s)}N(s)$$

利用终值定理，得

$$e_n = \lim_{s \to 0} sE_n(s) = -\lim_{s \to 0} s\frac{G_2(s)}{1+G_1(s)G_2(s)}N(s) \tag{6-27}$$

例 6-5　在图 6-11 所示的系统中，已知

$$G_1(s) = \frac{K_1}{T_1 s + 1}, \quad G_2(s) = \frac{K_2}{s(T_2 s + 1)}$$

试求在阶跃干扰 $N(s) = \dfrac{R_0}{s}$ 作用下系统的稳态误差。

解： 将上述已知条件代入式（6-27）并整理，得

$$e_n = -\lim_{s \to 0} \frac{K_2(T_1 s + 1)R_0}{s(T_1 s + 1)(T_2 s + 1) + K_1 K_2} = -\frac{R_0}{K_1}$$

由此可见：

（1）系统的稳态误差不等于零，其大小随 K_1 的增加而减小。因此可通过增加 K_1 来减小扰动作用下的稳态误差。

（2）稳态误差与干扰信号大小 R_0 成正比。

（3）干扰的作用点改变后，由于干扰作用点到系统输出前向通路传递函数不同，因此稳态误差也就不同。所以稳态误差还与干扰的作用点有关。

下面我们讨论减小稳态误差的方法。如上所述，改变放大系数无疑是一种方法，但显然不能用无限增加放大系数 K_1 的方法使 e_n 趋于零，因为这样会导致系统的不稳定。

如前所述，对于输入信号 $x_i(t)$ 的稳态误差，可以在系统中串入积分环节来增加系统的无差度。对于干扰信号是否也成立呢？以下举例说明。

例 6-6 设在图 6-11 所示的系统中 $G_1(s) = \dfrac{K_1}{s^v} G_{10}(s)$，$G_2(s) = \dfrac{K_2}{s^k} G_{20}(s)$，式中 $G_{10}(s)$ 和 $G_{20}(s)$ 中均为一阶、二阶的典型环节串联形式。当干扰信号 $n(t)$ 为 R_0 或 $V_0 t$ 时，若要使系统的稳态误差为零，系统传递函数应满足什么条件？

解： 将 $G_1(s)$ 和 $G_2(s)$ 代入式（6-27）并整理得

$$e_{ss} = -\lim_{s \to 0} s^{v+1} \frac{N(s)}{K_1}$$

若要使系统的稳态误差为零，则必须使

$$e_{ss} = -\lim_{s \to 0} s^{v+1} \frac{N(s)}{K_1} = 0$$

（1）当 $n(t) = R_0$ 时，$N(s) = \dfrac{R_0}{s}$，要使稳态误差为 0，则

$$e_{ss} = -\lim_{s \to 0} s^v \frac{R_0}{K_1} = 0$$

可得 $v \geqslant 1$，即若欲使系统在阶跃干扰作用下无稳态误差，则应在干扰作用点之前至少串入一个积分环节。

（2）当 $n(t) = V_0 t$ 时，$N(s) = \dfrac{V_0}{s^2}$，要使系统无稳态误差，$G_1(s)$ 中至少要有两个积分环节 $v = 2$。

以上分析表明，$G_1(s)$ 为误差信号与干扰作用点之间的传递函数。因此，系统在典型干扰作用下的稳态误差与误差信号到干扰信号作用点之间的积分环节数目和放大系数大小有关，而与干扰作用点后面的积分环节数目及其放大系数大小无关。

若求系统在输入和扰动同时作用下的稳态误差，则应求系统分别在输入和扰动单独作用下的稳态误差之和。

第五节　稳态误差实例

例 6-7 系统结构框图如图 6-12 所示。试求局部反馈加入前后系统的静态位置误差系数、静态速度误差系数和静态加速度误差系数。

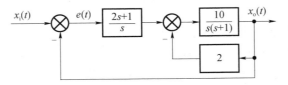

图 6-12　例 6-7 系统结构框图

解： 局部反馈加入前，系统开环传递函数为

$$G(s) = \frac{10(2s+1)}{s^2(s+1)}$$

根据式（6-19）～式（6-21），可得到

$$K_p = \lim_{s \to 0} G(s) = \infty$$

$$K_v = \lim_{s \to 0} sG(s) = \infty$$

$$K_a = \lim_{s \to 0} s^2 G(s) = 10$$

局部反馈加入后，系统开环传递函数为

$$G(s) = \frac{2s+1}{s} \cdot \frac{\dfrac{10}{s(s+1)}}{1 + \dfrac{20}{s(s+1)}} = \frac{10(2s+1)}{s(s^2+s+20)}$$

根据式（6-19）～式（6-21），可得到

$$K_p = \lim_{s \to 0} G(s) = \infty$$

$$K_v = \lim_{s \to 0} sG(s) = 0.5$$

$$K_a = \lim_{s \to 0} s^2 G(s) = 0$$

例 6-8 系统结构框图如图 6-13 所示。已知 $x_i(t) = n_1(t) = n_2(t) = 1(t)$，试分别计算 $x_i(t)$、$n_1(t)$ 和 $n_2(t)$ 作用时的稳态误差，并说明积分环节设置位置对减小输入和干扰作用下的稳态误差的影响。

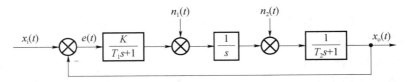

图 6-13　例 6-8 系统结构框图

解：系统开环传递函数为

$$G(s) = \frac{K}{s(T_1 s + 1)(T_2 s + 1)}$$

可看出该系统为 I 型系统，开环增益为 K。

由静态误差系数法，通过查表可知：

$x_i(t) = 1(t)$ 时，

$$e_{ssr} = 0$$

$$\Phi_{en_1}(s) = \frac{E(s)}{N_1(s)} = \frac{-\dfrac{1}{s(T_2 s + 1)}}{1 + \dfrac{K}{s(T_1 s + 1)(T_2 s + 1)}} = \frac{-(T_1 s + 1)}{s(T_1 s + 1)(T_2 s + 1) + K}$$

$n_1(t) = 1(t)$ 时，

$$e_{ssn_1} = \lim_{s \to 0} s \Phi_{en_1}(s) N_1(s) = \lim_{s \to 0} s \Phi_{en_1}(s) \frac{1}{s} = -\frac{1}{K}$$

$$\Phi_{en_2}(s) = \frac{E(s)}{N_2(s)} = \frac{-\dfrac{1}{(T_2 s + 1)}}{1 + \dfrac{K}{s(T_1 s + 1)(T_2 s + 1)}} = \frac{-s(T_1 s + 1)}{s(T_1 s + 1)(T_2 s + 1) + K}$$

$n_2(t) = 1(t)$ 时，

$$e_{ssn_2} = \lim_{s \to 0} s \Phi_{en_1}(s) N_2(s) = \lim_{s \to 0} s \Phi_{en_2}(s) \frac{1}{s} = 0$$

在反馈比较点到干扰作用点之间的前向通道中设置积分环节，可以同时减小由输入和干扰因引起的稳态误差。

例 6-9 已知系统结构框图如图 6-14（a）所示。其单位阶跃响应如图 6-14（b）所示，系统的稳态位置误差 $e_{ss} = 0$。试确定 K、v 和 T 的值。

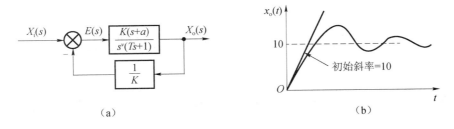

（a）　　　　　　　　　　　　　　（b）

图 6-14　例 6-9 系统结构框图

解：系统开环传递函数为

$$G(s) = \frac{s + a}{s^v(Ts + 1)}$$

可看出该系统为 v 型系统，开环增益为 $K=a$。

由静态误差系数法，通过查表可知：

当 $r(t) = 1(t)$ 时，$e_{ss} = 0$，可以判定 $v \geqslant 1$。

$$\Phi(s) = \frac{\dfrac{K(s+a)}{s^v(Ts+1)}}{1+\dfrac{s+a}{s^v(Ts+1)}} = \frac{K(s+a)}{s^v(Ts+1)+s+a}$$

系统特征方程为：

$$D(s) = Ts^{v+1} + s^v + s + a$$

系统单位阶跃响应收敛，系统稳定，因此必有 $v \leqslant 2$。

根据单位阶跃响应曲线，有

$$x_o(\infty) = \lim_{s \to 0} s X_o(s) = \lim_{s \to 0} s \Phi(s) \cdot X_i(s) = \lim_{s \to 0} s \cdot \frac{1}{s} \cdot \frac{K(s+a)}{s^v(Ts+1)+s+a} = K = 10$$

因为初始斜率为 10，所以有

$$k(0) = x_o{'}(0) = \lim_{t \to 0} \frac{\mathrm{d}x_o(t)}{\mathrm{d}t} = \lim_{s \to \infty} s \cdot s \cdot X_o(s) = \lim_{s \to \infty} s \cdot s \cdot X_i(s)\Phi(s)$$

$$= \lim_{s \to \infty} s \cdot s \cdot \frac{1}{s}\Phi(s) = \lim_{s \to \infty} s\Phi(s) = \lim_{s \to \infty} \frac{sK(s+a)}{s^v(Ts+1)+s+a}$$

$$= \lim_{s \to \infty} \frac{Ks^2 + aKs}{Ts^{v+1} + s^v + s + a} = 10$$

当 $T \neq 0$ 时，有

$$k(0) = \lim_{s \to \infty} \frac{Ks^2}{Ts^{v+1}} = 10, \quad 可得 \begin{cases} K = 10 \\ v = 1 \\ T = 1 \end{cases}$$

当 $T = 0$ 时，有

$$k(0) = \lim_{s \to \infty} \frac{Ks^2}{s^v} = 10, \quad 可得 \begin{cases} K = 10 \\ v = 2 \\ T = 0 \end{cases}$$

第六节　MATLAB 在稳态误差中的应用

例 6-10　已知单位负反馈系统的闭环传递函数为 $G(s) = \dfrac{3(2s+1)}{s(s+1)(s+2)}$，试求出系统单位阶跃响应、单位斜坡响应及稳态误差。

解：编写 MATLAB 程序如下：

（1）求系统的单位阶跃响应及稳态误差：

```
num=[6 3];
den=[1 3 2 0];
s=tf(num,den);              % 闭环传递函数
sys=feedback(s,1);
step(sys); hold on;         % 单位阶跃信号
t=[0:0.1:300];
```

```
y=step(sys,t);grid;            % 单位阶跃响应
ess=1-y;
ess(length(ess))               % 稳态误差
```

程序运算结果如下：

```
ans = 5.5511e-16
```

系统单位阶跃响应曲线如图 6-15 所示，由于该系统为 I 型系统，由表 6-1 可知，稳态误差为 0。从运算结果可知，5.5511e-16 接近为 0。

（2）求系统的单位斜坡及稳态误差：

```
num=[6 3];
den=[1 3 2 0];
s=tf(num,den);                 % 闭环传递函数
sys=feedback(s,1);
t=[0:0.1:20]';                 % 单位斜坡信号
num=sys.num{1};
den=[sys.den{1},0];
sys=tf(num,den);
y=step(sys,t);                 % 单位斜坡响应
subplot(121),plot(t,[t,y]),grid;
subplot(122),es=t-y;           % 误差
plot(t,es),grid;
ess=es(length(es))             % 稳态误差
```

程序运算结果如下：

```
ess = 0.6666
```

系统误差曲线及单位阶跃响应曲线如图 6-16 所示，由于该系统为 I 型系统，由表 6-1 可知，稳态误差为 2/3。从运算结果可知，结果符合。

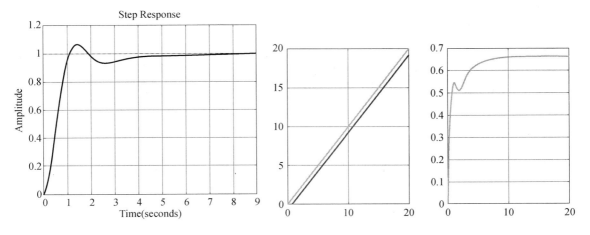

图 6-15　例 6-10 系统单位阶跃响应曲线　　　　图 6-16　例 6-10 系统误差曲线及单位斜坡响应

例 6-11 已知单位负反馈系统的开环传递函数为 $G(s) = \dfrac{s+5}{s^2(s+10)}$，试计算当输入为单位阶跃信号、单位斜坡信号和单位加速度信号时系统的稳态误差。

解：编写 MATLAB Simulink 框图如 6-17 所示，左边输入信号从上到下依次为阶跃信号、斜坡信号和加速度信号。

（1）信号源选定为"Step"，设定 Final value=1，连接模型进行仿真。仿真结束后，双击示波器"Scope"，输出单位阶跃响应稳态误差曲线，如图 6-18（a）所示。

（2）信号源选定为"Ramp"，设定 Slope=1，连接模型进行仿真。仿真结束后，输出单位斜坡信号稳态误差曲线，如图 6-18（b）所示。

（3）由单位斜坡信号和 $y = 0.5u^2$ 的函数串联成单位加速度信号，连接模型进行仿真。仿真结束后，输出单位加速度信号稳态误差曲线，如图 6-18（c）所示。

从图 6-18 可以看出，不同输入情况下的稳态误差不同，该系统为 II 型系统，在阶跃、斜坡输入信号下，稳态误差都为零，在加速度信号输入时，存在稳态误差，从图 6-18（c）图中可看出，这时稳态误差约为 2，而且仿真时间越长，越接近 2，这与通过稳态误差系数计算的结果是吻合的。

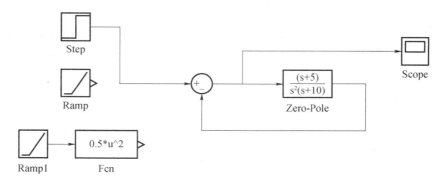

图 6-17 例 6-11 Simulink 框图

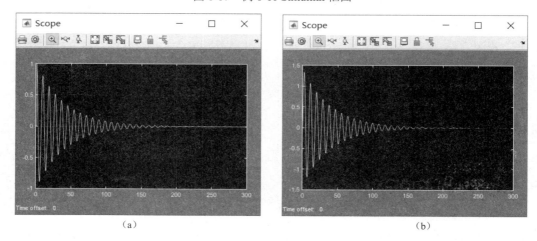

（a）　　　　　　　　　　　　　　　（b）

图 6-18 例 6-11 稳态误差曲线图

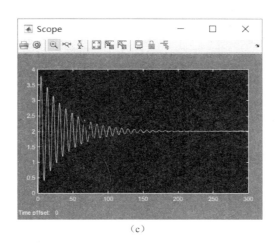

（c）

图 6-18　例 6-11　稳态误差曲线图（续）

思考题与习题

1．已知单位反馈系统的开环传递函数如下：

（1）$G(s) = \dfrac{25}{s(s+5)}$；（2）$G(s) = \dfrac{25}{s(s+5)(s+1)}$；（3）$G(s) = \dfrac{25}{s^2(s+5)(s+1)}$。

求各静态误差系数和输入信号为 $x_i(t) = 2t$ 和 $x_i(t) = 1 + 2t + t^2$ 时的系统稳态误差。

2．温度计的传递函数为 $\dfrac{1}{Ts+1}$，用其测量容器内的水温，1min 才能显示出该温度的 98% 的数值。若加热容器使水温按 10℃/min 的速度匀速上升，则温度计的稳态指示误差有多大？

3．控制系统结构框图如图 6-19 所示，试求：

（1）系统在单位阶跃信号作用下的稳态误差；

（2）系统在单位斜坡信号作用下的稳态误差；

（3）讨论 K_h 和 K 对稳态误差的影响。

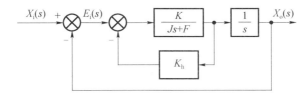

图 6-19　第 3 题图

4．控制系统结构框图如图 6-20 所示。其中，K_1，$K_2 > 0$，$\beta \geq 0$。试分析：

（1）β 值变化（增大）对系统稳定性的影响；

（2）β 值变化（增大）对动态性能(M_p, t_s)的影响；

（3）β 值变化（增大）对 $x_i(t) = at$ 作用下稳态误差的影响。

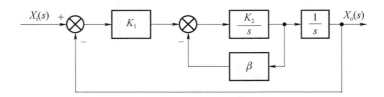

图 6-20　第 4 题图

5．系统结构框图如图 6-21 所示。

（1）为确保系统稳定，如何取 K 值？

（2）为使系统特征根全部位于 $[s]$ 平面 $s = -1$ 的左侧，K 应取何值？

（3）若 $x_i(t) = 2t + 2$ 时，要求系统稳态误差 $e_{ss} \leqslant 0.25$，K 应取何值？

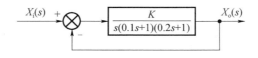

图 6-21　第 5 题图

6．控制系统结构框图如图 6-22 所示，试求：

（1）当 $x_i(t) = t$，$n(t) = 1(t)$ 时，使系统的稳态误差为 0.1 时 K_1 应取何值？

（2）为使稳态误差等于 0 时，应在系统的什么位置串联什么环节？

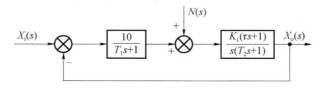

图 6-22　第 6 题图

7．控制系统结构框图如图 6-23 所示，当输入信号 $x_i(t)$ 和 $n(t)$ 为阶跃信号 0.1 时系统的稳态误差是多少？

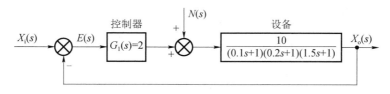

图 6-23　第 7 题图

8．控制系统结构框图如图 6-24 所示，试求：

（1）当不存在反馈（$b=0$）时，单位斜坡输入引起的稳态误差是多少？

（2）当 $b=0.15$ 时，单位斜坡输入引起的系统稳态误差是多少？

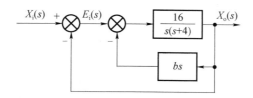

图 6-24　第 8 题图

9．控制系统结构框图如图 6-25 所示，试求：

（1）当 $x_i(t) = 10t$ 时，系统的稳态误差是多少？

（2）当 $x_i(t) = 3t^2 + 6t + 4$ 时，系统的稳态误差是多少？

图 6-25　第 9 题图

第七章

控制系统的综合校正

在经典控制理论中，所谓系统校正，就是调整系统使其满足给定的要求。也就是在给定的性能指标下，根据给定的对象模型，确定一个能够完成给定任务的校正装置或控制器，即确定校正装置或控制器的结构与参数。对控制系统的要求，通常以性能指标来表示。这些指标常常与精度、相对稳定性和响应速度等静态与动态性能指标有关。若实际系统不能全部满足给定的性能指标，则必须考虑对原系统加入校正装置或控制器。对系统进行校正的方式有串联校正和并联校正等，在满足给定性能指标的前提下，对同一被控对象可以采用不同的校正方法，根据性能指标的要求及原系统的具体情况，设计出既简单而又有效的校正装置。

本章主要介绍系统校正设计的基本概念，重点讲述串联校正、PID 校正和反馈校正的功能及其校正装置的设计过程。

第一节　概　　述

一、校正的概念

当被控对象确定以后，就可以对完成给定任务的控制系统提出要求，这些要求通常与系统的稳定性、准确性和快速性等性能指标有关。性能指标包括时域指标和频域指标。性能指标可以用一些精确的数据给出，但在有些情况下，一部分性能指标也可以以定性的说明给出。确切地制订出性能指标，是控制系统设计中的一项最为重要的工作。因为在此基础上，能够设计出完成既定任务的最佳控制系统。

常用的时域性能指标包括调整时间 t_s、峰值时间 t_p、上升时间 t_r、最大超调量 M_p、稳态误差、静态误差系数等。时域指标一般比较直观。常用的频域指标包括相位裕量 γ、幅值裕量 K_g、剪切频率 ω_c、截止频率 ω_b、频带宽度 $0 \sim \omega_b$、谐振频率 ω_r 和谐振峰值 M_r 等。在基于频率特性的系统校正设计中，常常将时域指标转换成频域指标来考虑。

校正的目的是使系统满足性能指标，对系统进行调整时，首先要调整增益值。但是在大多数实际系统中，只调整增益并不能使系统的性能得到理想的改变，以满足给定的性能指标。往往随着增益值的增加，系统的稳态性能够得到改善，但是稳定性却随之变坏，甚至有可能造成系统的不稳定。因此，需要对系统进行重新设计（改变系统的结构或在系统中加进附加装置或元件），以改善系统的性能，使之满足要求。

所谓校正就是指在系统中增加新的环节，以改善系统性能的方法。因此，当系统不能满足给定的性能指标要求时，须在系统中加入校正装置或控制器来改变系统特性。这种为改善系统动态特性与静态特性而引入的装置，称为校正装置，通常记为 $G_c(s)$。由系统分析可知，系统性能取决于系统的零、极点的分布，因此引入校正装置的实质就是改变整个系统的零、极点分布，从而改变系统的频率特性或根轨迹形状，使系统频率特性的高、中、低频段满足要求的性能或使系统的根轨迹穿越希望的闭环主导极点，从而使系统满足性能指标要求。由于频域的设计方法比较简便，因此本章采用频域方法进行校正装置的设计。

二、校正方式

根据校正装置在系统中的位置不同，系统校正可分为串联校正、反馈（或并联）校正和复合校正等几种方式。根据校正装置的特性不同，系统校正又可分为超前校正、滞后校正、滞后-超前校正。

1. 串联校正

若校正装置 $G_c(s)$ 串联在原传递函数框图的前向通道中，则称这种校正为串联校正，如图 7-1 所示。

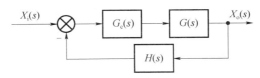

图 7-1   串联校正控制系统框图

校正前系统的闭环传递函数为

$$\Phi(s) = \frac{G(s)}{1 + G(s)H(s)}$$

校正后系统的闭环传递函数变为

$$\Phi'(s) = \frac{G_c(s)G(s)}{1 + G_c(s)G(s)H(s)} \tag{7-1}$$

由式（7-1）可知，加入校正装置后，系统的零、极点发生了变化。为了减小功率消耗，串联校正装置一般都放在前向通道的前端，即低功率端。

串联校正按校正装置 $G_c(s)$ 的性质可以分为增益调整、相位超前校正、相位滞后校正、相位滞后-超前校正。

在这几种串联校正中，增益调整的实现比较简单，但仅仅调整增益难以同时满足静态与动态性能指标，其校正作用有限，需要采用其他的校正方法。

2. 反馈（或并联）校正

反馈（或并联）校正是从某一元件引出反馈（并联）信号，构成反馈（或并联）回路，并在局部反馈回路内设置校正装置 $G_c(s)$，以达到改善系统性能的目的。反馈校正控制系统框图如图 7-2 所示，并联校正控制系统框图如图 7-3 所示。为保证局部回路的稳定，校止装置

$G_c(s)$ 所包围的环节不宜过多（2 个或 3 个）。

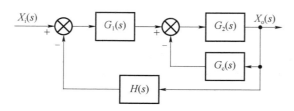

图 7-2   反馈校正控制系统框图

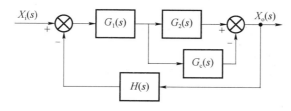

图 7-3   并联校正控制系统框图

3. 复合校正

在原系统中加一条前向通道，可构成复合校正，如图 7-4 所示。这种复合校正既能改善系统的稳态性能，又能改善系统的动态性能。

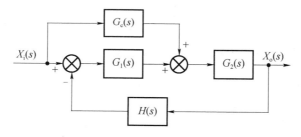

图 7-4   复合校正控制系统框图

虽然串联校正、反馈校正、复合校正等几种校正装置与原系统的连接方式不同，但都可以达到改善系统性能的目的。相对而言，串联校正比反馈校正设计简单，也比较容易对系统信号进行变换。但由于串联校正通常是由低能量部位向高能量部位传递信号，加上校正装置本身的能量损耗，必须进行能量补偿，因此，串联校正装置通常由有源网络或元件构成，即其中需要放大元件。反馈校正装置的输入信号通常由系统输出端或放大器的输出级供给，信号是从高功率点向低功率点传递，因此，一般不需要放大器。由于输入信号功率比较大，因此校正装置的容量和体积相应要大一些。反馈校正可以消除校正回路中元件参数的变化对系统性能的影响，因此，若原系统随着工作条件的变化，它的某些参数变化较大时，采用反馈校正效果会更好。在性能指标要求较高的系统中，常常兼用串联校正与反馈校正两种方式。

综上所述，在对控制系统进行校正时应根据具体情况综合考虑各种条件和要求来选择合理的校正装置和校正方式，有时还可同时采用两种或两种以上的校正方式。一般来说，需要考虑的因素有：原系统物理结构、信号是否便于取出和加入、信号的性质、可供选用的元件及设计者的经验和经济条件等。

第二节 系统串联校正

如果需要用校正装置来满足性能指标，设计人员确定了校正方案以后，接下来必须确定校正装置的结构和参数。目前主要有两大类校正方法：综合法与分析法。

综合法的基本思想是按照设计任务所要求的性能指标，构造期望的数学模型，然后选择校正装置的数学模型，使系统校正后的数学模型与期望的数学模型相等。综合法思路简单，但得到的校正环节的数学模型一般比较复杂，因此在实际应用中受到一定限制。

分析法又称为试探法。这种方法是把校正装置归结为易于实现的几种类型。目前广泛的采用超前校正、滞后校正、滞后-超前校正等串联校正装置。它们的结构是已知的，而参数可调。校正过程中，设计者应首先根据经验确定校正方案，然后根据系统的性能指标选择某种类型的校正装置，之后再确定这些校正装置的参数，最后对结果进行验算，如果不能满足全部性能指标，则应调整校正装置参数，甚至重新选择校正装置的结构，直到系统校正后满足给定的全部性能指标。

一、相位超前校正

从频率特性的角度而言，超前校正的目的是利用超前校正装置产生的相位超前效应，补偿原系统中的元件造成的相位滞后。通常将最大超前角频率选在剪切频率附近，使系统的相角裕度增大。由于相角裕度和开环剪切频率增大，因此系统的动态性能得到改善，调节时间变短，相对稳定性增加。典型的 RC 超前校正网络如图 7-5 所示，其传递函数为

$$G_{c}(s) = \frac{U_{o}(s)}{U_{i}(s)} = \frac{R_{2}}{R_{1} + R_{2}} \cdot \frac{R_{1}Cs + 1}{\frac{R_{2}}{R_{1} + R_{2}}R_{1}Cs + 1}$$

令 $R_{1}C = T$，$\dfrac{R_{2}}{R_{1} + R_{2}} = \alpha$，可知 $\alpha < 1$，则

$$G_{c}(s) = \alpha \cdot \frac{1 + Ts}{1 + \alpha Ts} \tag{7-2}$$

可见，这里的校正环节的结构是确定的，但参数可调，现在的任务就是确定参数 α、T，使系统满足给定的性能指标。为讨论问题方便，在校正网络前或后会附加一个放大器，使其放大系数等于 $1/\alpha$。因此无源超前校正装置的传递函数设为 $G_{c}(s) = \dfrac{1}{\alpha} \cdot \alpha \cdot \dfrac{1 + Ts}{1 + \alpha Ts} = \dfrac{1 + Ts}{1 + \alpha Ts}$，

其频率特性为 $G_{c}(j\omega) = \dfrac{1 + T\omega j}{1 + \alpha T\omega j}$，其对数频率特性如图 7-6 所示。由图 7-6 可见，超前校正对频率为 $1/T \sim 1/(\alpha T)$ 的输入信号有微分作用，在该频率范围内，其对数幅频特性渐近线具有正斜率段，对数相频特性具有超前相角，故称超前校正网络。超前校正的基本原理就是利用超前相角补偿系统的滞后相角，以改善系统的动态性能，如增加相角裕度、提高系统稳定性能等，但对于系统的稳态精度影响较小。

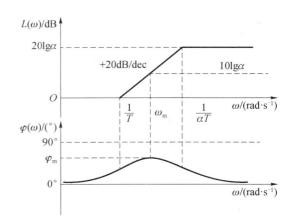

图 7-6　超前校正网络的对数频率特性

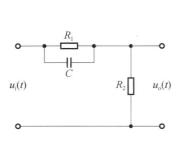

图 7-5　*RC* 超前校正网络

校正网络的超前相角为

$$\varphi_c(\omega) = \arctan T\omega - \arctan \alpha T\omega$$

令 $\dfrac{d}{d\omega}\varphi_c(\omega) = 0$，可求出产生最大超前相角时的频率为

$$\omega_m = \frac{1}{\sqrt{\alpha \cdot T}} \tag{7-3}$$

故有 $\omega_m^2 = \omega_1\omega_2 \left(\omega_1 = \dfrac{1}{T}, \omega_2 = \dfrac{1}{\alpha T} \right)$，取对数得

$$\lg\omega_m = \frac{\lg\omega_1 + \lg\omega_2}{2} \tag{7-4}$$

式（7-4）表明，在对数频率特性中，ω_m 是两个转折频率 ω_1 和 ω_2 的几何中心。

将式（7-4）代入式（7-3）中，可得最大超前相角为

$$\varphi_m = \arcsin\frac{1-\alpha}{2+\alpha}$$

由图 7-6 可以看出，超前校正网络实质上是一个高通滤波器。

超前校正网络的作用可用图 7-7 说明。设单位负反馈系统开环对数幅频特性曲线和对数相频特性曲线如图 7-7 中的①所示，可以看出幅频特性曲线在中频段 ω_{c1} 附近斜率为 -40dB/dec，并且所占频率范围较宽，而且在 $1/T_2$ 处，其斜率为-80 dB/dec。在 $20\lg|G|>0$ 的范围内，相频特性曲线穿越-180°曲线一次，故原系统是不稳定的。

现给原系统串入超前校正网络,校正环节的转折频率 $1/T$ 及 $1/\alpha T$ 分别设在原剪切频率 ω_{c1} 的两侧，校正网络的对数频率特性曲线如图 7-7 中的③所示，则校正后系统开环对数特性曲线如图 7-7 中的②所示，由于正相移的作用，使剪切频率增大到 ω_{c2}。相应的相频曲线在剪切频率处相位明显上升，具有较大的稳定裕度，这样即改善了原系统的稳定性、又提高了系统的剪切频率，获得了足够的快速性。

通常，人们用频域法进行系统校正时，常采用相角裕量等表征系统的相对稳定性，用开环剪切频率 ω_c 表征系统的快速性。当给定的指标是时域指标时，首先需要转化为频域指标，才能够进行频域设计。最常用的频域校正方法，是依据开环频率特性指标和开环增益,在 Bode 图上确定校正参数并校验开环频域指标。

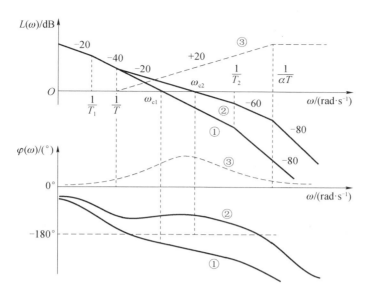

图 7-7 超前校正网络的作用

二、相位滞后校正

滞后校正就是在前向通道中串联一个滞后校正装置来校正控制系统，典型的 RC 滞后校正网络如图 7-8 所示，其传递函数为

$$G_c(s) = \frac{U_o(s)}{U_i(s)} = \frac{R_2Cs+1}{\dfrac{R_1+R_2}{R_2}R_2Cs+1}$$

令 $R_2C = T$，$\dfrac{R_1+R_2}{R_2} = \beta$，可知 $\beta > 1$，则

$$G_c(s) = \frac{Ts+1}{\beta Ts+1} \tag{7-5}$$

式中，参数 β、T 可调。

滞后校正网络的对数频率特性如图 7-9 所示，在式（7-5）中，由于传递函数中 $\beta T > T$，故对数幅频特性具有负斜率段，相频特性具有负相移。负相移表明，校正网络在正弦信号作用下的稳态输出电压，在相位上滞后于输入，故称为滞后校正网络。

滞后的相角为

$$\varphi_c(\omega) = \arctan T\omega - \arctan \beta T\omega$$

令 $\dfrac{\mathrm{d}}{\mathrm{d}\omega}\varphi_c(\omega) = 0$，可求出产生最大滞后相角时的频率为

$$\omega_m = \sqrt{\omega_1\omega_2} = \frac{1}{\sqrt{\beta}\cdot T}\quad\left(\omega_1 = \frac{1}{\beta T}, \omega_2 = \frac{1}{T}\right) \tag{7-6}$$

取对数，得

$$\lg \omega_m = \frac{\lg \omega_1 + \lg \omega_2}{2} \tag{7-7}$$

式（7-72）表明，在对数频率特性中，ω_m 是两个转折频率 ω_1 和 ω_2 的几何中心。其最大滞后相角为

$$\varphi_m = -\arcsin\frac{\beta-1}{\beta+1}$$

式中，$\beta = \dfrac{1+\sin(-\varphi_m)}{1-\sin(-\varphi_m)}$。

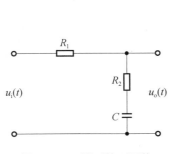

图 7-8　RC 滞后校正网络

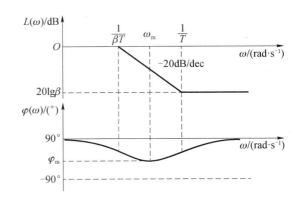

图 7-9　滞后校正网络的对数频率特性

从相频特性曲线可以看出，相位滞后校正网络利用校正网络对数幅频特性的负斜率段，使被校正系统高频段幅值速减，幅值穿越频率左移，从而获得满足要求的相位裕量。在 $1/\beta T\sim$ $1/T$ 频段，具有相位滞后，相位滞后会给系统特性带来不良影响，故应尽量使产生最大滞后相角的频率远离校正后系统的幅值穿越频率 ω_{c2}，否则会对系统的动态性能产生不利影响。一般可取

$$\omega_2 = \frac{1}{T} = \frac{\omega_{c2}}{10} \sim -\frac{\omega_{c2}}{2}$$

从幅频特性曲线可以看出，滞后校正的高频段是负增益，因此，滞后校正对系统中高频噪声有削弱作用，可以提高系统的抗干扰能力。相位滞后校正装置实质上是一个低通滤波器，它对低频信号基本上无衰减作用，但能削弱高频噪声，β 越大，抑制噪声的能力越强。利用滞后校正的这一低通滤波所造成的高频衰减特性，降低系统的剪切频率，提高系统的相角裕量，可以改善系统的暂态性能，这是滞后校正的作用之一。采用这种校正方式时，并不是利用相位的滞后特性，而是利用其高频衰减特性，因此应避免使网络的最大滞后相角发生在系统的剪切频率附近。

设单位负反馈系统开环对数幅频特性曲线和对数相频特性曲线如图 7-10 中的①所示，可以看出对数幅频特性曲线在中频段 ω_{c1} 附近斜率为-60dB/dec，故系统动态响应的平稳性很差。对照对数相频特性曲线可知系统接近于临界稳定。

现给原系统串入滞后校正网络，对数频率特性曲线如图 7-10 中的③所示，校正环节的转折频率 $1/\beta T$ 及 $1/T$ 均设在先于原剪切频率 ω_{c1} 一段距离处，则校正后系统的开环对数频率特性如图 7-10 中的②所示，由于校正装置对数幅频特性曲线渐近线负斜率的作用，频宽显著减小，但因此造成新的剪切频率 ω_{c2} 附近具有-20dB/dec 斜率段，以保证足够的稳定性。也就是说，这样校正是以牺牲系统的快速性（减小频宽）来换取稳定性。从对数相频特性曲线看，

校正虽然带来了负相移，但是处于频率较低的部位，对系统的稳定裕量不会有很大影响。也就是说，滞后校正并不是利用相角滞后作用来使系统稳定的，而是利用幅值衰减来保证系统稳定的。

另外，串联滞后校正并没有改变原系统最低频段的特性，对系统稳态精度不起作用，滞后校正常用于对快速性要求不高的系统中，如恒温控制等。

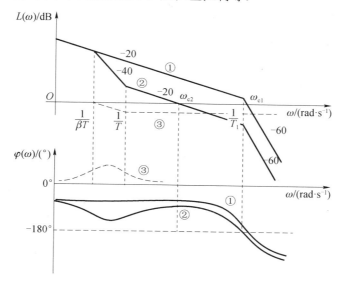

图 7-10　滞后校正网络的作用

超前校正与滞后校正两种方法的比较：

超前校正利用其相位超前特性，可以增大系统的稳定裕度，提高动态响应的平稳性（M_r 减小）和快速性（t_s 减小）；对提高系统稳态精度作用不大，系统抗干扰能力有所下降；一般用于稳态精度已基本满足要求，但动态性能差的系统；为了满足严格的稳态性能要求，在采用无源校正网络时，超前校正要求一定的附加增益；若在未补偿系统的剪切频率附近，当相位下降迅速时，会导致超前网络的相角超前量不足以补偿到要求的数值，单个超前补偿网络可能无法达到要求。

滞后校正不是利用其相位滞后特性，而是利用滞后网络的高频幅值衰减特性。因此，在系统开环传递函数中串入滞后环节后，系统幅频特性在中、高频段会降低，因而剪切频率会减小，从而达到增加相角裕度的目的；而滞后校正由于不衰减低频特性，因此不会对系统稳态性能造成不利影响；滞后环节的相角滞后特性在校正中虽然是不利因素，但由于最大滞后角频率通常被安排在低频段，远离剪切频率，因此相角滞后特性对系统的动态性能和稳态性能的影响非常小；另外，滞后校正一般不需要附加增益。对于同一系统，采用超前校正系统的带宽大于采用滞后校正系统的带宽。当输入端电平噪声较高时，一般不宜选用超前网络补偿。

三、相位滞后-超前补偿

在实际系统中，单纯采用超前补偿或滞后补偿，均只能改善系统动态特性或稳态特性某一方面的性能。超前校正可以改善控制系统的快速性和超调量，但增加了带宽，对于稳定裕量较大的系统，是有效的；滞后校正主要用于抗高频干扰，可改善超调量及相对稳定度，但往往会因带宽减小而使快速性下降。因此，在系统设计中为了同时改善系统的动、静态特性，可以把超前校正和滞后校正结合起来，并在结构设计时设法限制它们的缺点，这就是滞后-超前校正的基本思想。

用频率响应法确定滞后-超前校正装置，实际上是设计滞后装置和超前装置两种方法的结合。滞后校正装置的作用是把剪切频率左移，从而减小系统在剪切频率处的相位滞后；而超前校正装置的作用是在新的剪切频率处提供一个相位超前角，以增大系统的相位裕度，使其满足动态性能要求。

相位滞后-超前补偿的设计指标仍然是稳态精度和相角裕度。图 7-11 所示为 RC 滞后-超前校正网络，其传递函数为

$$G_c(s) = \frac{U_o(s)}{U_i(s)} = \frac{1+T_2 s}{1+\beta T_2 s} \cdot \frac{1+T_1 s}{1+\frac{1}{\beta} T_1 s}$$

式中，$T_1 = R_1 C_1$，$T_2 = R_2 C_2$，$T_1 T_2 = R_1 C_1 R_2 C_2$ 取 $T_2 > T_1$，并且

$$\frac{T_1}{\beta} + \beta T_2 = R_1 C_1 + R_2 C_2 + R_1 C_2 \quad (\beta > 1) \tag{7-8}$$

因为 $\frac{1}{\beta} < 1$，相当于超前校正中的 $\alpha < 1$，所以式（7-8）右端第一项起滞后网络作用，第二项起超前网络作用。滞后-超前校正网络对数频率特性曲线如图 7-12 所示。低频部分具有负斜率和负相移，起滞后校正作用；中高频部分具有正斜率和正相移，起超前校正作用，且高频段和低频段均无衰减。

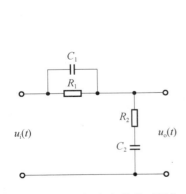

图 7-11　RC 滞后-超前校正网络

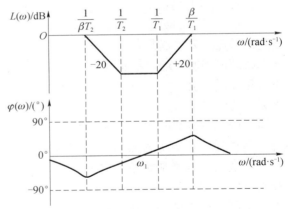

图 7-12　滞后-超前校正网络对数频率特性

四、校正装置设计的方法和依据

在对数频率特性图中，低频段起主要作用的是比例环节和积分环节，根据低频段的频率特性确定系统的开环比例系数和开环系统中积分器的个数。

在系统设计中，通常将中频段的幅频特性的斜率设计成-20dB/dec，且占据一定的宽度，

因为中频段频区越宽，其他环节对剪切频率处的频率特性影响越小，系统相角裕度也越大。

剪切频率越大，带宽也越宽，调节时间也越短。但剪切频率过大，会给系统带来过强的高频噪声。因此应选择适宜的剪切频率，以保证系统有足够的带宽，同时又能较好地抑制高频噪声。

若系统的动态性能主要由一对主导极点决定，则谐振峰值和相角裕度之间有下面的近似关系：

$$M_r = 1/\sin\gamma$$

实际系统高频段的增益通常很小，闭环频率特性近似等于开环频率特性，这部分的开环频率特性直接反映了系统对高频噪声的抑制作用，其分贝值越低，抗高频噪声的能力越强。

利用频率特性设计超前校正装置的一般步骤如下：

（1）根据系统的静态误差要求确定校正装置的增益，并画出未校正系统的 Bode 图。

（2）利用已画的 Bode 图求出未校正系统的相角裕量，并判断是否需要采用超前校正。

（3）根据动态性能指标选择剪切频率（有时已直接指定），并计算校正环节的时间常数。

（4）绘制校正后系统的 Bode 图，校验各项性能指标，若不满足，可重新选择。

用滞后环节校正可以按如下步骤进行：

（1）根据系统稳态性能指标要求的开环增益绘制未校正系统的 Bode 图。

（2）根据相位裕度的要求选择新的剪切频率 ω_c，使

$$\angle G(j\omega_c) = -180° + \gamma + (5°\sim12°)$$

式中，γ——要求的相位裕度；

$5°\sim12°$——补偿滞后校正在新的剪切频率 ω_c 上产生的相角滞后。

（3）算出（或在图中查出）未校正系统在 ω_c 处的幅值，该幅值即为滞后环节应衰减掉的幅值；

（4）为了防止由滞后校正装置造成的相位滞后的有害影响，滞后校正环节的极点和零点必须配置得明显低于新选择的 ω_c，由此确定滞后校正装置的传递函数。

（5）绘制校正后系统的 Bode 图，校验各项性能指标，若不满足，可重新选择。

第三节　PID　校　正

一、PID 校正的定义

在工程实际中，PID（Proportional Integral Derivative）控制器是应用最为广泛的一种控制器。PID 控制器是按偏差的比例（P）、积分（I）和微分（D）进行控制的，其调节原理简单，参数易于整定，使用方便且适用性强，对于那些数学模型不易精确求得、参数变化较大的被控对象，采用 PID 校正往往能得到满意的控制效果。

PID 校正是一种负反馈闭环控制，通常与被控对象串联连接，作为串联校正环节。目前，PID 控制器在经典控制理论中的技术已成熟，模拟式 PID 控制器仍在非常广泛地应用，而数字式 PID 控制器控制的作用更灵活、更易于改进和完善。

PID 控制系统框图如图 7-13 所示，其输入/输出关系可表示为

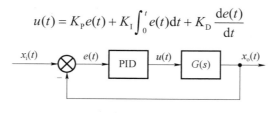

$$u(t) = K_\mathrm{P} e(t) + K_\mathrm{I} \int_0^t e(t)\mathrm{d}t + K_\mathrm{D} \frac{\mathrm{d}e(t)}{\mathrm{d}t}$$

图 7-13　PID 控制系统框图

相应的传递函数为

$$G(s) = \frac{U(s)}{E(s)} = K_\mathrm{P} + \frac{K_\mathrm{I}}{s} + K_\mathrm{D} s$$

在很多情形下，PID 控制结构改变灵活，并不一定需要全部的三项控制作用，而是可以方便灵活地改变控制策略，实施 P、PI、PD 或 PID 控制。

1. 比例控制对系统性能的影响

具有比例控制规律的控制器称为 P 控制器。P 控制器的传递函数为 $G_\mathrm{c}(s) = K_\mathrm{P}$，实质上这是一个具有可调增益的放大器。其实现比较简单，它的作用是调整系统的开环比例系数，提高系统的稳态精度，降低系统的惰性，加快响应速度。但仅用 P 控制器校正系统是不行的，过大的开环比例系数不仅会使系统的超调量增大，而且会使系统的稳定裕度变小，对高阶系统而言，甚至会使系统变得不稳定。

$K_\mathrm{P}>1$ 时：开环增益加大，稳态误差减小；幅值穿越频率增大，过渡过程持续时间缩短；系统稳定程度变差。

$K_\mathrm{P}<1$ 时：与 $K_\mathrm{P}>1$ 时对系统性能的影响正好相反。

因此在设计时必须合理优化 K_P，在满足精度要求下选择适当的 K_P 值。

2. 积分控制对系统性能的影响

具有比例加积分控制规律的控制器，称为 PI 控制器。PI 控制器的传递函数为

$$G_\mathrm{c}(s) = K_\mathrm{I}/s$$

在控制系统中，采用积分控制器可以提高系统的型别，消除或减小稳态误差，从而使系统的稳态性能得到改善；可以增强系统的抗高频干扰能力，故可相应增加开环增益，从而减少稳态误差。但纯积分环节会带来相角滞后，减少系统相角裕度，故积分控制器一般不单独采用，而是和比例控制器一起合成比例加积分控制器后再使用。PI 控制器不但保持了积分控制器消除稳态误差的"记忆功能"，而且克服了单独使用积分控制器消除误差时反应不灵敏的缺点。PI 控制器相当于滞后校正，其校正作用主要在低频段。

3. 微分控制对系统性能的影响

具有比例加微分控制规律的控制器称为 PD 控制器。PD 控制器的传递函数为

$$G_\mathrm{c}(s) = K_\mathrm{D} s$$

微分控制可以增大剪切频率和相角裕度，减小超调量和调节时间，提高系统的快速性和平稳性。微分控制对动态过程的"预测"作用，使得系统的响应速度变快，超调减小，振荡

减轻。但纯微分控制会放大高频扰动，通常不单独使用。

PD 控制器的特点（类似于超前校正）如下：

（1）增加系统的频宽，降低调节时间。

（2）改善系统的相位裕度，降低系统的超调量。

（3）增大系统阻尼，改善系统的稳定性。

（4）增加系统的高频干扰。

4. PID 控制对系统性能的影响

PID 控制器：在低频段，主要是 PI 控制规律起作用，提高系统型别，消除或减少稳态误差；在中、高频段主要是 PD 控制规律起作用，增大剪切频率和相角裕度，提高响应速度。因此，PID 控制器可以全面地提高系统的控制性能。

二、PID 校正系统性能分析

PID 校正是通过调整、改变 PID 控制器的三个参数 K_P、$K_I(K_I = K_P/T_I)$、$K_D(K_D = K_P T_D)$ 的大小，来达到改善系统的动态性能与稳态性能的目的的。典型 PID 校正的系统结构框图如图 7-14 所示。为了设计出符合系统性能要求的 PID 控制器，首先必须了解每个参数在 PID 校正中的作用。

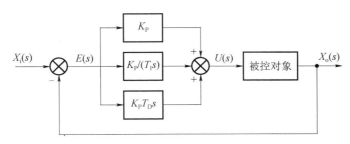

图 7-14　典型 PID 校正的系统结构框图

下面通过示例说明 P、I、D 某一参数单独变化时对系统校正作用的影响。某直流闭环调速系统采用 PID 校正，如图 7-15 所示。

分析纯比例 P 对系统性能的作用时，取 $T_D = 0$, $T_I = \infty$, $K_P = 1 \sim 4$，则系统的阶跃响应特性如图 7-16 所示。由图 7-16 可知，随着 K_P 值的增大，闭环系统的阶跃响应的超调量增大，响应速度加快，相对稳定性变差，当 $K_P \geqslant 21$ 时，系统变为不稳定。

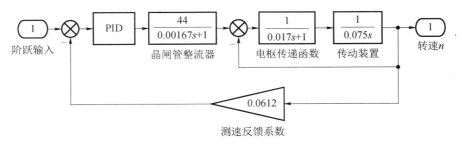

图 7-15　直流闭环调速系统框图

分析积分 I 对系统性能的作用时，取 $T_D = 0, K_P = 1, T_I = 0.03 、 0.05 、 0.07$，则系统的阶跃响应特性如图 7-17 所示。由图 7-17 可知，随着 T_I 值的减小，积分作用变强，闭环系统阶跃响应的超调量增大，系统响应速度略微变快，但系统相对稳定性变差。

分析微分 D 对系统性能的影响时，取 $K_P = 0.01, T_I = 0.01, T_D = 12 、 48 、 84$，则系统的阶跃响应特性如图 7-18 所示。由图 7-18 可知，由于微分校正的作用，在曲线的起始上升段出现尖锐的波峰之后呈衰减振荡，且随着 T_D 值的增大，微分作用增强，闭环系统阶跃响应的超调量增大，但经过尖锐的起始上升段后，响应速度有所变慢。

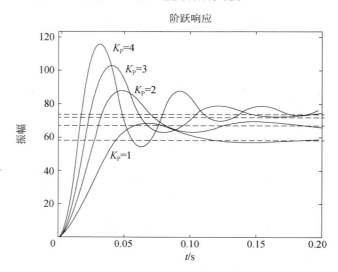

图 7-16　不同 K_P 作用下的阶跃响应曲线

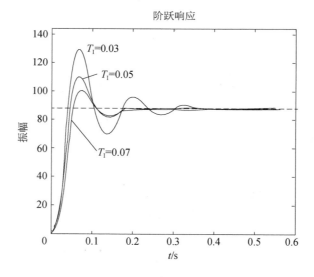

图 7-17　不同 T_I 作用下的阶跃响应曲线

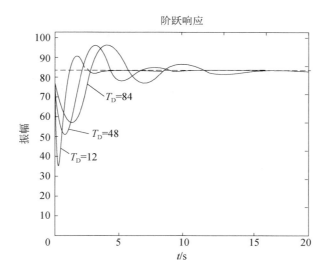

图 7-18　不同 T_D 作用下的阶跃响应曲线

第四节　反 馈 校 正

在控制系统的校正中，反馈校正除了与串联校正一样，可改善系统的性能以外，还可抑制反馈环内不利因素对系统的影响。基于这个特点，当所设计的系统中一些参数可能随着工作条件的改变而发生幅度较大的变动，而在该系统中又能够取出适当的反馈信号，即有条件采用反馈校正时，一般说来，采用反馈校正是恰当的。

在反馈校正中，若 $G_c(s) = K$，则称为位置（比例）反馈；若 $G_c(s) = Ks$，则称为速度（微分）反馈；若 $G_c(s) = Ks^2$，则称为加速度反馈。设计系统时，需要根据系统的不同要求，引入适当的反馈校正，使系统的型次、时间常数及阻尼比等因素得以改变，以达到系统校正的目的。

一、位置反馈校正

位置反馈校正的系统框图如图 7-19 所示。

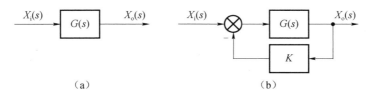

图 7-19　位置反馈校正的系统框图

（a）未加校正的系统框图；（b）采用位置反馈校正之后的系统框图

对非 0 型系统，当系统未加校正时［图 7-19（a）］，系统的传递函数为

$$G(s) = \frac{K_1 \prod_{i=1}^{m}(s - z_i)}{s^v \prod_{j=1}^{n}(s - p_{j-v})} \quad (v > 0)$$

当采用单位反馈校正，即 $K=1$ 时［图 7-19（b）］，系统的闭环传递函数为

$$\frac{X_o(s)}{X_i(s)} = \frac{G(s)}{1 + G(s)} = \frac{K_1 \prod_{i=1}^{m}(s - z_i)}{s^v \prod_{j=1}^{n}(s - p_{j-v}) + K_1 \prod_{i=1}^{m}(s - z_i)}$$

而对于具有传递函数 $G(s) = \dfrac{K_1}{Ts + 1}$ 的一阶系统，若加反馈校正 $G_c(s) = 1$，则传递函数为

$$\frac{X_o(s)}{X_i(s)} = \frac{K_1}{(Ts + 1) + K_1} = \frac{\dfrac{K_1}{1 + K_1}}{s\dfrac{T}{1 + K_1} + 1}$$

由上式可知，校正后系统型次未变，但时间常数由 T 下降为 $T/(1+K_1)$，即惯性减弱，这导致过渡过程持续时间 $t_s(t_s = 4T)$ 缩短，系统响应速度加快；同时，系统的增益由 K_1 下降至 $K_1 / (1 + K_1)$。

二、速度反馈校正

在位置随动系统中，常常采用速度反馈的校正方案来改善系统的性能。

对图 7-20 所示的 I 型系统，未加校正前［图 7-20（a）］，其传递函数为

$$\frac{X_o(s)}{X_i(s)} = \frac{K}{s(Ts + 1)}$$

采用速度反馈后［图 7-20（b）］，其传递函数为

$$\frac{X_o(s)}{X_i(s)} = \frac{\dfrac{K}{1 + Ka}}{s\left(\dfrac{Ts}{1 + Ka} + 1\right)}$$

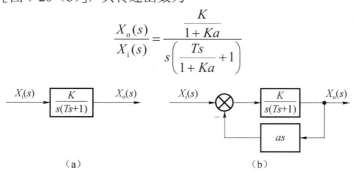

（a）　　　　　　　　　　　　　（b）

图 7-20　速度反馈校正的系统框图

（a）未加校正的系统框图；（b）采用速度反馈校正之后的系统框图

显然，经校正后，系统的型次并未改变，时间常数由 T 下降为 $T / (1 + Ka)$，系统的响应速度加快，同时系统的增益减小。

第五节　MATLAB 在系统校正中的应用

控制系统的基本性能要求是稳定、准确、快速。当系统不能全面满足其性能指标时，可对原系统增加必要的元件和环节来实现综合校正，以达到使系统全面地满足所要求的性能指标。

当系统动态性能不能满足要求时，可以增加超前校正，以达到系统对稳定裕量的要求；当系统的稳态性能不能满足时，可对低频段保持不变，将中频段和高频段的幅值加以衰减，采用滞后校正，以达到系统对稳定裕量的要求；当系统的动态性能和稳态性能都不能满足时，可采用滞后-超前校正。PID 校正是串联校正的一种典型应用。下面通过实例讲述滞后-超前校正和 PID 校正在 MATLAB 中的应用。

例 7-1 已知某单位负反馈被控对象的开环传递函数为

$$G(s) = K\frac{1}{s(s+1)(s+2)}$$

试对系统进行滞后-超前校正，使之满足：

（1）在单位斜坡作用下，系统的速度误差系数 $K_v=10$。

（2）系统校正后剪切频率 $\omega_c \geq 1.5\text{s}^{-1}$。

（3）系统校正后相位裕量 $\gamma > 45°$。

解： 先求出开环增益 K。

由被控对象的开环传递函数可知，系统为 I 型系统，在单位斜坡信号作用下，速度误差系数 $K_v=K/2=10$，取 $K=20$。所以被控对象的开环传递函数为

$$G(s) = 20\frac{1}{s(s+1)(s+2)}$$

绘制未校正系统的 Bode 图及其阶跃响应特性曲线，检查系统是否满足要求。MATLAB 程序如下：

```
k0=20; n1=1;
d1=conv([1 0],conv([1 1],[1 2]));
s1=tf(k0*n1,d1);                    % 开环传递函数
figure(1);margin(s1);hold on        % 绘制开环传递函数 Bode 图,并求裕量等
figure(2);sys=feedback(s1,1);       % 求闭环传递函数
step(sys)                           % 绘制单位阶跃响应曲线
```

程序执行后，可得到 Bode 图和单位阶跃响应曲线，如图 7-21 所示。由图 7-21 可知，未校正系统的幅值裕量 $K_g(\text{dB})=-10.5\text{dB}$，相位穿越频率 $\omega_g=1.41\text{s}^{-1}$，相位裕量 $\gamma=-28.1°$，幅值穿越频率 $\omega_c=2.43\text{s}^{-1}$。稳态裕量为负值，且单位阶跃响应曲线发散振荡，说明系统不稳定，必须进行校正。

根据要求系统校正后剪切频率 $\omega_c \geq 1.5\text{s}^{-1}$，求出 T 值，β 一般取 9～10，这里取 9.5，可得出滞后校正装置传递函数。MATLAB 程序如下：

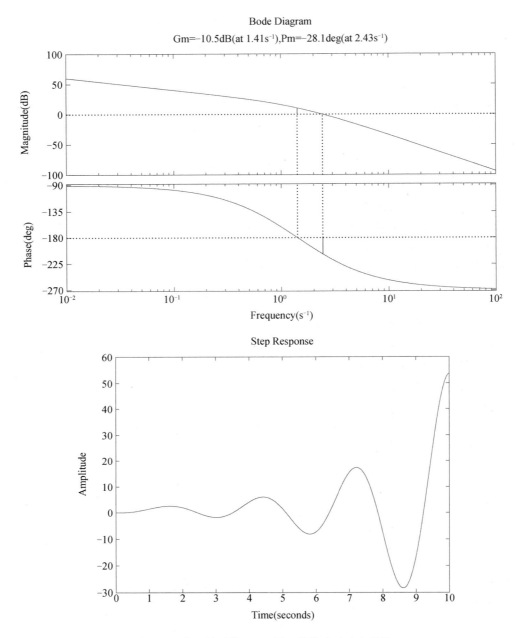

图 7-21　校正前系统 Bode 图及单位阶跃响应曲线

```
wc=1.5;
beta=9.5;
T=1/(0.1*wc);
bt=beta*T;
Gc=tf([T 1],[bt 1])        % 滞后校正环节传递函数
```

程序执行结果为

```
Gc =
  6.667 s + 1
  -----------
  63.33 s + 1
```

得到的滞后校正装置为

$$G_{c1}(s) = \frac{Ts+1}{\beta Ts+1} = \frac{6.667s+1}{63.33s+1}$$

则串联滞后校正后的系统传递函数为

$$G(s)G_{c1}(s) = 20 \cdot \frac{1}{s(s+1)(s+2)} \cdot \frac{6.667s+1}{63.33s+1}$$

根据滞后校正后系统的结构参数，计算超前校正装置传递函数的 MATLAB 程序如下：

```
s1=s1*Gc;                          % 增加滞后校正后系统的传递函数
num=s1.num{1};  den=s1.den{1};
na=polyval(num,1i*wc);
da=polyval(den,1i*wc);
g=na/da;  g1=abs(g);
h=20*log10(g1);
a=10^(h/10);
wm=wc;
T=1/(wm*(a)^(1/2));      alfat=a*T;
Gc=tf([T 1],[alfat 1])             % 计算超前校正环节
```

程序执行执行结果为

```
Gc =
   2.13 s + 1
  ------------
  0.2086 s + 1
```

因此，得到的超前校正装置为

$$G_{c2}(s) = \frac{Ts+1}{\alpha Ts+1} = \frac{2.13s+1}{0.2087s+1}$$

则校正后系统的传递函数为

$$G(s)G_{c1}(s)G_{c2}(s) = 20\frac{1}{s(s+1)(s+2)} \cdot \frac{6.667s+1}{63.33s+1} \cdot \frac{2.13s+1}{0.2087s+1}$$

绘制校正后系统 Bode 图的 MATLAB 程序如下：

```
sys=s1*Gc;  figure(3);  margin(sys);
```

程序执行后得到的系统 Bode 图如图 7-22 所示，校正后系统的幅值裕量 K_g(dB)=12dB，相位穿越频率 ω_g=3.48s^{-1}，相位裕量γ=47°，幅值穿越频率 ω_c=1.5s^{-1}。系统稳定，且满足设计要求（2）和（3）。

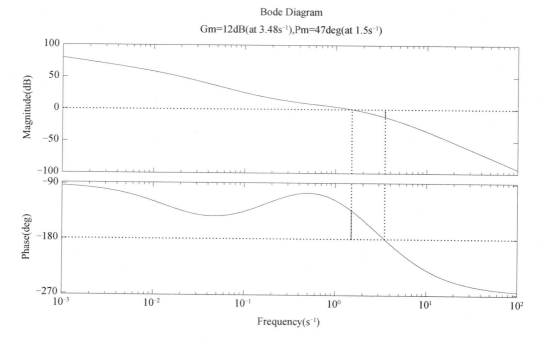

图 7-22　校正后系统 Bode 图

例 7-2　已知某单位负反馈系统开环传递函数为

$$G(s) = \frac{1}{s(s+1)(s+5)}$$

试应用 PID 校正，绘制系统单位阶跃响应曲线。

解：根据要求，建立 Simulink 框图，如图 7-23 所示。

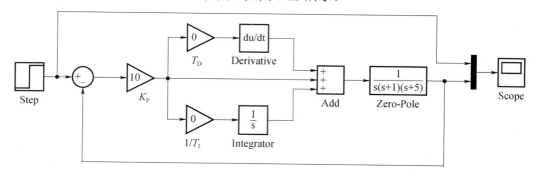

图 7-23　例 7-2 Simulink 框图

（1）将 T_D、$1/T_I$ 均设为 0，观察单纯 P 控制结果。设定不同的 K_P 参数，观察阶跃响应曲线，如图 7-24 所示。

（2）将 T_D 设为 0，观察 PI 控制结果。设定 K_P=8.5，积分时间常数 T_I=12.5，即 $1/T_I$=1/12.5，观察阶跃响应曲线，如图 7-25 所示。

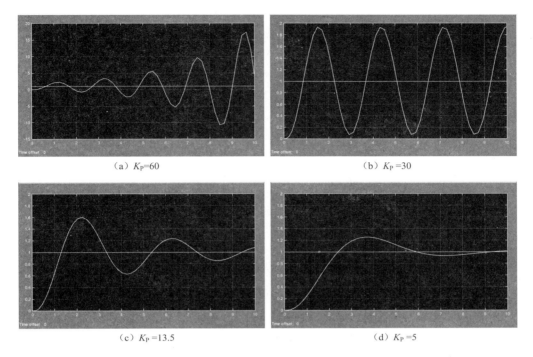

（a）$K_P=60$　　　　　　　　　（b）$K_P=30$

（c）$K_P=13.5$　　　　　　　　（d）$K_P=5$

图 7-24　P 控制时的单位阶跃响应曲线

（3）应用 PID 控制，观察阶跃响应曲线，如图 7-26 所示。设定 $K_P=28$，$T_I=2$，$T_D=0.36$。

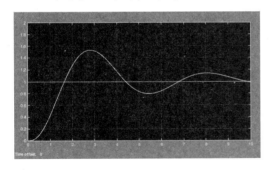

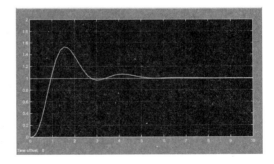

图 7-25　PI 控制单位阶跃响应曲线　　　　　图 7-26　PID 控制单位阶跃响应曲线

思考题及习题

1．在系统综合设计中，常用的性能指标有哪些？

2．系统在什么条件下采用超前校正、滞后校正和滞后-超前校正？为什么？

3．设单位反馈系统开环函数为

$$G(s) = \frac{100}{s(0.05s+1)(0.0125s+1)}$$

校正后其开环传递函数为

$$G(s)G_c(s) = \frac{100(0.5s+1)}{s(10s+1)(0.05s+1)(0.0125s+1)},$$

试分别画出其对数幅频特性曲线，标明 ω_c、斜率及转折点坐标值，计算校正前后的相位裕量，并说明其稳定性。

4．设单位反馈系统开环函数为

$$G(s) = \frac{7}{s\left(\dfrac{s}{2}+1\right)\left(\dfrac{s}{6}+1\right)}$$

试设计比例积分装置进行串联校正，使已校正系统的相角裕度为 $40°\pm2°$，幅值裕度不低于 10dB，开环增益不变，剪切频率不低于 1rad/s。

5．设最小相位系统校正前后开环幅频特性分别如图 7-27 所示，试确定校正前后的相位裕量，并求出校正网络的传递函数。

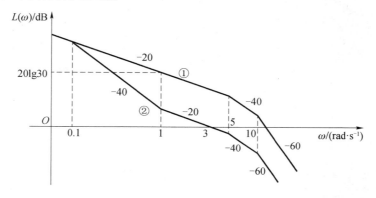

图 7-27　第 5 题图

6．设系统开环传递函数为 $G(s) = \dfrac{K}{s(0.1s+1)}$，试用 PI 装置进行校正，使系统 $K_v \geqslant 200$，$\gamma\left(\omega_c''\right) \geqslant 50°$，并确定校正参数。

7．由实验测得单位反馈二阶系统的单位阶跃响应如图 7-28 所示。

（1）绘制系统的框图，并标出参数值。

（2）系统单位阶跃响应的超调量 $M_p=20\%$，峰值时间 $t_p = 0.5s$，设计适当的校正环节，并画出校正后系统的框图。

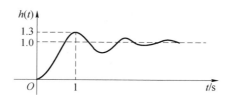

图 7-28　第 7 题图

第八章

传感器原理与汽车工程常用传感器

工程上通常把直接作用于被测量，能按一定规律将其转换成同种或其他物理量输出的器件，称为传感器。传感器技术是现代信息技术的重要支柱之一，传感技术的发展直接影响到控制、测试、计算机等技术的应用和发展。本章介绍几种常用传感器的工作原理，并侧重于传感器在汽车上的实际应用。

第一节 测试系统的静态传递特性

在测试工作中，通常应该把研究对象和测试装置作为一个系统来进行考察。这是因为测试装置会对被测对象产生反作用，从而对输出量产生影响。理想的测试装置应该具有单值的、确定的输入与输出关系。传递特性是测试系统的输入与输出之间存在的某些联系，掌握测试系统的传递特性，对于提高测量的准确性和正确选用测试系统或校准测试系统十分重要。在测量过程中，被测量不随时间的改变而发生变化，或者虽随时间变化但变化缓慢以致可以忽略的测量，称为静态测量。描述测试系统静态测量时的输入/输出关系的方程、图形、参数等称为测试系统的静态传递特性。测试系统的准确度在很大程度上与系统的静态传递特性有关。最为常用的静态传递特性包括静态传递方程、定度曲线、灵敏度、线性度、回程误差和稳定性等参数。

一、静态传递方程与定度曲线

测试系统处于静态测量时，输入量和输出量不随时间而变化，因而输入和输出的各阶导数均为零，式（8-1）给出的微分方程将演变为代数方程：

$$y(t) = \frac{b_0}{a_0} x(t) \tag{8-1}$$

式（8-1）是常系数线性微分方程的特例，称为测试系统的静态传递方程，简称静态方程。描述静态方程的曲线称为测试系统的静态特性曲线或定度曲线。习惯上，定度曲线是以输入量 $x(t)$ 为自变量，与之对应的输出 $y(t)$ 为因变量，在直角坐标系中描绘出的图形。

二、灵敏度

灵敏度反映了测试系统对被测量变化的反应能力。灵敏度是指测试系统在静态测量时，

输出量的增量与输入量的增量之比的极限值，即

$$S = \lim_{\Delta x \to 0} \frac{\Delta y}{\Delta x} = \frac{\mathrm{d}y}{\mathrm{d}x} \tag{8-2}$$

一般情况下，灵敏度 S 将随输入信号 x 的变化而改变，是系统输入/输出特性曲线的斜率。

对于线性系统而言，有

$$S = \frac{y}{x} = \frac{b_0}{a_0} = \tan\theta = 常数 \tag{8-3}$$

但是，一般的测试装置通常不是理想的定常线性系统，其定度曲线不是直线，曲线的斜率也不是常数。人们通常用其拟合直线的斜率来作为该装置的灵敏度。

在工程测试系统中，经常出现"灵敏度阀"（也称为鉴别力阀或灵敏限）这一技术参数，它是指引起测量装置输出值产生一个可察觉变化的最小被测量变化值，是灵敏度的倒数，也称为测试系统的分辨力。它是指指示装置有效地辨别紧密相邻量值的能力，一般认为数字装置的分辨力就是最后位数的一个字，而模拟装置的分辨力为指示标尺分度值的一半。

三、线性度

线性度是指测量系统输出与输入之间保持常值比例关系的程度。通常，实际测试系统的输出与输入之间并非是严格的线性关系，如图 8-1 所示。为了使用简便，约定用直线关系代替实际关系，用某种拟合直线代替定度曲线作为测试系统的静态特性曲线。定度曲线接近拟合直线的程度就是测试系统的线性度，以系统标称输出范围内，实际输出对拟合直线的最大偏差 ΔL_{max} 与满量程输出 A 的比值的百分率为线性度的指标，即

$$线性度 = \pm\frac{\Delta L_{max}}{A} \times 100\% \tag{8-4}$$

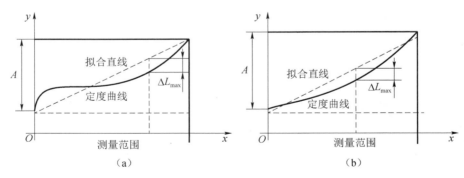

图 8-1　线性度

（a）端基线性度；（b）最小二乘线性度

拟合直线的确定方法较多，较为常用的方法有两种：端基直线和最小二乘拟合直线（独立直线），如图 8-1 所示。端基直线是一条通过测量范围上、下极限点的直线，这种拟合直线的方法简单易行，但因与数据的分布无关，其拟和精度很低。若拟合的直线与校准曲线间的偏差的平方和最小，则该曲线被称为最小二乘拟合直线，它是保证所有测量值最接近拟合直线、有很高的拟合精度的方法。

四、回程误差

回程误差也称为滞后或变差，它是描述测试系统的输出同输入变化方向有关的特性。实际的测试系统在相同的测试条件下，由于机械摩擦、材料受力变形、间隙、内部的弹性元件的弹性滞后、磁性元件的磁滞现象等原因，在输入量由小增大和由大减小的过程中，对应于同一输入量所得到的两个输出量往往存在着差值，这种现象称为迟滞。对于测试系统的迟滞的程度，用回程误差来描述，如图 8-2 所示。把相同的测试条件下，全量程范围内的最大迟滞差值 h_{max} 与标称满量程输出 A 的比值的百分率定义为回程误差，即

$$回程误差 = \frac{h_{max}}{A} \times 100\% \tag{8-5}$$

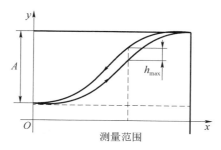

图 8-2 回程误差

五、稳定性

稳定性是指在一定的工作条件下，保持输入信号不变时，输出信号随时间或温度的变化而出现的缓慢变化程度。测试系统的稳定性有两种指标：一是时间上的稳定性，以稳定度表示；二是测试仪器外部环境和工作条件变化所引起的示值的不稳定性，以各种影响系数表示。

1. 稳定度

稳定度是指在规定的工作条件下，测试系统保持其测量特性恒定不变的能力，用 δ_s 表示。它主要受测试系统内部存在的随机性变动、周期性变动和漂移等影响，一般用测量系统示值的波动范围与时间之比来表示。例如，示值的电压在 8h 内的波动幅度为 1.3mV，则系统的稳定度为 $\delta_s = 1.3mV/8h$。

2. 环境影响

温度、大气压等外界环境的状态变化对测试系统示值的影响，以及电源电压、频率等工作条件的变化对示值的影响，用影响系数表示。例如，周围介质温度变化所引起的示值的变化，可以用温度系数 β_t 表示。

在正常使用的条件下，若输入量没有发生任何变化，而在经过一段时间后测试系统的输出量却发生了改变，这种现象称为漂移，以输出量的变化表示。在规定条件下，对一个恒定的输入在规定时间内的输出变化，称为点漂；标称范围最低值处的点漂，称为零点漂移，简称零漂。零漂中既含有直流成分，也含有交流成分，环境条件的影响较为突出，特别是湿度

和温度的影响，其变化趋势较为缓慢。工程上常在零输入时，对漂移进行观测和测量，并以此修正测试系统的输出零点，减小漂移对测试精度的影响。

第二节　传感器分类及选用原则

机械工程中的被测量是各式各样的，它们具有不同的物理特性和量纲，如机器运行过程中或汽车行驶过程中产生的振动、噪声信号，构件内部的应力应变，以及管道容器内的流体压力等各种各样的信号。在测试中，传感器处于测试装置的输入端，其性能将直接影响整个测试装置的工作质量。传感器一般由转换机构和敏感元件两部分组成，前者将一种机械量转变为另一种机械量，后者则将机械量转换为电量，有些结构简单的传感器则只有敏感元件部分。传感器输出的电信号也分为两类，一类是电压、电流及电荷，另一类是电阻、电容和电感等电参数，它们通常比较微弱，不适合直接分析处理。因此传感器往往与配套的前置放大器连接或者与其他电子元件组成专用的测量电路，最终输出幅值适当、便于分析处理的电压信号。

一、传感器的分类

传感器种类繁多，在工程应用中一种被测量可以用多种类型的传感器来测量，而同一原理的传感器又可测量多种非电量，为了对传感器有更好的认识，对传感器进行分类研究是很必要的。

1. 按能量关系分类

传感器按能量关系分类，可分为主动型和被动型两类。主动型传感器，也称为无源传感器，是直接由被测对象输入能量使其工作的，如热电偶温度计、压敏电阻等。被动型传感器，也称为有源传感器，是从外部供给辅助能量使传感器工作的，并且由被测量来控制外部辅助能量的变化。汽车上使用的传感器大多数为被动型传感器。

2. 按信号转换分类

传感器按信号转换关系分类，可分为由一种非电量转换成另一种非电量的传感器（如弹性敏感元件、气动传感器）和非电量转换成电量的传感器（如热电偶温度传感器、压电式加速度传感器等）。传感器的转换原理及应用如表 8-1 所示。

表 8-1　传感器的转换原理及应用

传感器分类		工作原理	传感器名称	应用
转换形式	中间参量			
电参量式	电阻	电阻值变化	电位器式传感器	位移、压力、加速度
		电阻的应变效应	电阻应变式传感器	微应变、力、负荷
		半导体的压阻效应	压阻式传感器	
		热阻效应	热电阻式传感器	温度

续表

| 传感器分类 | | 工作原理 | 传感器名称 | 应用 |
转换形式	中间参量			
电参量式	电阻	半导体光导效应	光敏电阻式传感器	温度、光强
	电感	改变磁路几何尺寸、导磁体位置	电感式传感器	位移
		涡电流效应	电涡流式传感器	位移、厚度、硬度
	电容	电容量变化	电容式传感器	力、压力、负荷、位移、液位、厚度、湿度
电量式	电荷	压电效应	压电式传感器	动态力、加速度
	电动势	电磁感应	磁电式传感器	速度、加速度
		霍尔效应	霍尔式传感器	磁通、电流、转速
		光电效应	光电式传感器	光强、转速
		热电效应	热电偶式传感器	温度、热流
		温度引起 PN 结电压降变化	半导体 PN 结温度传感器	温度
传光式	光波	光的全反射原理	光纤式传感器	温度、距离
辐射式	声波	波在介质中的传播特性	超声波式传感器	距离

3. 按输入量分类

传感器按输入量分类即按被测量分类，可分位移、速度、加速度、力、力矩、压力、真空度、温度、电流、气体成分、浓度等传感器。

4. 按工作原理分类

传感器按工作原理分类，可分为电阻式、电容式、电感式、光电式、光敏式、压电式、热电式、磁电式等传感器。

5. 按输出信号分类

传感器按输出信号分类，可分为模拟式和数字式传感器两种。

二、汽车传感器的性能要求与选用原则

汽车用各种传感器按其使用功能又可分为两类，一类是使驾驶员了解汽车各部分状态的传感器，另一类是用于控制汽车运行状态的传感器，汽车上常用的传感器的种类如表 8-2 所示。

表 8-2　汽车上常用的传感器的种类

种类	检测量或检测对象
温度传感器	冷却液、排出气体（催化剂）、吸入空气、发动机机油、自动变速器液压油、车内外空气
压力传感器	进气歧管压力、大气压力、燃烧压力、发动机机油压力、自动变速器油压、制动压力、各种泵压、轮胎压
转角、转速传感器	曲轴转角、曲轴转速、转向盘转角、车轮速度
速度、加速度传感器	车速（绝对值）、加速度
流量传感器	吸入空气量、燃料流量、废气再循环量、二次空气量、冷媒流量
液量传感器	燃油、冷却液、电解液、机油、制动液

种类	检测量或检测对象
位移、方位传感器	节气门开度、废气再循环阀开度、车辆高度（悬架、位移）、行驶距离、行驶方位、GPS 全球定位
气体浓度传感器	氧气、二氧化碳、NO_x、HC、柴油烟度
其他传感器	转矩、爆振、燃料成分、湿度、鉴别饮酒、睡眠状态、电池电压、蓄电池容量、荷重、冲击物、轮胎失效、风量、日照、光照等

1. 汽车传感器的性能要求

汽车传感器的性能指标包括精度指标、响应性、可靠性、耐久性、结构紧凑性、适应性、输出电平和制造成本等。

（1）较好的环境适应性。汽车的工作环境温度在-40℃～+80℃，在各种道路条件下运行，特别是发动机承受着巨大的热负荷、热冲击、振动等，因此要求传感器能适应温度、湿度、冲击、振动、腐蚀及油液污染等恶劣工作环境。

（2）要求汽车传感器工作稳定性好、可靠性高。

（3）再现性好。由于计算机技术在汽车上的应用，要求传感器再现性一定要好，因为即使传感器线性特性不良，通过计算机也可以修正。

（4）具有批量生产和通用性。随着汽车工业的发展，要求传感器应具有批量生产的可能性。一种传感器可用于多种控制，例如，把速度信号微分，可求得加速度信号，等等，所以传感器应具有通用性。

（5）要求小型化，便于安装使用。

（6）应符合有关标准要求。

2. 汽车传感器的选用原则

（1）量程的选择。量程是传感器测量上限和下限的代数差。例如，检测车高用的位移传感器，要求测量上限为40mm，测量下限为-40mm，则选择位移传感器的量程应为80mm。

（2）灵敏度的选择。传感器输出变化值与被测量的变化值之比称为灵敏度。例如，测量发动机水温的传感器，它的测量变化值为170℃（-50℃～120℃）。而它的输出电压值要求为0～5V，所以选择其灵敏度为5V/170℃。

（3）分辨率的选择。分辨率表示传感器可能检测的被测信号的最小增量。例如，发动机曲轴位置传感器，要求分辨率为0.1°，也就是表示设计或选择数字传感器时，它的脉冲当量选择为0.1°。

（4）误差的选择。误差是指测量值与真值之间的差，有的用绝对值表示（例如，温度传感器的绝对误差为±2℃），有的用相对于满量程之比表示（例如，空气流量传感器的相对误差为±1%）。传感器误差是系统总体误差所要求的，应当得到满足。

（5）重复性的选择。重复性是指传感器在工作条件下，被测量的同一数值，在一个方向上进行重复测量时，测量结果的一致性。例如，检测发动机在转速上升时期对某一个速度重复测量时，数值的一致性或误差值多大，应满足规定要求。

（6）线性度的选择。汽车传感器的线性度是指它的输入/输出关系曲线与其理论拟合直线之间的偏差。这种偏差选择要大小一定，重复性好，而且有一定的规律，这样在计算机处理数据时可以用硬件或软件进行补偿。

（7）过载的选择。过载表示传感器允许承受的最大输入量（被测量）。在这输入作用下，传感器的各项指标应保证不超过其规定的公差范围，一般用允许超过测量上限（或下限）的被测量值与量程的百分比表示。选择时只要实际工况超载量不大于传感器说明书上规定值即可。

（8）可靠度的选择。可靠度是指在规定条件（规定的时期，产品所处的环境条件、维护条件和使用条件等）下，传感器正常工作的可能性。例如，压力传感器的可靠度为 0.997（2000h），它是指压力传感器符合上述条件时，工作 2000h 以内，其可靠性（概率）为 0.997（99.7%）。在选择工作时间长短及概率两指标时都要符合要求，才能保证整个系统的可靠性指标。

（9）响应时间的选择。传感器的响应时间（或称建立时间）是指在阶跃信号激励后，传感器输出值达到稳定值的最小规定百分数（如 5%）时所需的时间。例如，压力传感器响应时间要求是 10ms，也就是要求该传感器在工作条件下，从输入信号加入后，要经 10ms 后，它的输出值才达到所要求的数值。这个参数大小会直接影响汽车起动时间的大小，所以在选择传感器时需要保证响应时间小于 10ms，才能满足汽车起动时间或工况变换的时间要求。

第三节　电阻式传感器

电阻式传感器是一种把被测量转换为电阻变化的传感器。按其工作原理可分为电位器式传感器、电阻应变式传感器和压阻式传感器等。电阻式传感器与相应的测量电路组成的测力、测压、称重、测位移、加速度、转矩等测量仪表是自动称重、过程检测和实现生产过程自动化不可缺少的工具之一。

汽车上的电阻传感器主要有翼片式空气流量计、节气门位置传感器、半导体压阻式进气压力传感器、加速踏板位置传感器、安全气囊中央碰撞传感器，可变电阻式液位传感器等。

一、电位器式传感器

电位器式传感器也称为变阻器式传感器，就是将机械位移通过电位器转换为与之成一定函数关系的电阻输出的传感器，主要由电阻元件、电刷、骨架等结构组成。

电刷相对于电阻元件的运动可以是直线运动，也可以是转动和螺旋运动，因而可以将直线位移或角位移转换为与其成一定函数关系的电阻或电压输出。电位器式传感器除可以测量线位移或角位移外，还可以测量一些可以转换为位移的其他物理量参数，如压力、加速度等。

当电阻元件的导线材质与其截面积一定时，其阻值随导线长度的增加而线性增加。图 8-3（a）所示为直线位移型电位器式传感器，当被测位移变化时，触点 C 沿电位器移动。假设移动距离为 x，则点 C 与点 A 之间的电阻为

$$R_{AC} = K_L x \tag{8-6}$$

式中，K_L——导线单位长度的电阻，当导线材质分布均匀时，K_L 为常数。

可见，这种传感器的输出与输入呈线性关系。传感器的灵敏度为

$$S = \frac{\mathrm{d}R_{AC}}{\mathrm{d}x} = K_{\mathrm{L}} \tag{8-7}$$

图 8-3（b）所示为回转型电位器式传感器，其电阻值随转角变化而变化，故称为角位移型传感器。这种传感器的灵敏度可表示为

$$S = \frac{\mathrm{d}R_{AC}}{\mathrm{d}\alpha} = K_{\alpha} \tag{8-8}$$

式中，K_{α}——单位弧度对应的电阻值，当导线材质均匀分布时，K_{α} 为常数；

α——转角。

图 8-3（c）所示为一种非线性型电位器式传感器，其输出电阻与滑动触头位移之间呈非线性函数关系，它可以实现指数函数、三角函数、对数函数等各种特定函数关系，也可以实现其他任意函数输出。

电位器骨架形状由所要求的输出电阻来决定。例如，若输入量为 $f(x) = Kx^2$，其中 x 为输入位移，为了使输出的电阻值 R_x 与输入量 $f(x)$ 呈线性关系，电位器骨架应做成直角三角形的；若输入量为 $f(x) = Kx^3$，则应采用抛物线形骨架。

电位器式传感器的优点是结构简单、性能稳定、使用方便，缺点是分辨率不高、有较大的噪声。

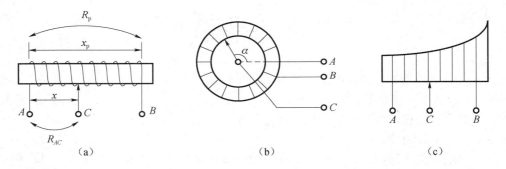

图 8-3　电位器式传感器

（a）直线位移型；（b）回转型；（c）非线性型

二、电阻应变式传感器

电阻应变式式传感器是利用导体或半导体材料的应变效应制成的一种将机械应变转换为应变片电阻值变化的传感器，常用于测量微小的机械变化量。电阻应变式传感器目前是测量应变、力、位移、加速度、转矩等物理量应用最广泛的传感器之一。这种传感器具有体积小、动态响应快、测量精度高、使用方便等优点，在航空、船舶、机械、建筑等行业具有广泛应用。

1. 工作原理

电阻应变片的工作原理基于电阻的应变效应，即导体或半导体材料在外界作用力（拉伸或挤压）下产生机械变形时，它的电阻值产生相应改变的现象。将应变片传感器粘贴在被测材料上，被测材料受外界作用所产生的应变就会传送到应变片上，引起应变片阻值的变化，

通过转换电路将阻值的变化转换成电量输出，则电量变化的大小反映了被测量的大小。

设有一长度为 L，截面积为 A，电阻率为 ρ 的金属丝，电阻为 $R = \rho \dfrac{L}{A}$。如果对整条电阻丝长度作用一均匀应力，当每一可变因素分别有一变化量 $\mathrm{d}L$、$\mathrm{d}A$ 和 $\mathrm{d}\rho$ 时，电阻的相对变化量可用全微分表示

$$\frac{\mathrm{d}R}{R} = \frac{\mathrm{d}L}{L} - \frac{\mathrm{d}A}{A} + \frac{\mathrm{d}\rho}{\rho} \tag{8-9}$$

式中，$\dfrac{\mathrm{d}L}{L}$ ——长度相对变化量，令 $\varepsilon = \dfrac{\mathrm{d}L}{L}$，称为纵向（或轴向）应变；

$\dfrac{\mathrm{d}A}{A}$ ——截面积相对变化量，$\dfrac{\mathrm{d}A}{A} = 2\dfrac{\mathrm{d}r}{r}$，$\dfrac{\mathrm{d}r}{r}$ 为电阻丝径向相对伸长，称为径向（或横向）应变；

$\dfrac{\mathrm{d}\rho}{\rho}$ ——材料的电阻率相对变化量，其值与材料在轴向所受的应力 σ 有关。

$$\frac{\mathrm{d}\rho}{\rho} = \lambda\sigma = \lambda E\varepsilon \ (\sigma = \varepsilon E) \tag{8-10}$$

式中：λ ——材料的压阻系数，与材质有关；

E ——材料的弹性模量。

由材料力学可知，在弹性范围内，径向应变和轴向应变之比为材料的泊松系数 μ，负号表示径向应变与轴向应变方向相反，即

$$\frac{\mathrm{d}r}{r} = -\mu\frac{\mathrm{d}L}{L} = -\mu\varepsilon$$

所以

$$\frac{\mathrm{d}A}{A} = -2\mu\frac{\mathrm{d}L}{L} = -2\mu\varepsilon$$

因此，式（8-9）又可写为

$$\frac{\mathrm{d}R}{R} = (1 + 2\mu)\varepsilon + \lambda E\varepsilon \tag{8-11}$$

式（8-11）中 $(1+2\mu)\varepsilon$ 表示由于材料几何变形引起的电阻相对变化量，可称为形变效应部分；$\lambda E\varepsilon$ 项是由于材料的电阻率随应变的改变而引起的电阻相对变化量，称为压阻效应部分。式（8-11）表明材料电阻的变化是应力引起形状变化和电阻率变化的综合结果。比例常数 K_0 称为金属丝的应变灵敏系数，表示单位应变引起的电阻相对变化量。一般常用金属电阻应变片的灵敏系数 K_0 值为 1.7～3.6。

用应变片测量应变或应力时，在外力作用下，被测试件产生微小的机械变形，粘贴在被测试件上的应变片随之发生相同的变化，同时应变片的电阻值也发生相应的变化。当测得应变片电阻值的变化量为 ΔR 时，便可得到被测试件的应变值。根据应力与应变的关系，$\sigma = E\varepsilon$，即应力 σ 正比于应变 ε，而测试件应变正比于电阻值的变化，所以应力正比于电阻值的变化，这就是利用应变片测量应变的基本原理。

2. 应变片的结构与材料

常用的应变片有两大类，一类是金属电阻应变片，另一类是半导体应变片。半导体应变片式传感器也称压阻式传感器。常见的金属电阻应变片有丝式应变片和膜式应变片两种，其典型结构如图 8-4 所示。它由敏感栅、基底、覆盖层、引线组成。

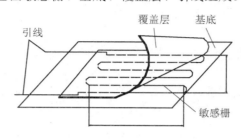

图 8-4　金属丝应变片结构

1）敏感栅

敏感栅是应变片的转换元件，粘贴在绝缘的基底上，其上再粘贴起保护作用的覆盖层，两端焊接引出导线。

2）基底和覆盖层

基底用于保持敏感栅及引线的几何形状和相对位置；覆盖层除了可以保持敏感栅和引线的形状和相对位置外，还可保护敏感栅。基底厚度一般为 0.02～0.04mm。常用的基底材料有纸基、布基和玻璃纤维布基等。

3）粘接剂

粘接剂可将敏感栅固定于基底上，并将覆盖层与基底粘贴在一起，使用应变片时，也需要用粘接剂将应变片基底粘贴在试件表面的某个方向和位置上。在测试时，粘接剂所形成的胶层起着非常重要的作用，它能准确无误地将试件或弹性元件的应变传递到应变片的敏感栅上。常用的粘接剂分为有机和无机两大类。有机粘接剂用于低温、常温和中温条件下，常用的有聚丙烯酸酯、酚醛树脂、有机硅树脂、聚酰亚胺等。无机粘接剂用于高温条件下，常用的有磷酸盐、硅酸盐、硼酸盐等。对粘贴好的应变片，应该根据粘接剂固化要求进行固化处理，之后还应进行防潮处理，以免潮湿引起绝缘电阻和黏合强度降低，从而影响测试精度。

4）引线

引线是从应变片的敏感栅引出的细金属线，常用直径为 0.1～0.15mm 的镀锡铜线或扁带形的其他金属材料制成。对引线材料的性能要求为：电阻率低，电阻温度系数小，抗氧化性能好，易于焊接。大多数敏感栅材料都可制作引线。

3. 电阻应变式传感器的应用

1）应变式力传感器

被测物理量为荷重或力的应变式传感器，统称为应变式力传感器。其主要用作各种电子秤与材料试验机的测力元件、发动机的推力测试元件、水坝坝体承载状况监测元件等。

应变式力传感器要求有较高的灵敏度和稳定性，当传感器受到侧向作用力或力的作用点发生轻微变化时，不应对输出有明显的影响。

（1）圆柱（筒）式力传感器

图 8-5 所示为柱式、筒式力传感器，应变片粘贴在弹性体外壁应力分布均匀的中间部分，对称地粘贴多片，电桥接线时应尽量减小载荷偏心和弯矩的影响，贴片在圆柱面上的位置及其在桥路中的连接如图 8-5（c）、（d）所示，R_1 和 R_3 串联，R_2 和 R_4 串联，并置于桥路对臂上以减小弯矩影响，横向贴片用于温度补偿。

（2）环式力传感器

图 8-6 所示为环式力传感器的结构及其应力分布图。与柱式力传感器相比，应力分布变化较大，且有正有负。由图 8-6（b）的应力分布可以看出，R_2 应变片所在位置应变为零，故 R_2 应变片起温度补偿作用。

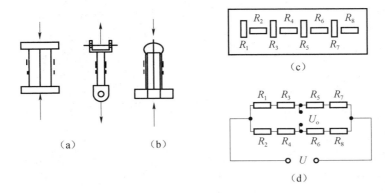

图 8-5　圆柱（筒）式力传感器

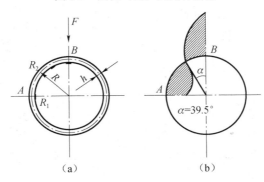

图 8-6　环式力传感器

2）应变式压力传感器

应变式压力传感器主要用来测量流动介质的动态或静态压力，如动力管道设备的进出口气体或液体的压力、发动机内部的压力变化、枪管及炮管内部的压力、内燃机管道压力等。

应变式压力传感器大多采用膜片式或筒式弹性元件。图 8-7 所示为膜片式压力传感器，应变片贴在膜片内壁，在压力 P 作用下，膜片产生径向应变 ε_r 和切向应变 ε_t。由应力分布图可知，膜片弹性元件承受压力 P 时，其应变变化曲线的特点如下：

当 $x = 0$ 时，$\varepsilon_{r\max} = \varepsilon_{t\max}$；

当 $x = R$ 时，$\varepsilon_t = 0, \varepsilon_r = -2\varepsilon_{r\max}$。

根据以上特点，一般在平膜片圆心处切向粘贴 R_1、R_4 两个应变片，在边缘处沿径向粘贴 R_2、R_3 两个应变片，然后接成全桥测量电路。在应力作用下，四个应变片阻值发生变化，电桥失去平衡，输出相应的电压。电压和膜片两边的压力差成正比。这样，测得不平衡电桥的输出电压，就能够求出膜片所受压力差的大小。

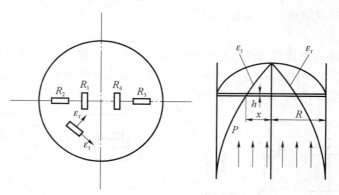

图 8-7　膜片式压力传感器

3）应变式容器内液体重量传感器

图 8-8 是应变式容器内液体重量传感器的示意图。该传感器有一根传压杆，上端安装微压传感器，为了提高灵敏度，共安装了两只；下端安装感压膜，感压膜用来感受上面液体的压力。当容器中溶液增多时，感压膜感受的压力就增大。

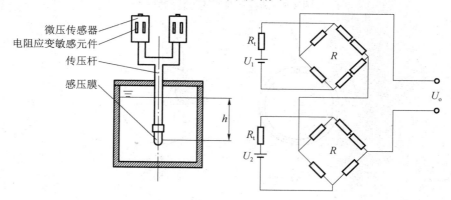

图 8-8　应变式容器内液体重量传感器

将其上两个传感器 R_t 的电桥接成正向串联的双电桥电路，则输出电压为

$$U_o = U_1 - U_2 = (A_1 - A_2)h\rho g \tag{8-12}$$

式中，A_1、A_2——传感器传输系数。

由于 $h\rho g$ 表征着感压膜上面液体的重量，对于等截面的柱形容器，有

$$h\rho g = \frac{Q}{D} \tag{8-13}$$

式中，Q——容器内感压膜上面溶液的重量；

D——柱形容器的截面积。

将式（8-12）和式（8-13）联立，得到容器内感压膜上面溶液重量与电桥输出电压之间的关系式为

$$U_\circ = \frac{(A_1 + A_2)Q}{D}$$

上式表明，电桥输出电压与柱形容器内感压膜上面溶液的重量呈线性关系，因此用此种方法可以测量容器内储存的溶液重量。

4）应变式加速度传感器

应变式加速度传感器主要用于物体加速度的测量。其基本工作原理是：物体运动的加速度与作用在它上面的力成正比，与物体的质量成反比，即 $a=F/m$。

图 8-9 所示是应变式加速度传感器的结构示意图，图中 1 是悬臂梁，自由端安装质量块 2，另一端固定的壳体 3 上。悬臂梁上粘贴四个电阻应变敏感元件（应变片）4。为了调节振动系统阻尼系数，在壳体内充满硅油。

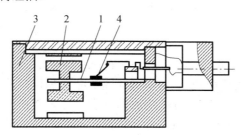

图 8-9　应变式加速度传感器结构图

1—等强度梁；2—质量块；3—壳体；4—应变片

测量时，将传感器壳体与被测对象刚性连接，当被测物体以加速度 a 运动时，质量块受到一个与加速度方向相反的惯性力作用，使得悬臂梁变形，该变形被粘贴在悬臂梁上的应变片感受到并随之产生应变，从而使应变片的电阻发生变化。电阻的变化引起应变片组成的桥路出现不平衡，从而输出电压，即可得出加速度 a 值的大小。

应变片加速度传感器不适用于频率较高的振动和冲击，一般适用的频率范围为 10～60Hz。

三、压阻式传感器

利用硅的压阻效应和微电子技术制成的压阻式传感器，具有灵敏度高、动态响应好、精度高、易于微型化和集成化等特点，获得广泛应用，成为发展非常迅速的一种新的物性型传感器。早期的压阻式传感器是利用半导体应变片制成的粘贴型压阻式传感器。20 世纪 70 年代以后，研制出了扩散型压阻式传感器。它易于批量生产，能够方便地实现微型化、集成化和智能化。

1. 压阻效应

单晶半导体材料沿着某一轴向受到外力作用时，其电阻率发生明显变化，这种现象被称为压阻效应。对于条形半导体材料，其电阻相对变化量由式（8-9）得出：

$$\frac{\mathrm{d}R}{R} = \frac{\mathrm{d}\rho}{\rho} + (1 + 2\mu)\varepsilon$$

对于金属来说，电阻变化率 $\dfrac{\mathrm{d}\rho}{\rho}$ 较小，可忽略不计。因此，主要起作用的是形变效应，即

$$\frac{\mathrm{d}R}{R} = (1 + 2\mu)\varepsilon$$

而对于半导体材料，则有

$$\frac{\mathrm{d}R}{R} = (\lambda E + 1 + 2\mu)\varepsilon \tag{8-14}$$

对于半导体材料，由于 λE 一般比 $1+2\mu$ 大近百倍，所以 $1+2\mu$ 一般可以忽略不计。因此引起半导体材料电阻相对变化的主要因素是压阻效应，所以式（8-14）也可以近似写成

$$\frac{\mathrm{d}R}{R} = \lambda E \varepsilon \tag{8-15}$$

式（8-15）表明压阻传感器的工作原理是基于压阻效应的。

2. 半导体式应变片

半导体式应变片有体型、薄膜型和扩散型三种。

（1）体型半导体应变片的敏感栅是用单晶硅或单晶锗等材料，按照特定的晶轴方向切成薄片，经过掺杂、抛光、光刻腐蚀等方法制成的。应变片的栅长一般为 $1\sim5\mathrm{mm}$，每根栅条宽度为 $0.2\sim0.3\mathrm{mm}$，厚度为 $0.01\sim0.05\mathrm{mm}$。

（2）薄膜型半导体式应变片的敏感栅是用真空蒸镀、沉积等方法，在表面覆盖有绝缘层的金属箔片上形成半导体电阻并加上引线构成的。

（3）扩散型半导体式应片的敏感栅是用固体扩散技术，将某种杂质元素扩散到半导体材料上制成的。

图 8-10 所示为典型的体型半导体式应变片的构成。单晶硅或单晶锗条作为敏感栅，连同引线端子一起粘贴在有机胶膜或其他材料制成的基底上，栅条与引线端子用引线连接。应变片的粘贴是影响应变测量的关键之一，粘贴所用的粘接剂必须与应变材料和试件材料相适应，并要按照正确的工艺粘贴。

由于半导体式应变片的工作原理是基于电阻的应变效应，对于半导体敏感栅来说，由于形变效应影响甚微，其应变效应主要为压阻效应。

令 $K = \dfrac{\mathrm{d}R}{R}\Big/\varepsilon = \lambda E$，$K$ 称为半导体式应变片的灵敏系数。不同材料的半导体，灵敏系数是不同的。

半导体材料的突出优点是灵敏系数高，最大的 K 值是 $1+2\mu$ 的 $50\sim70$ 倍，机械滞后小，横向效应小，体积小。缺点是温度稳定性差，大应变时非线性较严重，灵敏系数离散性大，随着半导体集成电路工艺的迅速发展，上述缺点得到了相应的克服。

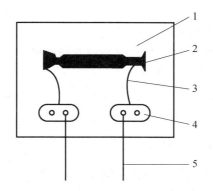

图 8-10　半导体式应变片

1—胶膜基底；2—P-Si；3—内引线；4—焊接板；5—外引线

第四节　电感式传感器

电感式传感器是根据电磁感应原理，利用电感元件将被测物理量如位移、压力、流量、振动等的变化转换为电感线圈的自感系数 L 或互感系数 M 的变化，再由测量电路转换成电压或电流的变化量输出。这种传感器在控制系统中的应用非常广泛。按照电感的类型，电感式传感器可分为自感系数变化型和互感系数变化型两类，分别称为自感式传感器和差动变压器式传感器。

汽车上的电感式传感器主要有可变电感式进气压力传感器、磁致伸缩式爆振传感器、车轮轮速传感器、曲轴位置传感器、减速传感器等。

一、自感式传感器

由一个匝数为 W 的线圈所载电流 I 产生的磁通数称为自感磁通链 ψ。自感磁通链与线圈电流之比称为自感系数，简称自感 L。

$$L = \frac{\psi}{I} = \frac{W\varphi}{I} \qquad (8\text{-}16)$$

式中，φ——穿过每匝线圈的磁通。

线圈的自感 L 是线圈中流过单位电流产生的全部磁链，线圈自感系数的大小，反映了该线圈通过电流以后产生磁通链能力的强弱。

由磁路欧姆定律可得

$$\varphi = \frac{WI}{R_{\mathrm{m}}} \qquad (8\text{-}17)$$

式中，R_{m}——磁路的总磁阻。将式（8-17）代入式（8-16）得

$$L = \frac{W^2}{R_{\mathrm{m}}} \qquad (8\text{-}18)$$

由式（8-18）知，要将被测非电量的变化转化为自感的变化，在线圈形状不变的情况下可以通过改变线圈匝数 W 使得其自感系数产生变化，相应地就可制成线圈匝数变化型自感式传感器。当线圈的匝数一定时，被测量可以通过改变磁路的磁阻来改变自感系数。因此，这类传感器又称为可变磁阻型自感式传感器。

根据结构形式不同，可变磁阻型自感式传感器可分为变气隙型自感式和螺管型自感式传感器。

1. 变气隙型自感式传感器

图 8-11 是变气隙型自感式传感器的结构原理图，传感器主要由线圈、铁芯和衔铁组成。铁芯和活动铁芯都是由导磁材料如硅钢片或坡莫合金制成的，线圈套在铁芯上，在铁芯和衔铁之间有气隙，气隙总长度为 g。衔铁为传感器的运动部分。工作时运动部分与被测体相连，当衔铁移动时，磁路中气隙的长度发生变化，从而使线圈电感变化，当传感器线圈与测量电路连接后，可将电感的变化转化为电压、电流或频率的变化，完成从非电量到电量的转换。

该传感器常见的工作方式分为两种，单个工作和差动工作。单个工作原理如图 8-11（a）所示，被测量使衔铁产生位移，气隙产生改变，使自感 L 产生变化，自感的变化表征被测量的变化。差动工作原理如图 8-11（b）所示，由两个传感器构成差动工作，开始衔铁居中，两侧气隙均为 g_0，故 $L_1=L_2=L_0$，后因被测量作用使衔铁上移 $\Delta g/2$。

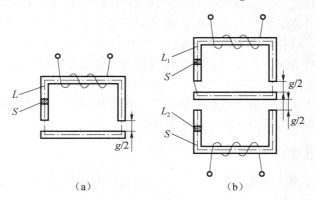

图 8-11　变气隙型自感式传感器

（a）单个工作；（b）差动工作

对比两种工作方式不难看出，差动工作方式就电感的变化而言其非线性误差 r 比单个工作小，相对灵敏度要高一倍。

2. 螺管型自感式传感器

螺管型自感式传感式器分为单线圈和差动式两种结构形式。

1）单线圈工作

图 8-12 为单线圈螺管型自感式传感器结构图，主要元件为一只螺管线圈和一根圆柱形铁芯。当铁芯在线圈中运动时，因铁芯在线圈中伸入长度的变化，引起螺管线圈电感值的变化。当用恒流源激励时，线圈输出电压与铁芯的位移量有关。

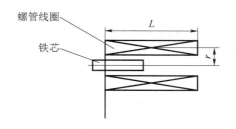

图 8-12　单线圈螺管型自感式传感器结构

2）差动工作

如图 8-13 所示，差动式电感式传感器是由两只完全对称的电感式传感器铁芯合用一个活动衔铁所组成的。两个线圈的电器参数（线圈电阻、匝数、电感）完全相同，导磁体的几何尺寸和材质也完全一致，传感器的两只线圈接成交流电桥的相邻两臂，另外两个桥臂可以由电阻或电感组成。铁芯棒在两个线圈中间移动，使两个线圈的电感产生相反方向的增减，然后求两电感之差以获得比单个工作更高的灵敏度和更好的线性度。但这里必须注意的是，应防止两线圈间发生互感，为此可采用图 8-14 的方式，两个线圈有各自独立的磁回路。若采用 8-13（b）所示的方式，则必须使两线圈产生的磁场方向相反，因此常将图 8-13（a）中的两个电感接入电桥，为桥的相邻两臂。这样两个线圈中 H 为两线圈场强度之差，如图 8-13（b）所示。

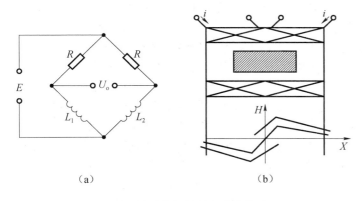

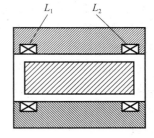

图 8-13　差动式螺管型电感式传感器　　　　图 8-14　独立磁路的差动螺管型

（a）差动工作，磁场方向相反；（b）H–x 关系

二、差动变压器式传感器

差动变压器式传感器实质上是一个变压器，它是把被测量的变化转变为线圈的互感变化。其一次绕组 W_p 加交流电源激励，二次绕组 W_S 感应出电动势。二次绕组接成差动的形式，其输出大小由一次侧、二次侧的互感 M 决定，和普通变压器不同的是，由于一次侧、二次侧间耦合磁通路径的铁芯可移动，从而使 M 可以变化。通常有两个二次绕组 W_{S1}、W_{S2}，铁芯移动时使 W_p 和 W_{S1} 及 W_p 和 W_{S2} 间互感 M_1、M_2 向相反方向变化，以 W_{S1}、W_{S2} 中感应电动势之差来输出，由它来反映铁芯的移动，因此常称为差动变压器。

差动变压器结构形式较多，有变隙式、变面积式和螺线管式等，但其工作原理基本一样。

非电量测量中，应用最多的是螺线管式差动变压器，它可测量 $1\sim100mm$ 范围内的机械位移，并具有测量精度高、灵敏度高、结构简单、性能可靠等优点。螺线管式差动变压器的结构如图 8-15 所示，它由一次绕组、两个二次绕组和插入线圈中央的圆柱形铁芯等组成。

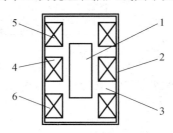

图 8-15　螺线管式差动变压器结构

1—活动衔铁；2—导磁外壳；3—骨架；4—匝数为 W_1 的一次绕组；5—匝数为 W_{2a} 的二次绕组；6—匝数为 W_{2b} 的二次绕组

差动变压器式传感器中两个二次绕组反向串联，并且在忽略铁损、导磁体磁阻和线圈分布电容的理想条件下，其等效电路如图 8-16 所示。当一次绕组 W_1 加以激励电压 U_1 时，根据变压器的工作原理，在两个二次绕阻 W_{2a} 和 W_{2b} 中便会产生感应电动势 E_{2a} 和 E_{2b}。如果工艺上保证变压器结构完全对称，则当活动衔铁处于初始平衡位置时，必然会使两互感系数 $M_1=M_2$。根据电磁感应原理，将有 $E_{2a}=E_{2b}$。

由于变压器两个二次绕组反向串联，因而 $U_2=E_{2a}-E_{2b}=0$，即差动变压器输出电压为零。当活动衔铁向上移动时，由于磁阻的影响，W_{2a} 中磁通将大于 W_{2b}，使 $M_1>M_2$，因而 E_{2a} 增加，而 E_{2b} 减小；反之，E_{2b} 增加，E_{2a} 减少。因为 $U_2=E_{2a}-E_{2b}$，所以当 E_{2a}、E_{2b} 随着 x 变化时，U_2 也必将随 x 变化。图 8-17 给出了变压器输出电压 U_2 与活动衔铁位移 x 的关系曲线。实际上，当衔铁位于中心位置时，差动变压器输出电压 U_2 并不等于零，我们把差动变压器在零位移时的输出电压称为零点残余电压，记作 U_x，它的存在使传感器的输出特性不过零点，造成实际特性与理论特性不完全一致。零点残余电压产生的原因主要是传感器的两二次绕组的电气参数与几何尺寸不对称，以及磁性材料的非线性等问题引起的。零点残余电压的波形十分复杂，主要由基波和高次谐波组成。基波的产生主要是因为传感器的两个二次绕组的电器参数几何尺寸不对称，导致它们产生的感应电动势幅值不等、相位不同，因此不论怎样调整衔铁位置，两线圈中感应电动势都不能完全抵消。高次谐波中起主要作用的是三次谐波，产生的原因是磁性材料磁化曲线的非线性（磁饱和、磁滞）。零点残余电压一般在几十毫伏以下，在实际使用时，应设法减小 U_x，否则将会影响传感器的测量结果。

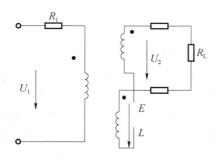

图 8-16　差动变压器等效电路

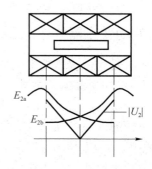

图 8-17　差动变压器的输出电压特性曲线

三、电涡流式传感器

根据法拉第电磁感应原理，块状金属导体置于变化的磁场中或在磁场中做切割磁力线运动时，导体内将产生呈涡旋状的感应电流，此电流称为电涡流，这种现象称为电涡流效应。

根据电涡流效应制成的传感器称为电涡流式传感器。按照电涡流在导体内的贯穿情况，此传感器可分为高频反射式和低频透射式两类，但从基本工作原理上来说两者是相似的。

电涡流式传感器不仅能够检测位移量、厚度、表面温度、速度、应力和振动量，还可以检测金属材料的腐蚀、裂纹及其他缺陷，也可以进行无损评价。它具有体积小、灵敏度高、频率响应宽等特点，应用极其广泛。

1. 工作原理

图 8-18 为电涡流式传感器的原理图，该图由传感器线圈和被测导体组成线圈-导体系统。

根据法拉第定律，当传感器线圈通以正弦交变电流 I_1 时，线圈周围空间必然产生正弦交变磁场 H_1，使置于此磁场中的金属导体中感应电涡流 I_2，I_2 又产生新的交变磁场 H_2。根据楞次定律，H_2 的作用将反抗原磁场 H_1，导致传感器线圈的等效阻抗发生变化。由上可知，线圈阻抗的变化完全取决于被测金属导体的电涡流效应。而电涡流效应既与被测体的电阻率 ρ、磁导率 μ 及几何形状有关，又与线圈几何参数、线圈中励磁电流频率有关，还与线圈与导体间的距离 x 有关。因此，传感器线圈受涡流影响时的等效阻抗 Z 的函数关系式为

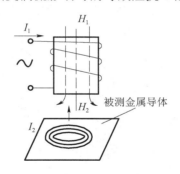

图 8-18　电涡流式传感器的原理图

$$Z=F(\rho,\mu,r,f,x) \tag{8-19}$$

式中，r——线圈与被测体的尺寸因子。

f——线圈激磁频率。

如果保持式（8-19）中其他参数不变，而只改变其中一个参数，传感器线圈阻抗 Z 就仅仅是这个参数的单值函数。通过与传感器配用的测量电路测出阻抗 Z 的变化量，即可实现对该参数的测量。

2. 电涡流强度与距离的关系

当距离 x 改变时，电涡流密度发生变化，即电涡流强度随距离 x 的变化而变化。根据线圈-导体系统的电磁作用，可以得到金属导体表面的电涡流强度为

$$I_2 = I_1 \left[1 - \frac{x}{(x^2 + r_{as}^2)^{1/2}} \right] \tag{8-20}$$

式中，I_1——线圈激励电流；

   I_2——金属导体中的等效电流；

   x——线圈到金属导体表面的距离；

   r_{as}——线圈外径。

分析表明：

（1）电涡强度与距离 x 呈非线性关系，且随着 x/r_{as} 的增加而迅速减小。

（2）当利用电涡流式传感器测量位移时，只有在 $x/r_{as} \ll 1$（一般取 0.05～0.15）的范围内才能得较好的线性和较高的灵敏度。

3. 电涡流式传感器的应用

1）低频透射式涡流厚度传感器

图 8-19 所示为低频透射式涡流厚度传感器结构原理图。发射传感器线圈 L_1 和接收传感器线圈 L_2 分别位于被测金属板的上、下方。当在 L_1 上加低频电压 U_1 时，线圈 L_1 中流过一个同频率的交变电流，并在其周围产生交变磁通 Φ_1，若两线圈间无金属板，则交变磁通直接耦合至接收线圈 L_2 中，产生感应电压 U_2。如果将被测金属板放入两线圈之间，则 L_1 线圈产生的磁场将导致在金属板中产生电涡流。此时磁场能量受到损耗，到达 L_2 的磁通将减弱为 Φ_1'，从而使 L_2 产生的感应电压 U_2 下降。金属板越厚，涡流损失就越大，U_2 电压就越小。因此，可根据 U_2 电压的大小得知被测金属板的厚度，低频透射式涡流厚度传感器检测范围可达 1～100mm，分辨率为 0.1μm，线性度为 1%。

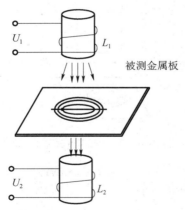

图 8-19　低频透射式涡流厚度传感器结构原理图

2）高频反射式涡流厚度传感器

图 8-20 所示是高频反射式涡流测厚仪测试系统原理图。为了克服带材不够平整或运行过程中上下波动的影响，在带材的上、下两侧对称地设置了两个特性完全相同的电涡流式传感器 S_1、S_2 对。S_1、S_2 与被测带材表面之间的距离分别为 x_1 和 x_2。若带材厚度不变，则被测带材上、下表面之间的距离总有 $x_1+x_2=$ 常数的关系存在。两传感器的输出电压之和为 $2U_0$ 数值不变。如果被测带材厚度改变量为 $\Delta\delta$，则两传感器与带材之间的距离之和也改变了一个 $\Delta\delta$，两传感器输出电压此时为 $2U_0+\Delta U$，ΔU 经放大器放大后，通过指示仪表电路即可指示出带材

的厚度变化值。带材厚度给定值与偏差指示值的代数和就是被测带材的厚度。

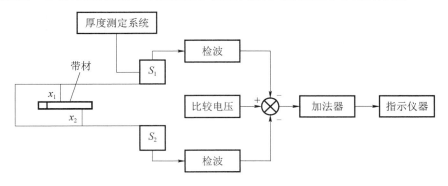

图 8-20 高频反射式涡流测厚仪测量系统原理图

第五节 电容式传感器

电容式传感器是将被测物理量转换为电容量变化的装置。它实质上是一个具有可变参数的电容器。它结构简单、体积小、可非接触式测量，并能在高温、辐射和强烈振动等恶劣条件下工作，广泛应用于压力、液位、位移、加速度等多方面的测量。

一、电容式传感器的工作原理与特性

电容式传感器由绝缘介质分开的两个平行金属板作为极板，中间隔以绝缘介质。实际上，它就是一个可变参量的电容器。由物理学知识可知，由两个平行极板组成的电容器，如果不考虑边缘效应，其电容量为

$$C = \frac{\varepsilon_0 \varepsilon_r A}{d} \tag{8-21}$$

式中，ε_0——真空介电常数，$\varepsilon_0 = 8.85 \times 10^{-12}$ F/m；

ε_r——极板间相对介电常数，空气介质 $\varepsilon_r = 1$；

A——两平行极板相互覆盖面积（m^2）；

d——极板间距离（m）。

当被测量使式（8-21）中 ε_r、A、d 等任一个参数变化时，都能使电容量 C 产生改变。如果固定其中两个参数，被测量的变化使得其中一个参数发生改变，可把该参数的变化转换为电容量的变化，通过测量电路就可转换为电量输出。因此，电容式传感器有三种类型，即极距变化型、面积变化型和介电常数变化型。在实际中，极距变化型与面积变化型的应用较为广泛。

1. 极距变化型

此类型传感器的工作原理和特性如图 8-21 所示。两极板中一个为固定电极，另一个为可动电极，当可动电极随被测量变化而移动时，使两极板间距 d 变化，从而使电容量发生

变化〔图 8-21（a）〕。

电容量 C 随 d 变化的函数关系为一双曲线，设可动极板未动时极距为 d_0，初始电容为 C_0。根据式（8-21），如果两极板互相覆盖面积及极间介质不变，则电容量 C 与极距 d 呈非线性关系〔图 8-21（b）〕。

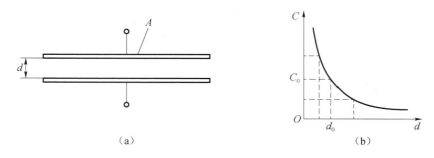

（a）　　　　　　　　　（b）

图 8-21　极距变化型传感器的工作原理和特性

2. 面积变化型

由电容式传感器的工作原理可知，$C=f(A)$ 可呈线性，在变换极板面积的电容式传感器中，一般常用的结构形式有平板型（线位移型和角位移型）和圆柱型（圆柱线位移型）。

1）平板型

图 8-22 所示为线位移型电容式传感器，可用以检测厘米级的直线位移。图 8-23 所示为角位移型电容式传感器，当动板有一转角时，与定板之间的相互覆盖面积就随之改变，从而导致电容量改变。由于覆盖面积可用于检测几十度内的转角，因此在实际使用中，常采用差动方式。在忽略电场的边缘效应时很易得出电容计算式：

线位移型：

$$C = \frac{\varepsilon_0 \varepsilon_r A}{d} = \frac{\varepsilon_0 \varepsilon_r b}{d}(L-x) = \frac{\varepsilon_0 \varepsilon_r bL}{d}\left(1-\frac{x}{L}\right) = C_0\left(1-\frac{x}{L}\right) \qquad (8-22)$$

角位移型：

$$C = \frac{\varepsilon_0 \varepsilon_r A}{d} = \frac{\varepsilon_0 \varepsilon_r b}{d}\frac{r^2}{2}(\pi-\theta) = \frac{\varepsilon_0 \varepsilon_r}{d}\frac{r^2 \pi}{2}\left(1-\frac{\theta}{\pi}\right) = C_0\left(1-\frac{\theta}{\pi}\right) \qquad (8-23)$$

2）圆柱线位移型

图 8-24 所示为圆柱线位移型电容式传感器，动板（圆柱）与定板（圆柱）相互覆盖。设 D_0 为外圆直径，D_1 为内圆直径，在忽略边缘效应下可由静电场导出单个变化型的电容计算式为

$$C = \frac{2\pi\varepsilon_0 \varepsilon_r}{\ln(D_0/D_1)}(L-x) = C_0\left(1-\frac{x}{L}\right) \qquad (8-24)$$

当覆盖长度变化时，电容量 C 发生变化，其绝对灵敏度 $k = \left|\dfrac{\mathrm{d}C}{\mathrm{d}x}\right| = \dfrac{C_0}{L} = \dfrac{2\pi\varepsilon_0 \varepsilon_r}{\ln(D_0/D_1)}$，即当内、外圆柱（筒）的直径越接近，绝对灵敏度将越高，从式（8-24）亦可知，当此二极板稍有径向位移时，对电容的影响远比平板型要小。

面积变化型电容式传感器的优点是输出与输入呈线性关系。但与极距变化型相比，灵敏

度较低，适用于较大直线位移及角位移的测量。

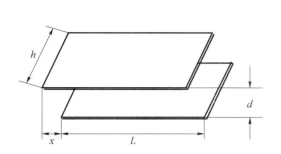 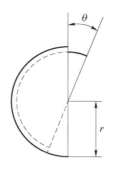 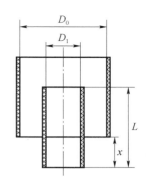

图 8-22 平极线位移型电容式传感器　　图 8-23 平极角位移型　　图 8-24 圆柱线位移型
　　　　　　　　　　　　　　　　　　　　电容式传感器　　　　　电容式传感器

3. 介电常数变化型

介电常数变化型电容式传感器是一种利用介质介电常数的变化将被测量转换为电量的传感器。由电容式传感器的工作原理知 $C = f(\varepsilon_r)$ 呈线性关系，这种形式的特点是，可适用于对介质的检测，如直接检测介质的几何尺寸（如厚度）或介质的内在质量（有无缺陷等），或通过检测介电常数 ε_r 间接检测影响 ε_r 的温度、湿度等因素，在电容式液（料）位计中则是检测作为介质的被测物进入极板的程度。

1）电容式液位计

图 8-25 所示为一种电容式液位计的结构形式，它由两个同心圆筒作为极板，插入被测液位的非导电介质 ε_1 中，当液面位置发生变化时，两电极的浸入高度也发生变化，引起电容量的变化，根据式（8-21），电容 C 随液位 H 变化的计算式如下：

$$C = \frac{2\pi\varepsilon_0\varepsilon_1 H}{\ln(R/r)} + \frac{2\pi\varepsilon_0\varepsilon_2(L-H)}{\ln(R/r)} = C_0 + \frac{2\pi(\varepsilon_1 - \varepsilon_2)\varepsilon_0 H}{\ln(R/r)} \tag{8-25}$$

式中，$C_0 = \dfrac{2\pi\varepsilon_0\varepsilon_2 L}{\ln(R/r)}$，表示介质 ε_1 未侵入液位计时液位计初始的固定电容值。由式（8-25）知传感器的电容增量与被测液位高度 H 呈线性关系。

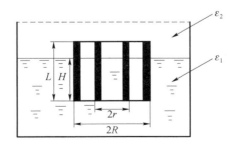

图 8-25 电容式液面计的结构形式

当被测介质为导电介质时，就必须在电容器的一个电极表面涂抹绝缘层，此电极称为内电极，另一电极为被测导电介质。

2）利用平板电极对被测介质进行检测

图 8-26 所示为一种常用的平极变介质电容式传感器的结构形式。图中两平行电极固定不动，极距为 d，相对介电常数为 ε_{r2} 的电介质以不同深度插入电容器中，从而改变两种介质的极板覆盖面积。传感器总电容量 C 为

$$C = C_1 + C_2 = \varepsilon_0 b \frac{\varepsilon_{r1}(L-x) + \varepsilon_{r2}x}{d} = \frac{\varepsilon_0 \varepsilon_{r1} bL}{d} + \frac{\varepsilon_0 (\varepsilon_{r2} - \varepsilon_{r1})bx}{d} \tag{8-26}$$

式中，L、b——极板长度和宽度；

x——第二种介质进入极板间的长度。

若电介质 $\varepsilon_{r1} = 1$，当 $x = 0$ 时，传感器初始电容 $C_0 = \varepsilon_0 \varepsilon_{r1} Lb/d$。当电介质 ε_{r2} 进入极间 x 后，引起电容的相对变化为

$$\frac{\Delta C}{C_0} = \frac{C - C_0}{C_0} = \frac{(\varepsilon_{r2} - 1)x}{L} \tag{8-27}$$

可见，电容的变化与电介质 ε_{r2} 的移动量 x 呈线性关系。

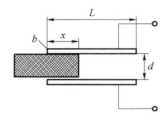

图 8-26　平板变介质电容式传感器的结构形成

二、电容式传感器的应用

1. 电容式压力传感器

电容式压力传感器的核心部件是一个对压力敏感的电容器。图 8-27 所示为差动电容式压力传感器的结构图，图中所示为由一个膜式动电极和两个在凹形玻璃上电镀成的固定电极组成的差动电容器。

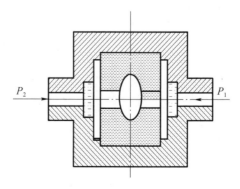

图 8-27　差动电容式压力传感器结构图

当膜片两侧存在压力差并使之产生位移时，形成的两个电容器的电容量，一个增大，一个减小。该电容值的变化经测量电路转换成与压力或压力差相对应的电流或电压的变化。

2. 电容式加速度传感器

机器中的破坏力常常与加速度密切相关，对振动、冲击运动量的测量，常常采用加速度传感器。图 8-28 所示为差动式电容式加速度传感器的结构图。它有两个固定极板（与壳体绝缘），中间有一个用弹簧片支撑的质量块，此质量块的两个端面经过磨平抛光后作为可动极板（与壳体电连接）。

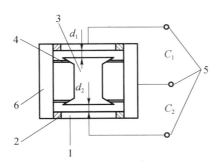

图 8-28 差动电容式加速度传感器的结构图

1—固定电极；2—绝缘垫；3—质量块；4—弹簧片；5—输出端；6—壳体

当传感器壳体随被测对象在垂直方向上做直线加速运动时，质量块在惯性空间中相对静止，而两个固定电极使相对质量块在垂直方向上产生大小正比于被测加速度的位移。此位移使两极板与质量块之间的间隙发生变化，一个增加，一个减小，从而使 C_1、C_2 产生大小相等、符号相反的增量，此增量正比于被测加速度。

电容式加速度传感器的主要特点是频率响应快和量程范围大，大多采用空气或其他气体作为阻尼物质。

3. 差动式电容测厚传感器

图 8-29（a）所示为频率型差动式电容测厚传感器系统的组成原理图。

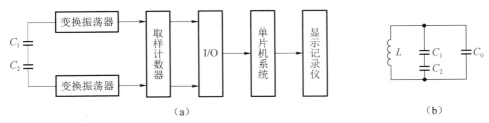

图 8-29 频率型差动式电容测厚传感器系统的组成原理图

将被测电容 C_1、C_2 作为各变换振荡器的回路电容，振荡器的其他参数为固定值，等效电路如图 8-29（b）所示，图中 C_0 为耦合和寄生电容，振荡频率 f 为

$$f = \frac{1}{2\pi[(C_x + C_0)L]^{1/2}} \tag{8-28}$$

式中，$C_x = \dfrac{\varepsilon_r A}{3.6\pi d_x}$。则

$$d_x = \frac{\varepsilon_r A}{3.6\pi C_x} = \frac{(\varepsilon_r A/3.6\pi)4\pi^2 L f^2}{1 - 4\pi^2 L C_0 f^2} \tag{8-29}$$

式中，ε_r——极板间介质的相对介电常数；

$\quad\quad A$——极板面积；

$\quad\quad d_x$——极板间距离；

$\quad\quad C_x$——待测容器的电容量。

所以，

$$d_{x1} = \frac{(\varepsilon_r A/3.6\pi)4\pi^2 L f_1^2}{1 - 4\pi^2 L C_0 f_1^2} \tag{8-30}$$

$$d_{x2} = \frac{(\varepsilon_r A/3.6\pi)4\pi^2 L f_2^2}{1 - 4\pi^2 L C_0 f_2^2} \tag{8-31}$$

设两传感器极板间距离固定为 d_0，若在同一时间分别测得上、下极板与金属板材上、下表面距离为 d_{x1}、d_{x2}，则被测金属板材厚度 $\delta = d_0 - (d_{x1} + d_{x2})$。由此可见，振荡频率包含了频率型差动式电容测原传感器的间距 d_x 的信息。各频率值通过取样计数器获得数字量，然后由计算机进行处理以消除非线性频率变换产生的误差，即可获得板材厚度。在板材轧制过程中经常使用这种传感器监测金属板材的厚度变化情况。

4. 电容式料位传感器

图 8-30 是电容式料位传感器的结构示意图。

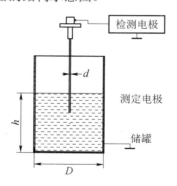

图 8-30　电容式料位传感器的结构示意图

测定电极安装在储罐的顶部，罐壁和测定电极之间就形成了一个电容器。

当储罐内放入被测物料时，由于被测物料介电常数的影响，传感器的电容量将发生变化，电容量变化的大小与被测物料在储罐内高度有关，且成比例变化。检测出电容量的变化就可测定物料在储罐内的高度。

传感器的静电电容可由下式表示：

$$C = \frac{k(\varepsilon - \varepsilon_0)h}{\ln(D/d)} \qquad (8-32)$$

式中，k——比例常数；

ε——被测物料的相对介电常数；

ε_0——空气的相对介电常数；

D——储罐的内径；

d——测定电极的直径；

h——被测物料的高度。

假设储罐内没有物料时的传感器静电电容为 C_0，放入物料后传感器的静电电容为 C_1，则两者电容差为

$$\Delta C = C_1 - C_0 \qquad (8-33)$$

由式（8-25）可见，两种介质常数差别越大，极径 D 与 d 相差越小，传感器灵敏度就越高。

第六节　压电式传感器

压电式传感器是一种基于某些电介质压电效应的无源传感器。是一种自发电式和机电转换式传感器，它既可以将机械能转换为电能，也可以将电能转换为机械能。其敏感元件由压电材料制成。压电材料受力后表面产生电荷，此电荷经电荷放大器和测量电路放大和变换阻抗后就成为正比于所受外力的电量输出，从而实现非电量电测的目的。这种传感器具有体积小、质量轻、精确度及灵敏度高等优点。现在与其配套的后续仪器，如电荷放大器等的技术性能日益提高，使这种传感器的应用越来越广泛。

一、压电效应及压电元件结构

1. 压电效应

压电效应可分为正压电效应和逆压电效应。某些物质，如石英、钛酸钡等，当受到某固定方向外力作用时，不仅几何尺寸发生变化，而且内部极化、表面上有电荷出现，形成电场，当外力消失时，材料重新回复到不带电的状态，这种现象称为压电效应。相反，如果将这些物质置于电场中，其几何尺寸也发生变化，这种由于外电场作用导致物质的机械变形的现象，称为逆压电效应，或称为电致伸缩效应。用逆压电效应制造的变送器可用于电声和超声工程。具有压电效应的材料称为压电材料。压电敏感元件的受力变形通常有厚度变形型、长度变形型、体积变形型、厚度切变型、平面切变型五种基本形式，如图 8-31 所示。

2. 压电元件常用的结构形式

在压电式传感器中，压电材料一般采用两片或两片以上压电元件组合在一起使用。在压电晶片的两个工作面上进行金属蒸镀，形成金属膜，构成两个电极。当晶片受到外力作用时，在两个极板上积聚数量相等、极性相反的电荷，形成电场。因此压电传感器可以看作是电荷发生器，因此它又是一个电容器。

由于压电元件是有极性的，因此连接方式有两种：并联连接和串联连接，如图 8-32 所示。在图 8-32（a）中，两压电元件的正极在左、右两边并连接在一起，负极集中在中间电极上，这种连接方法称为并联。其输出电容 C_a、输出电压 U_a、极板上的电荷量 Q_a 与单片元件各值的关系为

$$Q_a = 2Q , \quad U_a = U , \quad C_a = 2C$$

在图 8-32（b）中，两压电元件的连接方法是右极板为负极，左极板为正极，中间是一元件的正极与另一元件的负极相连接，这种连接方法称为串联。它的输出关系为

$$Q_a = Q , \quad U_a = 2U , \quad C_a = C / 2$$

上式中 C、Q、U 分别为单片元件的电容、电荷、电压。在这两种接法中，串联适用于要求以电压为输出量的场合，并要求测量电路有高的输入阻抗；并联适用于测量渐变信号和以电荷为输出量的场合。压电元件在传感器中必须有一定的预应力，以保证在作用力变化时，压电元件始终受到压力。此外应保证压电元件与作用力之间的全面接触，以获得输出电压（电荷）与作用力的线性关系。但作用力也不能太大，否则将会影响压电式传感器的灵敏度。

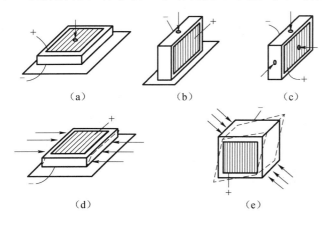

图 8-31　压电敏感元件受力变形的几种基本形式

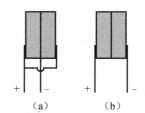

图 8-32　压电元件常用的结构形式

（a）厚度变形型；（b）长度变形型；（c）体积变形型；（d）厚度切变型；

（e）平面切变型

二、电荷放大器

电荷放大器常作为压电式传感器测量系统中的输入电路，也可以用于电容式传感器等变电容参数的测量中。它能将高内阻的电荷源转换为低内阻的电压源，而且输出电压与输入电荷成正比，因此，电荷放大器同样也起着阻抗变换的作用，其输入阻抗高达 $10^{10} \sim 10^{12}\ \Omega$，输出阻抗小于 100Ω。使用电荷放大器突出的一个优点是，在一定条件下传感器的灵敏度与电缆长度无关。

电荷放大器实际上相当于一个具有深度电容负反馈的增益放大器。它的等效电路如图 8-33 所示。

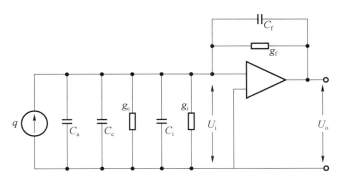

图 8-33 电荷放大器的等效电路

图中各符号的意义如下：

q——传感器产生的电荷；

g_c、g_i、g_f——电缆的漏电导、放大器的输入电导、放大器的反馈电导；

U_i、U_o——电路的输入电压、输出电压；

C_a、C_c、C_i、C_f——压电式传感器的电容、连接电缆电容、输入电容和放大器的负反馈电容。

事实上 g_c、g_i 和 g_f 都是很小的，略去这些因素的影响，由图 8-33 的电路可得

$$U_o = \frac{-qA}{C_a + C_c + C_i - C_f(A-1)} \tag{8-34}$$

当运算放大器的开环增益很大时，即 $A \gg 1$，有

$$AC_f \gg C_a + C_c + C_i$$

于是，式（8-34）可近似为

$$U_o \approx -q/C_f \tag{8-35}$$

式（8-35）表明，电荷放大器的输出电压与压电式传感器的电荷成正比，与电荷放大器的负反馈电容成反比，而与放大器的放大倍数的变化或电缆电容等均无关系，这是电荷放大器的特点和名称的由来。因此，只要保持反馈电容的数值不变，就可以得到与电荷量变化呈线性关系的输出电压。而反馈电容越小，输出电压越大，因此，要达到一定的输出灵敏度要求，还应选择适当的反馈电容。

三、压电式传感器的应用

压电式传感器常用于测量力和能变换为力的非电物理量，如力、压力、振动的加速度等，也用于声学（包括超声）和声发射等测量。它的优点是频带宽、灵敏度高、信噪比高、结构简单、工作可靠和质量轻等。缺点是某些压电材料需要防潮措施，而且输出的直流响应差，需要采用高输入阻抗电路或电荷放大器来克服这一缺陷。近年来配套仪表和低噪声、小电容、高绝缘电阻电缆的出现，使得压电式传感器的应用更为方便。

1. 压电式加速度传感器

压电式加速度传感器是一种常用的加速度计，可以按不同需要做成不同灵敏度、不同量

程和不同大小的系列产品。其固有频率高，有较好的高频响应（几十千赫至十几千赫），如果配以电荷放大器，低频响应也很好（可低至零点几赫兹）。另外，压电传感器还具有体积小、质量轻等优点。其缺点是环境温度、湿度的变化和压电材料本身的时效，都会引起压电常数的变化，导致传感器灵敏度的变化。因此，需要经常校准压电式传感器。

1）工作原理

压电式加速度传感器的结构如图 8-34 所示，压电元件一般由两片压电片组成。在压电片的两个表面上镀银层，并在银层上焊接输出引线，或在两个压电片之间夹一片金属，将引线焊接在金属片上，输出端的另一根引线直接与传感器基座相连。在压电片上放置体积质量较大的质量块，然后用一硬弹簧或螺栓、螺帽对质量块预加载荷。整个组件装在一个厚基座的金属壳体中，为了使隔离试件的任何应变都传递到压电元件上去，避免产生假信号输出，一般要加厚基座或选用刚度较大的材料制造。

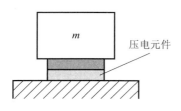

图 8-34　压电式加速度传感器的结构

测量时，将传感器基座与试件刚性固定在一起，当传感器感受振动时，由于弹簧的刚性相当大，而质量块的质量相对较小，可以认为质量块的惯性很小，因此质量块受到与传感器基座相同的振动，并受到与加速度方向相反的惯性力的作用。这样，质量块就有一个正比于加速度的交变力作用在压电片上。由于压电片具有压电效应，因此在它的两个表面上就产生交变电荷（电压），当振动频率远低于传感器的固有频率时，传感器的输出电荷（电压）与作用力成正比，亦即与试件的加速度成正比。输出电量由传感器输出端引出，输入到前置放大器后就可以用普通的测量仪器测出时间的加速度。若在放大器中加进适当的积分电路，就可以测出试件的振动速度或位移。

2）灵敏度

压电式加速度传感器的灵敏度有两种表示法：当它与电荷放大器配合使用时，用电荷灵敏度 S_q 表示；当与电压放大器配合使用时，用电压灵敏度 S_v 表示，其一般表达式如下：

$$S_q = \frac{Q}{a} (\text{C} \cdot \text{s}^2 / \text{m}) \tag{8-36}$$

$$S_v = \frac{U_a}{a} (\text{V} \cdot \text{s}^2 / \text{m}) \tag{8-37}$$

式中，Q——压电传感器输出电荷量（C）；

U_a——传感器的开路电压（V）；

a——被测加速度（m/s^2）。

因为 $U_a = Q / C_a$，所以有

$$S_q = S_v C_a \tag{8-38}$$

下面以常用的压电陶瓷加速度传感器为例讨论一下影响灵敏度的原因。

压电陶瓷元件受外力 F 作用后表面上产生的电荷为 $Q = dF$，式中，d 为压电陶瓷材料的压电系数，根据惯性力定律，传感器质量块 m 的加速度 a 与作用在质量块上的力 F 有如下关系：

$$F = ma (\text{N})$$

这样，压电式加速度传感器的电荷灵敏度与电压灵敏度就可以用下式表示：

$$S_q = d \cdot m \,(\mathrm{C \cdot s^2 / m}) \tag{8-39}$$

$$S_v = \frac{d \cdot m}{C_a} \,(\mathrm{V \cdot s^2 / m}) \tag{8-40}$$

由式（8-39）和式（8-40）可知。压电式加速度传感器的灵敏度与压电材料的压电系数成正比，也与质量块的质量成正比。为了提高传感器的灵敏度，应当选用压电系数大的压电材料作为压电元件，在一般精度要求的测量中，大多采用压电陶瓷作为压电敏感元件的传感器。

增加质量块的质量（在一定程度上也就是增加传感器的质量），虽然可以增加传感器的灵敏度，但不是一个好方法。因为，在测量振动加速度时，传感器是安装在试件上的，它是试件的一个附加载荷，相当于增加了试件的质量，势必影响试件的振动，尤其当试件本身是轻型构件时影响更大。因此，为提高测量的精确性，传感器的质量要轻，不能为了提高灵敏度而增加质量块的质量。另外，增加质量对传感器的高频响应也是不利的。可以通过增加压电片的数目和采用合理的连接方法来提高传感器的灵敏度。

2. 压电式压力传感器

压电式压力传感器是基于压电效应的压力传感器。它的种类和型号繁多，按弹性敏感元件和受力机构的形式可分为膜片式和活塞式两类。膜片式主要由本体、膜片和压电元件组成，图 8-35 所示为压电式压力传感器的原理图。压电元件支撑于本体上，由膜片将被测压力传递给压电元件，再由压电元件输出与被测压力成一定关系的电信号。这种传感器的特点是体积小、动态特性好、耐高温等。现代测量技术对传感器的性能提出越来越高的要求。例如，用压力传感器测量绘制内燃机示功图，在测量中不允许用水冷却，并要求传感器能耐高温和体积小，压电材料最适合于研制这种压力传感器。目前比较有效的办法是选择适合高温条件的石英晶体切割方法，例如，$XY\delta(+20° \sim +30°)$ 割型的石英晶体可耐 350℃的高温；而 $\mathrm{LiNbO_3}$ 单晶的居里点高达 1210℃，是制造高温传感器的理想压电材料。

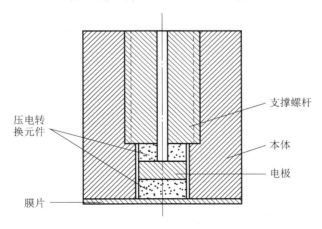

图 8-35　压电式压力传感器的原理图

3. 压电式测力传感器

压电元件直接成为力-电转换元件是很自然的，关键是选取合适的压电材料与变形方式、机械上串联和并连的晶片数、晶片的几何尺寸和合理的传力方式。压电材料的选择取决于所测力的量值大小、对测量误差提出的要求、工作环境温度等各种因素。机械上串联的晶片数目增加会导致传感器抗测向干扰能力的降低，而机械上并联的晶片数增加会导致对传感器加工精度的要求提高，而传感器的电压输出灵敏度并不增大。

第七节　磁电式传感器

磁电式传感器是利用电磁感应原理，把被测物理量转换成感应电动势的一种传感器，故又称为电磁感应式传感器或电动力式传感器。目前在汽车及工程机械电子控制系统中应用最广泛的曲轴位置传感器为磁电式。

图 8-36 所示为磁电式速度传感器的工作原理，当线圈做切割磁力线运动时，产生感应电动势 e，由电磁感应定律可知

$$e=NBlv\sin\theta \tag{8-41}$$

$$e=NBA\omega \tag{8-42}$$

式中，B——气隙中的磁感应强度（T）；

$\quad\quad N$——线圈的匝数；

$\quad\quad l$——每匝线圈的有效长度（m）；

$\quad\quad v$——线圈相对磁场的运动速度（m/s）；

$\quad\quad \omega$——线圈相对磁场的运动角速度（rad/s）；

$\quad\quad \theta$——线圈运动方向与磁场方向的夹角；

$\quad\quad A$——每匝线圈的平均截面积（m^2）。

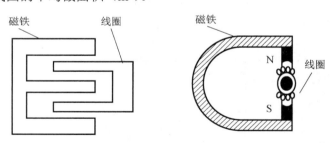

图 8-36　磁电式速度传感器的工作原理

当 $\theta=90°$ 时，式（8-41）可写为

$$e=NBlv \tag{8-43}$$

式（8-42）和式（8-43）表明，当传感器结构选定后，B、N、l、A 均为常量，感应电动势 e 的大小与线圈运动的线速度 v（或角速度 ω）成正比。当速度反向，输出电动势的极性也将变号。

磁电式传感器的结构有两种：恒定磁通式和磁阻式。若线圈动，磁铁不动，称为动圈式，如图 8-36 所示；若线圈固定，磁铁活动，则称为动铁式。这类结构统称为恒定磁通式，它广泛应用于振动速度的测量。一般通过增加线圈匝数来提高其灵敏度，因而导致线圈电阻增加，

为了与阻抗匹配，需接入高阻抗的放大器，把高阻变换为低阻输出，减少负载的作用。磁阻式传感器的线圈与磁铁彼此不做相对运动，由运动着的物体（导磁材料）来改变磁路的磁阻，从而引起磁力线增强或减弱，使线圈产生感应电动势。此种传感器是由永久磁铁及缠绕其上的线圈组成的。磁阻式传感器使用简便、结构简单，在不同场合下可用来测量转速、偏心量、振动等。

磁电式传感器的工作原理也是可逆的。作为测振传感器，它工作于发电机状态。线圈上加一交变激励电压，则线圈就在磁场中振动，成为一个激振器（电动机状态）。

磁电式传感器灵敏度高，性能稳定，中频响应好（10～500Hz），不需要外加电源，输出为电压，可直接与通用电子放大器连接，使用方便，但尺寸、质量较大。

磁电式传感器应用广泛。对于角速度的测量，可采用变磁阻式转速传感器。其原理是在永久磁铁组成的磁路中，若改变磁阻（如空气隙）的大小，则磁通量随之改变。在磁路通过的感应线圈，当磁通量发生突变时，就感应出一定幅度的脉冲电动势。该脉冲电动势的频率等于磁阻变化的频率。例如，在待测转速的轴上装上一个由软磁材料做成的齿盘，然后在与齿盘相对、距离为空气隙的位置上将转速传感器固定。当待测轴转动时，齿盘也跟随转动，盘中的齿和齿隙交替通过空气隙，即永久磁铁（传感器铁芯）的磁场，从而不断改变磁路的磁阻，使铁芯中的磁通量发生变化，在传感器线圈中产生一个脉冲电动势，其频率与转轴的转速成正比。这类传感器可广泛应用于检测导磁材料的齿轮、叶轮、带孔圆盘等的转速，配上数字测速仪即可直接测出速度和频率。

第八节 霍尔传感器

一、工作原理

霍尔传感器是基于半导体材料的霍尔效应特性制成的敏感元件，具有结构简单、体积小、坚固、频带宽、动态特性好、寿命长的特点。图 8-37 所示为由锗（Ge）、锑化铟（InSb）、砷化铟（InAs）等 N 型半导体薄片组成，在短边焊有两个控制端，在长边的中点焊有两根霍尔输出端引线的霍尔元件。若将该半导体薄片置于垂直于薄片的磁场 B 中，当沿导线方向通过控制电流 I_c 时，半导体薄片中移动载流子（电子）将受到磁场洛伦兹力 F_L 的作用，一方面载流子以速度 v 沿电流相反的方向运动，同时，载流子将因洛伦兹力的作用而发生偏移，使得霍尔薄片（元件）的一侧由于电荷的堆积而形成电场，电场力 F_E 将阻止载流子的继续偏移，当作用于载流子的电场力和洛伦兹力相等时，电子的积累达到动态平衡，这时在霍尔元件的两个输出端之间建立的电场称为霍尔电场，半导体薄片称为霍尔片（其长度为 l），相应的电势 U_H 称为霍尔电势，这种现象称为霍尔效应。霍尔电势的大小为

$$U_H = K_H I_c B \tag{8-44}$$

式中，I_c——控制电流（A）；

B——垂直于霍尔片平面的磁感应强度（T）；

K_H——霍尔元件的灵敏度系数，与霍尔片的厚度 d（mm）和反映材料霍尔效应强弱的霍尔系数 K_H 有关，$K_H = R_H / d$，如果磁场与霍尔元件平面的法线方向的夹角为 α，则霍尔电

势为

$$U_{\mathrm{H}} = K_{\mathrm{H}} I_{\mathrm{c}} B \cos \alpha \qquad (8\text{-}45)$$

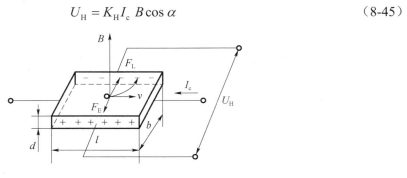

图 8-37　霍尔效应原理图

二、测量电路

霍尔传感器的基本测量电路如图 8-38 所示，图中电源 E 是供给元件的控制电压，可调电阻 R 用来调节控制电流 I_{c} 的大小，霍尔元件的输出回路接负载电阻 R_{L}，通常 R_{L} 是放大器的输入电阻或测量仪表的输入阻抗。由于半导体材料对温度比较敏感，因此霍尔传感器的内阻和霍尔系数将随工作温度而发生变化，从而导致控制电流 I_{c} 的变化和霍尔电势的误差。

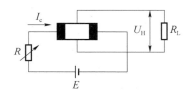

图 8-38　霍尔元件的基本测量电路

当外磁场强度为零时，在控制端通以一定的控制电流，输出霍尔电势的理论值应该为零，但是由于制造工艺的原因，因此霍尔元件的两个输出端不可能位于霍尔片两端的对称中点，以及霍尔片的电阻率和厚薄的不均匀等，使得两输出端之间产生不等电动势，常采用补偿电路消除其影响。此外，半导体对温度很敏感，霍尔元件的截流子迁移率、霍尔系数和电阻率都随温度而变化，因此霍尔元件系数会随温度的改变而变化，霍尔元件的霍尔电动势和输入、输出电阻等为温度的函数，导致霍尔传感器有温度误差。为了减小温度误差，提高测量精度，可采用温度误差补偿方法。

三、霍尔传感器的应用

1. 霍尔传感器测量位移、压力、流量

图 8-39 所示是霍尔传感器测量位移的工作原理图，霍尔元件放置在极性相反、磁场强度相同的两个磁钢的气隙中，当给霍尔元件加恒定的控制电流时，霍尔元件的输出电动势与磁场强度 B 成正比。若改变霍尔元件与磁钢的相对位置，由于气隙磁场分布的变化，霍尔元件感受的磁场强度也随之发生改变，输出的霍尔电动势的变化为

$$\frac{dU_\mathrm{H}}{dx} = K_\mathrm{u} I \frac{dB}{dx} \tag{8-46}$$

式中，K_u——霍尔常数，取决于材质、温度、元件尺寸。

如果磁场在一定的范围内沿 x 方向的变化梯度 dB/dx 为常数 $K\left(令 K_\mathrm{u} I \dfrac{dB}{dx} = K\right)$，则将式（8-46）积分可得

$$U_\mathrm{H} = Kx \tag{8-47}$$

其霍尔电动势与相对位移 x 呈线性关系。实验表明，当霍尔元件位于磁钢中间位置时，霍尔电动势为 0，这是由于在此位置元件受到方向相反、大小相等的磁通作用的结果，此位置即是 $x=0$ 的位置。霍尔电动势的极性反映了元件相对位移的方向，磁场变化梯度 dB/dx 越均匀，输出霍尔电动势的线性度就越好。利用这一原理，可以测量液位、流量、压力、压差等，只需将被测量的变化转换成霍尔元件与磁钢的相对位移，就能够得到与被测量相应的输出霍尔电动势。

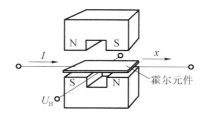

图 8-39　霍尔传感器测量位移原理

2. 霍尔传感器测量转速

汽车轮速传感器用于检测车轮的转速，并将该信号输入 ECU。轮速传感器一般都安装在车轮处，但也有些车的轮速传感器安装在主减速器或变速器中。轮速传感器主要有电磁感应式轮速传感器和霍尔效应式轮速传感器两种形式。

图 8-40 所示是一种霍尔传感器测量转速的工作原理图，待测转盘上粘贴有一对或多对小磁钢，当待测物以角速度 ω 旋转时，每一个小磁钢转过霍尔开关集成电路，霍尔开关便产生一个相应的脉冲。根据脉冲频率，即可确定待测车轮的转速。

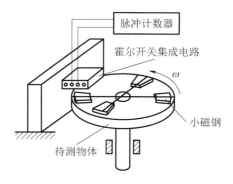

图 8-40　霍尔传感器测量转速的工作原理图

利用霍尔元件测量转速的方案很多，主要是根据待测对象的结构特点设计磁场和霍尔元

件的布置，有的将永久磁铁装在靠近带齿旋转体的侧面，将霍尔元件装在永久磁铁旁；有的将永久磁铁装在旋转体上，将霍尔元件装在永久磁铁旁。实质上都是利用霍尔开关在外磁场发生变化时，霍尔传感器输出脉冲信号，通过测定脉冲信号的频率，进而可以确定待测物体的转速。

概括地讲，霍尔传感器的实际应用大致可以分为三种类型：

（1）保持磁感应强度不变而使控制电流随被测量的变化而变化，传感器的输出电动势与控制电流成正比，这方面的应用有测量交、直流的电流表及电压表等。

（2）保持控制电流 I_c 不变而使传感器处于变化的磁场中，传感器的输出与磁感应强度成正比。这方面的应用有磁场测量，磁场中转速、加速度、微位移测量，力的测量及无接触信号发生器等。

（3）当霍尔元件的磁感应强度和控制电流都发生变化时，霍尔元件的输出与二者的乘积成正比。这方面的应用有功率测量、乘法器等，此外，还可以应用于调制、解调、混频、斩波等。

第九节　光电式传感器

一、光电效应及其分类

光电式传感器通常是基于光电效应的传感器，在受到可见光照射后即产生光电效应，能将光信号转换成电信号输出。由于被光照射的物体材料不同，因此所产生的光电效应也不同。通常光照射到物体表面后产生的光电效应分为外光电效应和内光电效应。

1. 外光电效应

在光线作用下，物质内的电子逸出物体表面向外发射的现象，称为外光电效应。根据爱因斯坦的假设，一个光子的能量只给一个电子，因此，如果要使一个电子从物质表面逸出，光子具有的能量 E 必须大于该物质表面的逸出功 A_0，这时逸出表面的电子就具有动能 E_k：

$$E_k = \frac{1}{2}mv_0^2 = h\gamma - A_0 \qquad (8\text{-}48)$$

式中，m——电子质量；

$\qquad v_0$——电子逸出时的初速度；

$\qquad h$——普朗克常数，$h=0.626\times10^{-34}$（J·s）；

$\qquad \gamma$——光的频率。

由式（8-48）可见，光电子逸出时所具有的初始动能 E_k 与光的频率有关，频率高则动能大，反之则动能小。由于不同材料具有不同的逸出功，因此对某种材料而言便有一个频率限，当入射光的频率低于此频率限时，不论光强多大，都不能激发出光电子；反之，当入射光的频率高于此极限频率时，即使光线微弱也会有光电子发射出来。这个频率限称为"红限频率"，其波长为 $\lambda_k = hc/A_0$，其中，c 为光在空气中的速度，λ_k 为波长。该波长称为临界波长。基于外光电效应的光电器件属于光电发射型器件，有光电管、光电倍增管等。

2. 内光电效应

内光电效应是指在光线作用下，受光照物体（通常为半导体材料）电导率发生变化或产生光电动势。内光电效应按其工作原理分为两种：光电导效应和光生伏特效应。

1）光电导效应

半导体材料受到光照时会产生电子-空穴对，使其导电性能增强，光线越强，阻值越低，这种光照后电阻率发生变化的现象，称为光电导效应。基于这种效应的光电器件有光敏电阻（光电导型）和反向工作的光敏二极管、光敏晶体管（光电导结型）等。

① 光敏电阻（光导管）：光敏电阻是一种电阻元件。在黑暗的环境下，它的阻值很高，当受到光照并且光辐射能量足够大时，光导材料禁带中的电子受到能量大于其禁带宽度 ΔE_g 的光子激发，由价带越过禁带而跃迁到导带，使其导带的电子和价带的空穴增加，电阻率变小。光敏电阻常用的半导体材料有硫化镉（CdS，$\Delta E_g = 2.4\text{eV}$ 和硒化镉（CdSe，$\Delta E_g = 1.8\text{eV}$）。

② 光敏晶体管和光敏二极管：光敏管的工作原理与光敏电阻是相似的，区别只在于光照在半导体结上而已。

2）光生伏特效应

光生伏特效应是指半导体材料 PN 结受到光照后产生一定方向的电动势的效应。因此，光生伏特型光电器件是自发电式的，属于有源器件。以可见光作为光源的光电池是常用的光生伏特型器件，硒、锗和硅是光电池常用的材料。

二、光电式传感器的应用

由于光电测量方法灵活多样，可测物理量很多，又具有非接触、高精度、高分辨率、响应快和高可靠性等优点，加之激光光源、光栅、光学码盘、CCD 器件、光导纤维等的相继出现和成功应用，使得光电式传感器在控制和检测领域得到了广泛的应用。光电式传感器按其接收状态可分为模拟式光电式传感器和脉冲光电式传感器。

光电式传感器可以用来检测直接引起光量变化的非电量，如光照度、光强、辐射测温、气体成分分析等，也可以用来检验能转换成光量变化的其他非电量，如零件直径、表面粗糙度、振动、位移、应变、速度、加速度，以及物体的形状、工作状态的识别等。

图 8-41 所示为一种直射式光电转速传感器，利用光源和光电器件之间的物体遮光程度的变化，即可以进行转速测量。被测轴上装有圆盘式光栅，圆盘两侧分别设置发光管（光源）和光敏器件，当被测轴转动时，圆盘式光栅随之旋转，光敏器件不断地接收光脉冲而产生电脉冲。该电脉冲与转速成正比，因而可以用输出电脉冲的频率换算轴的转速。

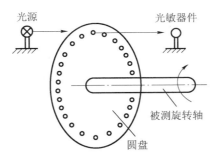

图 8-41　直射式光电转速传感器

车身高度传感器是主动悬架系统中的一个重要部件。现在应用最多的是光电式车身高度传感器，如图 8-42 所示。在主动悬架系统中，一般在左、右前轮及后桥中部各安装一个车身高度传感器。在光电式车身高度传感器的内部，有一个靠导杆带动的传感器轴，在轴上固定一个开有许多窄槽的圆盘。遮光器上安装有发光二极管和光敏晶体管，圆盘在发光二极管与光敏晶体管之间。当遮光器没有被遮断光路时，发光二极管发出的光直接照射到光敏晶体管上，使光敏晶体管发出电信号。若发光二极管发出的光被圆盘遮断，不能射到光敏晶体管上，则光敏晶体管不发出信号。

当车身高度变化时（汽车载荷发生变化），导杆随摆臂上下摆动，将车身高度的变化（悬架的位移变形量）转变成传感器轴的转角变化，从而带动传感器轴和圆盘转动，时而使光束通过，时而使光束遮断。光电元件将这种变化转换成电脉冲信号输入 ECU。ECU 由此判断汽车的载荷变化情况，并通过执行元件随时调节车身高度，保持车身高度基本不随载荷变化。

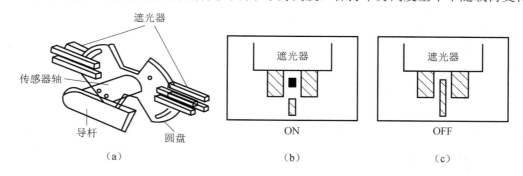

图 8-42　光电式车身高度传感器

（a）结构简图；（b）接通状态；（c）关断状态

第十节　热敏传感器

工程上常用的热敏传感器有热电偶式和热电阻式两大类型。热电偶式是利用热电效应将热直接转换为电量输出，典型的器件就是热电偶式传感器。热电阻式是利用热阻效应，将热转换为材料的电阻变化，根据材料的不同，可分为金属热电阻式传感器和半导体热敏电阻式传感器。

一、热电偶式传感器

如图 8-43 所示，将两种不同性质的导体 A、B 串接成一个闭合回路，如果两导体接合处 1、2 两点的温度不同（$T_0 \neq T$），则在两导体间产生电动势，并在回路中有一定大小的电流，这种现象称为热电效应，相应的回路中产生的电流则称为热电流，输出的电动势称为热电动势，导体 A、B 称为热电极，导体 A 与 B 组成的转换元件称为热电偶。热电偶式传感器是一种发电型传感器，其输出信号可直接接入记录仪器。常用的热电偶式传感器从-50℃～+1600℃均可连续测量，某些特殊热电偶式传感器最低可测到-269℃（如金铁镍铬），最高可达到

+2800℃（如钨铼）。

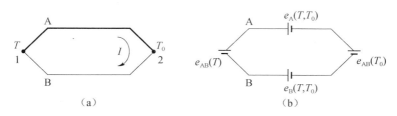

图 8-43 热电偶式传感器的热电效应

（a）热电偶式传感器的结构；（b）接触电动势和温差电动势

测温时，将热电偶式传感器一端置于被测温度场，称为工作端（又称为测量端），另一端置于某一恒定温度场，称为自由端（又称为参考端）。热电势 $E_{AB}(T, T_0)$ 由两种导体的接触电动势 [$e_{AB}(T)$ 和 $e_{AB}(T_0)$] 和单一导体的温差电动势 [$e_A(T, T_0)$ 和 $e_B(T, T_0)$] 两部分组成，如图 8-43（b）所示。热电动势的大小与两种材料的性质和节点温度有关，与 A、B 材料的中间温度无关。因此，对于一个确定的热电偶式传感器，当自由端温度 T_0 恒定时，热电动势与工作端温度 T 有关。所以，当 $T > T_0$ 时，A 为正极，B 为负极，回路中热电偶式传感器的总电动势为

$$E_{AB}(T, T_0) = e_{AB}(T) - e_{AB}(T_0) - e_A(T, T_0) + e_B(T, T_0)$$
$$\approx e_{AB}(T) - e_{AB}(T_0) \tag{8-49}$$

热电偶式传感器的测量精度高，测量范围广，构造简单，使用方便，在工程测试中应用比较广泛。但是，热电偶式传感器要求冷端温度恒定，所以在汽车上应用有限。

二、热电阻式传感器

热电阻式传感器的基本工作原理是利用金属导体或半导体的电阻率随温度变化而变化这一物理现象，即热阻效应。当温度变化时，由于热电阻材料的电阻值随温度而变化，可以利用测量电路将变化的电阻值转换成电信号输出。按敏感元件材料分类，热电阻式传感器可分为金属热电阻式传感器和半导体热电阻式传感器两大类。半导体热电阻式传感器又称为热敏电阻式传感器。

1. 金属热电阻式传感器

金属热电阻式传感器测温是根据金属导体的电阻值随温度变化的性质，将电阻值的变化转换为电信号，从而达到测温的目的。金属热电阻式传感器稳定性高，互换性好，精度高，是中低温区（−200℃～+650℃）最常用的一种温度检测器，也可以用作基准仪表。其主要缺点在于需要电源，会产生影响精度的自热现象，故测量温度不能太高；而且，在振动严重的情况下容易出现破损，所以这种传感器在汽车上应用较少。

2. 热敏电阻式传感器

热敏电阻式传感器是一种热电阻式传感器，是采用半导体材料制成的热敏元件，可将温度变化转化为电阻的变化。多数热敏电阻式传感器具有负的温度系数，即当温度升高时，其

电阻值下降，同时灵敏度也下降。这个特性限制了它在高温条件下使用，在温度低于 200℃以下时热敏电阻式传感器较为方便，除特殊高温热敏电阻式传感器外，绝大多数热敏电阻式传感器仅适合 0℃～150℃范围的温度测量。热敏电阻式传感器的阻值与温度变化呈非线性关系，对环境温度敏感性大，测量时易受到干扰，而且元件的稳定性、一致性和互换性较差。

热敏电阻式传感器与金属热电阻式传感器比较，具有下述优点：

（1）电阻温度系数大，灵敏度高，可测 0.001℃～0.005℃微小温度的变化，比金属热电阻大 10～100 倍，由于灵敏度高，可以大大降低对后面调理电路的要求。

（2）热敏电阻元件可制成片状、柱状，直径可达 0.5mm，由于结构简单，体积小，因此可测量点温度。

（3）热惯性小，响应速度快，时间常数可小到毫秒级，适宜动态测量。

（4）元件本身的电阻可达 3 ～ 700kΩ，在远距离测量时，导线电阻的影响可不考虑。

（5）结构简单、坚固，能承受较大的冲击、振动，易于实现远距离测量。

由于上述优点，这种传感器在汽车上得到了广泛的应用。

三、半导体 PN 结温度传感器

半导体 PN 结温度传感器是利用二极管和晶体管的 PN 结的结电压降随温度变化的特性而制成的温度敏感元件。集成温度传感器是把温敏器件、偏置电路、放大电路及线性化电路集成在同一芯片上的温度传感器。其特点是使用方便、外围电路简单、性能稳定可靠，但测温范围较小，对使用环境有一定限制。

四、热敏传感器的应用

热电偶、金属热电阻和热敏电阻等都可以用作温度传感器，各有优缺点，在汽车测试中得到了不同程度的应用。

热电偶式传感器可以用来测量排气温度及发动机气缸内的气体温度。PTC（正温度系数热敏电阻）温度传感器可测量车厢底板的温度，NTC（负温度系数热敏电阻）型传感器在汽车上应用更广泛，可用来测量进、排气温度，发动机冷却液温度及车内外温度等，两者工作原理及方式大致相同，而且都是两线式，即一根为信号线，一根为搭铁线。图 8-44 所示为某汽车发动机热敏电阻式冷却液温度传感器接头端子与 ECU 的连接电路。冷却液温度传感器接头有两端子与 ECU 连接，其中一条是信号线，另一条是地线。信号线端测得的输出电压随热敏电阻值的变化而变化，ECU 根据电压的变化计算得到发动机的冷却液温度。

图 8-45 所示是应用热敏电阻式液位传感器测量液位高度。当传感器浸在燃油中时，由于燃油的散热作用，传感器的温度不升高，热敏电阻的阻值较高，只有很小的电流从中通过，所以警告灯不亮。当燃油量变少时，传感器与空气接触，由于自身的加热作用，传感器温度升高，所以热敏电阻阻值减小，电路中有电流增加，警告灯亮。

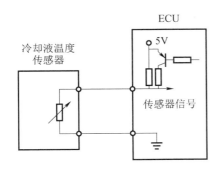

图 8-44　某汽车发动机热敏电阻式冷却液温度传感器
接头端子与 ECU 的连接电路

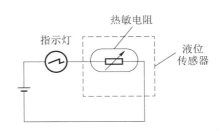

图 8-45　应用热敏电阻式液位传感器测量
液位高度

第十一节　超声波传感器

一、超声波传感器的工作原理

超声波传感器是利用波在介质中的特殊传播性来实现自动检测的测量元件。由于发声体的机械振动，引起周围弹性介质中质点的振动由近及远的传播，这就是声波。声波是一种机械波。人耳所能听闻的声波频率为 20～20000Hz，频率在 20～20000Hz 以外的声波不能引起人耳的感觉。频率超过 20000Hz 的称为超声波。

超声波在传播中遇到相界面时，有一部分反射回来，另一部分则折射入相邻介质中。但当它从气体传播到液体或固体中，或从固体、液体传播到空气中时，由于介质密度相差太大而几乎全部发生反射。因此，超声波发射器发射出的超声波在相界面被反射，由接收器接收，只要测出超声波从发射到接收的时间差，便可测出反射界面与发射器之间的距离。

以超声波作为检测手段，必须有能够产生超声波和接收超声波的装置。具有这种功能的装置就是超声波传感器，或者称为超声波探头。

压电式超声波探头是利用压电材料的压电效应来工作的，它实质上是一种压电式传感器。发射探头通过逆压电效应将高频电振动转换成高频机械振动，以产生超声波，而接收探头则利用压电效应将接收的超声振动转换成电信号。图 8-46 是一种最常用的压电式超声波直探头。它由压电晶片、吸声晶片、电缆线、接头、保护膜和壳体组成。压电晶片是以压电效应发射和接收超声波的元件，压电晶片的性能决定着探头的性能。直探头的探测深度较大，检测灵敏度高。吸收晶片吸收向背面发射的超声波，降低杂乱信号的干扰。保护膜用硬度很高的耐磨材料制成，以防止压电晶片磨损。匹配电缆用于调整脉冲波的波形。另外一些超声波探头中还会配有阻尼块，可以对压电晶片的振动起阻尼作用。

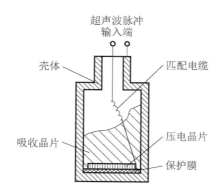

图 8-46　压电式超声波直探头

二、超声波传感器的应用

超声波的频率高、波长短、绕射现象小、方向性强，可以定向传播，其能量远远大于振幅相同的声波，因此超声波对液体、固体的穿透能力很强，可用于钢材的厚度测量。

汽车倒车防撞超声波雷达可以探测到倒车路径上或附近存在的任何障碍物，为驾驶员提供倒车警告和辅助泊车功能。其整个电路由超声波传感器、超声波发射电路、超声波接收电路、超声波信号接收处理电路、报警电路、显示电路和电源等组成。该系统有两对超声波传感器，均匀地并排分布在汽车的后保险杠上。超声波传感器的测距原理是超声波发射探头向某一方向发射超声波，在发射时刻的同时开始计时，超声波在空气中传播，途中碰到障碍物就立即返回来，超声波接收器收到反射波就立即停止计时。超声波在空气中的传播速度为 $340\,\mathrm{m/s}$，根据计时器记录的时间 t，就可以计算出发射点距障碍物的距离 s，即 $s=340t/2$。从超声波发射到超声波反射接收所用的时间可以计算出到障碍物的距离，完成一个检测周期（从发射超声波到接收超声波的过程）仅为 $0.25\sim0.85\mathrm{s}$，完全可以满足倒车的时间要求。

此外，采用超声波传感器对车辆前方路面信息进行探测，确定近距离的凸堆和凹坑的距离、方位和高度等信息，可以为主动悬架的控制提供实时信息，达到进一步提高主动悬挂系统性能的目的。

思考题与习题

1. 电容式、电感式、电阻应变式传感器的测量电路有何异同？试举例说明。

2. 选用传感器的基本原则是什么？试举例说明。

3. 何谓霍尔效应？其物理本质是什么？用霍尔元件可测量哪些物理量？

4. 光电式传感器包含哪几种类型？各有何特点？用光电式传感器可以测量哪些物理量？

5. 电感式传感器（自感型）的灵敏度与哪些因素有关？要提高灵敏度可采取哪些措施？采取这些措施会带来什么样的后果？

6. 电阻应变片与半导体应变片在工作原理上有何区别？各有何优缺点？应如何针对具体情况来选用？

7．简述磁电式传感器的类型及其在汽车上的应用。

8．简述霍尔效应及霍尔传感器在汽车上的应用。

9．热电偶传感器的测温原理是什么？

10．光电效应有哪几种？其原理分别是什么？

11．光电式传感器有哪几种常见的形式？

第九章

信号的调理、处理与记录

测试是通过对研究对象进行具有试验性质的测量以获取研究对象的有关信息的认识过程。要实现这一认识过程，通常需要用试验装置使被测对象处于某种预定的状态下，将被测对象的内在联系充分地暴露出来，以便进行有效的测量。然后，拾取被测对象所输出的特征信号，使其通过传感器感受并转换成电信号，再经后续仪器进行变换、放大、运算等，使之成为易于处理和记录的信号，这些变换器件和仪器总称为测量装置。经测量装置输出的信号需要进一步进行数据处理，以排除干扰、估计数据的可靠性及抽取信号中各种特征信息等，最后将测试、分析处理的结果记录或显示，得到所需要的信息。

基于系统的观点，由被测对象、试验装置、测量装置、数据处理装置、显示记录装置组成的具有测试功能的整体是最一般的测试系统。图 9-1 所示为测试系统的基本组成。

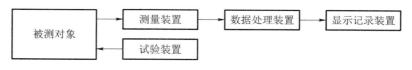

图 9-1　测试系统的基本组成

上述测试系统中的各装置，具有各自独立的功能，是构成测试系统的子系统。被测对象经过传感器等测量装置变换后，成为各种电路性参数（如电容、电阻和电感）或电源性参数（如电荷、电压）。这些参数通常不能直接推动显示记录装置、控制装置，或输入计算机做信号的分析和处理等。因此需要将其做进一步处理。例如，将电阻、电感及电容等电路性的参数的变化转换成可供传输、运算和显示的电压、电流信号；若转换后的电压、电流信号过小，则需要放大；若信号中混有噪声，则需排除噪声；若信号需要输入计算机进行处理，则要对信号的输入和输出做模/数或数/模转换等特殊的处理。这些对信号做进一步处理的过程称为信号的调理与处理。本章就常用的电桥、放大器、调制与解调、滤波器等信号处理环节进行讨论。

第一节　电　　桥

电桥电路是将电阻、电感、电容等传感器电参量的变化转换为电压或电流信号输出的一种测量电路。其输出可以通过输入放大器进行信号放大，也可以通过记录仪直接记录。由于桥式测量电路简单可靠，而且具有高精度和灵敏度，因此在测量装置中被广泛采用。电桥按其所采用的激励电源的类型可分为直流电桥与交流电桥；按其工作状态可分为偏值法和归零法两种，其中偏值法的应用更为广泛。

一、直流电桥

电桥线路是由连接成环形的四个电阻组成的，图 9-2 是直流电桥的基本形式。以电阻 R_1、R_2、R_3、R_4 作为四个桥臂，在 a、c 两端接入电桥的直流激励电源 U_e，在 b、d 两端是电桥的输出电压 U_o。

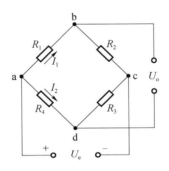

图 9-2　直流电桥

当电桥输出端后接输入电阻较大的仪表或放大器时，可视为开路，电流输出为 0，此时桥路电流为

$$I_1 = \frac{U_e}{R_1 + R_2}$$

$$I_2 = \frac{U_e}{R_3 + R_4}$$

a、b 之间与 a、d 之间的电位差分别为

$$U_{ab} = I_1 R_1 = \frac{R_1}{R_1 + R_2} U_e \tag{9-1}$$

$$U_{ad} = I_2 R_4 = \frac{R_4}{R_3 + R_4} U_e \tag{9-2}$$

输出电压为

$$U_o = U_{ab} - U_{ad} = \left(\frac{R_1}{R_1 + R_2} - \frac{R_4}{R_3 + R_4} \right) U_e = \frac{R_1 R_3 - R_2 R_4}{(R_1 + R_2)(R_3 + R_4)} U_e \tag{9-3}$$

由式（9-3）可知，电桥的输出电压 U_o 是电桥激励电压 U_e 的线性函数，但一般说来却是电阻 R_1、R_2、R_3、R_4 的非线性函数。

若 $R_1 R_3 = R_2 R_4$，$U_o = 0$，则电桥处于平衡，因此电桥平衡条件为

$$R_1 R_3 = R_2 R_4 \ \text{或} \ \frac{R_1}{R_2} = \frac{R_4}{R_3} \tag{9-4}$$

即相对两臂电阻的乘积相等，或相邻两臂电阻的比值相等。

根据式（9-4），如果选择适当的各桥臂电阻值，可使输出电压只与被测量引起的电阻变化量有关。当桥臂的电阻发生变化时，即为 $R_i + \Delta R_i$ 时，则打破式（9-4）所示的平衡条件，此时 $U_o \neq 0$。

在实际应用中 ΔR_i 很少超过 R_i 的 1%。即每个桥臂电阻变化值 $\Delta R_i \ll R_i$，当电桥负载电阻为无限大时，电桥电压可近似用式（9-5）表示：

$$U_o = \frac{R_1 R_2}{(R_1 + R_2)}\left(\frac{\Delta R_1}{R_1} - \frac{\Delta R_2}{R_2} - \frac{\Delta R_3}{R_3} + \frac{\Delta R_4}{R_4}\right)U_e \tag{9-5}$$

在测量过程中，根据电桥工作中的电阻值变化的桥臂情况可以分为半桥单臂连接方式、半桥双臂连接方式和全桥连接方式，如图 9-3 所示。

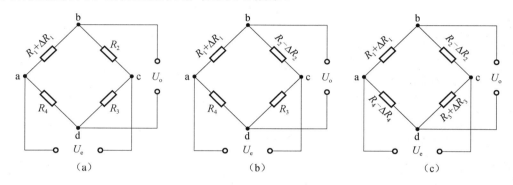

图 9-3　直流电桥的连接方式

（a）半桥单臂；（b）半桥双臂；（c）全桥

图 9-3（a）是单臂电桥，工作中有一个桥臂阻值随被测量而变化。即 R_1 为应变片，其余各臂为固定电阻，ΔR_1 为电阻 R_1 随被测物理量变化而产生的电阻增量。根据式（9-3），此时输出电压为

$$U_o = \left(\frac{R_1 + \Delta R_1}{R_1 + \Delta R_1 + R_2} - \frac{R_4}{R_3 + R_4}\right)U_e$$

为了简化桥路设计，往往取相邻两桥臂电阻相等，即 $R_1 = R_2 = R_0$，$R_3 = R_4 = R_0'$，若 $R_0 = R_0'$，取 $\Delta R_1 = \Delta R$，则输出电压为

$$U_o = \frac{\Delta R}{4R_0 + 2\Delta R}U_e$$

又因为 $\Delta R \ll R_0$，所以

$$U_o \approx \frac{\Delta R}{4R_0}U_e \tag{9-6}$$

可见，电桥的输出与激励电压 U_e 成正比，并且在 $\Delta R \ll R_0$ 的条件下，也与 $\Delta R / R_0$ 成正比。

图 9-3（b）是双臂电桥（半桥，相邻臂）：工作中有两个桥臂阻值随被测量而变化，即 R_1、R_2 为应变片，R_3、R_4 为固定电阻，若 $\Delta R_1 = \Delta R_2 = \Delta R$，$R_1 = R_2 = R_0$，$R_3 = R_4 = R_0$，则得电桥输出电压为

$$U_o \approx \frac{\Delta R}{2R_0} U_e \tag{9-7}$$

图 9-3（c）是全桥：工作中有四个桥臂阻值随被测量而变化。即电桥的四个桥臂都为应变片，即两个受拉应变，两个受压应变，将两个应变符号相同的接入相对桥臂上，构成全桥差动电路。当 $R_1 = R_2 = R_3 = R_4 = R_0$，$\Delta R_1 = \Delta R_2 = \Delta R_3 = \Delta R_4 = \Delta R$ 时，电桥输出电压为

$$U_o \approx \frac{\Delta R}{R_0} U_e \tag{9-8}$$

显然，电桥接法不同，输出的电压也不相同，全桥的接法可以获得最大的输出。

从式（9-6）~式（9-8）可以看出，电桥的输出电压 U_o 与激励电压 U_e 成正比，只是比例系数不同。现定义电桥的灵敏度为

$$S = \frac{U_o}{\Delta R / R} \tag{9-9}$$

根据式（9-9）可知，单臂电桥灵敏度为 $\frac{U_e}{4}$，双臂电桥灵敏度为 $\frac{U_e}{2}$；全桥灵敏度为 U_e。显然，当桥臂比为常数时，U_o 越大，则 S 也越大。电桥接法不同，灵敏度也不同，全桥接法会获得最大的灵敏度。

在实际测量中，当电源电压不稳定，或者环境温度变化时，会产生干扰，从而造成测量误差，所以使用时应采取措施抑制干扰。使用上述电桥电路时，一个或多个桥臂可能是应变片、电阻式感温元件或热敏电阻器。假设桥臂电阻已调好，电桥处于平衡状态，即 $U_o = 0$，这时，若桥臂电阻 R_i 发生变化，使电桥失去平衡，则有 $U_o \neq 0$ 输出，使表头产生某一读数，该读数便是电阻 R_i 的变化量的示值，即表头指针的偏转指示出电阻的变化。这种方法在测量中称为偏值法。

使用电桥电路时，还需要调节零位平衡，即当工作臂电阻变化为零时，使电桥的输出为零。这种桥路的特点是电桥输出始终为零，即仪表指零，所以此法也称为"零测法"。图 9-4 给出了常用的差动串联平衡与差动并联平衡调节方法。在需要进行较大范围的电阻调节时，如工作臂为热敏电阻时，应采用差动串联平衡调节方法；在进行微小的电阻调节（如工作臂为电阻应变片）时，应采用差动并联平衡调节方法。

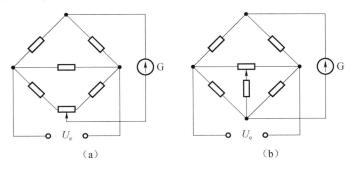

图 9-4　零位平衡调节方法

（a）差动串联平衡；（b）差动并联平衡

直流电桥在实际应用中较广泛，直流电桥具有测量电路结构比较简单、仅需对纯电阻加

以调整就可预调电桥平衡、电路可用直流电表测量、精度高、中间环节少等优点。其主要缺点是：对直流电源要求高，且容易引入工频干扰；在工程上进行动态测量时，电阻变化量ΔR是随时间变化的信号，信号的频率从零开始直到几百赫兹，电桥的输出电压一般需要一个放大器放大后才可进一步推动后续仪器，而要选用一个适用于如此宽的频带而又保持增益是常值的放大器比较困难，所以直流电桥通常用于做静态测量，在做动态测量时需用交流电桥，将频率变化较大的信号调制成频率变化相对较小的信号，移到放大器常值增益的频带上工作。

例 9-1 已知以阻值 R=120Ω、灵敏度 $S_g = 2$ 的电阻丝应变片与阻值为 120Ω的固定电阻组成电桥，供桥电压为 3V，并假定负载电阻为无穷大，当应变片的应变为 2με和 2000με时，分别求出单臂电桥、双臂电桥的输出电压，并比较两种情况下的灵敏度。

解：（1）当应变片的应变为 2με时，单臂电桥的输出电压为

$$U_o = \frac{\Delta R}{4R}U_i = \frac{S_g \varepsilon}{4}U_i = \frac{2 \times 2 \times 10^{-6}}{4} \times 3 = 3 \times 10^{-6}(\text{V})$$

双臂电桥的输出电压为

$$U_o = \frac{\Delta R}{2R}U_i = \frac{S_g \varepsilon}{2}U_i = \frac{2 \times 2 \times 10^{-6}}{2} \times 3 = 6 \times 10^{-6}(\text{V})$$

（2）当应变片的应变为 2000με时，
单臂电桥的输出电压为

$$U_o = \frac{\Delta R}{4R}U_i = \frac{S_g \varepsilon}{4}U_i = \frac{2 \times 2000 \times 10^{-6}}{4} \times 3 = 0.003(\text{V})$$

双臂电桥的输出电压为

$$U_o = \frac{\Delta R}{2R}U_i = \frac{S_g \varepsilon}{2}U_i = \frac{2 \times 2000 \times 10^{-6}}{2} \times 3 = 0.006(\text{V})$$

通过计算可知，双臂电桥的灵敏度比单臂电桥高一倍。

例 9-2 用电阻应变片接成全桥，测量某一构件的应变，已知其变化规律为

$$\varepsilon(t) = A\cos 10t + B\cos 100t$$

如果电桥激励电压是 $U_i(t) = E\sin 10000t$。求此电桥输出信号的频谱。

解： 电桥输出电压 $U_o = S\varepsilon(t) \cdot U_i(t) = SE(A\cos 10t + B\cos 100t)\sin 10000t$，$S$ 为电阻应变片的灵敏度。因为

$$\sin 2\pi f_0 t \Leftrightarrow j\frac{1}{2}\big[\delta(f + f_0) - \delta(f - f_0)\big]$$

$$\cos 2\pi f_0 t \Leftrightarrow \frac{1}{2}\big[\delta(f + f_0) + \delta(f - f_0)\big]$$

所以

$$U_o(f) = S\varepsilon(f) * U_i(f)$$

$$= \frac{SAEj}{4}\big[\delta(f + 1593.14) + \delta(f + 1589.96) - \delta(f - 1593.14) - \delta(f - 1589.96)\big]$$

$$+ \frac{SBEj}{4}\big[\delta(f + 1607.46) + \delta(f + 1575.63) - \delta(f - 1607.46) - \delta(f - 1575.63)\big]$$

二、交流电桥

交流电桥如图 9-5 所示,其电路结构形式与直流电桥相同。激励电源是交流电压(电源频率一般是被测信号频率的十倍以上)。交流电桥的桥臂可以是纯电阻,也可以是含有电容、电感的交流电阻。

交流电桥的电路结构与直流电桥完全相同,所不同的是电桥的电源通常是交流激励电压;在交流电桥中,四个桥臂可以是纯电阻,也可以是含有电容、电感的交流阻抗。如果阻抗、电流及电压都用复数表示,则关于直流电桥的平衡关系在交流电桥中也可适用,即电桥达到平衡时必须满足

$$Z_1 Z_3 = Z_2 Z_4 \tag{9-10}$$

把阻抗用指数形式表示:

$$Z_1 = Z_{01} e^{j\varphi_1}$$
$$Z_2 = Z_{02} e^{j\varphi_2}$$
$$Z_3 = Z_{03} e^{j\varphi_3}$$
$$Z_4 = Z_{04} e^{j\varphi_4}$$

带入式(9-10),得

$$Z_{01} Z_{03} e^{j(\varphi_1 + \varphi_3)} = Z_{02} Z_{04} e^{j(\varphi_2 + \varphi_4)} \tag{9-11}$$

若此式成立,必须同时满足下列两等式:

$$\begin{cases} Z_{01} Z_{03} = Z_{02} Z_{04} \\ \varphi_1 + \varphi_3 = \varphi_2 + \varphi_4 \end{cases} \tag{9-12}$$

式中, Z_{01}、 Z_{02}、 Z_{03}、 Z_{04} ——各阻抗的模;

φ_1、 φ_2、 φ_3、 φ_4 ——阻抗角,是各桥臂电流与电压之间的相位差。纯电阻时电流与电压同相位, $\varphi=0$;对电感性阻抗, $\varphi>0$;对电容性阻抗, $\varphi<0$。

式(9-12)表明,交流电桥平衡必须满足两个条件,即相对两臂阻抗之模的乘积应相等,并且它们的阻抗角之和也必须相等。

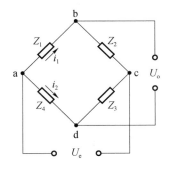

图 9-5 交流电桥

为满足上述平衡条件,交流电桥各臂可有不同的组合。常用的电容、电感电桥其相邻两臂可接入电阻(如 $Z_{02} = R_2$, $Z_{03} = R_3$, $\varphi_2 = \varphi_3 = 0$),而另外相邻两臂接入相同性质的阻抗,如都是电容或都是电感,以满足 $\varphi_1 = \varphi_4$。

图 9-6 是一种常用的电容电桥，两相邻桥臂为纯电阻 R_2、R_3，另外两桥臂为电容 C_1、C_4。图中 R_1、R_4 可视为电容介质损耗的等效电阻。根据平衡条件，有

$$\left(R_1 + \frac{1}{\mathrm{j}\omega C_1}\right)R_3 = \left(R_4 + \frac{1}{\mathrm{j}\omega C_4}\right)R_2 \tag{9-13}$$

即

$$R_1 R_3 + \frac{R_3}{\mathrm{j}\omega C_1} = R_2 R_4 + \frac{R_2}{\mathrm{j}\omega C_4}$$

令上式实部和虚部分别相等，可得到下面的平衡条件：

$$\begin{cases} R_1 R_3 = R_2 R_4 \\ \dfrac{R_3}{C_1} = \dfrac{R_2}{C_4} \end{cases} \tag{9-14}$$

由式（9-14）可知，要使电桥达到平衡，必须同时调节电阻与电容两个参数，即调节电阻达到电阻平衡，调节电容达到电容平衡。

图 9-7 是一种常用的电感电桥，两相邻桥臂为纯电阻 R_2、R_3，另外两桥臂为电感 L_1、L_4。图中 R_1、R_4 可视为电感介质损耗的等效电阻。根据式（9-10），电桥平衡条件应为

$$(R_1 + \mathrm{j}\omega L_1)R_3 = (R_4 + \mathrm{j}\omega L_4)R_2$$

即

$$\begin{cases} R_1 R_3 = R_2 R_4 \\ L_1 R_3 = L_4 R_2 \end{cases} \tag{9-15}$$

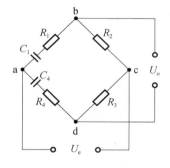

图 9-6 电容电桥

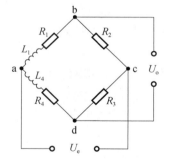

图 9-7 电感电桥

对于纯电阻交流电桥，即使各桥臂均为电阻，但由于导线间存在分布电容，因此相当于在各桥臂上并联了一个电容（图 9-8）。为此，除了有电阻平衡外，还需有电容平衡。图 9-9 为一种用于动态应变仪中的具有电阻、电容平衡调节环节的交流电阻电桥，其中电阻 R_1、R_2 和电位器 R_3 组成电阻平衡调节部分，通过开关实现电阻平衡粗调与微调的切换，电容 C 是一个差动可变电容器，当旋转电容平衡旋钮时，电容器左、右两部分的电容一边增加，另一边减少，使并联到相邻两臂的电容值改变，以实现电容平衡。

交流电桥在工程测试中得到了广泛应用，它不仅能测量动态信号，也能测量静态信号。交流电桥的激励电源必须具有良好的电压波形和频率稳定度，一般采用 5～10kHz。电桥输出将作为被测信号的调制波，这样，外界工频干扰不易从线路中引入，后接交流放大器电路易于实现且无零漂。但此调制信号还需解调、滤波后才能记录。因此，交流电桥的后续处理电

路比直流电桥复杂得多。另外，交流电桥除了电阻平衡外，还须有电容平衡，因此较之直流电桥，它的预调平衡电路较复杂。

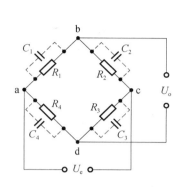

图 9-8　电阻交流电桥的分布电容

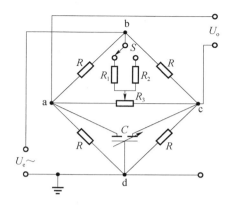

图 9-9　具有电阻、电容平衡调节环节的交流
电阻电桥

第二节　调制与解调

调制是工程测试信号在传输过程中常用的一种调理方法，主要是为了解决微弱缓变信号的放大及信号的传输问题。例如，直流电桥的输出信号是与被测量直接对应的信号，也称为非调制信号，它不需解调，电路也很简单，但抗干扰能力较差。为了提高测试系统选择信号、排除干扰的能力，减小各种干扰对系统的影响，希望在形成测量信号的同时就对它进行调制，因此常常在传感器中实现调制。又如，有些被测物理量，如温度、位移、力等参数，经过传感器变换以后，多为低频缓变的微弱信号，对这样一类信号，直接送入直流放大器或交流放大器放大会遇到困难，因为采用级间直接耦合式的直流放大器放大，将会受到零点漂移的影响。当漂移信号大小接近或超过被测信号时，经过逐级放大后，被测信号会被零点漂移淹没。为了很好地解决缓变信号的放大问题，信息技术中采用了一种对信号进行调制的方法，即先将微弱的缓变信号加载到高频交流信号中去，然后利用交流放大器进行放大，最后再从放大器的输出信号中取出放大了的缓变信号；当采用交流放大时，需要予以调幅。在信号分析中，信号的截断、窗函数加权等，亦是一种振幅调制；对于混响信号，由于回声效应会引起的信号的叠加、乘积、卷积等，其中乘积即为调幅现象。而解调则是调制的逆过程，作用是从调制后的信号中恢复原信号。

一、幅值调制与解调原理

幅值调制（AM）是将一个高频简谐信号（或称载波）与测试信号相乘，使载波信号幅值随测试信号的变化而变化。也就是用调制信号（这里是被测量）去控制高频振荡（载波）的振幅，使高频振荡的振幅按调制信号的规律变化。现以频率为 f_z 的余弦信号 $z(t)$ 作为载波进行讨论。

由傅里叶变换的性质知，在时域中两个信号相乘，在频域中相当于这两个信号进行卷积，即

$$x(t) \cdot z(t) \Leftrightarrow X(f) * Z(f) \tag{9-16}$$

余弦函数的频谱图形是一对脉冲谱线，即

$$\cos 2\pi f_z t \Leftrightarrow \frac{1}{2}\delta(f - f_z) + \frac{1}{2}\delta(f + f_z) \tag{9-17}$$

一个函数与单位脉冲函数卷积的结果，就是将其图形由坐标原点平移至该脉冲函数处。所以，若以高频余弦信号作为载波，把信号 $x(t)$ 和载波信号 $z(t)$ 相乘，其结果就相当于把原信号频谱图形由原点平移至载波频率 f_z 处，其幅值减半，如图 9-10 所示，即

$$x(t)\cos 2\pi f_z t \Leftrightarrow \frac{1}{2}X(f) * \delta(f + f_z) + \frac{1}{2}X(f) * \delta(f - f_z) \tag{9-18}$$

这一过程就是幅值调制，其过程在时域中是调制波与载波相乘的过程，而在频域中则是将调制波的频谱（以坐标原点为中心）搬移到以载波频谱为中心处，所以是一个频移过程。这一点是幅值调制得到广泛应用的最重要的理论依据，所以幅值调制过程就相当于频率"搬移"过程。为避免调幅波 $x_m(t)$ 的重叠失真，要求载波频率 f_z 必须大于测试信号 $x(t)$ 中的最高频率，即 $f_z > f_m$。实际应用中，往往选择载波频率至少数倍甚至数十倍于信号中的最高频率。若把调幅波 $x_m(t)$ 再次与载波 $z(t)$ 信号相乘，则频域图形将再一次进行"搬移"，即 $x_m(t)$ 与 $z(t)$ 相乘积的傅里叶变换为

$$F[x_m(t)z(t)] = \frac{1}{2}X(f) + \frac{1}{4}X(f + 2f_z) + \frac{1}{4}X(f - 2f_z) \tag{9-19}$$

这一结果如图 9-11 所示。若用一个低通滤波器滤除中心频率为 $2f_z$ 的高频成分，那么将可以复现原信号的频谱（只是其幅值减少了一半，可用放大处理来补偿），这一过程为同步解调（或称为相敏检波）。"同步"是指解调时所乘的信号与调制时的载波信号具有相同的频率和相位。

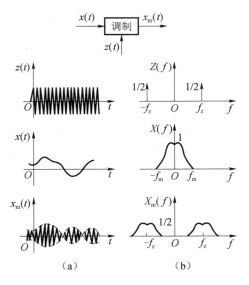

图 9-10　幅值调制

（a）时域波形；（b）频域谱图

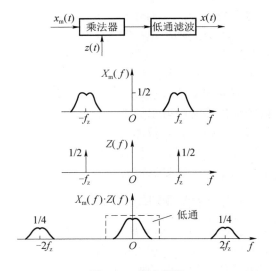

图 9-11　同步解调

上述的调制方法，是将测试信号 $x(t)$ 直接与载波信号 $z(t)$ 相乘。这种调幅波具有极性变化，即当调制波为正时，调幅波与载波同相；当调制波为负时，调幅波与载波反相，即可视为有 $180°$ 的相移。此种调制方法称为抑制幅值调制。抑制调幅波须采用同步解调，方能反映出原信号的幅值和极性。根据这一特性，可制成相敏检波电路。

若把测试信号 $x(t)$ 进行偏置，叠加一个直流分量 A，使偏置后的信号都具有正电压，此时调幅波表达式为

$$x_{\mathrm{m}}(t) = [A + x(t)]\cos 2\pi f_{\mathrm{z}}t$$
$$x_{\mathrm{m}}(t) = A[1 + mx(t)]\cos 2\pi f_{\mathrm{z}}t$$

（9-20）

式中，$m \leqslant 1$，称为幅值调制指数。这种调制方法称为非抑制幅值调制，或偏置幅值调制。其调幅波的包络线具有原信号形状，如图 9-12（a）所示。对于非抑制调幅波，一般采用整流、滤波（或称为包络法检波）以后，就可以恢复原信号。

对于非抑制调幅，其直流偏置必须足够大。要求调幅指数 $m \leqslant 1$。因为当 $m > 1$，$x(t)$ 取最大负值时，可能会使 $A[1 + mx(t)] < 0$，这意味着 $x(t)$ 的相位将发生 $180°$ 倒相，如图 9-12（b）所示，此称为过调。此时，如果采用包络法检波，则检出的信号就会产生失真，不能恢复出原信号。

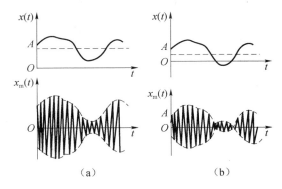

图 9-12　调幅波

例 9-3　单边指数函数 $x(t) = Ae^{-at}(a > 0, t \geqslant 0)$ 与余弦振荡信号 $y(t) = \cos \omega_0 t$ 的乘积为 $z(t) = x(t)y(t)$，在信号调制中，$x(t)$ 称为调制信号，$y(t)$ 称为载波，$z(t)$ 便是调幅信号。若把 $z(t)$ 再与 $y(t)$ 相乘，则得解调信号 $w(t) = x(t)y(t)y(t)$。

（1）求调幅信号 $z(t)$ 的傅里叶变换，并画出调幅信号及其频谱；

（2）求解调信号 $w(t)$ 的傅里叶变换，并画出解调信号及其频谱。

解：（1）首先求单边指数函数 $x(t) = Ae^{-at}(a > 0, t \geqslant 0)$ 的傅里叶变换及其频谱：

$$X(f) = \int_{-\infty}^{\infty} x(t)e^{-j\omega t}\mathrm{d}t = \int_{0}^{\infty} Ae^{-at}e^{-j\omega t}\mathrm{d}t = \frac{A}{a + j\omega} = \frac{Aa}{a^2 + (2\pi f)^2} - j\frac{A\omega}{a^2 + (2\pi f)^2}$$

$$|X(f)| = \frac{A}{\sqrt{a^2 + \omega^2}} = \frac{A}{\sqrt{a^2 + (2\pi f)^2}}$$

接着求余弦振荡信号 $y(t) = \cos \omega_0 t$ 的频谱：

$$Y(f) = \frac{1}{2}\delta(f + f_0) + \frac{1}{2}\delta(f - f_0)$$

利用 δ 函数的卷积特性，可求出调幅信号 $z(t) = x(t)y(t)$ 的频谱：

$$Z(f) = X(f) * Y(f) = \frac{1}{2}\left(\frac{Aa}{a^2 + [2\pi(f \pm f_0)]^2} - j\frac{A\omega}{a^2 + [2\pi(f \pm f_0)]^2} \right)$$

其幅值频谱为

$$\left| Z(f) \right| = \frac{A}{\sqrt{a^2 + \left[2\pi\left(f \pm f_0 \right) \right]^2}}$$

$x(t)$、$y(t)$、$z(t)$ 的频谱分别如图 9-13（a）～（c）所示。

（2）利用 δ 函数的卷积特性，可求出解调信号 $w(t) = x(t)y(t)y(t)$ 的频谱：

$$w(t) = x(t)y(t)y(t) = x(t) \cdot \cos 2\pi f_0 t \cdot \cos 2\pi f_0 t = \frac{1}{2}x(t) + \frac{1}{2}x(t)\cos 4\pi f_0 t$$

$$W(f) = \frac{1}{2}X(f) + \frac{1}{2}X(f) * \left[\frac{1}{2}\delta(f - 2f_0) + \frac{1}{2}\delta(f + 2f_0) \right]$$

$$= \frac{1}{2}X(f) + \frac{1}{4}X(f - 2f_0) + \frac{1}{4}X(f + 2f_0)$$

$$= \frac{1}{2}\left[\frac{Aa}{a^2 + (2\pi f)^2} - j\frac{A\omega}{a^2 + (2\pi f)^2} \right] + \frac{1}{4}\left(\frac{Aa}{a^2 + [2\pi(f - 2f_0)]^2} - j\frac{A\omega}{[2\pi(f - 2f_0)]^2} \right)$$

$$+ \frac{1}{4}\left(\frac{Aa}{a^2 + [2\pi(f + 2f_0)]^2} - j\frac{A\omega}{[2\pi(f + 2f_0)]^2} \right)$$

$w(t)$ 的频谱如图 9-13（d）所示。

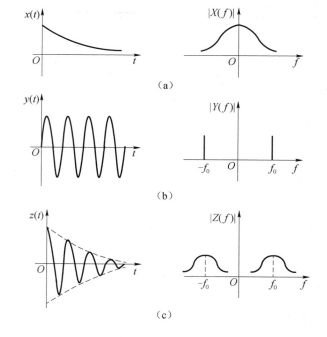

图 9-13　例 9-3 图

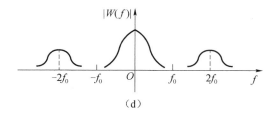

（d）

图 9-13　例 9-3 图（续）

二、角度调制与解调原理

在简谐载波中，

$$z(t) = A_0 \cos[\omega_0 t + \theta_0 + \theta(t)] = A_0 \cos\varphi(t) \qquad (9-21)$$

$\varphi(t)$ 称为瞬时相位。对瞬时相位 $\varphi(t)$ 微分，得

$$\omega(t) = \frac{\mathrm{d}\varphi(t)}{\mathrm{d}t} = \omega_0 + \frac{\mathrm{d}\theta(t)}{\mathrm{d}t} \qquad (9-22)$$

$\omega(t)$ 称为瞬时角频率，显然，瞬时相位是 $\omega(t)$ 的积分

$$\varphi(t) = \int_0^t \omega(\tau)\mathrm{d}\tau \qquad (9-23)$$

对于载波 $z(t) = A_0 \cos\varphi(t)$，如果保持振幅 A_0 为常数，让载波瞬时角频率 $\omega(t)$ 随测试信号 $x(t)$ 的变化而变化，则称此种调制方式为频率调制（FM Frequency Modulation），简称调频。调频通常是用低频调制信号去控制高频载波的频率变化。很多传感器的输出信号就是调频信号。如果载波的相位 $\varphi(t)$ 随测试信号 $x(t)$ 的变化而变化，则称这种调制方式为相调制（PM Phase Modulation）。由于频率或相位的变化最终都使载波的相位角发生变化，故统称 FM 和 PM 为角度调制。在角度调制中，角度调制信号和测试信号的频谱都发生了变化，所以，角度调制是一种非线性调制。

1. 调相波（PM）

如果载波的瞬时相位与测试信号 $x(t)$ 成线性函数关系，就称该调制波为调相波，调相波的瞬时相位可写为

$$\varphi(t) = \varphi_0 + K_{\mathrm{PM}} x(t) \qquad (9-24)$$

式中，K_{PM} ——相位调制指数，或称为相位调制灵敏度。

调相波的瞬时频率可写成

$$\omega(t) = \omega_0 + K_{\mathrm{PM}} \frac{\mathrm{d}x(t)}{\mathrm{d}t} \qquad (9-25)$$

2. 调频波（FM）

如果载波的瞬时频率与测试信号 $x(t)$ 成线性关系，就称该调制波为调频波，调频波的瞬时频率可写为

$$\omega(t) = \omega_0 + K_{\mathrm{FM}} x(t) \qquad (9-26)$$

式中，K_{FM} ——频率调制指数，或称为频率调制灵敏度。

调频波的瞬时相位可写成

$$\varphi(t) = \omega_0 t + \theta_0 + K_{FM} \int x(t) dt \qquad (9\text{-}27)$$

调频波为

$$x_{FM}(t) = A_0 \cos[\omega_0 t + \theta_0 + K_{FM} \int x(t) dt] \qquad (9\text{-}28)$$

比较式（9-25）调相波与式（9-27）调频波不难看出，对调相波而言，如果把 $\dfrac{dx(t)}{dt}$ 看成测试信号，那么就可把调相波看成是对 $\dfrac{dx(t)}{dt}$ 的调频波；同理，亦可把调频信号看成是对信号 $\int x(t) dt$ 的调相波。调频和调相只是角度调制的不同形式，无本质差别。若预先不知道调制信号的调制方式，仅从已调波上是无法分辨调频波或调相波的。

3. 调频信号的解调

频率调制后的解调电路称为鉴频器，其作用是将已调频波的频率变化转成电压的变化，恢复出原被测信号的波形。调频信号的解调大多采用非相干解调。非相干解调一般有两种方式：鉴频器和锁相环解调器。前者结构简单，大多用于广播及电视机中，后者解调性能优良，但结构复杂，一般用于要求较高的场合，如通信机等。此处我们只讨论鉴频器解调的原理。

一般而言，鉴频器的种类虽多，但都可等效为一个微分器及一个包络检波器，如图 9-14 所示。只要对一般 FM 信号表达式微分，就可证明这一点。

$$\begin{aligned}
\frac{dx_{FM}(t)}{dt} &= \frac{d}{dt}\{A_0 \cos[\omega_0 t + \theta_0 + K_{FM} \int x(t) dt]\} \\
&= -A_0[\omega_0 + K_{FM} x(t)]\sin[\omega_0 t + \theta_0 + K_{FM} \int x(t) dt]
\end{aligned} \qquad (9\text{-}29)$$

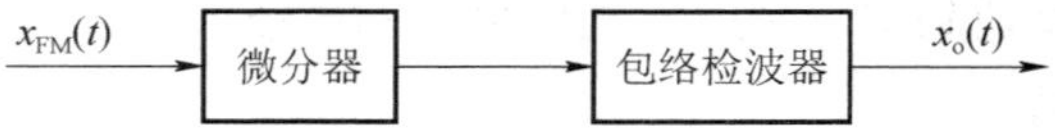

$x_{FM}(t) \longrightarrow$ 微分器 $\longrightarrow$ 包络检波器 $\xrightarrow{\ x_o(t)\ }$

图 9-14 鉴频器等效框图

式（9-29）表明，经过微分后，其幅度和频率都携带了信息，所以可以用包络检波器检出测试信号 $x(t)$ ，则输出信号为

$$x_b(t) = A_0[\omega_0 + K_{FM} x(t)]$$

隔去直流分量就可得到解调结果 $x_d(t)$ ，它正比于测试信号 $x(t)$ 。

第三节 滤 波 器

滤波器是一种选频装置，可以使信号中某些特定的频率成分通过，而极大地衰减其他频率成分。滤波器在测试技术领域中的应用非常广泛。在测试装置中，可以把滤波器看成是一种"频率筛子"，通过它可以筛选出信号中人们所需要的频率成分，利用滤波器的这种选频作用，可以进行频谱分析或滤除干扰噪声。滤波器是各种频谱分析仪的基础组成部分，是各种模拟信号在输入数字信号处理系统之前为解决"混叠"问题必不可少的预处理装置。

一、滤波器分类

滤波器的种类很多，也有不同的分类方法。根据处理信号的性质来分，滤波器可分为模拟滤波器和数字滤波器两大类。根据电路中是否带有源器件来分，滤波器可分为有源滤波器和无源滤波器两种。根据能通过的信号频率范围来分，滤波器一般分为低通滤波器、高通滤波器、带通滤波器和带阻滤波器。对于一个滤波器而言，能通过它的频率范围称为该滤波器的频率通带，而被它抑制或极大地衰减的信号频率范围则称为频率阻带。通带与阻带的交界点称为截止频率。

图 9-15 表示了低通、高通、带通和带阻这四种滤波器的幅频特性，图 9-15（a）是低通滤波器，频率为 $0 \sim f_2$，其幅频特性平直，可使信号中低于 f_2 的频率成分几乎不受衰减地通过，而高于 f_2 的频率成分会受到极大的衰减；图 9-15（b）是高通滤波器，与低通滤波器相反，频率为 $f_1 \sim \infty$，其幅频特性平直，可使信号中高于 f_1 的频率成分几乎不受衰减地通过，而低于 f_1 的频率成分会受到极大的衰减；图 9-15（c）为带通滤波器，它的通带频率为 $f_1 \sim f_2$，可使信号中高于 f_1 并且低于 f_2 的频率成分几乎不受衰减地通过，而其他频率成分会受到极大的衰减；图 9-15（d）表示带阻滤波器，与带通滤波器相反，阻带频率为 $f_1 \sim f_2$，它使信号中高于 f_1 且低于 f_2 的频率成分受到衰减，其余频率成分几乎不受衰减地通过。

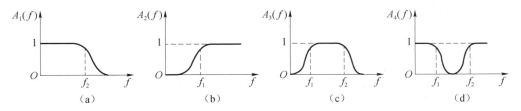

图 9-15 滤波器的幅频特性

（a）低通；（b）高通；（c）带通；（d）带阻

在实际的滤波器中，通带与阻带之间存在一个过渡带。在此带内，信号会受到不同程度的衰减。在测试中，这个过渡带是人们不希望出现的，但也是无法避免的。

二、理想滤波器

1. 理想低通滤波器模型

滤波器功能的实现主要是利用滤波器的频率特性，理想滤波器是一个理想化的模型，是根据滤波网络的某些特性理想化而定义的，是一种物理不可实现的系统。理想滤波器在通带内其幅频特性为常数，在通带外其幅频特性值为零，相频特性为通过原点的直线；在通带内输入信号的频率成分不失真通过，而在通带外的频率成分被全部衰减掉。对其进行研究，有助于理解滤波器的传输特性，并将其作为实际滤波器传输特性分析的基础。

理想低通滤波器具有矩形幅频特性和线性相频特性，如图 9-16 所示。其频率响应函数、幅频特性、相频特性分别为

$$H(f) = A_0 e^{-j2\pi f \tau_0} \tag{9-30}$$

$$|H(f)| = \begin{cases} A_0, & -f_c \leq f \leq f_c \\ 0, & \text{其他} \end{cases} \tag{9-31}$$

$$\varphi(f) = -2\pi f \tau_0 \tag{9-32}$$

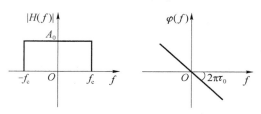

图 9-16　理想低通滤波器的幅频特性与相频特性

这种理想低通滤波器将信号中低于 f_c 的频率成分无任何失真地予以传输，将高于 f_c 的频率成分则完全衰减掉（f_c 为截止频率）。

2. 理想低通滤波器的脉冲响应

根据线性系统的传输特性，当输入函数 $\delta(t)$ 通过理想低通滤波器时，其脉冲响应函数 $h(t)$ 应是频率响应函数 $H(f)$ 的傅里叶反变换，因此有

$$\begin{aligned} h(t) &= \int_{-\infty}^{\infty} H(f) \mathrm{e}^{\mathrm{j}2\pi ft} \mathrm{d}f = \int_{-f_c}^{f_c} A_0 \mathrm{e}^{-\mathrm{j}2\pi f\tau_0} \mathrm{e}^{\mathrm{j}2\pi ft} \mathrm{d}f \\ &= 2A_0 f_c \frac{\sin 2\pi f_c(t-\tau_0)}{2\pi f_c(t-\tau_0)} = 2A_0 f_c \mathrm{sinc} 2\pi f_c(t-\tau_0) \end{aligned} \tag{9-33}$$

脉冲响应函数 $h(t)$ 的波形如图 9-17 所示，这是一个峰值位于 τ_0 时刻的 $\mathrm{sinc}(t)$ 型函数。

图 9-17　理想低通滤波器的脉冲响应函数 $h(t)$ 的波形

这种理想低通滤波器是不可能实现的。因为 $h(t)$ 的波形表明，在输入 $\delta(t)$ 到来之前，理想低通滤波器就应该早有与该输入相对应的输出，显然，任何滤波器都不可能有这种"先知"，所以，理想低通滤波器是不可能存在的。可以推论，理想的高通、带通、带阻滤波器都是不存在的。实际滤波器的频域图形不可能出现直角锐变，也不会在有限频率上完全截止。原则上讲，实际滤波器的频域图形将延伸到 $|f| \to \infty$，所以一个滤波器对信号中通带以外的频率成分只能极大地衰减，却不能完全衰减掉。

三、实际滤波器

1. 实际滤波器的基本参数

图 9-18 所示为理想滤波器与实际滤波器的幅频特性曲线。对于理想滤波器，其特性陡峭、

尖锐，在上、下截止频率 f_{c1}、f_{c2} 之间的幅频特性为常数 A_0，截止频率以外则为零，各项指标如截止频率等都比较明确，故只需规定截止频率就可以说明它的性能；而对于实际滤波器，由于它的特性曲线不如理想滤波器那样尖锐、陡峭、顶部平坦，也没有明显的转折点，因此需要用更多的参数来描述实际滤波器的性能，主要参数有纹波幅度、截止频率、带宽、品质因数、倍频程选择性等。

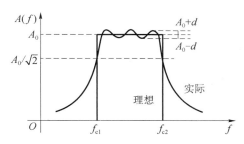

图 9-18　理想带通滤波器与实际带通滤波器的幅频特性

因为

$$20\lg\frac{A_0/\sqrt{2}}{A_0}=-3(\mathrm{dB})$$

故称图 9-18 中 $f_{c2}-f_{c1}$ 为"负 3 分贝带宽"，并将其作为实际带通滤波器的截止频率、带宽的定义。

1）纹波幅度 d

在一定频率范围内，实际滤波器的幅频特性可能呈波纹变化。通带中幅频特性值的起伏变化值称为纹波幅度，图 9-18 中以 $\pm d$ 来表示，其波动幅度 d 与幅频特性的平均值 A_0 相比越小越好，一般应远小于-3dB，即 $d \ll A_0/\sqrt{2}$。

2）截止频率 f_c

幅频特性值等于 $A_0/\sqrt{2}$（即-3dB）时所对应的频率，称为滤波器的截止频率，如图 9-18 中的 f_{c1} 和 f_{c2}。以 A_0 为参考值，$A_0/\sqrt{2}$ 对应于-3dB 点，即相对于 A_0 衰减 3dB。若以信号的幅值平方表示信号功率，则该频率所对应的点正好是半功率点。

3）带宽 B 和品质因数 Q 值

上、下两截止频率之间的频率范围称为滤波器带宽 B，即 $B=f_{c2}-f_{c1}$，称为-3dB 带宽，单位为 Hz。带宽决定着滤波器分离信号中相邻频率成分的能力——频率分辨力。

对于带通滤波器，通常把中心频率 f_0 和带宽 B 之比称为滤波器的品质因数 Q，即 $Q=f_0/B$。例如，一个中心频率为 500Hz 的滤波器，若其中-3dB 带宽为 10Hz，则称其 Q 值为 50。Q 值越大，则相对带宽越小，表明滤波器频率分辨力越高。

4）倍频程选择性 W

实际的滤波器在两截止频率外侧，有一个过渡带，这个过渡带的幅频特性曲线倾斜程度表明幅频特性衰减的快慢，它决定滤波器对带宽外频率成分衰阻的能力，通常用倍频程选择性来表征。倍频程选择性是滤波器的一个重要指标，所谓倍频程选择性是指在上截止频率 f_{c2} 与 $2f_{c2}$ 之间，或者在下截止频率 f_{c1} 与 $f_{c1}/2$ 之间幅频特性比值的分贝数，即频率变化一个倍频程时的衰减量：

$$W = -20\lg\frac{A(2f_{c2})}{A(f_{c2})}$$

或

$$W = -20\lg\frac{A\left(\dfrac{f_{c1}}{2}\right)}{A(f_{c1})}$$

倍频程衰减量的单位以 dB/oct 表示（octave，倍频程）。显然，衰减越快（即 W 值越大），滤波器选择性越好。

对于远离截止频率的衰减率也可用十倍频程衰减数表示，即 ［dB/10oct］。

5）滤波器因数（或矩形系数）λ

滤波器因数定义为滤波器幅频特性的-60dB 带宽与-3dB 带宽的比值，即 $\lambda = \dfrac{B_{-60\text{dB}}}{B_{-3\text{dB}}}$。理想滤波器 $\lambda = 1$，通常使用的滤波器 $\lambda = (1\sim5)$。有些滤波器因数因为器件影响（如电容漏阻等），阻带衰减倍数达不到-60dB，则以标明的衰减倍数（如-40dB 或-30dB）带宽与-3dB 带宽之比来表示其选择性。

2. RC 调谐式滤波器的基本特性

在测试系统中，常用 RC 滤波器，因为在这一领域中，信号频率相对来说是不高的，而 RC 滤波电路简单，抗干扰性强，有较好的低频性能，并且选用标准阻容元件也容易实现。

1）RC 低通滤波器

RC 低通滤波器的典型电路及其对数频率特性曲线如图 9-19 所示。

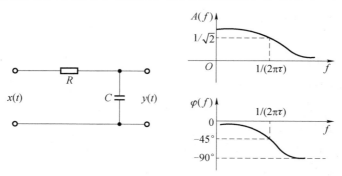

图 9-19　RC 低通滤波器的典型电路及其对数频率特性曲线

设 RC 低通滤波器的输入电压信号为 $x(t)$，输出为 $y(t)$，电路的微分方程式为

$$RC\frac{\mathrm{d}y(t)}{\mathrm{d}t} + y(t) = x(t)$$

令 $\tau = RC$，称为时间常数。对上式取拉氏变换，可得 RC 低通滤波器的传递函数、频率响应函数、幅频特性及相频特性如下：

$$H(s) = \frac{1}{\tau s + 1}$$

$$H(\omega) = \frac{1}{\tau j\omega + 1}$$

$$A(\omega) = |H(\omega)| = \frac{1}{\sqrt{1 + (\tau\omega)^2}} \tag{9-34}$$

$$\varphi(\omega) = -\arctan\omega\tau \tag{9-35}$$

或

$$A(f) = |H(f)| = \frac{1}{\sqrt{1 + (\tau 2\pi f)^2}} \tag{9-36}$$

$$\varphi(f) = -\arctan 2\pi f\tau \tag{9-37}$$

分析可知，当 $f << 1/(2\pi\tau)$ 时，$A(f) = 1$，此时信号几乎不受衰减地通过，并且 $\varphi(f) - f$ 也近似于线性关系，因此，可认为在此情况下，RC 低通滤波器近似为一个不失真传输系统。

当 $f = 1/(2\pi\tau)$ 时，$A(f) = 1/\sqrt{2}$，此即 RC 低通滤波器的-3dB 点，此时对应的频率即为上截止频率，可知 RC 值决定着上截止频率，因此当适当改变 RC 参数时，RC 低通滤波器的上截止频率随之改变；当 $f >> 1/(2\pi\tau)$ 时，输出信号 $y(t)$ 与输入信号 $x(t)$ 的积分成正比，即

$$y(t) = \frac{1}{RC}\int x(t)dt \tag{9-38}$$

此时 RC 低通滤波器起着积分器的作用，对高频成分的衰减为-20dB/（10oct）（或 -6dB/oct）。如要加大衰减率，应提高 RC 低通滤波器的阶数，可以将几个一阶 RC 低通滤波器串联使用。

例 9-4 已知 RC 低通滤波器 $R = 1k\Omega$，$C = 1000\mu F$，试确定该低通滤波器的 $H(s)$、$H(f)$、$A(f)$、$\varphi(f)$；当输入信号 $u_x(t) = 100\sin 1000t$ 时，求输出信号 $u_y(t)$。

解： RC 低通滤波器传递函数为

$$H(s) = \frac{1}{1 + Ts}$$

其中，$T = RC = 1\times 10^3 \times 1000 \times 10^{-6} = 1(s)$，可确定

$$H(jf) = \frac{1}{1 + T \cdot j2\pi f}, \quad A(f) = \frac{1}{\sqrt{1 + (T \cdot 2\pi f)^2}}, \quad \varphi(f) = -\arctan(T \cdot 2\pi f)$$

当输入信号 $u_x(t) = 100\sin 1000t$ 时，

$$f = \frac{1000}{2\pi} = \frac{500}{\pi}$$

$$A(f) = \frac{1}{\sqrt{1 + \left(T \cdot 2\pi \cdot \dfrac{500}{\pi}\right)^2}} \approx 10\times 10^{-4},$$

$$\varphi(f) = -\arctan 1 \times 2\pi \frac{500}{\pi} \approx -100°$$

$$u_y(t) = 100 \times 10 \times 10^{-4} \times \sin(1000t - 100°) = 0.1\sin(1000t - 100°)$$

2）RC 高通滤波器

图 9-20 表示 RC 高通滤波器的典型电路及其对数频率特性曲线。设输入电压信号为 $x(t)$，

输出为 $y(t)$ ，则微分方程式为

$$y(t) + \frac{1}{RC}\int y(t)\mathrm{d}t = x(t) \qquad （9\text{-}39）$$

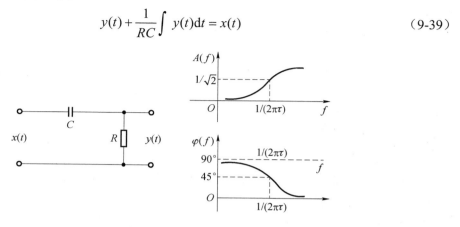

图 9-20   *RC* 高通滤波器的典型电路及其对数频率特性曲线

同理，令 $RC = \tau$ ，则 *RC* 高通滤波器的传递函数、频率响应函数、幅频特性、相频特性如下：

$$H(s) = \frac{\tau s}{\tau s + 1}$$

$$H(\omega) = \frac{\mathrm{j}\omega\tau}{\mathrm{j}\omega\tau + 1}$$

$$A(\omega) = \left|H(\omega)\right| = \frac{\tau\omega}{\sqrt{1 + (\tau\omega)^2}} \qquad （9\text{-}40）$$

$$\varphi(\omega) = \arctan\frac{1}{\omega\tau} \qquad （9\text{-}41）$$

或

$$A(f) = \left|H(f)\right| = \frac{2\pi f\tau}{\sqrt{1 + (2\pi f\tau)^2}} \qquad （9\text{-}42）$$

$$\varphi(f) = \arctan\frac{1}{2\pi f\tau} \qquad （9\text{-}43）$$

当 $f = 1/(2\pi\tau)$ 时， $A(f) = 1/\sqrt{2}$ ，*RC* 高通滤波器的-3dB 截止频率为 $f = 1/(2\pi\tau)$ ；当 $f \gg 1/(2\pi\tau)$ 时， $A(f) \approx 1$ ， $\varphi(f) \approx 0$ ，即当 f 相当大时，幅频特性接近于 1，相移趋于零，此时 *RC* 高通滤波器可视为不失真传输系统；当 $f \ll 1/(2\pi\tau)$ 时，*RC* 高通滤波器的输出与输入的微分成正比，起着微分器的作用，即

$$y(t) = \tau \cdot \frac{\mathrm{d}x(t)}{\mathrm{d}t} \qquad （9\text{-}44）$$

3）*RC* 带通滤波器

RC 带通滤波器可以看成是低通滤波器和高通滤波的串联组合，如图 9-21 所示。

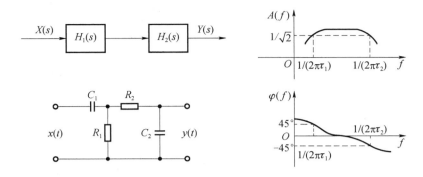

图 9-21　RC 带通滤波器典型电路及其频率特性曲线

串联后 RC 带通滤波器的传递函数、频率响应函数、幅频特性、相频特性如下：

$$H(s) = H_1(s) \cdot H_2(s) = \frac{\tau_1 s}{\tau_1 s + 1} \cdot \frac{1}{1 + \tau_2 s}$$

$$H(f) = \frac{\mathrm{j}2\pi f \tau_1}{1 + \mathrm{j}2\pi f \tau_1} \cdot \frac{1}{1 + \mathrm{j}2\pi f \tau_2}$$

$$A(f) = \frac{2\pi f \tau_1}{\sqrt{1 + (2\pi f \tau_1)^2}} \cdot \frac{1}{\sqrt{1 + (2\pi f \tau_2)^2}} \tag{9-45}$$

$$\varphi(f) = \varphi_1(f) + \varphi_2(f) = \arctan \frac{1}{2\pi f \tau_1} - \arctan(2\pi f \tau_2) \tag{9-46}$$

当 $f = 1/(2\pi \tau_1)$ 时，$A(f) = 1/\sqrt{2}$，此时对应的频率 $f_{c1} = 1/(2\pi \tau_1)$，即原高通滤波器的截止频率，此时为带通滤波器的下截止频率；当 $f = 1/(2\pi \tau_2)$ 时，$A(f) = 1/\sqrt{2}$，可认为是 $f_{c2} = 1/(2\pi \tau_1)$，对应于原低通滤波器的截止频率，此时为带通滤波器的上截止频率。分别调节高、低通滤波器的时间常数 τ_1、τ_2，就可以得到不同的上、下截止频率和带宽的带通滤波器。但是应注意，当高、低通两级串联时，后一级成为前一级的"负载"，而前一级又是后一级的信号源内阻，因此应消除两级耦合时的相互影响。所以实际的带通滤波器常常是有源的。有源滤波器由 RC 调谐网络和运算放大器组成。运算放大器既可起级间隔离作用，又可起信号幅值的放大作用。

思考题与习题

1．选择题。

（1）鉴频器的作用是（　　）。

    A．使高频电压转变成直流电压　　　　　B．使电感量转变成电压量

    C．使频率变化转变成电压变化　　　　　D．使频率转换成电流

（2）被测结构应变一定时，可以采用（　　）方法使电桥输出增大。

    A．多贴片　　　　　　　　　　　　　　B．使四个桥臂上都是工作应变片

  C．交流测量电桥   D．电阻值较小的应变片

（3）电桥测量电路的作用是把传感器的参数变化变为（ ）的输出。

  A．电阻   B．电容   C．电压或电流   D．电荷

（4）差动半桥接法的灵敏度是单针电桥灵敏度的（ ）倍。

  A．1/2   B．1   C．2   D．3

（5）在测试装置中，常用 5～10kHz 的交流电作为电桥电路的激励电压，当被测量为动态量时，该电桥的输出波形为（ ）。

  A．调频波   B．非调幅波

  C．调幅波   D．与激励频率相同的等幅波

（6）为了使调幅波能保持原来信号的频谱波形，不发生重叠和失真，载波频率 f_z 必须（ ）原信号中的最高频率 f_m。

  A．等于   B．低于   C．高于   D．接近

（7）某一选频装置，其幅频特性在 $f_1 \sim f_2$ 平直，而在 $0 \sim f_1$ 及 $f_2 \sim \infty$ 这两段均受到极大衰减，则该选频装置是（ ）滤波器。

  A．带阻   B．带通   C．高通   D．低通

（8）为了能从调幅波中很好地恢复出原被测信号，通常用（ ）作为解调器。

  A．鉴频器   B．整流器   C．鉴相器   D．相敏检波器

（9）在同步调制与解调中要求载波（ ）。

  A．同频反相   B．同频同相

  C．频率不同，相位相同   D．频率不同，相位相反

（10）低通滤波器的截止频率是幅频特性值等于（ ）时所对应的频率（ A_0 为 $f=0$ 时对应的幅频特性值）。

  A．$A_0 / 2$ B．$A_0 / \sqrt{2}$ C．$A_0 / 3$ D．$A_0 / 4$

2．填空题。

（1）在电桥测量电路中，由于电桥接法不同，输出的电压灵敏度也不同，_____接法可以获得最大输出。

（2）调幅波可以看作载波与调制波的_____。

（3）调幅过程在频域中相当于频谱搬移过程，调幅装置实质上是一个_____，典型的调幅装置是_____。

（4）RC 微分电路实际上是一种_____滤波器，而 RC 积分电路实际上是一种_____滤波器。

（5）要使得重复频率为同频率的方波信号转换为 500Hz 的正弦信号，应使用_____滤波器，其截止频率应为_____ Hz。

3．有人在使用电阻应变仪时，发现灵敏度不够，于是试图在工作电桥上增加电阻应变片数以提高灵敏度。试问：在下列情况下，是否可提高灵敏度？并说明原因。

（1）半桥双臂各串联一片；

（2）半桥双臂各并联一片。

4．已知调幅波 $x_a(t) = (100 + 30\cos 2\pi f_1 t + 20\cos 6\pi f_1 t)\cos 2\pi f_c t$，其中 f_c＝10kHz，f_1＝500Hz。

试求：

（1）$x_a(t)$ 所包含的各分量的频率及幅值；

（2）绘出调制信号与调幅波的频谱。

5．调幅波是否可以看作是载波与调制信号的叠加？为什么？

6．余弦信号被矩形脉冲调幅，其数学表达式为

$$x_s(t) = \begin{cases} \cos 2\pi f_0 t, & |t| \leqslant T \\ 0, & |t| > T \end{cases}$$

试求其频谱。

7．已知余弦信号 $x(t) = \cos 2\pi f_0 t$，载波 $z(t) = \cos 2\pi f_z t$，求调幅信号 $x_m(t) = x(t) \cdot z(t)$ 的频谱。

8．求余弦偏置调制信号 $x_m(t) = (1 + \cos 2\pi f_0 t) \cos 2\pi f_z t$ 的频谱。

9．什么是滤波器的频率分辨力？与哪些因素有关？

10．已知低通滤波器的频率特性为 $H(f) = \dfrac{1}{1 + T \cdot \mathrm{j}2\pi f}$，式中 $T = 0.05\mathrm{s}$。当输入信号为 $x(t) = 0.5\cos 10t + 0.2\cos(100t - 45°)$ 时，求其输出 $y(t)$，并比较 $y(t)$ 与 $x(t)$ 的幅值与相位有什么区别。

11．已知理想低通滤波器

$$H(f) = \begin{cases} A_0 \mathrm{e}^{-\mathrm{j}2\pi f \tau_0}, & |f| < f_c \\ 0, & \text{其他} \end{cases}$$

试求当 δ 函数通过此滤波器以后的时域波形。

12．图 9-22 所示为 RC 低通滤波器，试述其频率特性、幅频特性、相频特性及截止频率。

13．图 9-23 所示为 RC 高通滤波器，试述其频率特性、幅频特性、相频特性及截止频率。

图 9-22 第 12 题图　　　　　　　　　图 9-23 第 13 题图

14．图 9-24 所示为两直流电桥，其中图 9-24（a）称为卧式桥，图 9-24（b）称为立式桥，且 $R_1 = R_2 = R_3 = R_4 = R_0$。$R_1$、$R_2$ 为应变片，R_3、R_4 为固定电阻。试求在电阻应变片阻值变化为 ΔR 时，两电桥的输出电压表达式，并加以比较。

15．在材料为钢的实心圆柱试件上，沿轴线和圆周方向各贴一片电阻为 120Ω 的金属应变 R_1 和 R_2，把这两应变片接入电桥，如图 9-25 所示，若钢的泊松比 $\mu=0.285$，应变片的灵敏度系数 $S=2$，电桥的电源电压 $U_i = 2\mathrm{V}$，当试件受轴向拉伸时，测得应变片 R_1 的电阻变化值 $\Delta R = 0.48\Omega$，试求电桥的输出电压 U_o。若柱体直径 $E = 2 \times 10^{11} \mathrm{N/m}^2$，求其所受拉力的大小。

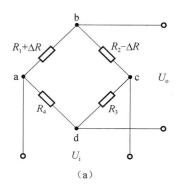
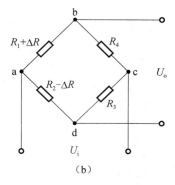

（a）   （b）

图 9-24   第 14 题图

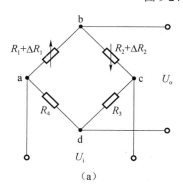
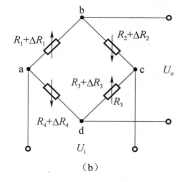

（a）   （b）

图 9-25   第 15 题图

16. 应变筒式测压传感器的弹性敏感元件如图 9-26 所示，试在图 9-26 中标注出应变片的粘贴位置，说明其粘贴方向，画出测量电桥的桥路图，并说明构成电桥的理由。

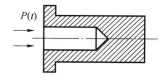

图 9-26   第 16 题图

第十章

测量数据分析处理

信号的分析与处理过程就是对测试信号进行去伪存真、排除干扰从而获得所需的有用信息的过程。信号处理和信号分析没有明确的界限。人们通常把对信号的构成和特征值的研究过程称为信号分析，把对信号进行必要的变换以获得所需信息的过程称为信号处理，信号的分析与处理过程是密切关联的。

信号处理的方法包括模拟信号处理和数字信号处理两种方法。模拟信号处理法是直接对连续时间信号进行分析处理的方法，其分析过程是按照一定的数学模型所组成的运算网络来实现的。即利用一系列能实现模拟运算的电路，如模拟滤波器、乘法器、微分放大器等环节来获取所需信息，如均值、均方根值、概率密度函数、相关函数、功率谱密度函数等。模拟信号处理也作为任何数字信号处理的前奏，如滤波、限幅、隔直、解调等预处理。数字处理之后也常需做模拟显示、记录。数字信号处理就是用数字方法处理信号，它可以在专用的数字信号处理仪上进行，也可以在通用计算机上或集成芯片上通过编程实现。在运算速度、分辨力和功能等方面，数字信号处理技术都优于模拟信号处理技术，随着微电子技术和信号处理技术的发展，在工程测试中，数字信号处理方法得到广泛的应用，已成为测试系统中的重要部分。

第一节　数字信号处理的基本步骤

一、数字信号处理的主要研究内容

数字信号处理的特点是处理离散数据。由于目前大多数的传感器是模拟量传感器，而且所测试的大多数物理过程本质上仍是连续的，所以首先要将传感器输出连续的模拟量时间序列变换成离散的时间序列。因此总有一个模/数（A/D）转换过程。这一过程把连续信号转变成等间隔的离散时间序列，并对该序列的幅值进行量化，然后送入数字信号处理装置中处理。由于通用计算机或专用仪器的容量和计算速度是有限的，因而处理的数据长度也是有限的，为此，信号必须经过截断，以致在时间序列的数字处理中必然会引起一些误差。如何恰当地运用数字分析方法，比较准确地提取原序列中的有用信息就成了数字信号处理的一项重要研究内容。

二、测试信号数字化处理的基本步骤

数字信号处理的一般步骤可用图 10-1 所示的简单框图来表示。从传感器获取的测试信号中大多数为模拟信号，在进行数字信号处理之前，通常先要对信号做预处理和数字化处理。而数字式传感器则可直接通过接口与计算机连接，将信号输入计算机（或数字信号处理器）进行处理。

图 10-1　数字信号处理系统框图

1. 信号预处理

信号的预处理是指在数字处理之前，对信号用模拟方法进行的处理，即把信号变成适于数字处理的形式。例如，对输入信号进行电压幅值调理，使信号幅值与 A/D 转换器的动态范围相适应，使之适宜于采样；滤除信号中的高频干扰成分，减小频混的影响；隔离被分析信号中的直流分量，消除趋势项及直流分量的干扰；若信号是调制信号，还应该进行解调等预处理。

2. A/D 转换

模/数（A/D）转换是模拟信号经采样、量化并转化为二进制数的过程。包括在时间上对原信号等间隔采样、在幅值上的量化及编码，即把连续信号变成离散的时间序列，存入到指定的地方，其核心是 A/D 转换器。A/D 转换对信号处理系统的性能指标有着较大的影响，其转换过程如图 10-2 所示。

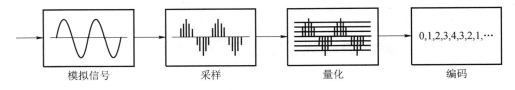

图 10-2　信号 A/D 转换过程

3. 数字信号分析

计算机或数字信号处理器对离散的时间序列进行运算处理，分析计算速度很快，已近乎达到"实时"。但由于计算机只能处理有限长度的数据，所以要把长时间的序列截断。在截断时有可能会产生一些误差，所以有时还需要人为地对截断的数字序列进行加权（乘以窗函数）以成为新的有限长的序列。如有必要，还可以设计专门的程序进行数字滤波，然后把所得的有限长的时间序列按给定的程序进行运算，如时域中的概率统计、相关分析，频域中的频谱分析、功率谱分析、传递函数分析等。

4．输出结果

运算结果可以直接显示或打印出来，或者将数字信号处理结果送入计算机或通过专门程序做后续处理，如有必要，可通过 D/A 转换器再把数字量转换成模拟量输入外部被控装置。

三、采样、混叠和采样定理

1．时域采样

采样是把连续时间信号变成离散时间序列的过程。这一过程可以看作用等间隔的单位脉冲序列（也称为采样信号）去乘以模拟信号，这样各采样点上的信号瞬时值就变成脉冲序列的强度。这些强度值将被量化成相应的二进制编码。其数学上的描述为：间隔为 T_s 的周期脉冲序列 $g(t)$ 乘以模拟信号 $x(t)$。$g(t)$ 由式（10-1）表示，即

$$g(t) = \sum_{n=-\infty}^{+\infty} \delta(t - nT_s), \quad n=0, \pm1, \pm2, \pm3, \cdots \tag{10-1}$$

由 δ 函数的筛选特性可知

$$x(t) \cdot g(t) = \int_{-\infty}^{+\infty} x(t)\delta(t - nT_s)\mathrm{d}t = x(nT_s) \quad n=0, \pm1, \pm2, \pm3, \cdots \tag{10-2}$$

经时域采样后，各采样点的信号幅值为 $x(nT_s)$。采样原理如图 10-3 所示，其中，$g(t)$ 为采样函数；$n=0,1,\cdots$；T_s 称为采样间隔，或采样周期；$1/T_s = f_s$ 称为采样频率。

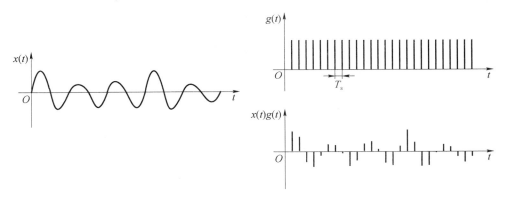

图 10-3　时域采样原理

由于后续的量化过程需要一定的时间，对于随时间变化的模拟输入信号，要求瞬时采样值在采样时间内保持不变，这样才能保证转换的正确性和转换精度，这个过程就是采样保持。因为有了采样保持，所以实际采样后的信号是阶梯形的连续函数。

2．频率混叠和采样定理

采样间隔的选择是一个重要的问题。若采样间隔太小（采样频率高），则对定长的时间记录来说其数字序列就很长（即采样点数多），使计算工作量增大；若数字序列长度一定，则只能处理很短的时间历程，可能产生较大的误差。若采样间隔太大（采样频率低），则可能会丢掉有用的信息。

例 10-1 对信号 $x_1(t) = A\sin(2\pi \cdot 10t)$ 和 $x_2(t) = A\sin(2\pi \cdot 50t)$ 进行采样处理，采样间隔 $T_s = 1/40\text{s}$，即采样频率 $f_s = 40\text{Hz}$。请比较两信号采样后的离散序列的状态。

解：因采样频率 $f_s = 40\text{Hz}$，故

$$t = nT_s, \quad n = 1, 2, 3, \cdots$$

$$x_1(nT_s) = A\sin\left(2\pi \cdot \frac{10}{40}n\right) = A\sin\left(\frac{\pi}{2}n\right)$$

$$x_2(nT_s) = A\sin\left(2\pi \cdot \frac{50}{40}n\right) = A\sin\left(\frac{5\pi}{2}n\right)$$

经采样后，在采样点上两者的瞬时值（图 10-4 中的"×"点）完全相同，即获得了相同的数学序列。这样，从采样结果（数字序列）上看，就不能分辨出数字序列是来自于 $x_1(t)$ 还是 $x_2(t)$，不同频率的信号 $x_1(t)$ 和 $x_2(t)$ 的采样结果的混叠，造成了"频率混淆"现象。

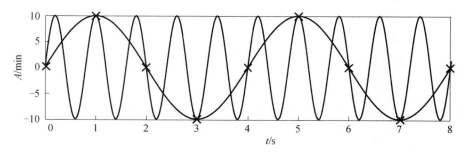

图 10-4 频率混叠现象

1）频率混淆的原因

在时域采样中，采样函数 $g(t)$ 的傅里叶变换即频谱 $G(\mathrm{j}f)$ 为

$$G(\mathrm{j}f) = f_n \sum_{n=-\infty}^{+\infty} \delta(f - nf_s) = \frac{1}{T_s} \sum_{n=-\infty}^{+\infty} \delta\left(f - \frac{n}{T_s}\right) \tag{10-3}$$

即间距为 T_s 的采样脉冲序列的傅里叶变换也是脉冲序列，其间距为 $1/T_s$。

由频域卷积定理可知，两个时域函数的乘积的傅里叶变换等于这两者傅里叶变换的卷积，即

$$x(t) \cdot g(t) \leftrightarrow X(\mathrm{j}f) * G(\mathrm{j}f) \tag{10-4}$$

考虑到 δ 函数与其他函数卷积的特性，即将其他函数的坐标原点移至 δ 函数所在的位置，则式（10-4）变为

$$X(\mathrm{j}f) * G(\mathrm{j}f) = X(\mathrm{j}f) * \frac{1}{T_s} \sum_{n=-\infty}^{+\infty} \delta\left(f - \frac{n}{T_s}\right) = \frac{1}{T_s} \sum_{n=-\infty}^{+\infty} X\left(f - \frac{n}{T_s}\right) \tag{10-5}$$

式（10-5）即为信号 $x(t)$ 经间隔 T_s 的采样脉冲采样之后形成的采样信号的频谱，如图 10-5 所示。一般地，采样信号的频谱和原连续信号的频谱 $X(\mathrm{j}f)$ 并不完全相同，即采样信号的频谱是将 $X(\mathrm{j}f)/T_s$ 依次平移至采样脉冲对应的频率序列点上，然后全部叠加而成，如图 10-5 所示。由此可见，一个连续信号经过周期单位脉冲序列采样以后，它的频谱将沿着频率轴每隔一个采样频率 f_s 就重复出现一次，即频谱产生了周期延拓，延拓周期为 f_s。

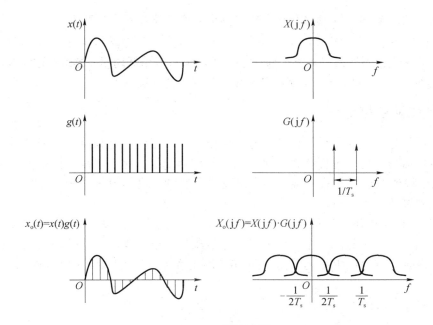

图 10-5 采样过程

如果采样间隔 T_s 太大，即采样频率 f_s 太低，频率平移距离 f_s 过小，则移至各采样脉冲对应的频率序列点上的频谱 $X(jf)/T_s$ 就会有一部分相互交叠，使新合成的 $X(jf) \cdot G(jf)$ 图形与 $X(jf)/T_s$ 不一致，这种现象称为混叠。发生混叠后，改变了原来频谱的部分幅值，这样就不可能准确地从离散的采样信号 $x(t) \cdot g(t)$ 中恢复原来的时域信号 $x(t)$ 了。

如果 $x(t)$ 是一个限带信号（信号的最高频率 f_c 为有限值），采样频率 $f_s = 1/T_s \geqslant 2f_c$，那么采样后的频谱 $X(jf) \cdot G(jf)$ 就不会发生混叠，如图 10-6 所示。如果将该频谱通过一个中心频率为零（$f=0$），带宽为 $\pm \dfrac{f_s}{2}$ 的理想低通滤波器，就可以把原信号完整的频谱取出来，这才有可能从离散序列中准确地恢复原信号的波形。

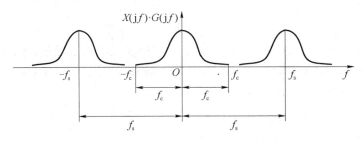

图 10-6 不发生混叠的条件

2）采样定理

为了避免混叠，以便采样后仍有可能准确地恢复原信号，采样频率 f_s 必须不小于信号最高频率 f_c 的 2 倍，即 $f_s \geqslant 2f_c$，这就是采样定理。在实际工作中，如果确知测试信号中的高频成分是由噪声干扰引起的，为满足采样定理并不使数据过长，常在信号采样前先进行滤波预处理。这种滤波器称为抗混滤波器。考虑到实际滤波器在其截止频率 f_c 之后总有一段过渡带，一般采样频率应选 3～4 倍的 f_c。由此，要绝对不产生混叠实际上是不可能的，工程上只能保证足够的精度。而如果只对某一频带感兴趣，那么可用低通滤波器或带通滤波器滤掉其他频率成分，这样就可以避免混叠并减少信号中其他成分的干扰。

四、量化和量化误差

连续模拟信号经采样所得的离散信号的电压幅值，若用二进制数码组来表示，就使离散信号变成数字信号，这一过程称为量化。量化又称为幅值量化，就是将模拟信号采样后的 $x(nT_s)$ 的电压幅值经过舍入或者截尾的方法变成离散的二进制数码，其二进制数码只能表达有限个相应的离散电平（称之为量化电平）。

若取信号 $x(t)$ 可能出现的最大值 A，令其分为 D 个间隔，则每个间隔的长度为 $R=A/D$，R 称为量化增量或量化步长。当采样信号 $x(nT_s)$ 落在某一小间隔内，经过舍入或者截尾的方法而变为有限值时，就会产生量化误差。图 10-7 所示为 $D=6$ 时的等分量化过程。

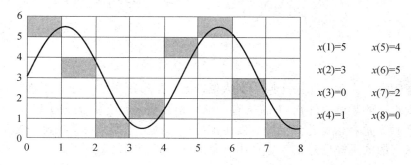

图 10-7　信号的 $D=6$ 等分量化过程

通常把量化误差看成是对模拟信号进行数字处理时的可加噪声，故而又称之为舍入噪声或截尾噪声。量化增量 D 越大，量化误差越大，而量化增量的大小一般取决于计算机 A/D 转换模块的位数。例如，取 8 位二进制时，其位数为 $2^8=256$，即量化电平 R 为所测信号最大电压幅值的 1/256。

例 10-2　将幅值为 $A=1000$ 的谐波信号按 6、10、18 等分量化，求其量化后的曲线。

解：在图 10-8 中，图 10-8（a）是谐波信号，图 10-8（b）是 6 等分量化结果，图 10-8（c）是 10 等分量化结果，图 10-8（d）是 18 等分量化结果。对比图 10-8（b）～图 10-8（d）可知，等分数越小，D 越大，量化误差越大。

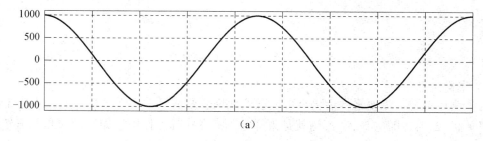

（a）

图 10-8　谐波信号按 6、10、18 等分量化的误差

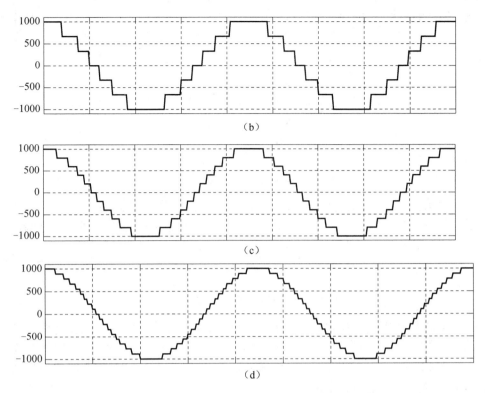

图 10-8　谐波信号按 6、10、18 等分量化的误差（续）

（a）谐波信号；（b）6 等分；（c）10 等分；（d）18 等分

五、截断、泄漏和窗函数

1. 截断、泄漏和窗函数的概念

数字信号处理的主要数学工具是傅里叶变换。然而，当运用计算机实现工程测试信号处理时，不可能对无限长的信号进行测量和运算，所以必须截断过长的信号时间历程。其做法是从信号中截取一个时间片段，对其进行周期延拓处理，得到虚拟的无限长的信号，然后就可以对信号进行傅里叶变换、相关分析等处理（图 10-9）。

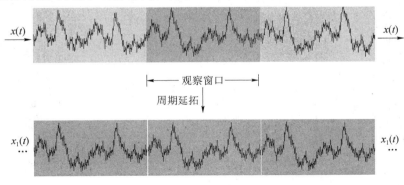

图 10-9　信号的周期延拓

信号的截断就是将无限长的信号乘以时域的有限宽矩形窗函数。"窗"的意思是指透过窗口能够"看到"原始信号的一部分，对时窗以外的信号，视其为零，如图 10-10 所示。

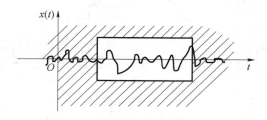

图 10-10　窗函数

周期延拓后的信号与真实信号不同，下面从数学的角度来看这种处理产生的误差情况。

设有余弦信号 $x(t)$ 在时域分布为无限长 $-\infty,+\infty$，矩形窗的时域表达式为

$$w_R(t) = \begin{cases} 1, & |t| \leqslant T \\ 0, & |t| > T \end{cases} \tag{10-6}$$

$$w_R(t) \Leftrightarrow W_R(\mathrm{j}f) = 2T\frac{\sin(2\pi fT)}{2\pi fT} \tag{10-7}$$

当用图 10-11 所示的矩形窗函数 $w_R(t)$ 与图 10-12（a）所示的余弦信号 $x(t)$ 相乘时，对信号截取一段 $(-T,+T)$，得到截断信号 $x_T(t) = x(t)w_R(t)$。根据傅里叶变换关系，余弦信号的频谱 $X(\mathrm{j}f)$ 是位于 $\pm f_0$ 处的 δ 函数，而矩形窗函数 $w_R(t)$ 的频谱为 sinc(f) 函数，按照频域卷积定理，则截断信号 $x_T(t)$ 的频谱 $X_T(\mathrm{j}f)$ 应为

$$x(t) \cdot w_R(t) \Leftrightarrow X(\mathrm{j}f) \cdot W_R(\mathrm{j}f) \tag{10-8}$$

$W_R(\mathrm{j}f)$ 是一个无限带宽的 sinc 函数，其频谱为无限带宽，幅值随 t 的增大而逐渐衰减，如图 10-11 所示。即使是限带信号（频带宽度为有限值，如图 10-12 所示的谐波信号），被截断后也必然成为无限带宽函数，这说明信号的能量分布扩展了。

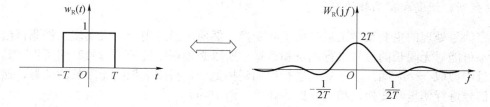

图 10-11　矩形窗函数及其频谱

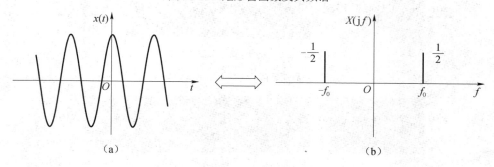

图 10-12　信号截断与能量的泄漏现象

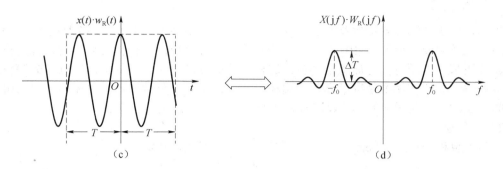

图 10-12　信号截断与能量的泄漏现象（续）

（a）未被截断的谐波信号；（b）未被截断的谐波信号的频谱 $X(\mathrm{j}f)$；
（c）谐波信号被截断；（d）截断后的谐波信号的频谱 $X_T(\mathrm{j}f)$

将截断信号的频谱 $X_T(\mathrm{j}f)$ 与原始信号的频谱 $X(\mathrm{j}f)$ 相比较可知，它已不是原来的两条谱线，而是两段振荡的连续谱。这表明原来的信号被截断以后，其频谱发生了畸变，原来集中在 f_0 处的能量被分散到两个较宽的频带中去了，这种现象称为频谱能量泄漏。

信号截断以后产生的能量泄漏现象是必然的，因为窗函数 $w_R(t)$ 是一个无限带宽的函数，所以即使原信号 $x(t)$ 是限带信号，而在截断以后也必然成为无限带宽的函数，即信号在频域的能量与分布被扩展了。从采样定理可知，无论采样频率多高，只要信号一经截断，就不可避免地会引起混叠，因此信号截断必然导致一些误差，这是信号分析中不容忽视的问题。

如果增大截断长度 T，即矩形窗口加宽，则窗谱 $W_R(\mathrm{j}f)$ 将被压缩变窄（$1/T$ 减小）。虽然从理论上讲，其频谱范围仍为无限宽，但实际上中心频率以外的频率分量衰减较快，因而泄漏误差将减小。当窗口宽度 T 趋于无穷大时，窗谱 $W_R(\mathrm{j}f)$ 将变为 $\delta(f)$ 函数，而 $\delta(f)$ 与 $X(\mathrm{j}f)$ 的卷积仍为 $X(\mathrm{j}f)$，这说明，如果窗口无限宽，即信号不截断，就不存在泄漏误差。

为了减少或抑制频谱能量泄漏，可采用不同的窗函数（也称为截取函数或窗）对信号进行截断。泄漏与窗函数频谱的两侧旁瓣有关，如果两侧瓣的高度趋于零，而使能量相对集中在主瓣，就可以较为接近真实的频谱。所选择的窗函数应力求其频谱的主瓣宽度窄些、旁瓣幅度小些，窄的主瓣可以提高频率分辨能力，小的旁瓣可以减小泄漏。这样，窗函数的优劣可大致从最大旁瓣峰值与主瓣峰值之比、最大旁瓣 10 倍频程衰减率和主瓣宽度三方面来评价。

2. 几种常见的窗函数

实际应用的窗函数，可分为以下几种类型：

（1）幂窗：采用时间变量的某种幂次的函数，如三角形、矩形、梯形或其他时间 t 的高次幂。

（2）三角函数窗：应用三角函数，即正弦或余弦函数等组合成复合函数，如海明（Hamming）窗、汉宁窗等。

（3）指数窗：采用指数时间函数（如 e^{-st} 形式），如高斯窗等。

接下来介绍几种常用窗函数的性质和特点。

1）矩形窗

矩形窗属于时间变量的零次幂窗，函数形式为式（10-6），相应的窗谱为式（10-7）。矩形窗的时域及频域波形如图 10-11 所示。矩形窗使用最为广泛。在信号处理时，凡是将信号截断、分块都相当于对信号加了矩形窗。这种窗的优点是主瓣比较集中；缺点是旁瓣较高，并有负旁瓣，导致变换中带进了高频干扰和泄漏，甚至出现负谱现象。在需要获得精确频谱主峰的所在频率，而对频率幅值精度要求不高的场合，可选用矩形窗。

2）三角窗

三角窗也称为费杰（Fejer）窗，是幂窗的一次方形式，其定义为

$$w(t) = \begin{cases} \dfrac{1}{T}\left(1 - \dfrac{|t|}{T}\right), & 0 \leqslant |t| \leqslant T \\ 0, & |t| > T \end{cases} \tag{10-9}$$

相应的窗谱为

$$W(\mathrm{j}f) = \left(\frac{\sin \pi Tf}{\pi Tf}\right)^2 \tag{10-10}$$

与矩形窗相比较，三角窗主瓣宽度约为矩形窗的两倍，但旁瓣低且不会出现负值。

3）汉宁窗

汉宁窗的时域及频域波形如图 10-13 所示，与矩形窗比较，汉宁窗的旁瓣小得多，因而泄漏也少得多，但是汉宁窗的主瓣较宽。在截断随机信号或用非整周期截断周期函数时，DFT 的周期延拓功能会在信号中出现间断点，造成新的泄漏。为了平滑或削弱截取信号的两端，减小泄漏，通常采用汉宁窗。

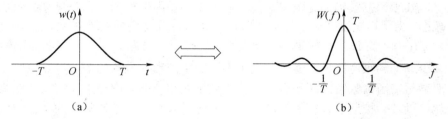

图 10-13　汉宁窗的时域及频域波形

（a）汉宁窗时域波形；（b）汉宁窗频谱图

4）海明窗

海明窗本质上和汉宁窗一样，只是系数不同。海明窗比汉宁窗消除旁瓣的效果要好一些，而且主瓣稍窄，但是旁瓣衰减较慢是不利的方面。适当改变系数，可得到不同特性的窗函数，其形式为

$$w(t) = \begin{cases} \dfrac{1}{T}\left(0.54 + 0.46\cos\dfrac{\pi t}{T}\right), & |t| \leqslant T \\ 0, & |t| > T \end{cases} \tag{10-11}$$

相应的窗谱为

$$W(\mathrm{j}f) = 0.54\frac{\sin(2\pi fT)}{2\pi fT} + 0.23\left[\frac{\sin(f + 1/T)}{f + 1/T} + \frac{\sin(f - 1/T)}{f - 1/T}\right] \tag{10-12}$$

在实际的信号处理中，常用"单边窗函数"，即假如以开始测量的时刻作为 $t=0$，截断长度为 T（$0 \leqslant t < T$），这等于把双边窗函数进行了时移。根据傅里叶变换的性质，时域的时移，对应频域相移而幅值绝对值不变。因此以单边窗函数截断信号所产生的泄漏误差与双边窗函数截断信号而产生的泄漏相同。

对于窗函数的选择，应考虑被分析信号的性质与处理要求。若仅要求精确读出主瓣曲率，而不考虑幅值精度，则可选用主瓣宽度比较窄而便于分辨的矩形窗，如测量物体的自振频率等；若分析窄带信号，且有较强的干扰噪声，则应选用旁瓣幅度小的窗函数，如汉宁窗、三角窗等；对于随时间按指数衰减的函数，可采用指数窗来提高信噪比。

第二节　相关分析及其应用

在测试技术领域中，相关分析法是一个非常重要的概念。在分析两个随机变量之间的关系，或者分析两个信号之间或一个信号在一定时移前后的关系，都需要应用相关分析。描述相关概念的相关函数，有着许多重要的性质，这些重要的性质使得相关函数在测试工程技术中得到了广泛应用，形成了专门的相关分析的研究和应用领域。例如，在振动测试分析、雷达测距、地下输油管道探伤等中，都用到相关分析。

一、相关的概念

通常，对于确定性信号来说，两个变量之间若存在着一一对应的确定关系，则称两者存在着函数关系。然而两个随机变量之间就不能用函数式来表达，当两个随机变量之间具有某种关系时，随着某一个变量数值的确定，另一变量却可能取许多不同值，但取值具有一定的概率统计规律，这称两个随机变量存在着相关关系。例如，人的身高与体重两变量之间不能用确定的函数式来表达，但通过大量数据的统计便可发现，其一般规律是身材高的人体重常常也大些，这两个变量之间确实存在着一定的线性关系。

图 10-14 所示为由两个随机变量 x 和 y 组成的数据点的分布情况。图 10-14（a）显示两变量 x 和 y 有较好的线性关系；图 10-14（b）显示两变量虽无确定关系，但从总体上看，大致具有某种程度的相关关系；图 10-14（c）各点分布很散乱，可以说变量 x 和 y 之间是无关的。

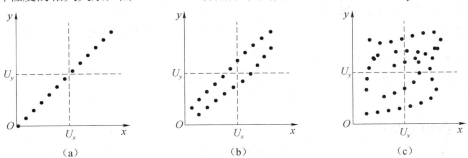

图 10-14　变量 x 与变量 y 的相关性

（a）x 和 y 之间是线性关系；（b）x 和 y 之间是某种程度的相关关系；（c）x 和 y 之间是无关的

二、相关系数与相关函数

对于两变量 x、y 之间的相关程度可以采用相关系数 ρ_{xy} 表示：

$$\rho_{xy} = \frac{E[(x - \mu_x)(y - \mu_y)]}{\sigma_x \sigma_y} \tag{10-13}$$

式中，E——数学期望；

μ_x——随机变量 $x(t)$ 的均值，且 $\mu_x = Ex(t)$；

μ_y——随机变量 $y(t)$ 的均值，且 $\mu_y = Ey(t)$；

σ_x——随机变量 $x(t)$ 的标准差，且 $\sigma_x^2 = E\{[x(t) - \mu_x]^2\}$；

σ_y——随机变量 $y(t)$ 的标准差，且 $\sigma_y^2 = E\{[y(t) - \mu_y]^2\}$。

根据柯西-许瓦兹不等式：

$$E\{[x(t) - \mu_x][y(t) - \mu_y]\}^2 \leqslant E\left[(x(t) - \mu_x)^2\right]E\left[(y(t) - \mu_y)^2\right]$$

可知 $|\rho_{xy}| \leqslant 1$。当数据点分布越接近于一条直线时，$|\rho_{xy}|$ 的绝对值越接近 1，x 和 y 的线性相关程度越好，将这样的数据回归成直线也越有意义。

当 $|\rho_{xy}| = 1$ 时，所有数据都落在 $[y(t) - \mu_y] = m[x(t) - u_x]$ 的直线上，说明 $x(t)$、$y(t)$ 两变量是理想的线性关系。$\rho_{xy} = -1$ 时也是理想的线性相关，只不过直线的斜率为负，表示一变量随另一变量的增加而减小。

当 $|\rho_{xy}| = 0$ 时，说明两个变量之间完全无关，但仍可能存在着某种非线性的相关关系甚至函数关系。

为了表达随机变量 $x(t)$ 和 $y(t)$ 之间是否存在着一定的线性关系，还可以采用变量 $x(t)$ 和 $y(t)$ 在不同时刻的乘积平均来描述，称为相关函数，用 $R_{xy}(\tau)$ 来表示，即

$$R_{xy}(\tau) = \lim_{T \to \infty} \frac{1}{T} \int_0^T x(t)y(t + \tau)\, \mathrm{d}t \tag{10-14}$$

式中，$\tau \in (-\infty, +\infty)$，是与时间变量 t 无关的连续时间变量，称为"时间延迟"，简称"时延"。所以，相关函数是时间延迟 τ 的函数。

设 $y(t + \tau)$ 是 $y(t)$ 时延 τ 后的样本，对于 $x(t)$ 和 $y(t + \tau)$ 的相关系数 $\rho_{x(t)y(t+\tau)}$，简写为 $\rho_{xy}(\tau)$，由式（10-15）和式（10-16）得相关系数和相关函数的关系为

$$\rho_{xy}(\tau) = \frac{R_{xy}(\tau) - \mu_x \mu_y}{\sigma_x \sigma_y} \tag{10-15}$$

三、自相关及其应用

1. 自相关函数的定义

假如 $x(t)$ 是某各态历经随机过程的一个样本记录，$x(t+\tau)$ 是时移 τ 后的样本（图 10-15），在任何 $t=t_i$ 时刻，从两个样本上可以分别得到两个量值 $x(t_i)$ 和 $x(t_i+\tau)$，而且 $x(t)$ 和 $x(t+\tau)$ 具有相同的均值和标准差。则得到 $x(t)$ 的自相关函数 $R_x(\tau)$ 为

$$R_x(\tau) = \lim_{T \to \infty} \frac{1}{T} \int_0^T x(t) x(t + \tau) \, \mathrm{d}t \tag{10-16}$$

图 10-15 所示为 $x(t)$ 和 $x(t+\tau)$ 的波形图。

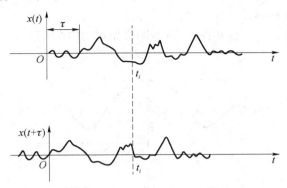

图 10-15　$x(t)$ 和 $x(t+\tau)$ 的波形图

对于有限时间序列的自相关函数，用式（10-16）进行估计可得到

$$R_x(\tau) = \frac{1}{T} \int_0^T x(t) x(t + \tau) \, \mathrm{d}t \tag{10-17}$$

2.　自相关函数的性质

（1）$R_x(\tau)$ 为实偶函数，即 $R_x(\tau) = R_x(-\tau)$。

由于

$$R_x(-\tau) = \lim_{T \to \infty} \frac{1}{T} \int_0^T x(t + \tau) x(t + \tau - \tau) \, \mathrm{d}(t + \tau) = \lim_{T \to \infty} \frac{1}{T} \int_0^T x(t + \tau) x(t) \, \mathrm{d}(t + \tau)$$

$$= \lim_{T \to \infty} \frac{1}{T} \int_0^T x(t) x(t + \tau) \, \mathrm{d}t = R_x(\tau)$$

即 $R_x(\tau) = R_x(-\tau)$，又因为 $x(t)$ 为实函数，所以自相关函数 $R_x(\tau)$ 为实偶函数。

（2）时延 τ 值不同，$R_x(\tau)$ 不同。

当 $\tau = 0$ 时，$R_x(\tau)$ 的值最大，并等于信号的均方值 Ψ_x^2。

$$R_x(0) = \lim_{T \to \infty} \frac{1}{T} \int_0^T x(t) x(t + 0) \, \mathrm{d}t = \lim_{T \to \infty} \frac{1}{T} \int_0^T x^2(t) \, \mathrm{d}t = \sigma_x^2 + \mu_x^2 = \Psi_x^2 \tag{10-18}$$

则

$$\rho_x(0) = \frac{R_x(0) - \mu_x^2}{\sigma_x^2} = \frac{\mu_x^2 + \sigma_x^2 - \mu_x^2}{\sigma_x^2} = \frac{\sigma_x^2}{\sigma_x^2} = 1 \tag{10-19}$$

这说明变量 $x(t)$ 在同一时刻的记录样本完全呈线性关系，是完全相关的，其自相关系数为 1。

（3）$R_x(\tau)$ 值的范围为 $\mu_x^2 - \sigma_x^2 \leqslant R_x(\tau) \leqslant \mu_x^2 + \sigma_x^2$。

由式（10-17）得

$$R_x(\tau) = \rho_x(\tau)\sigma_x^2 + \mu_x^2 \tag{10-20}$$

同时，由式得 $|\rho_x(\tau)| \leqslant 1$ 得

$$\mu_x^2 - \sigma_x^2 \leqslant R_x(\tau) \leqslant \mu_x^2 + \sigma_x^2 \tag{10-21}$$

（4）当 $\tau \to \infty$ 时，$x(t)$ 和 $x(t+\tau)$ 之间不存在内在联系，彼此无关，即

$$\rho_x(\tau \to \infty) \to 0 \tag{10-22}$$

$$R_x(\tau \to \infty) \to \mu_x^2 \tag{10-23}$$

如果均值 $\mu_x^2 = 0$，则 $R_x(\tau) \to 0$。

根据以上性质，自相关函数 $R_x(\tau)$ 的可能图形如图 10-16 所示。

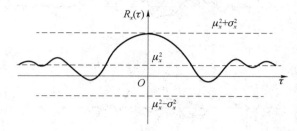

图 10-16　自相关函数的可能图形

（5）当信号 $x(t)$ 为周期函数时，自相关函数 $R_x(\tau)$ 也是同频率的周期函数。其幅值与原周期信号的幅值有关，而丢失了原信号的相位信息。

若周期函数为 $x(t) = x(t+nT)$，则其自相关函数为

$$
\begin{aligned}
R_x(\tau + nT) &= \frac{1}{T}\int_0^T x(t+nT)x(t+nT+\tau)\,\mathrm{d}(t+nT) \\
&= \frac{1}{T}\int_0^T x(t)x(t+\tau)\,\mathrm{d}(t) \\
&= R_x(\tau)
\end{aligned}
\tag{10-24}
$$

例 10-3　求正弦函数 $x(t) = x_0 \sin(\omega t + \varphi)$ 的自相关函数，初始相角 φ 是一个随机变量。

解：此处初始相角 φ 是一个随机变量，由于存在周期性，所以各种平均值可以用一个周期内的平均值计算。

根据自相关函数的定义，有

$$R_x(\tau) = \lim_{T\to\infty}\frac{1}{T}\int_0^T x(t)x(t+\tau)\mathrm{d}(t) = \frac{1}{T_0}\int_0^{T_0} x_0^2 \sin(\omega t + \varphi)\sin[(\omega(t+\tau)+\varphi]\mathrm{d}(t)$$

式中，T_0——正弦函数的周期，$T_0 = \dfrac{2\pi}{\omega}$。

方法 1：

令 $\omega t + \varphi = \theta$，则 $\mathrm{d}t = \dfrac{\mathrm{d}\theta}{\omega}$，于是 $R_x(\tau) = \dfrac{x_0^2}{2\pi}\int_\varphi^{2\pi+\varphi}\sin\theta\sin(\theta+\omega\tau)]\,\mathrm{d}\theta = \dfrac{x_0^2}{2}\cos\omega\tau$

方法 2：

$$
\begin{aligned}
R_x(\tau) &= \frac{x_0^2}{2T_0}\int_0^{T_0}\{\cos[\omega(t+\tau)+\varphi-(\omega t+\varphi)]-\cos[\omega(t+\tau)+\varphi+(\omega t+\varphi)]\}\mathrm{d}(t) \\
&= \frac{x_0^2}{2T_0}\int_0^{T_0}[\cos\omega\tau-\cos(2\omega t+\omega\tau+2\varphi)]\mathrm{d}(t) \\
&= \frac{x_0^2}{2T_0}\int_0^{T_0}\cos\omega\tau\mathrm{d}t-\frac{x_0^2}{2T_0}\int_0^T\cos(2\omega t+\omega\tau+2\varphi)\mathrm{d}t = \frac{x_0^2}{2}\cos\omega\tau
\end{aligned}
$$

即

$$R_x(\tau) = \frac{x_0^2}{2}\cos\omega\tau \tag{10-25}$$

可见正弦函数的自相关函数是一个余弦函数，在 $\tau = 0$ 时具有最大值 $\frac{x_0^2}{2}$ ，如图 10-17 所示。它保留了变量 $x(t)$ 的幅值信息 x_0 和频率信息 ω ，但丢掉了初始相位信息 φ 。

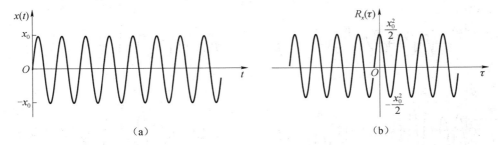

图 10-17　正弦函数及其自相关函数

（a）正弦函数；（b）正弦函数的自相关函数

例 10-4　如图 10-18 所示，用轮廓仪对一机械加工表面的粗糙度检测信号 $a(t)$ 进行自相关分析，得到了其相关函数 $R_a(\tau)$ 。试根据 $R_a(\tau)$ 分析造成机械加工表面的粗糙度的原因。

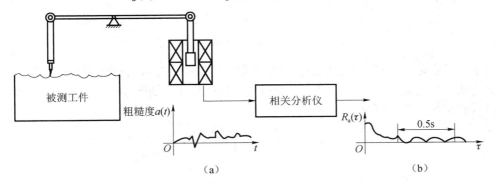

图 10-18　表面粗糙度的相关检测法

（a）粗糙度检测信号 $a(t)$ 的波形；（b）$a(t)$ 的自相关函数 $R_a(\tau)$ 的图形

解： 观察 $a(t)$ 的自相关函数 $R_a(\tau)$ ，发现 $R_a(\tau)$ 呈周期性，这说明造成粗糙度的原因之一是某种周期因素。从自相关函数图形可以确定周期因素的频率为

$$f = \frac{1}{T} = \frac{1}{0.5/3} = 6(\text{Hz})$$

根据加工该工件的机械设备中的各个运动部件的运动频率（如电动机的转速、拖板的往复运动次数、液压系统的油脉动频率等），通过测算和对比分析可知，运动频率与 6Hz 接近的部件的振动就是造成该粗糙度的主要原因。

图 10-19 所示的是四种典型信号的自相关函数。自上而下分别是正弦波、正弦波加随机噪声、窄带随机噪声、宽带随机噪声的时间历程与自相关函数图。稍加对比就可以看出自相关函数是区别信号类型的一个非常有效的手段。只要信号中含有周期成分，其自相关函数在 τ 很大时都不衰减，并且具有明显的周期性。不包含周期成分的随机信号，当 τ 稍大时自相关

函数就将趋近于零。宽带随机噪声的自相关函数则具有较慢的衰减特性。

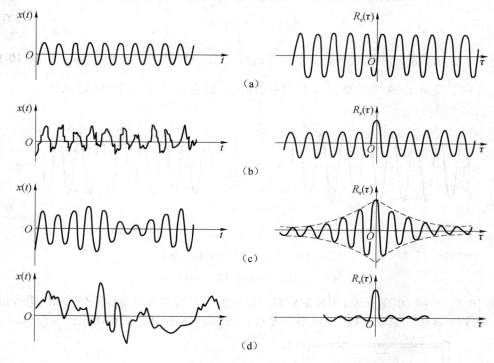

图 10-19　四种典型信号的自相关函数

　　图 10-20 是某一机械加工表面粗糙度的波形。经自相关分析后得到的自相关图 10-20（b）呈现出周期性。这表明造成表面粗糙度的原因中包括某种周期因素。从自相关图形能确定该周期因素的频率，从而可进一步分析其原因。

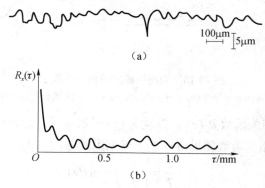

图 10-20　某一机械加工表面粗糙度的波形

（a）表面粗糙度；（b）自相关函数

四、互相关及其应用

1．互相关函数的定义

在式（10-14）中，若 $x(t)$、$y(t)$ 为两个不同的信号，则把 $R_{xy}(\tau)$ 称为函数 $x(t)$ 与 $y(t)$ 的互相

关函数，即

$$R_{xy}(\tau) = \lim_{T \to \infty} \frac{1}{T} \int_0^T x(t) y(t + \tau) \mathrm{d}t \tag{10-26}$$

根据式（10-15），相应的互相关系数为

$$\rho_{xy}(\tau) = \frac{R_{xy}(\tau) - \mu_x \mu_y}{\sigma_x \sigma_y} \tag{10-27}$$

对于有限序列的互相关函数，用下式进行估计：

$$R_{xy}(\tau) = \frac{1}{T} \int_0^T x(t) y(t + \tau) \mathrm{d}t \tag{10-28}$$

2．互相关函数的性质

（1）互相关函数是可正、可负的实函数。

因为 $x(t)$ 和 $y(t)$ 均为实函数，$R_{xy}(\tau)$ 也应当为实函数。在 $\tau=0$ 时，由于 $x(t)$ 和 $y(t)$ 可正、可负，故 $R_{xy}(\tau)$ 的值可正、可负。

（2）互相关函数是非奇、非偶函数，而且 $R_{xy}(\tau)=R_{yx}(-\tau)$。

对于平稳随机过程，在 t 时刻从样本采样计算的互相关函数应与 $t-\tau$ 时刻从样本采样计算的互相关函数一致，即

$$\begin{aligned}
R_{xy}(\tau) &= \lim_{T \to \infty} \frac{1}{T} \int_0^T x(t) y(t + \tau) \mathrm{d}t = \lim_{T \to \infty} \frac{1}{T} \int_0^T x(t-\tau) y(t - \tau + \tau) \mathrm{d}(t - \tau) \\
&= \lim_{T \to \infty} \frac{1}{T} \int_0^T x(t-\tau) y(t) \mathrm{d}t = \lim_{T \to \infty} \frac{1}{T} \int_0^T y(t) x[t + (-\tau)] \mathrm{d}t \\
&= R_{yx}(-\tau)
\end{aligned} \tag{10-29}$$

式（10-29）表明，互相关函数不是偶函数，也不是奇函数，$R_{xy}(\tau)$ 与 $R_{yx}(-\tau)$ 在图形上对称于纵坐标轴，如图 10-21 所示。

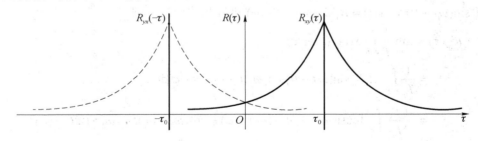

图 10-21　互相关函数的对称性

（3）$R_{xy}(\tau)$ 的峰值不在 $\tau=0$ 处。

$R_{xy}(\tau)$ 的峰值偏离原点的位置 τ_0 反映了两信号时移的大小，相关程度最高，如图 10-22 所示。在 τ_0 时，$R_{xy}(\tau)$ 出现最大值，它反映 $x(t)$、$y(t)$ 之间主传输通道的滞后时间。

（4）互相关函数的取值范围：由式（10-29）得

$$R_{xy}(\tau) = \mu_x^2 \mu_y^2 + \rho_{xy}(\tau) \sigma_x^2 \sigma_y^2 \tag{10-30}$$

同时，由式 $|\rho_{xy}| \leqslant 1$，可得图 10-22 所示的互相关函数的取值范围为

$$\mu_x^2 \mu_y^2 - \sigma_x^2 \sigma_y^2 \leqslant R_{xy}(\tau) \leqslant \mu_x^2 \mu_y^2 + \sigma_x^2 \sigma_y^2 \tag{10-31}$$

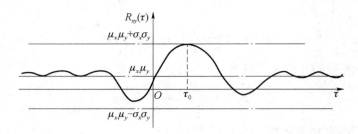

图 10-22　互相关函数的性质

（5）两个统计独立的随机信号，当均值为零时，则 $R_{xy}(\tau)=0$。

将随机信号 $x(t)$ 和 $y(t)$ 表示为其均值和波动分量之和的形式，即

$$x(t) = \mu_x + \Delta x(t)$$
$$y(t) = \mu_y + \Delta y(t)$$

则

$$y(t+\tau) = \mu_y + \Delta y(t+\tau)$$

$$
\begin{aligned}
R_{xy}(\tau) &= \lim_{T\to\infty}\frac{1}{T}\int_0^T x(t)y(t+\tau)\mathrm{d}t = \lim_{T\to\infty}\frac{1}{T}\int_0^T [\mu_x + \Delta x(t)]\int_0^T[\mu_y + \Delta y(t)]\mathrm{d}t \\
&= \lim_{T\to\infty}\frac{1}{T}\int_0^T [\mu_x\mu_y + \Delta x(t)]\int_0^T[\mu_y + \mu_x\Delta y(t+\tau) + \mu_y\Delta x(t) + \Delta x(t)\Delta y(t+\tau)]\mathrm{d}t \\
&= R_{\Delta x\Delta y}(\tau) + \mu_x\mu_y
\end{aligned}
$$

因为信号 $x(t)$ 与 $y(t)$ 是统计独立的随机信号，所以 $R_{\Delta x\Delta y}(\tau)=0$ ，所以 $R_{xy}(\tau)=\mu_x\mu_y$ 。当 $\mu_x = \mu_y = 0$ 时，$R_{xy}(\tau)=0$ 。

（6）两个不同频率的周期信号的互相关函数为零。

由于周期信号可以用谐波函数合成，故取两个周期信号中的两个不同频率的谐波成分 $x(t)=A_0\sin(\omega_1 t+\theta)$ ，$y(t)=B_0\sin(\omega_2 t+\theta+\varphi)$ 进行相关分析，则

$$
\begin{aligned}
R_{xy}(\tau) &= \lim_{T\to\infty}\frac{1}{T}\int_0^T x(t)y(t+\tau)\mathrm{d}t \\
&= \frac{1}{T_0}\int_0^{T_0} A_0 B_0 \sin(\omega_1 t+\theta)\sin[\omega_2(t+\tau)+\theta-\varphi]\mathrm{d}t \\
&= \frac{A_0 B_0}{2T_0}\int_0^{T_0}[\cos(\omega_2-\omega_1)t+(\omega_2\tau-\varphi)-\cos(\omega_2+\omega_1)t+(\omega_2\tau+2\theta-\varphi)]\mathrm{d}t \\
&= 0
\end{aligned}
$$

（7）两个不同频率的正余弦函数不相关。证明同上。

（8）周期信号与随机信号的互相关函数为零。

由于随机信号 $y(t+\tau)$ 在时间 $t\to t+\tau$ 内并无确定的关系，它的取值显然与任何周期函数 $x(t)$ 无关，因此，$R_{xy}(\tau)=0$。

例 10-5　求 $x(t)=x_0\sin(\omega t+\theta)$ ，$y(t)=y_0\sin(\omega t+\theta-\varphi)$ 的互相关函数 $R_{xy}(\tau)$。

解：$R_{xy}(\tau) = \lim_{T \to \infty} \frac{1}{T} \int_0^T x(t) y(t+\tau) \mathrm{d}t$

$\qquad = \frac{1}{T_0} \int_0^{T_0} x_0 y_0 \sin(\omega t + \theta) \sin(\omega(t+\tau) + \theta - \varphi] \mathrm{d}t = \frac{x_0 y_0}{2} \cos(\omega \tau - \varphi)$

由此可见，与自相关函数不同，两个同频率的谐波信号的互相关函数不仅保留了两个信号的幅值信息 x_0、y_0 及频率信息 ω，而且还保留了两信号的相位信息 φ。

3. 典型信号间的互相关函数的图形

对图 10-23 所示的几种典型信号的互相关函数的结果进行观察和分析可以得到：

（1）图 10-23（a）是同频率的正弦波信号间的互相关函数的图形。正弦波 1 的频率 $f_1 = 150\mathrm{Hz}$，正弦 2 的频率 $f_2 = 150\mathrm{Hz}$，两者的相位不同。相关以后的函数频率 $f_{12} = 150\mathrm{Hz}$，这表明同频率的正弦波与正弦波相关，仍旧得到同频率的正弦波，同时保留了相位差 φ。

（2）图 10-23（b）是当一个 $f_1 = 150\mathrm{Hz}$ 的正弦波与基波频率为 50Hz 的方波做相关时，相关图形仍旧是正弦波。这是因为，通过傅里叶变换可知，方波是由 1，3，5，…无穷次谐波叠加构成的，当基波频率为 50Hz 时，其三次谐波频率为 150Hz，因此可与正弦波 1 相关。这也可以解释为什么图 10-23（c）中正弦波与三角波相关后也是正弦波的现象。

（3）图 10-23（d）是不同频率的正弦波与白噪声的互相关函数图形。随机函数白噪声与正弦信号不相关，其互相关函数为零。

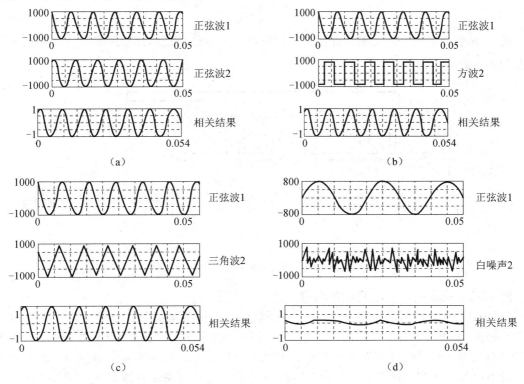

图 10-23　典型信号的互相关函数的结果

（a）同频率的正弦波信号间的互相关函数；（b）同频率的正弦波与方波的互相关函数；
（c）同频率的正弦波与三角波间的互相关函数；（d）不同频率的正弦波与白噪声的互相关函数

4. 互相关函数的应用

互相关函数的上述性质在工程中具有重要的应用价值：
（1）在混有周期成分的信号中提取特定的频率成分。
（2）线性定位和相关测速。

例 10-6 在噪声背景下提取有用信息。

对某一线性系统进行激振试验，所测得的振动响应信号中常常会含有大量的噪声干扰。根据线性系统的频率保持特性，只有与激振频率相同的频率成分才可能是由激振引起的响应，其他成分均是干扰。为了在噪声背景下提取有用信息，只需将激振信号和所测得的响应信号进行互相关分析，并根据互相关函数的性质，就可得到由激振引起的响应的幅值和相位差，消除噪声干扰的影响。如果改变激振频率，就可以求得相应的信号传输通道构成的系统的频率响应函数。

例 10-7 用相关分析法确定深埋地下的输油管裂损位置，以便开挖维修。

如图 10-24 所示，漏损处 K 可视为向两侧传播声音的声源，在两侧管道上分别放置传感器 1 和传感器 2。因为放置传感器的两点相距漏损处距离不等，所以漏油的声响传至两传感器的时间就会有差异，在互相关函数图上 $\tau = \tau_m$ 处有最大值，这个 τ_m 就是时差。设 s 为两传感器的安装中心线至漏损处的距离，v 为音响在管道中的传播速度，则

$$s = \frac{1}{2}v\tau_m$$

用 τ_m 来确定漏损处的位置，即线性定位问题，其定位误差为几十厘米，该方法也可用于弯曲的管道。

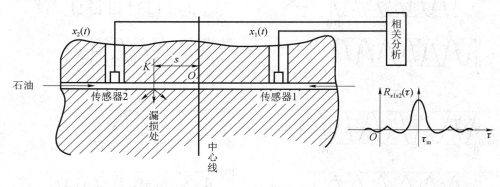

图 10-24 利用相关分析进行线性定位实例

例 10-8 用相关分析法测试热轧钢带的运动速度。

图 10-25 所示是利用互相关分析法在线测量热轧钢带运动速度的实例。在沿钢板运动的方向上相距 L 处的下方，安装两个凸透镜和两个光电池。当热轧钢带以速度 v 移动时，热轧钢带表面反射光经透镜分别聚焦在相距 L 的两个光电池上。反射光强弱的波动，通过光电池转换成电信号。再把这两个电信号进行互相关分析，通过可调延时器测得互相关函数出现最大值所对应的时间 τ_m，由于钢带上任一截面 P 经过点 A 和点 B 时产生的信号 $x(t)$ 和 $y(t)$ 是完全相关的，因此可以在 $x(t)$ 与 $y(t)$ 的互相关曲线上产生最大值，则热轧钢带的运动速度为

$$v = \frac{L}{\tau_\mathrm{m}}。$$

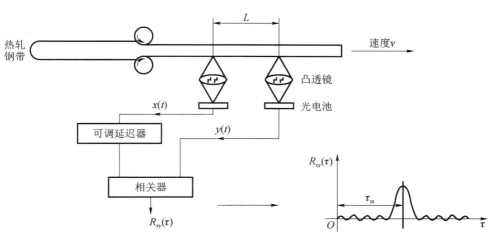

图 10-25　利用相关分析法在线测量热轧钢带运动速度

例 10-9　利用互相关函数进行设备的不解体故障诊断。

若要检查一辆小汽车司机座位的振动是由发动机引起的，还是由后桥引起的，可在发动机、司机座位、后桥上布置加速度传感器，如图 10-26 所示，然后将输出信号放大并进行相关分析。可以看到发动机与司机座位的相关性较差，而后桥与司机座位的互相关较大，因此，可以认为司机座位的振动主要由汽车后桥的振动引起的。

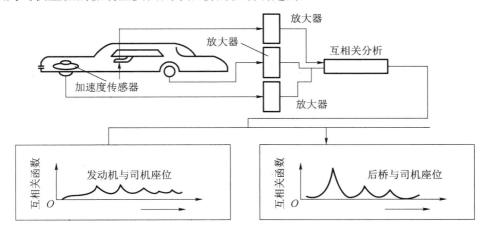

图 10-26　车辆振动传递途径的识别

第三节　功率谱分析及其应用

在前面的章节中讨论了周期信号和瞬态信号的时域波形与频域的幅值谱及相位谱之间的对应关系，并了解到频域描述可反映信号频率的结构组成。然而对于随机信号，其样本曲线的波形具有随机性，而且是时域无限信号，不满足傅里叶变换条件，而具有统计特征的功率谱密度函数则可以在频域内对随机信号做频谱分析。功率谱密度函数是研究平稳随机过程的重要方法。

一、巴塞伐尔定理

巴塞伐尔（Paseval）定理中，在时域中计算的信号总能量等于在频域中计算的信号总能量，即

$$\int_{-\infty}^{+\infty} x^2(t)\mathrm{d}t = \int_{-\infty}^{+\infty} |X(\mathrm{j}f)|^2 \, \mathrm{d}f \tag{10-32}$$

该定理可以用傅里叶变换的卷积来证明。设有傅里叶变换对

$$x_1(t) \Leftrightarrow X_1(\mathrm{j}f) , \quad x_2(t) \Leftrightarrow X_2(\mathrm{j}f)$$

根据频域卷积定理，有

$$\int_{-\infty}^{+\infty} x_1(t)x_2(t)\mathrm{e}^{-\mathrm{j}2\pi f_0 t}\mathrm{d}t = \int_{-\infty}^{+\infty} X_1(\mathrm{j}f)X_2(\mathrm{j}f_0 - \mathrm{j}f)\mathrm{d}f$$

令 $f_0 = 0$ ， $x_1(t) = x_2(t) = x(t)$ ，则

$$\int_{-\infty}^{+\infty} x^2(t)\mathrm{d}t = \int_{-\infty}^{+\infty} X(\mathrm{j}f)X(-\mathrm{j}f)\mathrm{d}f$$

式中，$x(t)$ 是实函数，则 $X(-\mathrm{j}f) = X^*(\mathrm{j}f)$ ，所以

$$\int_{-\infty}^{+\infty} x^2(t)\mathrm{d}t = \int_{-\infty}^{+\infty} X(\mathrm{j}f)X^*(\mathrm{j}f)\mathrm{d}f = \int_{-\infty}^{+\infty} |X(\mathrm{j}f)|^2 \, \mathrm{d}f$$

式中，$|X(\mathrm{j}f)|^2$ 称为能谱，是沿频率轴的能量分布密度。

二、功率谱分析及其应用

1. 功率谱密度函数的定义

对于平稳随机信号 $x(t)$，若其均值为零且不含周期成分，则其自相关函数 $R_x(\tau \to \infty) = 0$，满足傅里叶变换条件

$$\int_{-\infty}^{+\infty} |R_x(\tau)|\mathrm{d}\tau < \infty \tag{10-33}$$

于是存在如下关于 $R_x(\tau)$ 的傅里叶变换对：

$$S_x(\mathrm{j}f) = \int_{-\infty}^{+\infty} R_x(\tau)\mathrm{e}^{-\mathrm{j}2\pi f\tau}\mathrm{d}\tau \tag{10-34}$$

$$R_x(\tau) = \int_{-\infty}^{+\infty} S_x(\mathrm{j}f)\mathrm{e}^{\mathrm{j}2\pi f\tau}\mathrm{d}f \tag{10-35}$$

定义 $S_x(\mathrm{j}f)$ 为随机信号 $x(t)$ 的自功率谱密度函数，简称自谱或自功率谱。$R_x(\tau)$ 是对信号 $x(t)$ 的时域分析，$S_x(\mathrm{j}f)$ 是在频域分析，它们所包含的信息是完全相同的。

而对于平稳随机信号 $x(t)$、$y(t)$，在满足傅里叶变换的条件下存在如下关于 $R_{xy}(\tau)$ 的傅里叶变换对：

$$S_{xy}(\mathrm{j}f) = \int_{-\infty}^{+\infty} R_{xy}(\tau)\mathrm{e}^{-\mathrm{j}2\pi f\tau}\mathrm{d}\tau \tag{10-36}$$

$$R_{xy}(\tau) = \int_{-\infty}^{+\infty} S_{xy}(\mathrm{j}f)\mathrm{e}^{\mathrm{j}2\pi f\tau}\mathrm{d}f \qquad (10\text{-}37)$$

定义 $S_{xy}(\mathrm{j}f)$ 为随机信号 $x(t)$、$y(t)$ 的互谱密度函数，简称互谱或互功率谱。$S_{xy}(\mathrm{j}f)$ 保留了 $R_{xy}(\tau)$ 的全部信息。

$R_{xy}(\tau)$ 为实偶函数，故 $S_x(\mathrm{j}f)$ 也为实偶函数。互相关函数 $R_{xy}(\tau)$ 为非奇非偶函数，因此 $S_{xy}(\mathrm{j}f)$ 具有虚、实两部分。$S_x(\mathrm{j}f)$ 是 $(-\infty,+\infty)$ 频率范围内的自功率谱，所以称为双边自谱。由于 $S_x(\mathrm{j}f)$ 为实偶函数，而在实际应用中频率不能为负值，因此，用在 $(0,\infty)$ 频率范围内的单边自谱 $G_x(\mathrm{j}f)$ 表示信号的全部功率谱（图10-27），即

$$G_x(\mathrm{j}f) = 2S_x(\mathrm{j}f) = \begin{cases} 2\int_0^{\infty} R_x(2)\mathrm{e}^{-\mathrm{j}2\pi f\tau}\mathrm{d}\tau, & 0 \leqslant f \leqslant \infty \\ 0, & -\infty < f < 0 \end{cases} \qquad (10\text{-}38)$$

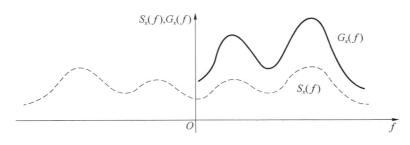

图 10-27 单边自谱和双边自谱

2. 功率谱密度函数的物理意义

当 $\tau = 0$ 时，根据式（10-35），有

$$R_x(\tau = 0) = \int_{-\infty}^{+\infty} S_x(\mathrm{j}f)\mathrm{d}f \qquad (10\text{-}39)$$

而根据自相关函数的定义式（10-17），则

$$R_x(\tau = 0) = \lim_{T \to \infty} \frac{1}{T} \int_0^T x(t)x(t+0)\mathrm{d}t = \lim_{T \to \infty} \int_0^T \frac{x^2(t)}{T}\mathrm{d}t \qquad (10\text{-}40)$$

比较上述两式，则

$$\int_{-\infty}^{+\infty} S_x(\mathrm{j}f)\mathrm{d}f = \lim_{T \to \infty} \int_0^T \frac{x^2(t)}{T}\mathrm{d}t \qquad (10\text{-}41)$$

在机械系统中，如果 $x(t)$ 是位移-时间历程，$x^2(t)$ 就反映蓄积在弹性体上的势能；而如果 $x(t)$ 是速度-时间历程，$x^2(t)$ 就反映系统运动的动能。因此，$x^2(t)$ 可以看作信号的能量，$x^2(t)/T$ 表示信号 $x(t)$ 的功率，而 $\lim\limits_{T \to \infty} \int_0^T \frac{x^2(t)}{T}\mathrm{d}t$ 则为信号 $x(t)$ 的总功率。由式（10-41）可知，$S_x(\mathrm{j}f)$ 曲线下的总面积与 $x^2(t)/T$ 曲线下的总面积相等。故 $S_x(\mathrm{j}f)$ 曲线下的总面积就是信号的总功率。它是由无数不同频率上的功率元 $S_x(\mathrm{j}f)\mathrm{d}f$ 组成的，$S_x(\mathrm{j}f)$ 的大小表示总功率在不同频率处的功率分布。因此，$S_x(\mathrm{j}f)$ 表示信号的功率密度沿频率轴的分布，故又称 $S_x(\mathrm{j}f)$ 为功率谱密度函数，如图10-28所示。用同样的方法，可以解释互谱密度函数 $S_{xy}(\mathrm{j}f)$。

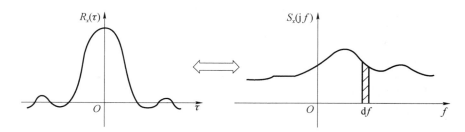

图 10-28　自功率谱的图形解释

3. 自功率谱密度函数 $S_x(jf)$ 和幅值谱 $X(jf)$ 的关系

由巴塞伐尔定理，即式（10-32）知，信号的平均功率表示为

$$P_{av} = \psi_x^2 = \lim_{T \to \infty} \frac{1}{T} \int_0^T x^2(t) dt = \int_{-\infty}^{+\infty} \lim_{T \to \infty} \frac{1}{T} |X(jf)|^2 df \qquad (10\text{-}42)$$

$$P_{av} = \psi_x^2 = \int_{-\infty}^{+\infty} S_x(jf) df = \int_0^{+\infty} G_x(jf) df \qquad (10\text{-}43)$$

因此，自谱（双边、单边）$S_x(jf)$、$G_x(jf)$ 和幅值谱 $X(jf)$ 的关系为

$$S_x(jf) = \lim_{T \to \infty} \frac{1}{T} |X(jf)|^2 \qquad (10\text{-}44)$$

$$G_x(jf) = \lim_{T \to \infty} \frac{2}{T} |X(jf)|^2 \qquad (10\text{-}45)$$

利用这一关系，通常就可以对时域信号直接做傅里叶变换来计算其功率谱。

4. 功率谱的估计

在实际测试中，观测只能在有限的时间区域 $[T_1, T_2]$ 内，因而所得到的平均功率只是近似值。根据功率谱密度函数的定义，信号的自谱估计应当先根据原始信号计算出其相关函数，然后对自相关函数做傅里叶变换。在实际自谱估计时，往往采用更为方便可行的方法。

在用模拟分析方法做自谱估计时，通常采用窄带滤波器和适当的模拟电路来实现。用中心频率为 f、带宽为 B 的带通滤波器对时域信号进行滤波，可得中心频率为 f 处信号的平均功率为

$$\psi_x^2(f, B) = \lim_{T \to \infty} \frac{1}{T} \int_0^T x^2(t, f, B) dt \qquad (10\text{-}46)$$

显然，它是 f 处带宽 B 的函数。由于自谱表示信号的功率密度沿频率轴的分布，即单位频率上的平均功率。因此

$$G_x(jf) = \lim_{B \to 0} \frac{\psi_x^2(f, B)}{B} = \lim_{B \to 0} \frac{1}{BT} \int_0^T x^2(t, f, B) dt \qquad (10\text{-}47)$$

由此可得自谱的估计为

$$\tilde{G}_x(jf) = \frac{1}{BT} \int_0^T x^2(t, f, B) dt \qquad (10\text{-}48)$$

在模拟分析过程中，可自动或手动调节可调中心频率的带通滤波器的中心频率 f，对信号依次进行扫频、滤波、平方、积分和除法运算，最后由记录仪得到 $\tilde{G}_x(jf) - f$ 图，其原理框图如图 10-29 所示。

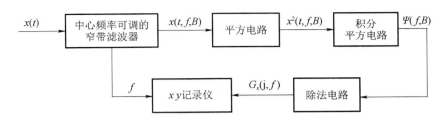

图 10-29　自谱的模拟分析原理框图

类似地，模拟信号的互谱估计为

$$\tilde{G}_{xy}(\mathrm{j}f) = \frac{1}{T} X^*(\mathrm{j}f) Y(\mathrm{j}f) \tag{10-49}$$

上述功率谱估计的方法都是基于模拟分析的方法，它受模拟分析仪记录时间 T、滤波器带宽等参数的影响，是一种近似估计。由于模拟分析仪电路复杂、价格昂贵，目前较实用、有效的方法是基于数字信号处理技术，通过 FFT 来进行功率谱估计。

根据式（10-49），离散随机序列 $x(n)$ 的自功率谱密度为

$$G_x(k) = \lim_{T \to \infty} \frac{1}{N} \left| x(k)^2 \right| \tag{10-50}$$

因此，自谱的估计为

$$\tilde{G}_x(k) = \frac{1}{N} \left| x(k) \right|^2 \tag{10-51}$$

互谱的估计为

$$\tilde{S}_x(k) = \frac{1}{N} X(k) * Y(k) \tag{10-52}$$

离散序列 $x(n)$ 的傅里叶变换 $X(k)$ 具有周期函数的性质，因而这种功率谱估计的方法称为周期图法。它是一种简单、常用的功率谱估计算法。

5. 功率谱的应用

1）获取系统的频率结构特性

与幅值谱 $X(\mathrm{j}f)$ 相似，自谱 $S_x(\mathrm{j}f)$ 也反映信号的频率结构。由于自谱 $S_x(\mathrm{j}f)$ 反映的是信号幅值的平方，因而其频率结构特性更为明显，如图 10-30 所示。

若有一理想单输入/输出系统如图 10-31 所示，其输入为 $x(t)$，输出为 $y(t)$，系统的频率响应函数为 $H(\mathrm{j}f)$，则 $Y(\mathrm{j}f) = H(\mathrm{j}f)X(\mathrm{j}f)$。

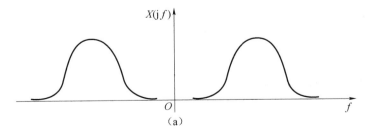

图 10-30　幅值谱和自谱图

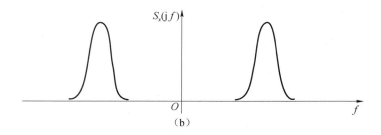

图 10-30　幅值谱和自谱图（续）

（a）幅值谱；（b）自谱图

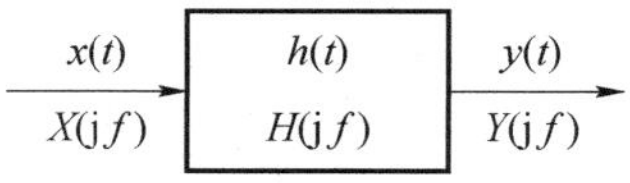

图 10-31　理想单输入/输出系统

根据自谱和幅值谱的关系可以证明

$$S_y(\mathrm{j}f) = \left| H(\mathrm{j}f) \right|^2 S_x(\mathrm{j}f) \tag{10-53}$$

$$G_y(\mathrm{j}f) = \left| H(\mathrm{j}f) \right|^2 G_x(\mathrm{j}f) \tag{10-54}$$

$$S_{xy}(\mathrm{j}f) = H(\mathrm{j}f) S_x(\mathrm{j}f) \tag{10-55}$$

式（10-53）和式（10-54）表明，通过输入/输出的自谱分析，就能得出系统的幅频特性。但由于自谱是自相关函数的傅里叶变换，而自相关函数丢失了相位信息，因而自谱分析同样丢掉了相位信息，利用自谱分析仅仅能获得系统的幅频特性，而不能得到系统的相频特性。

由式（10-55）可知，从输入的自谱和输入/输出的互谱可以得到系统的频率响应函数，该式与式（10-53）和式（10-54）不同的是，所得到的 $H(\mathrm{j}f)$ 不仅含有幅频特性，而且含有相频特性，这是因为互相关函数中包含着相位信息。

例 10-10　应用互功率谱从受外界干扰的信息中获取测试系统频率响应函数。

图 10-32 所示的测试系统受外界干扰，$n_1(t)$ 为输入噪声，$n_2(t)$ 为加在系统中间环节的噪声，$n_3(t)$ 为加在输出端的噪声。该系统的输出 $y(t)$ 为

$$y(t) = x'(t) + n_1'(t) + n_2'(t) + n_3(t) \tag{10-56}$$

式中，$x'(t)$、$n_1'(t)$、$n_2'(t)$ 分别为系统对 $x(t)$、$n_1(t)$、$n_2(t)$ 的响应。

输入 $x(t)$ 和输出 $y(t)$ 的互相关函数为

$$R_{xy}(\tau) = R_{xx'}(\tau) + R_{xn_1'}(\tau) + R_{xn_2'}(\tau) + R_{xn_3}(\tau) \tag{10-57}$$

由于输入 $x(t)$ 和噪声 $n_1(t)$、$n_2(t)$ 和 $n_3(t)$ 是独立无关的，故互相关函数 $R_{xn_1'}(\tau)$、$R_{xn_2'}(\tau)$ 和 $R_{xn_3}(\tau)$ 均为零，所以

$$R_{xy}(\tau) = R_{xx'}(\tau) \tag{10-58}$$

$$S_{xy}(\mathrm{j}f) = S_{xx'}(\mathrm{j}f) = H(\mathrm{j}f) . S_x(\mathrm{j}f) \tag{10-59}$$

式中，$H(\mathrm{j}f) = H_1(\mathrm{j}f)H_2(\mathrm{j}f)$，为系统的频率响应函数。

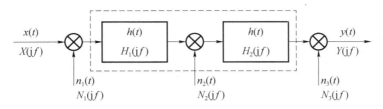

图 10-32　受外界干扰的系统

可见，利用互相关函数分析可排除噪声的影响，这是互相关函数分析方法的突出优点。然而应当注意到，利用式（10-58）求线性系统的频率响应函数 $H(\mathrm{j}f)$ 时，尽管其中的互谱可以不受噪声的影响，但是输入信号的自谱仍然无法排除输入端测量噪声的影响，从而形成测量误差。

2）测定系统的滞后时间

互谱分析可用来测定滞后时间。一个系统输入 $x(t)$ 和输出 $y(t)$ 的互谱中的幅角 $Q_{xy}(\mathrm{j}f)$ 表示了系统输出与输入在频率 f 处的相位差，因此，在任一频率 f 上通过系统的滞后时间为

$$\tau = \frac{Q_{xy}(\mathrm{j}f)}{2\pi f}$$

3）利用功率谱分析对设备进行故障诊断

例 10-11　图 10-33 是由汽车变速器上测取的振动加速度信号经功率谱分析处理后所得的功率谱图。一般正常运行的机器其功率谱是稳定的，而且各谱线对应零件不同运转状态的振源。在机器运行不正常时，如运转零件的动不平衡、轴承的局部损伤、齿轮的不正常等，都会引起谱线的变动。图 10-33（b）中在 14Hz 和 18.4Hz 两处出现额外峰谱，这显示了机器的某些不正常，而且指示了异常功率消耗所在的频率。这就为寻找与此频率相对应的故障部位提供了依据。

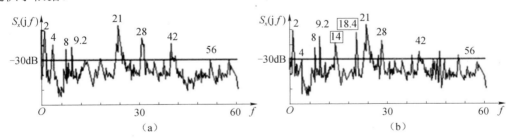

图 10-33　汽车变速器的振动功率谱图

（a）变速器正常工作时的谱图；（b）变速器不正常工作时的谱图

第四节　相　干　函　数

相干函数是用来评价测试系统的输入信号与输出信号之间的因果关系的函数。即通过相

干函数判断系统中输出信号的功率谱中有多少是所测输入信号所引起的响应。其定义为

$$\gamma_{xy}^2(\mathrm{j}f) = \frac{\left|S_{xy}(\mathrm{j}f)\right|^2}{S_x(\mathrm{j}f)S_y(\mathrm{j}f)}, \quad 0 \leqslant \gamma_{xy}^2(\mathrm{j}f) \leqslant 1 \qquad (10\text{-}60)$$

当 $\gamma_{xy}^2(\mathrm{j}f) = 0$，表示输出信号与输入信号不相干；当 $\gamma_{xy}^2(\mathrm{j}f) = 1$，表示输出信号与输入信号完全相干，此时系统不受干扰且系统是线性的；当 $\gamma_{xy}^2(\mathrm{j}f)$ 在 0～1 时，则可能测试系统有外界噪声干扰，或输出 $y(t)$ 是输入 $x(t)$ 和其他输入的综合输出，或者联系 $x(t)$ 和 $y(t)$ 的线性系统是非线性的。

例 10-12 图 10-34～图 10-36 是船用柴油机润滑油泵油压脉动信号 $x(t)$ 与压油管振动信号 $y(t)$ 的自谱图及其相干分析结果。其中润滑油泵转速为 $n=781\mathrm{r/min}$，油泵齿轮齿数为 $z=14$，压油管压力脉动的基频为

$$f_0 = \frac{nz}{60} \approx 182.23(\mathrm{Hz})$$

由图 10-34～图 10-36 可以看到，$f = f_0 = 182.23\mathrm{Hz}$ 时，$\gamma_{xy}^2(f) \approx 0.9$；当 $f = 2f_0 = 364.46\mathrm{Hz}$ 时，$\gamma_{xy}^2(f) \approx 0.37$；当 $f = 3f_0 = 546.69\mathrm{Hz}$ 时，$\gamma_{xy}^2(f) \approx 0.8$；当 $f = 4f_0 = 728.92\mathrm{Hz}$ 时，$\gamma_{xy}^2(f) \approx 0.75$……齿轮引起的各次谐频对应的相干函数值都很大，而其他频率对应的相干函数值都很小，由此可见，油管的振动主要是由油压脉动引起的。从 $x(t)$ 和 $y(t)$ 的自谱图也明显可见油压脉动的影响。

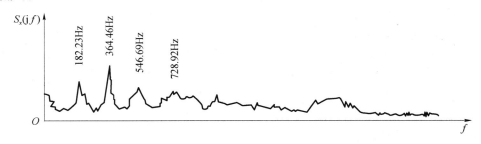

图 10-34　润滑油泵油压脉动信号 $x(t)$ 的自谱图

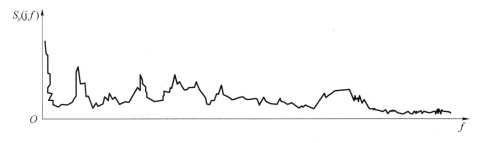

图 10-35　润滑油泵压油管振动信号 $y(t)$ 的自谱图

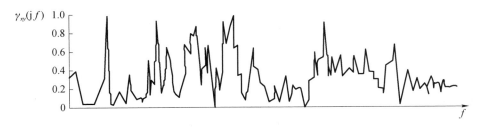

图 10-36 润滑油泵油压脉动与压油管振动的相干分析结果

第五节 MATLAB 在测量数据处理中的应用

在 MATLAB 中，可以利用 xcorr 函数估计随机过程的自相关函数序列和两个随机过程的互相关函数序列。另外，可用 psd 函数估计信号的功率谱密度，用 csd 函数估计信号的互谱密度，以下举例说明其应用。

例 10-13 已知信号 $x(t) = \sin\left(\dfrac{1}{2}\pi t + \dfrac{\pi}{6}\right)$，$y(t) = \sin\left(\dfrac{1}{2}\pi t + \dfrac{\pi}{6} - \dfrac{\pi}{4}\right)$，试编写 MATLAB 程序，绘制函数曲线、自相关函数曲线及互相关函数曲线。

解：MATLAB 程序如下：

```
Fs=100;
Lag=1000;                              % 相关信号的最大延迟量
t=1:1/Fs:10;
x=sin(0.5*pi*t+pi/6);
y=sin(0.5*pi*t+pi/6-pi/4);
[rx,lagx]=xcorr(x,Lag,'biased');       % 自相关函数计算
[rxy,lagxy]=xcorr(x,y,Lag,'biased');   % 互相关函数计算
figure(1);   plot(t,x,t,y);
figure(2);   plot(lagx/Fs, rx);
figure(3);   plot(lagxy/Fs, rxy);
```

绘制的函数曲线、自相关函数曲线及互相关函数曲线分别如图 10-37（a）、（b）、（c）所示。

例 10-14 已知信号 $x(t) = \sin(2\pi f_1 t) + 2\cos(2\pi f_2 t) + \omega(t)$，式中，$f_1$=50Hz，$f_2$=120Hz，$\omega(t)$ 为白噪声（用 MATLAB 程序产生），设采样频率 f_s=1000Hz，试编写 MATLAB 程序，绘制功率谱曲线。

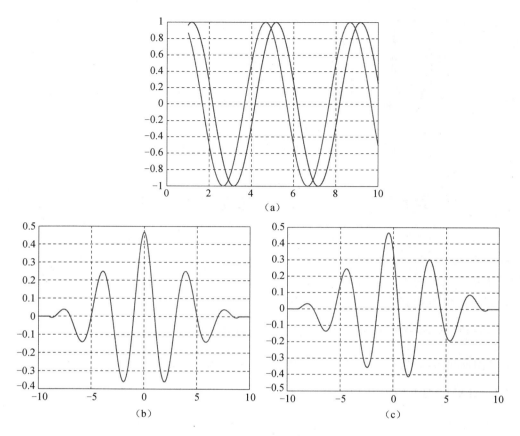

图 10-37　例 10-13 图

解：MATLAB 程序如下：

```
fs=1000;
N=1024;
Nfft=1024;
n=0:N-1;
t=n/fs;
windows=hanning(256);
noverlap=128;
dflag='none';
x=sin(2*pi*50*t)+2*sin(2*pi*120*t)+randn(1,N);
Pxx=psd(x,Nfft,fs,windows,noverlap,dflag);
f=(0:Nfft/2)*fs/Nfft;
plot(f,10*log10(Pxx))
xlabel('f/Hz');  ylabel('G/dB');  title('PSD');
```

绘制的功率谱曲线如图 10-38 所示。

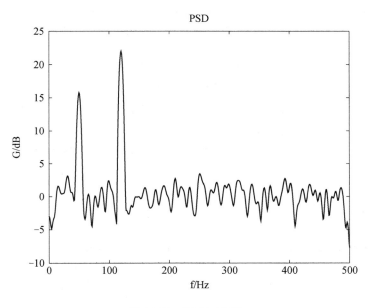

图 10-38　例 10-14 图

思考题与习题

1．求 $h(t)$ 的自相关函数。

$$h(t) = \begin{cases} \mathrm{e}^{-at}, t \geqslant 0, a > 0 \\ 0, \qquad t < 0 \end{cases}$$

2．假定有一个信号 $x(t)$，它由两个频率、相角均不相等的余弦函数叠加而成，其数学表达式为 $x(t) = A_1\cos(\omega_1 t + \varphi_1) A_2\cos(\omega_2 t + \varphi_2)$，求该信号的自相关函数。

3．求方波和正弦波（图 10-39）的互相关函数。

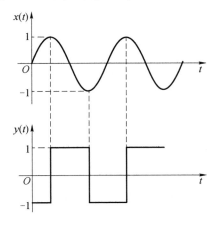

图 10-39　第 3 题图

4．某一系统的输入信号为 $x(t)$，若输出 $y(t)$ 与输入 $x(t)$ 相同，输入的自相关函数 $R_x(\tau)$ 和输入/输出的互相关函数 $R_{xy}(\tau)$ 之间的关系为 $R_x(\tau)=R_{xy}(\tau+T)$，试说明该系统起什么作用。

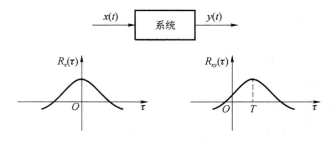

图 10-40　第 4 题图

5．试根据一个信号的自相关函数图形，讨论如何确定该信号中的常值分量和周期成分。

6．已知信号的自相关函数为 $A\cos\omega\tau$，请确定该信号的均方值 ψ_x^2 和均方根值 x_{rms}。

7．应用巴塞伐尔定理求 $\displaystyle\int_{-\infty}^{+\infty}\mathrm{sinc}^2 t\,\mathrm{d}t$ 的积分值。

拉氏变换对照表

	$f(t)$	$F(s)$
1	$\delta(t)$	1
2	$1(t)$	$\dfrac{1}{s}$
3	t	$\dfrac{1}{s^2}$
4	e^{-at}	$\dfrac{1}{s+a}$
5	te^{-at}	$\dfrac{1}{(s+a)^2}$
6	$\sin \omega t$	$\dfrac{\omega}{s^2+\omega^2}$
7	$\cos \omega t$	$\dfrac{s}{s^2+\omega^2}$
8	$t^n\,(n=1,2,3,\cdots)$	$\dfrac{n!}{s^{n+1}}$
9	$t^n e^{-at}\,(n=1,2,3\cdots)$	$\dfrac{n!}{(s+a)^{n+1}}$
10	$\dfrac{1}{ab}\left[1+\dfrac{1}{a-b}(be^{-at}-ae^{-bt})\right]$	$\dfrac{1}{s(s+a)(s+b)}$
11	$\dfrac{1}{b-a}(be^{-bt}-ae^{-at})$	$\dfrac{s}{(s+a)(s+b)}$
12	$\dfrac{1}{b-a}(e^{-at}-e^{-bt})$	$\dfrac{1}{(s+a)(s+b)}$
13	$e^{-at}\sin \omega t$	$\dfrac{\omega}{(s+a)^2+\omega^2}$
14	$e^{-at}\cos \omega t$	$\dfrac{s+a}{(s+a)^2+\omega^2}$
15	$\dfrac{1}{a^2}(e^{-at}+at-1)$	$\dfrac{1}{s^2(s+a)}$
16	$\dfrac{\omega_n}{\sqrt{1-\xi^2}}e^{-\xi\omega_n t}\sin(\omega_n\sqrt{1-\xi^2}\,t)$	$\dfrac{\omega_n^2}{s^2+2\xi\omega_n s+\omega_n^2}\quad (0<\xi<1)$

	$f(t)$	$F(s)$
17	$\dfrac{-1}{\sqrt{1-\xi^2}}\,e^{-\xi\omega_n t}\sin(\omega_n\sqrt{1-\xi^2}\,t-\varphi)$ $\varphi=\arctan\dfrac{\sqrt{1-\xi^2}}{\xi}$	$\dfrac{s}{s^2+2\xi\omega_n s+\omega_n^2}\qquad(0<\xi<1)$
18	$1-\dfrac{1}{\sqrt{1-\xi^2}}\,e^{-\xi\omega_n t}\sin(\omega_n\sqrt{1-\xi^2}\,t-\varphi)$ $\varphi=\arctan\dfrac{\sqrt{1-\xi^2}}{\xi}$	$\dfrac{\omega_n^2}{s\left(s^2+2\xi\omega_n s+\omega_n^2\right)}\qquad(0<\xi<1)$

参 考 文 献

［1］绪方胜彦. 现代控制工程［M］. 4 版. 北京：清华大学出版社，2006.

［2］杨振中，张和平. 控制工程基础［M］. 北京：北京大学出版社，2007.

［3］罗抟翼，付家才，王正. 控制工程及信号处理基础［M］. 北京：机械工业出版社，2008.

［4］［美］Ogata K. 现代控制工程［M］. 5 版. 卢伯英，佟明安，译. 北京：电子工业出版社，2011.

［5］董景新，赵常德，熊沈蜀，等. 控制工程基础［M］. 2 版. 北京：清华大学出版社，2006.

［6］董玉红，徐莉萍. 机械控制工程基础［M］. 2 版. 北京：机械工业出版社，2013.

［7］祝守新，邢英杰，韩连英. 机械工程控制基础［M］. 北京：清华大学出版社，2008.

［8］沈艳，孙锐. 控制工程基础［M］. 北京：清华大学出版社，2009.

［9］杨叔子，杨克冲，等. 机械工程控制基础［M］. 5 版. 武汉：华中科技大学出版社，2005.

［10］胡寿松. 自动控制原理［M］. 4 版. 北京：科学出版社，2008.

［11］朱宁. 自动控制理论［M］. 北京：清华大学出版社，2014.

［12］王建辉，顾树生. 自动控制原理［M］. 北京：清华大学出版社，2007.

［13］曾励. 控制工程基础［M］. 北京：机械工业出版社，2013.

［14］彭珍瑞，董海棠. 控制工程基础［M］. 2 版. 北京：高等教育出版社，2015.

［15］席剑辉. 控制工程基础［M］. 北京：国防工业出版社，2012.

［16］王正林，王胜开，陈国顺，等. MATLAB/Simulink 与控制系统仿真［M］. 3 版. 北京：电子工业出版社，2012.

［17］熊诗波，黄长艺. 机械工程测试技术基础［M］. 3 版. 北京：机械工业出版社，2011.

［18］李迅波. 机械工程测试技术基础［M］. 成都：电子科技大学出版社，1998.

［19］李力. 机械测试技术及其应用［M］. 武汉：华中科技大学出版社，2011.

［20］杨仁逊，黄惟公，杨明伦. 机械工程测试技术［M］. 重庆：重庆大学出版社，1997.

［21］杜向阳. 机械工程测试技术基础［M］. 北京：清华大学出版社，2009.

［22］郑君里，应启珩，杨为理. 信号与系统［M］. 3 版. 北京：高等教育出版社，2011.

［23］陈光军. 测试技术［M］. 北京：机械工业出版社，2014.

［24］王伯雄. 测试技术基础［M］. 2 版. 北京：清华大学出版社，2012.

［25］王明赞，张洪亭. 传感器与测试技术［M］. 沈阳：东北大学出版社，2014.

［26］何广军. 现代测试技术原理与应用［M］. 北京：国防工业出版社，2012.

［27］樊继东. 汽车测试技术［M］. 北京：机械工业出版社，2017.

［28］冯俊萍. 汽车测试技术及传感器［M］. 重庆：重庆大学出版社，2009.

［29］封士彩. 测试技术学习指导及习题详解［M］. 北京：北京大学出版社，2009.

［30］陈勇. 汽车测试技术［M］. 北京：北京理工大学出版社，2008.

［31］潘宏侠. 机械工程测试技术［M］. 北京：国防工业出版社，2009.

［32］［美］Thomas G B，Roy D M，John H L. 机械量测量［M］. 5 版. 王伯雄，译. 北京：电子工业出版社，2004.

［33］唐岚. 汽车测试技术［M］. 北京：机械工业出版社，2006.

［34］谢里阳，孙红春，林贵瑜. 机械工程测试技术［M］. 北京：机械工业出版社，2012.

［35］李郝林. 机械工程测试技术基础［M］. 上海：上海科学技术出版社，2017.

［36］［美］Simon H，Barry V V. 信号与系统［M］. 2 版. 林秩盛，黄元福，林宁，等，译. 北京：电子工业出版社，2013.

［37］张家海. 信号与控制基础［M］. 北京：机械工业出版社，2008.

［38］祝海林. 机械工程测试技术［M］. 2 版. 北京：机械工业出版社，2017.